全国注册城乡规划师职业资格考试用书

注册城乡规划师职业资格考试辅导教材

4

城乡规划实务

张　鹏　吴金凤　主编

中国建筑工业出版社

图书在版编目(CIP)数据

注册城乡规划师职业资格考试辅导教材. 4，城乡规划实务 / 张鹏，吴金凤主编. -- 北京 ：中国建筑工业出版社，2025. 6. --（全国注册城乡规划师职业资格考试用书）. -- ISBN 978-7-112-31240-5

Ⅰ. TU984.2

中国国家版本馆 CIP 数据核字第 20253NZ257 号

责任编辑：何　楠　徐　冉
责任校对：张惠雯

全国注册城乡规划师职业资格考试用书
注册城乡规划师职业资格考试辅导教材 4　城乡规划实务
张　鹏　吴金凤　主编

*

中国建筑工业出版社出版、发行（北京海淀三里河路 9 号）
各地新华书店、建筑书店经销
北京红光制版公司制版
北京市密东印刷有限公司印刷

*

开本：787 毫米×1092 毫米　1/16　印张：21¾　字数：550 千字
2025 年 6 月第一版　　2025 年 6 月第一次印刷
定价：**105.00** 元（含增值服务）
ISBN 978-7-112-31240-5
（45228）

编委会名单

前　言

一、注册城乡规划师考试介绍

1999 年，依据人事部、建设部发布的《关于印发〈注册城市规划师执业资格制度暂行规定〉及〈注册城市规划师执业资格认定办法〉的通知》（人发〔1999〕39 号），国家开始实施城市规划师执业资格制度。

2000 年 2 月，人事部、建设部发布了《关于印发〈注册城市规划师执业资格考试实施办法〉的通知》（人发〔2000〕20 号）。2000 年 10 月，首次全国注册城市规划师执业资格考试举行。

2017 年，注册城市规划师更名为注册城乡规划师。

2024 年，依据《自然资源部 人力资源社会保障部关于印发〈注册城乡规划师职业资格制度规定〉和〈注册城乡规划师职业资格考试实施办法〉的通知》（自然资规〔2024〕3 号），注册城乡规划师考试开始正式实行新的办法。

二、丛书介绍

本套丛书为全新编写，每个分册均包含历年考频、知识点、相关精选真题、拓展内容以及最近一年真题及答案。其特色主要有以下几点。

（1）知识系统化：本书将注册城乡规划师的知识点进行整合，打破科目间的界限，以四科融合的姿态和更加宏观的角度去理解新时代的国土空间规划。如在学习城市规划原理的时候，联系实务中功能分区、用地布局、交通规划以及历史文化保护等内容，通过多层次、多节点的方式，形象化记忆，让考生形成自己的思维体系。

（2）考点扁平化：本书采用了全新“扁平化”的架构，让暗藏的知识点浮出水面，跃然纸上。本书创新地将考点与考点之间的联系深度挖掘，犹如在规划整个城市，从城镇到山水林田湖草沙，从开发利用到保护修复，考点与考点之间形成了逻辑链，有了系统化的关联，考生应对考试也不再是艰苦的旅程，而变成了对工作的探索与发现。

（3）真题数据化：历年真题是最有价值的备考资料，尤其是最新年份的真题。本书将真题作为数据源，遴选经典真题与考点进行关联，以展现考核角度，凸显各考点与知识点考核侧重，使得备考更具针对性，从而使广大考生不至于迷失在茫茫的题海之中。

三、丛书架构与使用说明

2024 年度注册城乡规划师职业资格考试大纲沿用《全国注册城市规划师执业资格考试大纲》（2014 版）和自然资源部国土空间规划局《关于增补注册城乡规划师职业资格考试大纲内容的函》中附件所列内容。为迎接全新的注册城乡规划师考试，基于新大纲的变化，整套书包含了《注册城乡规划师职业资格考试辅导教材》（4 本）与《注册城乡规划师职业资格考试 政策文件 · 法律法规 · 标准规范 高频考点与真题演练》（1 本）。辅导教材按板块列出知识点，并对高频考点予以标注，有些内容还进行了相应拓展，以便考生更好地抓住重点。除了要掌握相应的规范、标准外，辅导教材还按板块整理并精选了历年真题，学习与做题互动，有助于考生巩固知识点，加深理解和记忆。

《注册城乡规划师职业资格考试 政策文件 · 法律法规 · 标准规范 高频考点与真题演练》摘录了除“城乡规划实务”外其他3个科目涉及的文件重点和相关真题，适合考生考前冲刺。因2018年国土空间规划改革，2018年以前的文件及相关真题暂不纳入本次汇编，以2019～2024年近6年的文件为重点，同时将2024年最新考点单独标记，方便考生快速查找阅读。

中国建筑工业出版社为更好地满足考生需求，除了纸质图书外，还配套准备了注册城乡规划师考试数字资源，包括导学课程、部分精讲课程、学习规划手册等。考生可以选择适宜的方式进行复习。

四、编写分工

《注册城乡规划师职业资格考试辅导教材 1 城乡规划原理》：张洁璐、兰利文、张鹏。

《注册城乡规划师职业资格考试辅导教材 2 城乡规划相关知识》：凡新、周树伟、张鹏。

《注册城乡规划师职业资格考试辅导教材 3 城乡规划管理与法规》：张鹏、吴金凤。

《注册城乡规划师职业资格考试辅导教材 4 城乡规划实务》：张鹏、吴金凤。

《注册城乡规划师职业资格考试 政策文件 · 法律法规 · 标准规范 高频考点与真题演练》：张鹏、周树伟、张志彬。

在此预祝各位考生取得好成绩，考试顺利过关！

全国注册城乡规划师职业资格考试用书编委会

2025年1月

目　　录

板块 1　注册城乡规划师实务考试指南

微信扫码
免费听课

■ 城乡规划实务科目简介

城乡规划实务是指城市规划师所从事的实际业务工作，包括规划制定、实施管理、监督检查三大方面。城乡规划实务科目考试（简称实务考试）的目的是考核应试人员综合运用城市规划原理、城市规划相关知识、与法规的能力，要求考生掌握各项规划编制内容、方案评析、规划主管部门审批工作内容、监督检查工作内容，全面考查考生的综合能力。

■ 国土空间规划历史沿革

1. 城乡规划

城乡规划包括城镇体系规划、城市规划、镇规划、乡规划和村庄规划。城市规划、镇规划分为总体规划和详细规划。详细规划分为控制性详细规划和修建性详细规划。

2. 国土空间规划

国土空间规划是国家空间发展的指南、可持续发展的空间蓝图，是各类开发保护建设活动的基本依据。建立国土空间规划体系并监督实施，将主体功能区规划、土地利用规划、城乡规划等空间规划融合为统一的国土空间规划，实现“多规合一”，强化国土空间规划对各专项规划的指导约束作用，是党中央、国务院作出的重大部署。

依法批准的国土空间规划是各类开发、保护、建设活动的基本依据。已经编制国土空间规划的不再编制土地利用总体规划和城乡规划。

国土空间规划总体框架可概括为“五级三类四体系”。

五级：国家、省、市、县、乡镇。

三类：总体规划、详细规划和相关专项规划。

四体系：编制审批体系、实施监督体系、法规政策体系、技术标准体系。

（1）总体规划

全国国土空间规划是对全国国土空间作出的全局安排，是全国国土空间保护、开发、利用、修复的政策和总纲，侧重战略性。

省级国土空间规划是对全国国土空间规划的落实，指导市县国土空间规划编制，侧重协调性。

市县和乡镇国土空间规划是本级政府对上级国土空间规划要求的细化落实，是对本行政区域开发保护作出的具体安排，侧重实施性。

（2）详细规划

详细规划是对具体地块用途和开发建设强度等作出的实施性安排，是开展国土空间开发保护活动、实施国土空间用途管制、核发城乡建设项目规划许可、进行各项建设等的法定依据。

（3）相关专项规划

相关专项规划是指在特定区域（流域）、特定领域，为体现特定功能，对空间开发保护利用作出的专门安排，是涉及空间利用的专项规划，可在国家、省和市县层级编制，不同层级、不同地区的专项规划可结合实际选择编制的类型和精度。

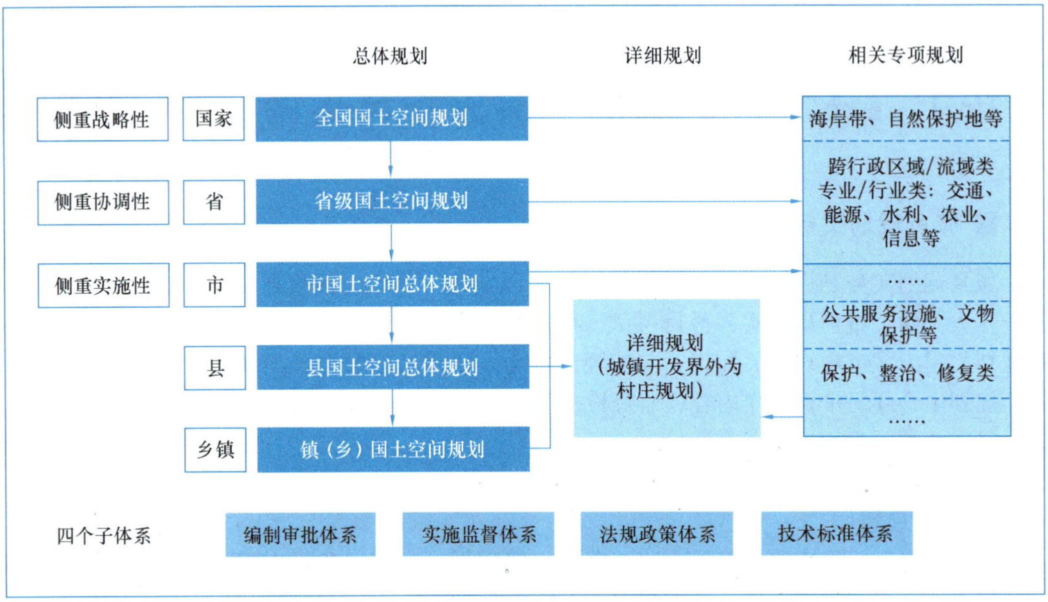

国土空间规划体系

■ 实务考试三大特点

1. 简答题形式

城乡规划实务是注册规划师考试中唯一一门考题均为主观题的科目。对比考试大纲中“了解、熟悉、掌握”的知识点占比，其中实务需了解的知识点占比为 4.17%，需熟悉的知识点占比为 20.83%，需掌握的知识点占比为 75%，意味着实务考试对于对知识内容的考查最为综合。

2. 得分点要求高

城乡规划实务考试对答题语言的精准度要求高，考生容易出现专业术语使用错误、表述不准确等问题，使得实际得分与预估存在偏差。因此，实务考试要求熟悉各种规范文件，并能够在作答过程中精准表述。

3. 时间紧张

实务考试时间为 3 小时，共 7 道简答题，平均下来，每题只有约 25 分钟解答时间，每题答案大致 300 字为宜，所以大家需要在这 25 分钟内完成：读题→简写得分点→组织语言→誊写答题卡，加上考场本身气氛更为紧张，写字和思考会比平常更慢，因此时间十分紧张。

需要特别注意的是，第二题中心城区，这道题图形复杂，续题所需时间长，答案字数也相对较多，一般需要花费 50 分钟左右的时间，剩余平均到其他 6 题，每题大约 20 分钟，因而需要考生熟练掌握各类型题目的答题要点和技巧，考场才能随机应变，考出相应的好成绩。

■ 2024 年实务考试变化

1. 关于考试大纲

2024 年度注册城乡规划师职业资格考试大纲沿用《全国注册城市规划师执业资格考试大纲》（2014 版）和自然资源部国土空间规划局《关于增补注册城乡规划师职业资格考试大纲内容的函》（自然资空间规划函〔2020〕190 号）中附件所列内容。

2. 关于分值

2024 年实务考试有 3 道题分值发生变化，第二题由以前的 15 分调整成 18 分，第四题由以前的 10 分调整成 12 分，第七题由以前的 15 分调整成 10 分。

3. 关于题型

（1）第一题：国土空间总体规划——市（县）域层次（15 分）；

（2）第二题：国土空间总体规划——中心城区层次（18 分）；

（3）第三题：城市居住区规划、村庄规划（15 分）；

（4）第四题：城市综合交通规划（12 分）；

（5）第五题：土地管理、历史文化街区保护规划（15 分）；

（6）第六题：项目选址、规划条件（15 分）；

（7）第七题：违法处罚（10 分）。

4. 关于难度

2024 年实务考试虽然在分值和题型方面发生变化，但是考试的考点偏向传统考点，更紧贴国情、紧跟国家政策，总体难度适宜。

■ 实务考试考察能力

1. 综合能力

考察考生基础，对于国土空间规划政策的把握以及实际工作中规划编制的能力。

2. 理解能力

考察考生是否能读懂出题人的“暗示”，并且作出准确的回答。

3. 领悟能力

（1）第一重境界：“看山是山，看水是水”

在这一阶段，你看待事物的方式非常直接和简单。就像孩子初次接触世界时，看到山就认为是山，看到水就认为是水。

（2）第二重境界：“看山不是山，看水不是水”

随着学习经验的积累，你开始意识到表面的现象背后隐藏着复杂的内在含义，不再轻易相信表面的文字，而是用心用脑去识别。山不再是单纯的山，水也不再是单纯的水。

（3）第三重境界：“看山还是山，看水还是水”

在经历了多次练习后，开始真正明白考点与非考点的区别，通过“学”，反复“思”，达到完美的“答”。

学：了解题型

① 知道题目的考查范围；

② 文字图例先细读，再看风向和水流。

思：形成思维体系

① 知道题目问的是什么；

② 辨析哪些是核心考点，哪些是非考点；

③ 这道题目主要考查是哪些知识点。

答：回答问题

① 按要求作答，判断题型，问什么答什么；

② 字迹清晰：字迹模糊得 0 分（如扫描后看不清答题纸）；

③ 表述准确：专业术语表述错误得 0 分（如永久基本农田写成了农田）；表述要尽量使用题干或者图例中的原文（如题干为某镇人民政府，考生作答时写成上级人民政府，不得分）。

■ 实务考试答题要求

（1）仔细审题：一句话可能有多个得分点，千万不要快速浏览，一目十行。注意题目中的关键字（如数字、图例、山体、风玫瑰，以及河流、交通、各类自然保护地等要素），分清题目层次，规划与非规划。

（2）专业表述：文字组织用词要精准。采用“问题＋理由”的作答方式，根据题干给出的原文条件精准作答，不可想当然自己精简题干，导致问题表述不准确；弄清规划与现状；违反法律法规标准（直接用法律法规、标准规范、文件原文作答）；图中出现数据，要用计算结果指出过高或是过低（例如国土开发强度、人均水资源、城镇化率、地面停车位比例等）。

（3）全面作答：掌握题型关键词，找准考点，多答不扣分，但应注意答题时长。

（4）条理清晰：答题要注意层次分明、条理清晰。一个大考点可以分段作答，不要一逗到底。

（5）不要发散：抓主要矛盾，忽略次要矛盾，不必展开过多，点到即止，多写考点，少给建议。

（6）卷面清晰：字迹清晰，书写工整。

（7）肌肉记忆：勤思多练，将每一次练习都按考试要求去做，养成考场做题习惯，形成肌肉记忆。

（8）注意时间：考试时间共 180 分钟。建议一道题平均作答时间不超 25 分钟，第二题可以最后做，但是要预留 40～50 分钟时间，如果非第二题作答时间超过了 25 分钟，跳过做后面的题目。把自己会的先做好，不会的题留到最后。

■ 本书章节安排

本书按照国土空间规划体系（总体规划、详细规划、专项规划）三个层次，参照出题顺序，从宏观到微观逐一对规划知识点进行梳理总结，整理出以下板块循序渐进学习：国土空间总体规划——市（县）域层次，国土空间总体规划——中心城区层次，城市居住区规划，村庄规划，城市综合交通规划，历史文化保护，土地管理，规划条件与建设项目选址、选线，国土空间规划编制与审批程序，违法处罚，行政处罚、行政复议、行政诉讼、行政许可。

考题类型与对应国土空间规划体系如下图所示。

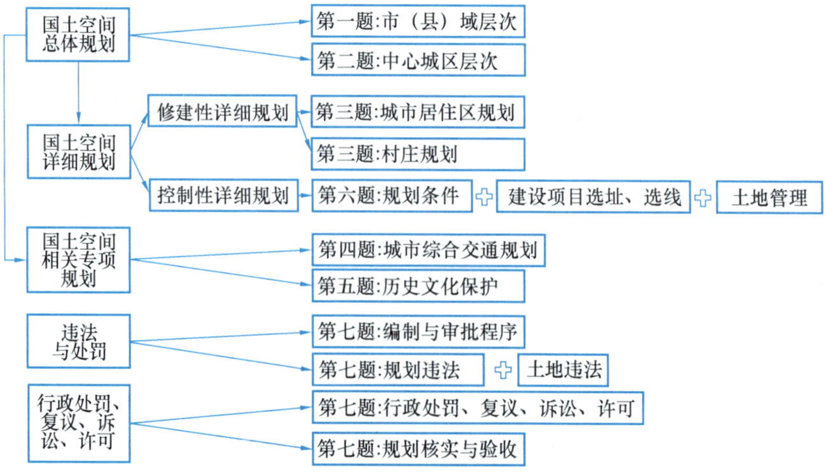

考题类型分布图

板块 2　国土空间总体规划——市(县)域层次

微信扫码
免费听课

历年考频

考点	重点镇／一般镇	城镇化率	产业选择及布局	岸线保护	海洋保护	基础设施及选线	建设规模
考频	5	3	4	1	1	8	2

考点	历史保护	人口规模预测	违反规划/违反政策	人均城镇建设用地指标	城镇开发边界扩展倍数
考频	1	3	5	1	1

知识点 1　市域城镇体系规划主要编制内容

■《城市规划编制办法》

（1）提出市域城乡统筹的发展战略。其中位于人口、经济、建设高度聚集的城镇密集地区的中心城市，应当根据需要，提出与相邻行政区域在空间发展布局、重大基础设施和公共服务设施建设、生态环境保护、城乡统筹发展等方面进行协调的建议。

（2）确定生态环境、土地和水资源、能源、自然和历史文化遗产等方面的保护与利用的综合目标和要求，提出空间管制原则和措施。

（3）预测市域总人口及城镇化水平，确定各城镇人口规模、职能分工、空间布局和建设标准。

（4）提出重点城镇的发展定位、用地规模和建设用地控制范围。

（5）确定市域交通发展策略；原则确定市域交通、通信、能源、供水、排水、防洪、垃圾处理等重大基础设施，重要社会服务设施，危险品生产储存设施的布局。

（6）根据城市建设、发展和资源管理的需要划定城市规划区（注意：对应目前市级国土空间总体规划中的城镇开发边界）。城市规划区的范围应当位于城市的行政管辖范围内。

知识点 2　市级国土空间总体规划主要编制内容

■《市级国土空间总体规划编制指南（试行）》

（1）落实主体功能定位，明确空间发展目标战略；

（2）优化空间总体格局，促进区域协调、城乡融合发展；

（3）强化资源环境底线约束，推进生态优先、绿色发展；

（4）优化空间结构，提升连通性，促进节约集约、高质量发展；

（5）完善公共空间和公共服务功能，营造健康、舒适、便利的人居环境；

（6）保护自然与历史文化，塑造地域特色的城乡风貌；

（7）完善基础设施体系，增强城市安全韧性；

（8）推进国土整治修复与城市更新，提升空间综合价值；

（9）建立规划实施保障机制，确保一张蓝图干到底。

知识点 3　主体功能区定义及分类

■ 定义

主体功能区：根据资源环境承载能力、经济社会发展水平、战略区位等综合比较优势，划定的具有某种特定主体功能、实施差别化管控的地域空间单元。

■ 分类

（1）国家主体功能区分为四类：优化开发区、重点开发区、限制发展区、禁止开发区。其中限制发展区分为两类：农产品主产区、重点生态功能区。**注意：主体功能不等于唯一功能。**

（2）国土空间规划将主体功能区分为：国家级主体功能区和省级主体功能区。

（3）省级主体功能区包括城市化发展区、农产品主产区和重点生态功能区，以及自然保护地、战略性矿产保障区、特别振兴区等重点区域名录。

知识点 4　限制发展区

■ 农产品主产区

（1）定义：指具备较好的农业生产条件，以提供农产品为主体功能，以提供生态产品、服务产品和工业品为其他功能，需要在国土空间开发中限制进行大规模高强度工业化城镇化开发，以保持并提高农产品生产能力的区域。

（2）发展方向与原则

① 加强土地整治，推进连片标准粮田建设。

② 粮食主产区要进一步提高生产能力。

③ 控制农产品主产区开发强度，优化开发方式，发展循环农业，促进农业资源的永续利用。

④ 以县城为重点推进城镇建设和非农产业发展，加强县城和乡镇公共服务设施建设，完善小城镇公共服务和居住功能。

⑤ 农村居民点以及农村基础设施和公共服务设施的建设，要统筹考虑人口迁移等因素，适度集中、集约布局。

■ 重点生态功能区

（1）定义：指生态系统十分重要，关系全国或较大范围区域的生态安全，目前生态系统有所退化，需要在国土空间开发中限制进行大规模高强度工业化城镇化开发，以保持并提高生态产品供给能力的区域。

（2）发展方向与原则

① 生态服务功能增强，生态环境质量改善。

② 开发强度得到有效控制，人类活动占用的空间控制在目前水平。

③ 形成环境友好型的产业结构。不影响生态系统功能的适宜产业、特色产业和服务业得到发展，占地区生产总值的比重提高，人均地区生产总值明显增加，污染物排放总量大幅度减少。

④ 人口总量下降，人口质量提高。部分人口转移到城市化地区。

⑤公共服务水平显著提高，人民生活水平明显改善。

主要考点

【考点①】产业与定位矛盾。

【考点②】城市性质与主体功能区矛盾。

【考点③】限制发展区限制人口大规模增长。

【考点④】限制发展区限制产业大规模发展。

历年真题

【2018-01 题】 我国南方沿海某县……该县近海海域是重要的海洋集聚区及生态环境高度敏感区域。该县在省级主体功能区规划中被确定为限制开发区……政府还拟引进重大石化项目……规划确定该县城的城市性质是新兴临港重化产业基地……

考点解析：(1) 限制发展区不应规划重化产业基地【考点①】；(2) 城市性质是新兴临港重化工产业基地，与主体功能区定位不符【考点②】。

【2013-01 题】 ……该县域范围处于国家功能区划的限制发展区，南、北均为丘陵及山地，城镇在河谷地带布局。北部为水源地与生态涵养区……在中心城市东部规划了 $20km^2$ 的工业园。

考点解析：限制发展区应限制产业大规模发展【考点④】。

【2023-01 题】 东北某县为资源枯竭型城市，中部为自然保护区，内有湿地和濒危物种栖息地，东南邻大城市中心城区……重点镇 C 发展煤化工循环产业，北部主要发展碳素循环产业集群……

考点解析：发展产业与城市定位矛盾，资源枯竭城市不能继续发展煤化工产业，要产业振兴【考点①】。

知识点 5　城镇体系结构

■ 城镇等级结构

(1) 三级结构：中心城市，重点镇，一般镇。

(2) 四级结构：中心城市，副中心城市，重点镇，一般镇。

■ 重点镇的判断

(1) 重点镇的数量：一般一个县重点镇数量为 2～3 个，分布最好呈“金字塔”形。另外，重点镇、一般镇的城镇规模不应过于均匀、机械，要结合当时当地的环境和条件发展。

(2) 重点镇的位置：重点镇应当依托发展轴发展，形成辐射，起到带动作用。

(3) 重点镇的条件：①交通条件：交通便捷，靠近高等级对外交通（如高速公路、铁路等），与县城或者中心城市有直接交通联系；②发展条件：禁止、限制发展区域内（如生态保护红线内、风景名胜区内）不应发展重点镇；③产业条件：应有产业支撑。

注意：重点镇的传统考点为“数量、位置、条件”。2011 年、2013 年、2014 年、2019 年、2023 年第一题均有考察。重点镇一般需要交通条件、区位条件、产业条件、接受大城市的辐射等几个条件。而不能成为重点镇，则一般是因为地理条件差、破坏生态保护红线、占用永久基本农田、缺少对外交通、缺少产业支撑等情况。

主要考点

【考点①】重点镇数量偏多，不符合城镇体系等级结构要求。

【考点②】重点镇选取不合理：对外交通不便或者缺少高等级对外交通；位于限制发展区内（如生态保护红线内、风景名胜区内）；远离城镇发展轴。

【考点③】一般镇定位不合理，应定位为重点镇。

历年考题

【2013-01 题】 图为西北地区某县县域城镇体系规划示意图。该县域范围处于国家功能区划的限制发展区，南、北均为丘陵及山地，城镇在河谷地带布局，北部为水源地与生态涵养区。……布局 1 个中心城市、6 个重点镇、9 个一般镇……

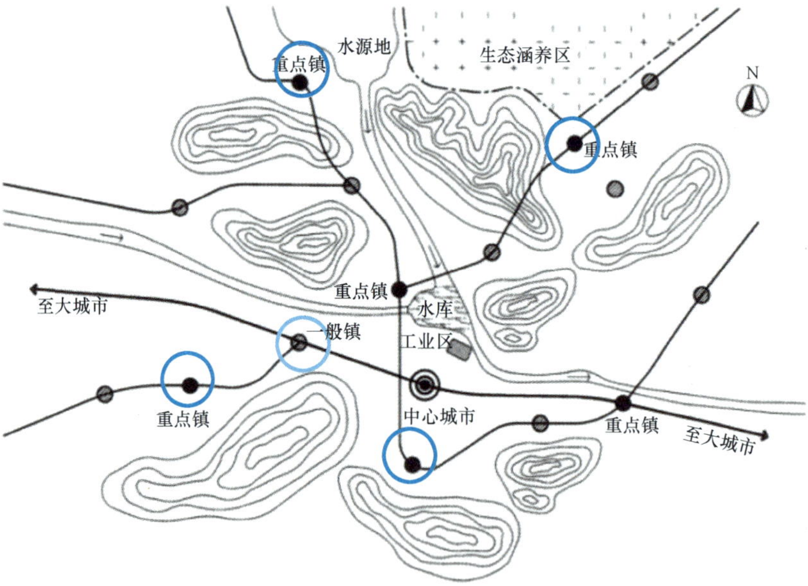

2013-01 题图

考点解析：（1）重点镇 6 个，数量过多，应为 2～3 个【考点①】。（2）重点镇选择不合理。南部山区交通不便，发展重点镇不合理，远离主要的城镇发展轴，作为重点镇的发展依据不充分【考点②】。（3）西侧一般镇定位不合理，应定位为重点镇【考点③】。

【2011-01 题】 图为西南内陆地区某县县域城镇体系规划示意图……规划提出 2020 年县城总人口 80 万，其中，县城城市人口 30 万；重点镇 5 个，每个镇驻地人口 2.6 万，一般镇 13 个，每个镇驻地人口 1 万左右。规划确定城镇主导职能如下：县城为综合服务，重点镇 A 为农产品加工，重点镇 B 为商贸和旅游，重点镇 C 为旅游和建材，重点镇 D 为商贸服务，重点

镇 E 为化工和物流。

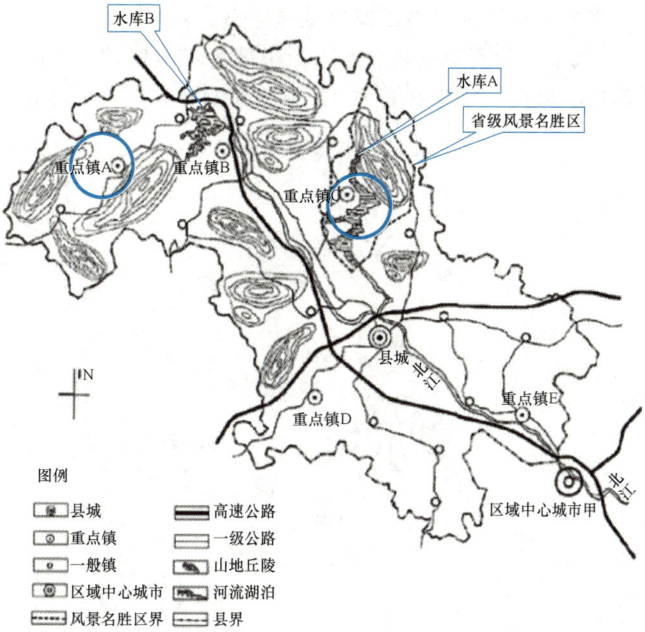

2011-01 题图

考点解析：(1) A 镇因为交通运输不便、区位差，不具备成为重点镇的条件，也不适合发展农产品加工【考点②】。(2) C 镇位于风景名胜区内，应适度发展，因此不适合作为重点镇，更不应发展建材工业【考点②】。(3) 规划的重点镇：一般镇的城镇规模过于均匀，未结合条件发展。值得注意的是，题目中 5 个重点镇，13 个一般镇，呈金字塔形，因此重点镇数量不存在过多的问题。

【2019-01 题】 ……构建 1 个县城、1 个港城、5 个重点镇、6 个一般镇组成的城镇体系结构。

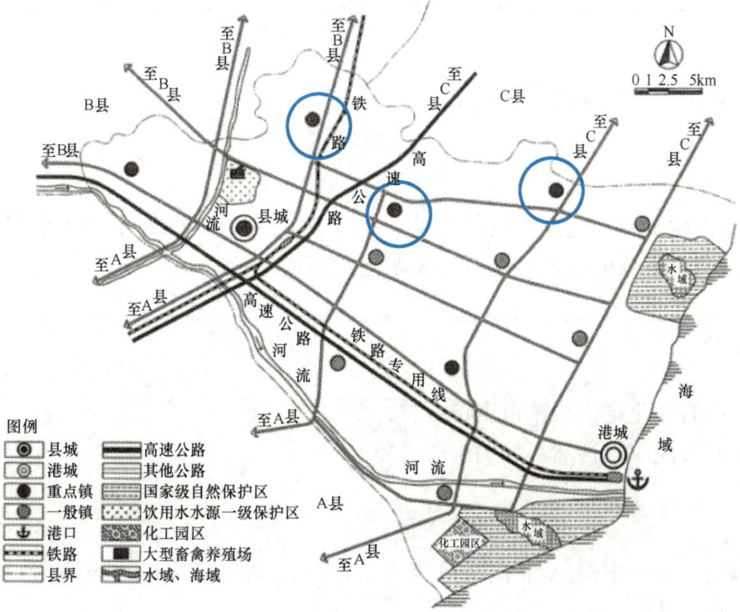

2019-01 题图

考点解析：(1) 重点镇数量偏多，不符合城镇体系等级结构要求【考点①】。北侧重点镇选取不合理。(2) 大多数重点镇远离城镇发展轴【考点②】。

【2023-01 题】 东北某县为资源枯竭型城市，中部为自然保护区，内有湿地和濒危物种栖息地，东南邻大城市中心城区。该县共有 A、C 两个重点镇，8 个一般镇……

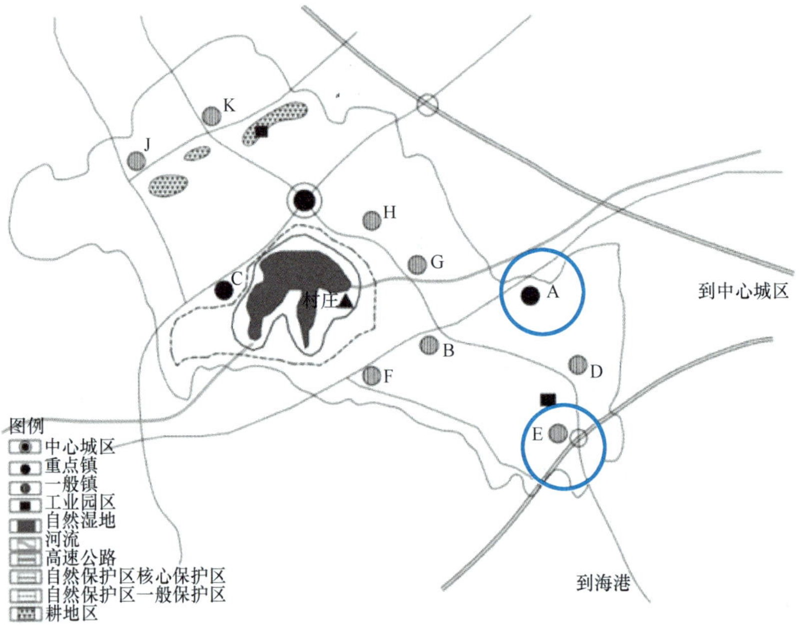

2023-01 题图

考点解析：(1) A 镇确定为重点镇不合理，对外交通不便，不具备成为重点镇的条件【考点②】。(2) E 镇未选址成为重点镇不合理，E 镇交通便利且具备产业支撑【考点②】。

知识点 6　城市职能与城市性质

■ 定义

城市职能是指城市在一定地域内的经济、社会发展中所发挥的作用和承担的分工。城市性质关注的是城市最主要的职能，是对主要职能的高度概括。

主要考点

【考点①】镇的产业定位与城市定位不符。

【考点②】城市性质与自然环境约束条件不符。

历年真题

【2007-01 题】 ……根据 A 市在城镇群内滨海旅游城市的定位……D1 为重点旅游城镇，D2、D3、D4、D5 发展工业。

考点解析：除了重点镇D1，其余镇的产业定位与旅游城市定位不符【考点①】。

【2018-01题】……南部半岛上有一处省级风景名胜区。该县近海海域是重要的海洋生物集聚区及生态环境高度敏感区域。该县在省级主体功能区规划中被确定为限制开发区……规划确定该县城的城市性质是新兴临港重化工产业基地、区域重要的工贸、旅游城市……

考点解析：城市性质定位为重化工产业基地不科学，与该县自然环境约束条件相违背【考点②】。

知识点7 约束性指标

■ 主要约束性指标

(1) 耕地保有量：规划期内必须保有的耕地面积。

拓展

到2020年，全国耕地保护面积不得低于18.65亿亩。到2020年，基本农田要在15.46亿亩以上。

(2) 永久基本农田保护面积：按照一定时期人口和经济社会发展对农产品的需求，依据国土空间规划确定的不得擅自占用或改变用途的耕地。

(3) 用水总量：规划水平年用水总量控制性要求。

(4) 生态保护红线面积：生态功能极重要、生态极脆弱，以及具有潜在重要生态价值，必须强制性严格保护的区域的面积。**注意：包括整合优化后的自然保护地。**

拓展

《中国生态保护红线蓝皮书》：我国划定生态保护红线面积合计约319万km^2，其中陆域生态保护红线面积约304万km^2，占陆域国土面积比例超过30%。到2035年自然保护地占陆域国土面积18%以上。

(5) 大陆自然岸线保有率：大陆自然岸线保有量（长度）占大陆岸线总长度的百分比，其中，大陆岸线总长度以省级人民政府批准确定的海岸线数据为基准。

拓展

城镇开发边界扩展倍数：指城镇开发边界的面积与现状城镇建设用地规模的倍数关系（根据自然资源部的规定，各省份按不超过2020年现状城镇建设用地总规模的1.3倍控制城镇开发边界范围）。

主要考点

【考点①】现状耕地面积低于耕地保护目标，规划却要减少耕地。

【考点②】城镇开发边界扩展倍数过于均衡（新考点）。

【考点③】常住人口规模：人口大规模增长的判断。

历年考题

【2021-01 题】 ……沿河两岸分布有大量耕地，现状耕地面积低于耕地保护目标……规划在河流两岸建设 500m 宽的生态林带……

考点解析：耕地现在低于目标，建设超宽绿带，造成耕地“非农化”【考点①】。

【2024-01 题】 ……上位规划确定该市城镇开发边界扩展倍数为 1.28，中心城区和各镇的城镇开发边界扩展倍数均按 1.28 配置……

考点解析：中心城区和各镇的城镇开发边界扩展倍数均按 1.28 配置过于机械，未考虑差别化配置，中心城区和重点镇扩展倍数应大一些，一般镇小一些【考点②】。

知识点 8　定性指标

■ 水资源

1. 水资源总量

（1）水资源总量＝降水量－地表蒸散发量。

（2）年降水量在 800mm 以上的是湿润区，400～800mm 的属于半湿润区，200～400mm 的属于半干旱区，200mm 以下的属于干旱区。

（3）水资源条件是由当地的气候因素和地域环境特点所决定的，是自然支撑能力指标。水资源条件由水量和水质两部分构成，是决定一个地区水资源紧张程度的重要因素之一。

注意：水资源总量经常考到的点是，干旱缺水地区发展高耗水产业。

2. 人均水资源

（1）定义：人均水资源量＝水资源总量÷人口总数，是判断区域水资源条件最具代表性的指标，是直观判断缺水程度的指标。

（2）我国人均水资源：我国人均水资源 2238m^3，不足世界人均水平的 1/3，近 2/3 城市不同程度缺水。按照国际公认的标准，人均水资源低于 3000m^3 为轻度缺水，低于 2000m^3 为中度缺水，低于 1000m^3 为重度缺水，低于 500m^3 为极度缺水。

（3）水资源缺水类型：水质性缺水和工程性缺水。水质性缺水是指大量排放的废污水造成淡水资源受污染而短缺的现象；工程性缺水是指特殊的地理和地质环境存不住水、缺乏水利设施留不住水（如喀斯特地貌）的现象。

（4）水质量分类：地表水水质等级（河流）反映了地表水水质状况，分为五类（Ⅰ类、Ⅱ类、Ⅲ类、Ⅳ类、Ⅴ类），Ⅰ～Ⅲ类为水质优良。

（5）相关要求：《中共中央 国务院关于深入打好污染防治攻坚战的意见》中提出，到 2025 年，地表水Ⅰ—Ⅲ类水体比例达到 85%，近岸海域水质优良（一、二类）比例达到 79% 左右。

拓展

（1）水利部发布的《关于印发钢铁等十八项工业用水定额的通知》对高耗水产业进行了规定。

2020 年 2 月 1 日实行传统高耗水行业：钢铁、火力发电、石油炼制、选煤、罐头食品、食糖、毛皮、皮革、核电、氨纶、锦纶、聚酯涤纶、维纶、再生涤纶、多晶硅、离子型稀土矿冶炼分离、对二甲苯、精对苯二甲等十八项工业。

(2) 以水四定——以水定城、以水定地、以水定人、以水定产。

① 以水定人——城市人口规模要与当地水资源状况相匹配。

② 以水定地——要以水资源条件确定土地生产规模、结构。

③ 以水定产——从产业布局、结构、规模的角度强化水资源刚性约束。

④ 以水定城——从城市发展布局规划角度强调要以水资源禀赋为重要条件。

主要考点

【考点①】人均水资源短缺，却要发展高耗水产业。

【考点②】城市严重缺水，却要发展大规模的工业园区。

【考点③】现状水质差，规划却要继续发展高污染、高耗水工业。

历年考题

【2021-01 题】 该县 2020 年空气质量优良天数比为 73%，人均水资源量为 630m^3，现状耕地面积低于保护目标。新编制的国土空间规划方案：对三片煤层气储备区同时进行全面开采，县城西北侧规划建设一处 20km^2 的工业园区……

考点解析：(1) 现在人均水资源 630m^3，属于严重缺水，不应该对三片煤层气储备区同时进行全面开采【考点①】。(2) 该县严重缺水，规划工业园区偏大，不符合“以水定地”的要求【考点②】。

■ 空气质量

(1) 环境空气优良天数比例：指在地级及以上城市中，空气质量优良的天数占总天数的比例。

(2) 空气质量相关要求

① 2024 年全国环境空气质量优良的天数比例达 87.2%。

②《中共中央 国务院关于深入打好污染防治攻坚战的意见》中要求，到 2025 年，地级及以上城市细颗粒物（PM2.5）浓度下降 10%，空气质量优良天数比例达到 87.5%。

主要考点

【考点①】空气质量差，却要发展严重污染产业。

历年考题

【2021-01 题】 该县 2020 年空气质量优良天数比为 73%，对三片煤层气储备区同时进行全面开采……

考点解析：该县2020年空气质量优良天数比为73%，未达到国家相关要求，对三片煤层气储备区同时进行全面开采，会污染空气，不利于空气质量保护【考点①】。

■ 国土开发强度

（1）定义：国土开发强度＝建设用地总规模/行政区陆域面积。一般情况下，经济越发达，国土开发强度越高。

（2）相关要求：国土开发强度的国际警戒线为30%，国际宜居标准中国土开发强度20%。

拓展

《全国国土规划纲要（2016—2030年）》提出，到2030年，我国国土开发强度不超过4.62%。

主要考点

【考点①】现状国土开发强度高的情况下，平均增加一定量的建设用地规模。

【考点②】现状国土开发强度已经过高的情况下，继续扩大建设用地规模。

历年考题

【2022-10-01题】 某县2020年……国土开发强度21%。规划扩大县城建设用地规模……

考点解析：现状国土开发强度高，不应扩大建设用地规模【考点②】。

【2022-11-01题】 某县2021年土地开发强度30%……规划……每个乡镇工业园区都增加一定量建设用地。

考点解析：现状开发强度很高，不应每个乡镇都增加建设用地【考点①】。

■ 人均城镇建设用地指标①

（1）定义：人均城镇建设用地面积指城市、建制镇范围内所有的建设用地面积与城镇常住人口规模的比值。公式：（城市＋建制镇）范围内的建设用地面积/城镇常住人口规模。

（2）人均城市建设用地：Ⅰ、Ⅱ、Ⅵ、Ⅶ气候分区人均城市建设用地面积最大115m^2/人，Ⅲ、Ⅳ、Ⅴ气候分区最大110m^2/人。

（3）人均镇建设用地：最大140m^2/人。

拓展

①建设用地总规模＝城乡建设用地＋区域基础设施用地＋其他建设用地；②城乡建设用地＝城市建设用地＋建制镇建设用地＋村庄面积中的建设用地。

① 人均城镇建设用地在《市级国土空间总体规划编制指南（试行）》中仅给出定义，目前尚无国家标准数据，解题暂按已有标准中人均城市建设用地、人均镇建设用地相关指标数据解析。

主要考点

【考点①】规划人均城镇建设用地指标过高，超过标准 。

历年考题

【2024-01 题】 ……2023 年，市域城镇常住人口为 120 万，城镇建设用地总规模为 205km² ……2035 年市域城镇常住人口为 135 万，城镇建设用地总规模为 256km² ……

考点解析：2023 年人均城镇建设用地约为 171m²/人，2035 年人均城镇建设用地约为 190m²/人，现状已超过国家标准，规划应该核减**【考点①】**。

■ 城镇化率

（1）城镇化率是指一个国家或地区城镇常住人口占该国家或地区总人口的比例，是衡量城镇化水平高低的重要指标。

（2）判断城镇化水平的方法

经济发展水平：诺瑟姆早在 1975 年就注意到了城镇化水平与经济发展水平之间的正相关关系，指出二者之间是一种粗略的线性关系，**即经济发展水平越高，城镇化水平也越高**。后来一些学者利用多个国家数据进行定量分析，验证了城镇化水平与经济发展水平之间的正相关关系，进一步发现二者之间并不是简单的线性正相关关系，而是呈对数相关关系。

拓展

我国城镇化目前处于增速放缓：每年城镇化率增加 1% 左右。

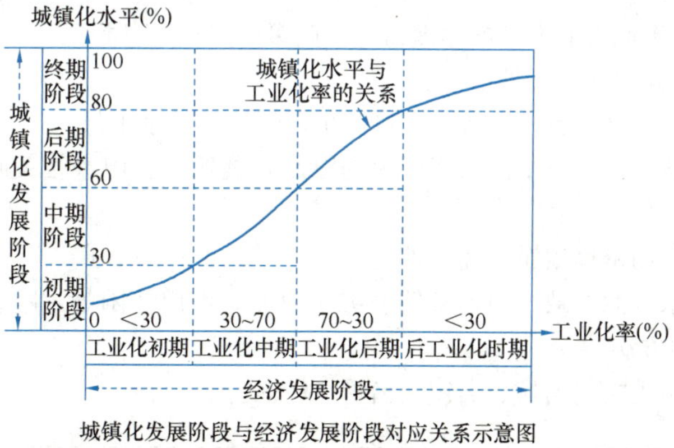

城镇化发展阶段与经济发展阶段对应关系示意图

主要考点

【考点①】限制条件：位于限制发展区，城镇化水平增速过快不合理（或者预测过高）。

【考点②】经济因素：现状经济发展水平低于全国平均水平，城镇化水平预测过高不合理，与现状经济发展水平低不相符。

【考点③】增速过快：每年增速超 1%，城镇化水平增速过快不合理，不符合我国城镇化发展规律。

历年考题

【2013-01 题】 西北地区某县……处于国家主体功能区划的限制发展区……现状总人口 42 万人，城镇化水平 32%……规划 20 年后总人口 62 万人，城镇化水平 62%……

考点解析：限制发展区限制进行大规模高强度开发，规划城镇化水平增速过快不符合限制发展区限制进行大规模高强度的要求【考点①】。

【2014-01 题】 西部某县属于严重缺水地区……经济发展水平较低，2013 年……城镇化水平 38%……2030 年城镇化水平 75%……

考点解析：经济发展水平较低的地区，城镇化水平预测过高不合理【考点②】。

【2022-01 题】 某县 2020 年县域常住人口 92 万人，城镇人口 49 万人……规划 2035 年城镇化率达到 80%……

考点解析：城镇化率每年增速 1.8%，过高，发展动力不足，不符合我国城镇化发展规律【考点③】。

■ 常住人口规模

增长方式

（1）自然增长：①自然增加数是指出生人数与死亡人数的净差值；②通常以一年内城市内人口的自然增加数与该年内平均人数之比的千分率来表示其增长速度，称为自然增长率**注意：我国现阶段人口略有增加，变化小，开始出现负增长。**

（2）机械增长：是主要的增长方式，是指由于人口迁移所形成的变化量，即一定时期内，迁入城市的人口与迁出城市的人口的净差值，与政策、产业息息相关。

（3）人口不能大幅增加的五种情形。

① 现状趋势：人口呈负增长态势，人口流出，经济发展水平低。

② 位于限制发展区：位于主体功能区中的限制发展区，受国家相关政策影响，如生态移民、三峡移民等。

③ 产业因素：劳动密集型企业逐渐外迁。

④ 环境因素：水资源短缺，地形条件恶劣，增加城市用地困难，断裂带穿越城市，地震威胁大，有严重的地方病。

⑤ 城市性质：历史文化名城、名镇、名村、街区。

主要考点

【考点①】县域总人口增长太多，不符合限制发展区的要求。

【考点②】规划总人口规模过大，与现状人口呈现负增长态势的情况不符。

【考点③】水资源重度不足，水资源制约了人口最大规模。

【考点④】规划人口过高，劳动密集型企业逐渐外迁，人口无法大规模增加。

历年真题

【2018-01 题】 我国南方沿海某县……该县在省级主体功能区规划中被确定为限制开发区。县域现状总人口为 48 万人，其中县城城区人口为 12 万人……规划……2035 年县域总人口 70 万人，县城中心区人口 30 万人……

考点解析：限制发展区人口大规模增加不合理【考点①】。

【2014-01 题】 西部某县属于严重缺水地区，县域生态环境脆弱……2013 年县域常住人口 30 万人，呈现负增长态势……规划期为 2013—2030 年……规划 2030 年县域常住人口 55 万人……

【2019-01 题】 东部沿海某县……2018 年县域常住人口约 100 万人，城镇化水平 51%，近年来全县人口呈现净流出趋势。规划 2035 年常住人口 120 万人，城镇人口 90 万人……

考点解析：人口净流出趋势地区，人口大规模增加不合理【考点②】。

【2021-01 题】 县域常住人口为 39 万人……人均水资源量为 630m^3……规划到 2035 年县域常住人口达到 45 万人……

考点解析：缺水地区人口大规模增加不合理【考点③】。

【2022-11-01 题】 某县 2021 年土地开发强度 30%，城镇化率 75%，县域常住人口 150 万人。现有劳动密集型企业逐渐外迁……规划 2035 年常住人口 200 万人……

考点解析：劳动密集型企业外迁，人口大规模增加不合理【考点④】。

知识点 9　基础设施

■ 铁路

1. 铁路评析

分两种情况，①落实上位规划；②规划本层次。**注意：考试中只有第 2 种情况才进行评析，题目中会出现地方铁路、支线铁路或者市域快速轨道。落实上位规划不评析。**

2. 铁路设置条件

普通铁路：①有大量提供原料、燃料的有色金属开采业；②生产大量工业产品的冶金、化工、重型制造业。

市域快速轨道：《国务院办公厅关于加强城市快速轨道交通建设管理的通知》中规定了申报发展地铁的城市应达到下述基本条件，地方财政一般预算收入在 100 亿元以上，国内生产总值达到 1000 亿元以上，城区人口在 300 万人以上，规划线路的客流规模达到单向高峰小时 3 万人以上；申报建设轻轨的城市应达到下述基本条件，地方财政一般预算收入在 60 亿元以上，国内生产总值达到 600 亿元以上，城区人口在 150 万人以上，规划线路客流规模达到单向高峰小时 1 万人以上。对经济条件较好，交通拥堵问题比较严重的特大城市，其城轨交通项目予以优先支持。

主要考点

【考点①】应避让永久基本农田、生态保护红线、自然保护地、风景名胜区、湿地。

【考点②】铁路选线宜连接产业园区，产业园区选址宜结合铁路（货运站）布置。

【考点③】地方铁路选线宜结合港口，考虑水铁联运（港口选址应考虑水铁联运）。

【考点④】规划城镇人口过少，不符合城市轨道交通的设置条件。

【考点⑤】铁路选线应考虑经济性，规划铁路与（客运或者货运）性质不相匹配。

历年考题

【2009-01 题】 ……为统筹市域城镇发展、产业布局和重大基础设施建设，规划完善了市域高速公路、铁路、港口等重大基础设施。

港口：沿海地区从北向南分别规划布局了三个港口，其中港口甲为我国重大渔港；港口乙为 10 万～20 万 t 级泊位的海港，以大宗散货中转运输和集装箱运输为主的综合性港口；港口丙为 5 万～10 万 t 级泊位的海港，以原材料、煤炭等散货运输和集装箱运输为主的综合性港口。

产业布局：规划在港口甲布局化学工业区 A，在港口乙和港口丙布局重化工业区 B，在沿海其他地区布局工业区 C，在机场东南侧布局建材、机械工业区 D，在市域西南部的河心岛布局纺织工业区 E。

2009-01 题图

考点解析：（1）铁路布局不合理，缺乏港口丙的联系，不利于港口间货物转运和水路联运的组织【考点③】；（2）铁路布局不合理，缺少与工业区 C 的联系【考点②】。

【2024-01 题】 东部某县级市市域面积约 1200km^2，南部毗邻某特大城市，其他相邻区域为县级市。2023 年，市域城镇常住人口为 120 万人，城镇建用地规模为 205km^2。上位规划确定该市城镇开发边界扩展倍数为 1.28。该市国土空间总体规划方案预测，2035 年市域城镇常住人口为 135 万人……

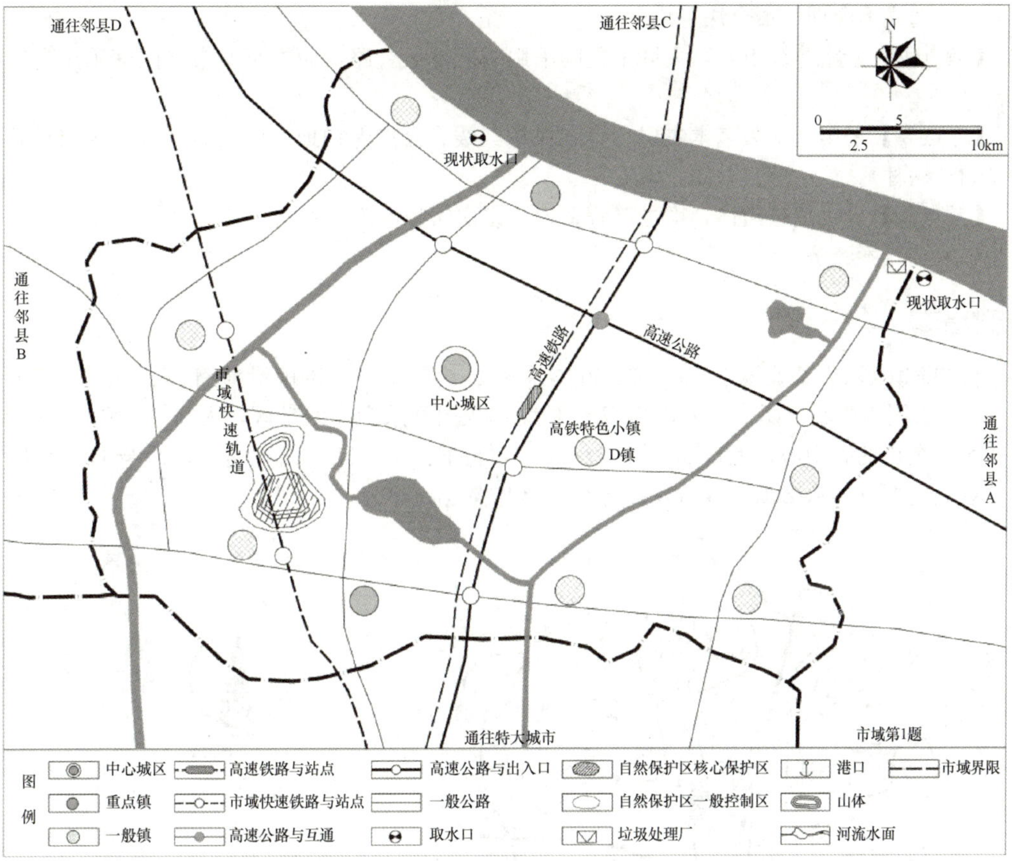

2024-01 题图

考点解析：市域快速轨道选线不应穿越山体和自然保护区核心保护区【考点①】；规划市域快速轨道不合理，人口规模达到 150 万人以上才应规划【考点④】。

■ 公路

公路等级

① 按行政区域分：国道、省道、县道、乡道。

② 按技术等级分：高速公路、一级公路、二级公路、三级公路、四级公路。

主要考点

评析：规划本层次的县道、乡道，规划环状高速公路（市域层面）；

不评析：上位规划的国道、省道。**注意：选线题目≠市域层次**。

（1）该有的没有

【考点①】市（县）域内各乡镇之间缺少联系。

【考点②】县城和县城之间缺少交通，产业和产业之间缺少交通。

（2）不该有的有了

【考点③】基础设施重复建设，增加投资。

（3）选线不合理（不合法）

【考点④】公路等级不对，大城市之间采用一般等级公路，而中小城市之间却采用高等级公路。

【考点⑤】未避让永久基本农田、生态保护红线、自然保护地、风景名胜区、国家重要湿地（如红树林）。

【考点⑥】直线翻越山体，增加工程造价；多次跨越河道、铁路。

（4）选线不经济。

历年真题

【2003-01 题】 某地级市的市域城镇体系规划示意图……该市沿海有 N、D、W 三个县城……Z 组团为中心组团……人口 70 万。G 为以煤炭开采为主的矿区，人口 25 万。F 为新型工业区，全市的副中心，人口 30 万；Z 与 G、Z 与 F、Z 与 N 有国道连接，N 与 D 有公路连接。规划还拟分别从 Z 城、G 城建高等级公路与 W 连接……

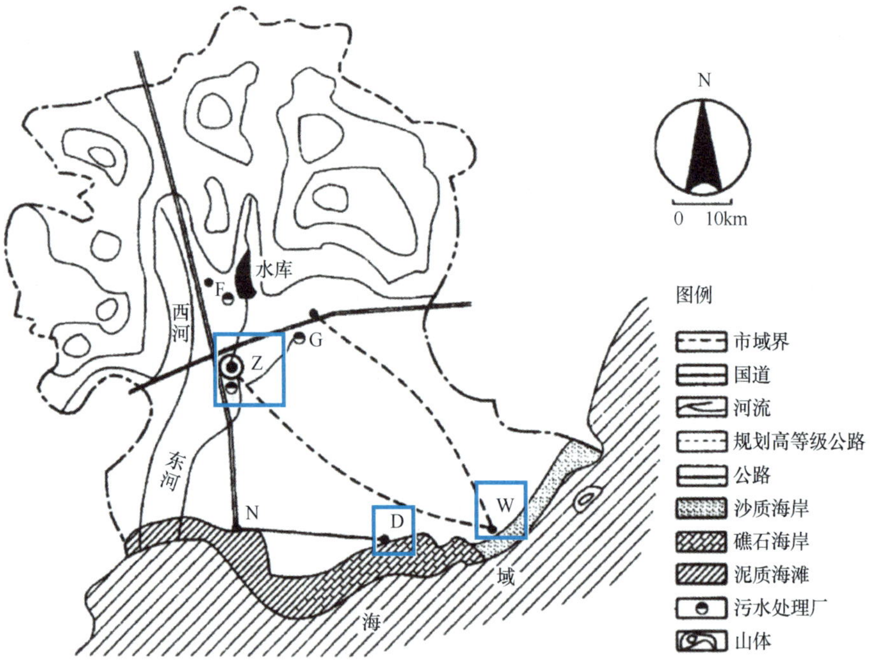

2003-01 题图

考点解析：D 与 W 缺少交通联系【考点②】；G 与 W 之间，Z 与 W 之间均设置高等级公路，涉及基础设施重复建设，增加投资【考点③】。

【2007-01 题】 A 城市位于我国东南部沿海丘陵地区……为促进区域协调发展，规划完善道路交通体系网，拟加快环形公路建设……，重点建设 L1、L2、L3 三条道路，其中 L1 为连接 B1、A 及 D1 的高速公路，L2 为连接 B2、A 及 C 的高速公路，L3 为连接甲、B1 及 C 的沿海公路，以加强各城镇之间的联系……

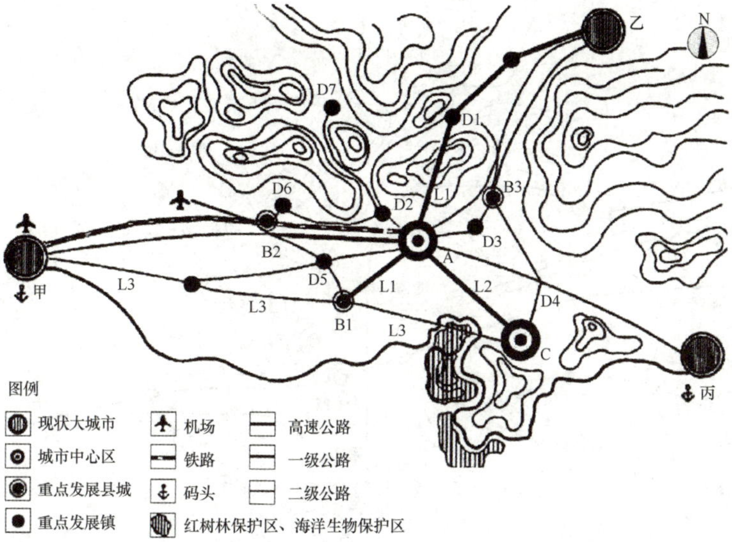

2007-01 题图

考点解析：规划 L1 的直线翻越山体，选线不合理，增加工程造价【考点⑥】；L3 穿越红树林及海洋生物保护区，选线不合理【考点⑤】。

【2008-01 题】 我国某大城市，市域内北部为丘陵地区，南部为平原地区，市域范围内现状有两个主要城市 Y 和 Z，两城市相距 60km，另外有若干中小城市。城市 Y 为市域的中心城市，规划人口规模为 100 万，城市 Z 为临海的港口城市，规划人口规模为 45 万……同时还规划了环形高速公路等内容。

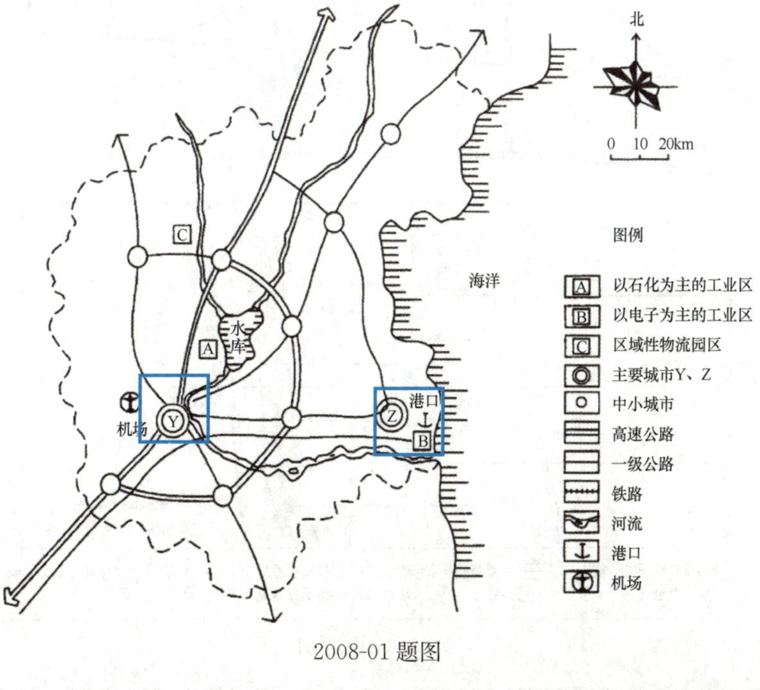

2008-01 题图

考点解析：主要城市 Y 与 Z 之间为一级公路，而中小城市却采用高速公路相连【考点④】。

【2013-01 题】 图为西北地区某县县域城镇体系规划示意图。……布局一个中心城市，6 个重点镇，9 个一般镇，并在中心城市东部规划了 $20km^2$ 的工业园区。

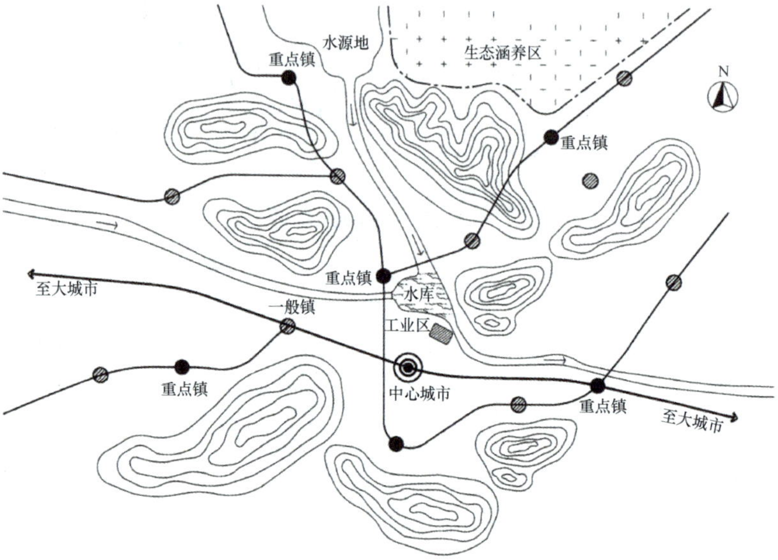

2013-01 题图

考点解析：东北部一般镇缺少交通不能互联互通，不合理【考点①】。

【2022-10-01 题】 某县 2020 年县域常住人口 92 万，城镇人口 49 万，国土开发强度 21%。图中显示规划了一条高速公路……

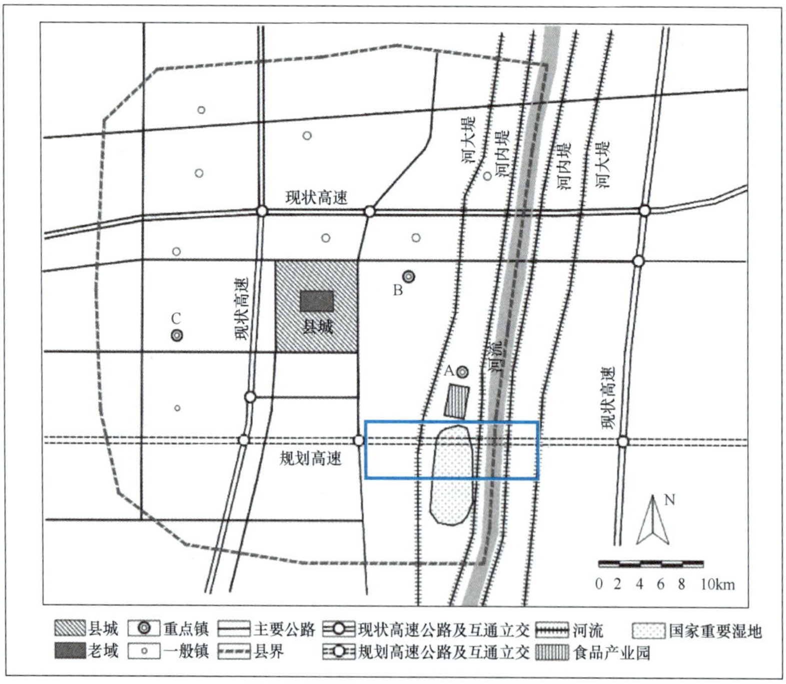

2022-10-01 题图

考点解析：高速公路选线不当，违反了《湿地保护法》中禁止占用国家重要湿地的规定【考点⑤】。

■ 机场

1. 机场建设要求

① 机场附近不能布置排放大量烟雾、粉尘、火焰、废气等影响飞行安全的物质及强烈爆炸物的仓库。

② 城市到机场、机场与机场之间要有便利的交通。

③《城市综合交通体系规划标准》GB/T 51328—2018 规定，衔接机场的铁路与道路系统布局应与机场的客货运服务腹地范围一致。年旅客吞吐量 2000 万人次及以上的机场宜与城际铁路、高速铁路衔接，年旅客吞吐量 1000 万人次及以上的机场，应布局与主要服务城市之间的机场专用道路，并宜设置城市航站楼。

2. 周边产业布局

机场周边可布置高附加值的、适应航空运输的仓储；机场周边不可布置精密机械、精密电子的制造工厂（如仪表、手表、传感器等精密机械、精密电子），因为噪声震动不利于精密产品制造。

主要考点

【考点①】机场重复建设不经济，未考虑基础设施共享共建。

【考点②】机场布置建材机械工业区不合理，与机场运输功能不匹配且影响航空安全。

历年真题

【2008-01 题】 我国某大城市，市域内北部为丘陵地区，南部为平原地区……提出了以石化为主的工业区 A、以电子为主的工业区 B、区域性物流园区 C 及 4D 级新机场等的规划布局意见。

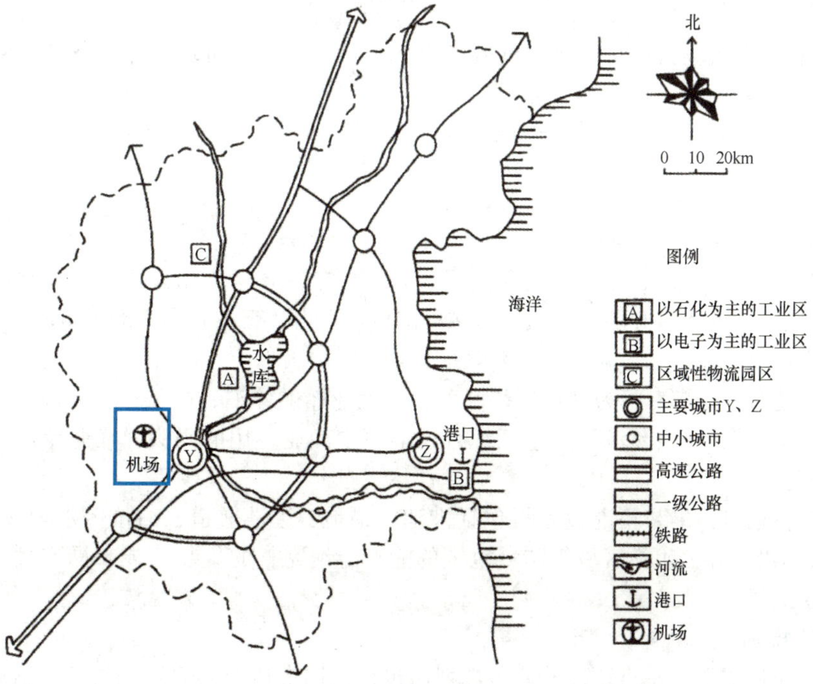

2008-01 题图

考点解析：机场选址不合理，未考虑城市 Y 和 Z 之间共享共建【考点①】。

【2009-01 题】 图为东南沿海地区某市市域城镇体系规划示意图……产业布局：……在机场东南侧布局建材、机械工业区 D，在市域西南部的河心岛布局纺织工业区 E。

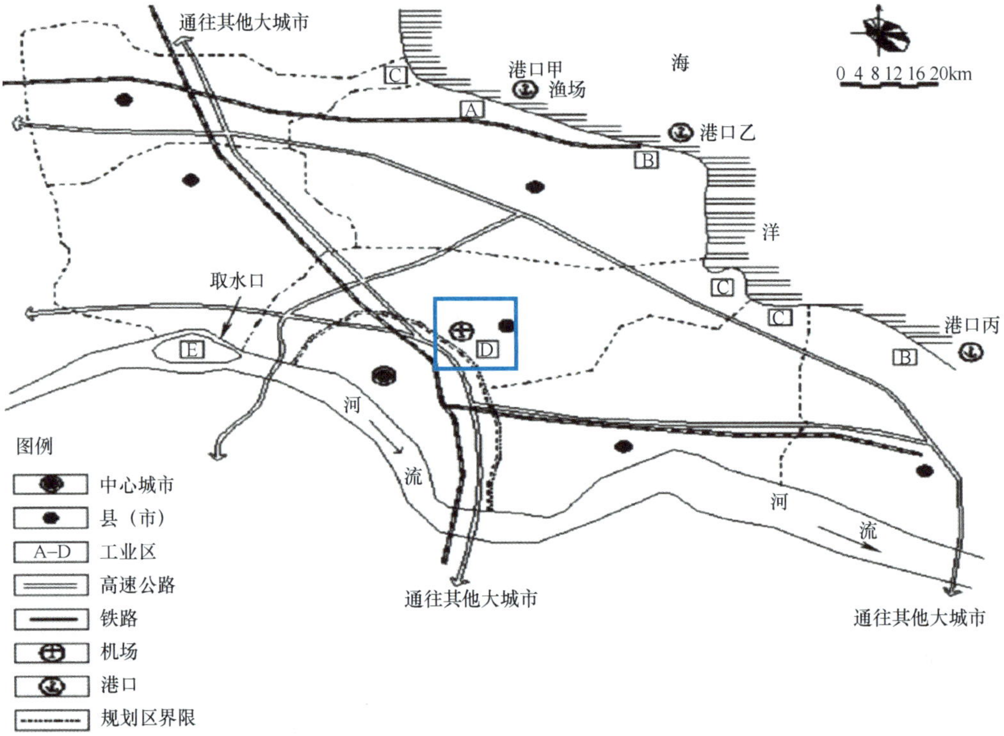

2009-01 题图

考点解析：在机场附近布置建材机械工业区 D 不合理，与机场运输功能不匹配且影响航空安全【考点②】。

■ 港口

1. 定义

具有船舶进出、停泊、靠泊，旅客上下，货物装卸、驳运储存等功能，具有相应的码头设施，由一定范围的水域和陆域组成的区域。港口可以由一个或者多个港区组成。

2. 分类

① 渔业港口：是指专门为渔业生产服务、供渔业船舶停泊、避风、装卸渔获物、补充渔需物资的人工港口或者自然港湾，包括综合性港口中渔业专用的码头、渔业专用的水域和渔船专用的锚地。

② 集装箱港口：集装箱港口是指包括港池、锚地、进港航道、泊位等水域以及货运站、堆场、码头前沿、办公生活区域等陆域范围的能够容纳完整的集装箱装卸操作过程的具有明确界限的场所。

3. 港口规划

① 港口布局规划，是指港口的分布规划，包括全国港口布局规划和省、自治区、直辖市港口布局规划。

② 港口总体规划，是指一个港口在一定时期的具体规划，包括港口的水域和陆域范围、港区划分、吞吐量和到港船型、港口的性质和功能、水域和陆域使用、港口设施建设岸线使用、建设用地配置以及分期建设序列等内容。港口总体规划应当符合港口布局规划。

主要考点

建港前提条件：有暗礁不适合建港口，砂质海岸不适宜建港口，礁石海岸适宜建港口。

【考点①】水深较浅不适宜建港（水深 10m 即可停泊万吨轮船舶）。

【考点②】港口缺少对外交通（缺少与铁路、高速公路的衔接）。

【考点③】港口侵占自然保护区、滨海湿地、红树林等。

【考点④】周边产业布局不合理，对渔业港口造成污染（或化工港口对自然保护区造成污染）。

【考点⑤】填海建港口，违反国家相关政策。

【考点⑥】港口距离水源地过近，易造成污染。

历年考题

【2002-01 题】 图为我国南部沿海丘陵地区某市市域城镇体系规划示意图，该市盛产水果海产品，风景旅游资源丰富，部分山体列入国家自然保护区。东湾为水产资源保护区，沿海分布大量的红树林、湿地、沙滩及礁石……

交通：考虑到东湾现状基础设施和城镇依托条件较好，规划拟在东湾进行局部填海建设深水港码头……

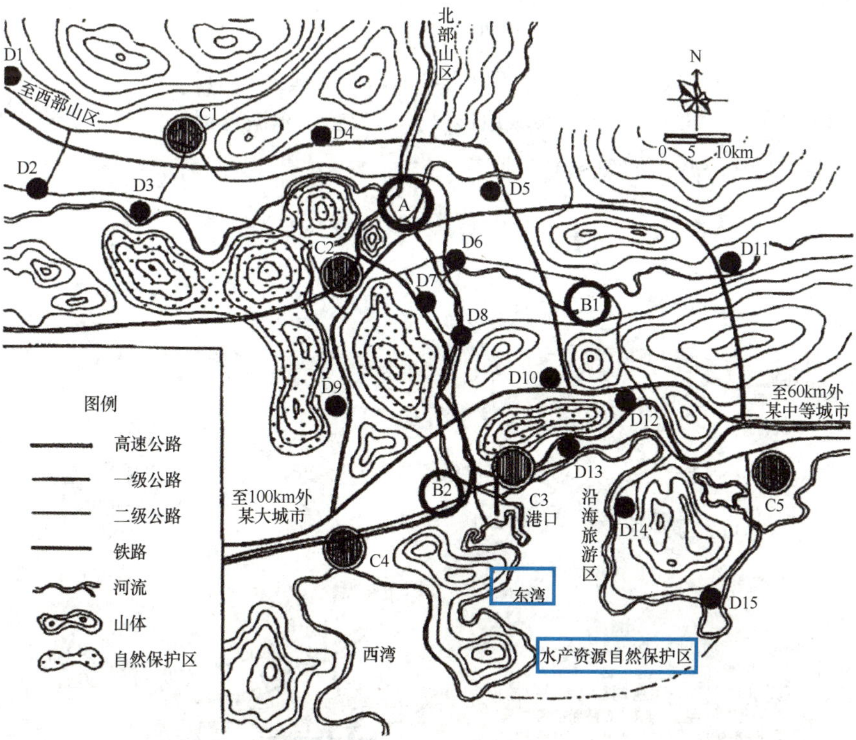

2002-01 题图

考点解析：（1）填海建深水港不妥，易对海岸线、红树林、景观和生态环境造成破坏，违反了除国家重大项目外，不再新增围填海的政策【考点⑤】。（2）东湾建港选址不当，不利于水产资源自然保护区的保护，违反《自然保护区条例》【考点③】。

【2007-01 题】 ……沿海地区中部海岸为约 2km 的平坦的沙质海岸，沙软潮平，水质清澈，附近有海岛；西部主要为礁石海岸，但水深较浅……其中 B1 定位工业型城市，并拟建大型深水码头……

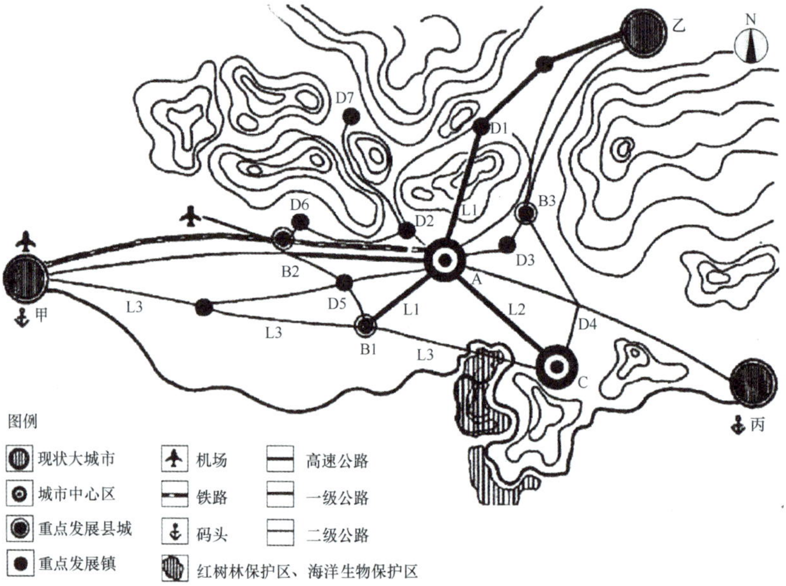

2007-01 题图

考点解析：海域水深较浅，不适合建设大型深水码头【考点①】。

【2019-01 题】 东部沿海某县，县域地形以平原为主，东南部河流入海口具有较好的建港条件……依托港口发展化工等临港型产业……

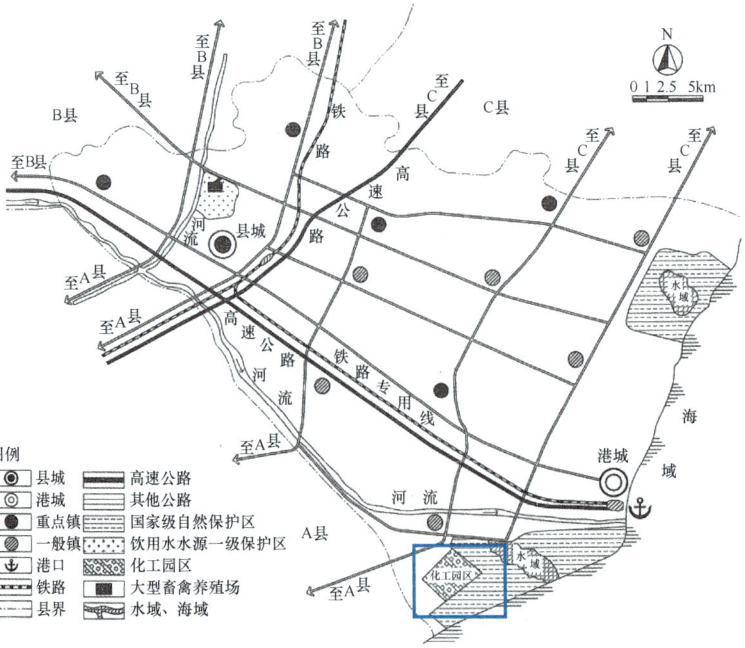

2019-01 题图

考点解析：该县依托港口发展化工等临港产业的不合理，易对自然保护区造成污染【考点④】。

【2024-01 题】 东部某县级市市域面积约 1200km^2……规划建设高速铁路与站点、市域快速轨道与站点、高铁特色小镇、港口、垃圾处理厂等。

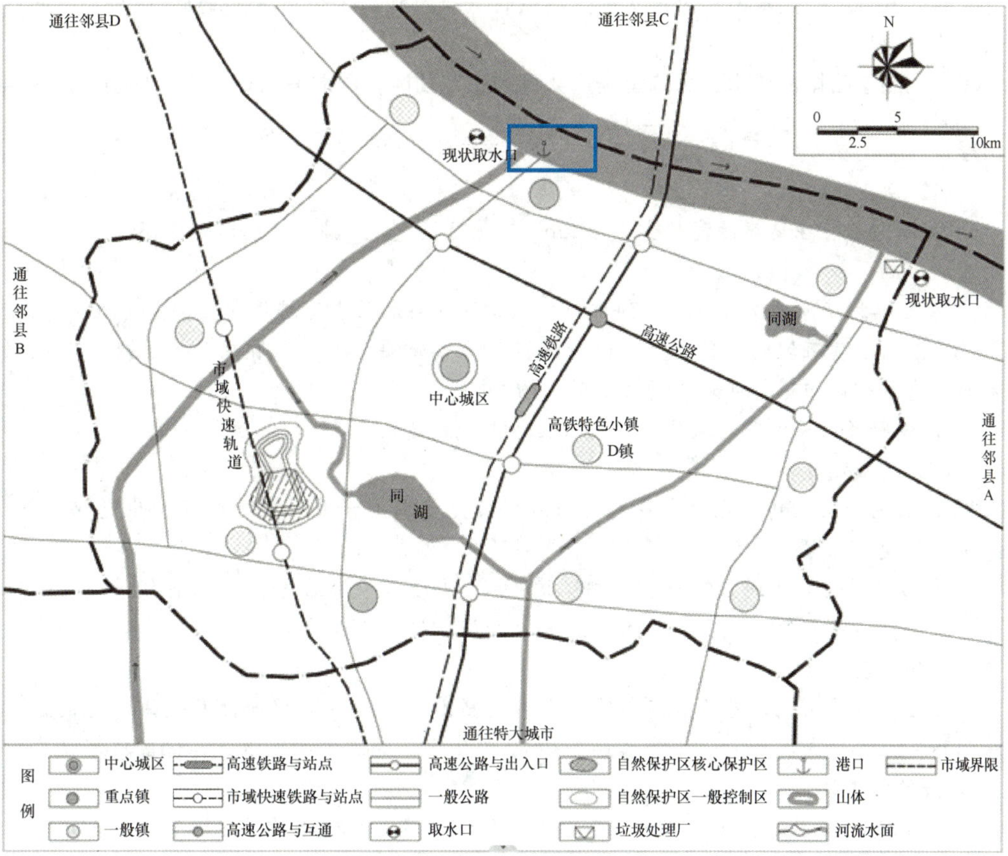

2024-01 题图

考点解析：港口选址不合理，距离取水口过近，不利于饮水安全【考点⑥】。

■ 管道运输

油、气、液体管道不应穿越国家公园和自然保护区、风景名胜区、世界文化和自然遗产地、海洋特别保护区、饮用水水源保护区。

■ 能源

1. 火电厂

① 严格控制新增煤电项目，合理划定禁止散烧区域，逐步减少直至禁止煤炭散烧。

② 厂区与附近的核电厂、化工厂、炼油厂、石油或天然气储罐等潜在危险源之间保留一定的安全距离。

③ 厂区位置应避开地质灾害易发区、采空区影响范围，以及岩溶发育、滑坡、泥石流的区域。

④ 厂址满足机场净空、军事设施、文物保护、风景名胜与生态保护、饮用水源保护等方面的要求。

2. 热电厂

在发电的同时，还利用汽轮机的抽汽或排汽为用户供热的火电厂。主要工作原理是利用火力发电厂发电后的热水，经过再次加热后供暖（有效利用余热，减少能源浪费）。厂址宜靠近用户的热力负荷中心。

注意：热电站排放热水，影响鱼类产卵场的生态功能，同时易对海洋生态环境造成污染。

拓展

（1）海上风电

① 原则上应在离岸距离不少于10km、滩涂宽度超过10km时海域水深不得少于10m的海域布局。

② 在各种海洋自然保护区、海洋特别保护区、自然历史遗迹保护区、重要渔业水域、河口、海湾、滨海湿地、鸟类迁徙通道、栖息地等重要、敏感和脆弱生态区域，以及划定的生态红线区内不得规划布局海上风电场。

③ 鼓励海上风电项目采取连片规模化方式开发建设。

（2）光伏发电

① 鼓励利用未利用地和存量建设用地发展光伏发电产业。在严格保护生态前提下，鼓励在沙漠、戈壁、荒漠等区域选址建设大型光伏基地。

② 项目选址应当避让耕地、生态保护红线、历史文化保护线、特殊自然景观价值和文化标识区域、天然林地、国家沙化土地封禁保护区（光伏发电项目输出线路允许穿越国家沙化土地封禁保护区）等。

③光伏方阵用地。光伏方阵用地不得占用耕地，光伏方阵用地涉及使用林地的，须采用林光互补模式，可使用年降水量400mm以下区域的灌木林地以及其他区域覆盖度低于50%的灌木林地。

④ 配套设施用地管理。光伏发电项目配套设施用地，按建设用地进行管理，依法依规办理建设用地审批手续。

⑤ 生态保护红线内零星分布的已有光伏设施，按照相关法律法规规定进行管理，严禁扩大现有规模与范围。项目到期后由建设单位负责做好生态修复。

■ 城市变电站

城市变电站规划选址

（1）应与城市总体规划用地布局相协调，应靠近负荷中心，应便于进出线，应方便交通运输。

（2）应减少对军事设施、通信设施、飞机场、领（导）航台、国家重点风景名胜区等设施的影响。

（3）应避开易燃、易爆危险源和大气严重污秽区及严重盐雾区。

（4）220～500kV的地面标高，宜高于100年一遇洪水位、35～110kV的地面标高，宜高于50年一遇洪水位。

■ 110～750kV 输电线路

（1）路径选择应避开军事设施、大型工矿企业及重要设施等符合城镇规划。

（2）路径选择宜避开不良地质地带和采动影响区，当无法避让时，应采取必要的措施；宜避开原始森林、自然保护区和风景名胜区 。

（3）路径选择应考虑与电台、机场、弱电线路等邻近设施的相互影响。

（4）路径选择宜靠近现有国道、省道、县道及乡镇公路，充分使用现有的交通条件，方便施工和运行。

■ 自来水厂、污水处理厂

自来水厂可能考点：自来水厂数量过多，建设成本高，不经济，未考虑基础设施共建共享。

主要考点

【考点①】布局不均衡，部分县城有污水处理厂，部分县城缺少。

【考点②】污水处理厂布局不合理，靠近城市水源，易造成污染。

历年考题

【2003-01 题】 图为某地级市的市域城镇体系规划示意图……该市沿海有 N、D、W 三个县城……为保护环境，中心城市各组团都规划建设污水处理厂。F 城与 G 城之间有一水库，这个水库是城市水源。

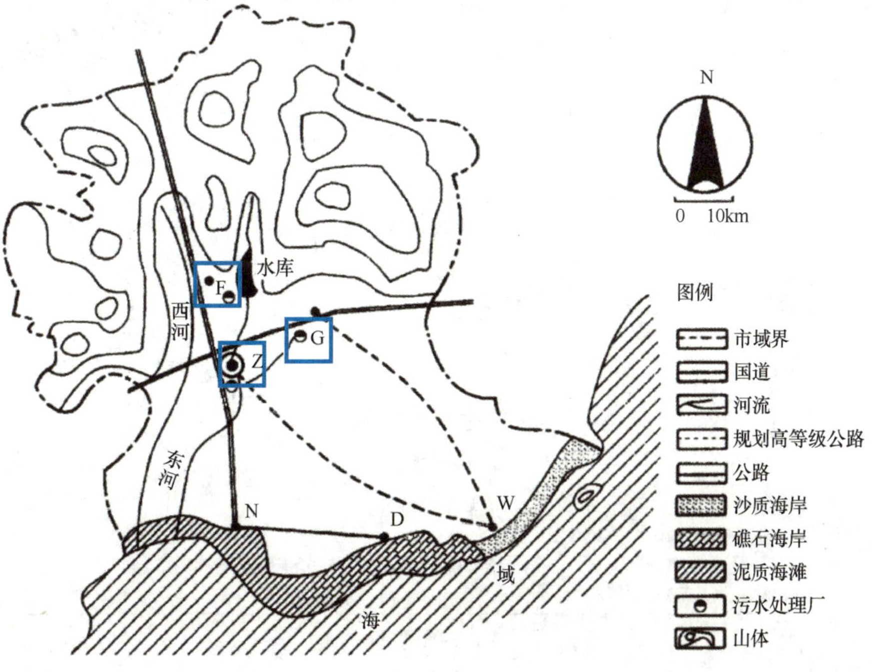

2003-01 题图

考点解析：（1）F、Z、G 都规划有污水处理厂，而沿海的 N、D、W 三个县城缺少污水处理厂，规划不合理【考点①】。（2）靠近水库的 F 城附近设置污水处理厂不合理，水库是城市水源，不利于水源的生态环境保护【考点②】。

■ 垃圾处理厂

（1）垃圾处理厂是指在特定的场所，将工业、生活生产、医疗卫生等产生的垃圾集中进行回收处理，以减少环境污染。

（2）垃圾处理方法常用的有：卫生填埋法、堆肥法和直接焚烧法等。

（3）生活垃圾卫生填埋场：应设置在城市规划建成区外，不得设置在水源保护区、地下蕴矿区及影响城市安全的区域内。

主要考点

【考点①】垃圾处理厂选址不合理，位于现状取水口及河流附近，易造成污染。

历年考题

【2024-01 题】 ……东部某县级市市域面积约 $1200km^2$……规划建设高速铁路与站点、市域快速轨道与站点、高铁特色小镇、港口、垃圾处理厂等。

2024-01 题图

考点解析：垃圾处理厂选址不合理，位于现状取水口及河流附近，易造成污染【考点①】。

知识点 10　产业与产业园区

■ 产业相关政策

1. 自然资源要素支撑产业高质量发展指导目录（2024 年本）禁止类

（1）国家重大项目外的新增围填海项目。

（2）占用自然岸线和生态保护红线的新增围海养殖用海项目。

（3）沿线是耕地的，铁路、公路两侧用地范围外绿化带用地宽度超过 5m，其中县乡道路超过 3m；占用河渠两侧、水库周边的耕地及永久基本农田超标准建设绿色通道。

（4）占用永久基本农田、基本草原、Ⅰ级保护林地和东北内蒙古重点国有林区，新建、扩建光伏发电项目；占用耕地建设光伏方阵；占用河道、湖泊、水库建设光伏电站、风力发电等项目。

（5）以河流、湿地、湖泊治理为名，①占用耕地及永久基本农田挖田造湖、挖湖造景；②占用永久基本农田发展林果业和挖塘养鱼；③占用永久基本农田种植苗木、草皮等用于绿化装饰以及其他破坏耕作层的植物；④占用永久基本农田建设畜禽养殖设施、水产养殖设施和破坏耕作层的种植业设施；⑤占用永久基本农田扩大自然保护地；⑥占用耕地种植草皮。

（6）将未依法完成土壤污染状况调查、风险评估、风险管控和修复的地块用于居住、公共管理与公共服务用地。

（7）党政机关、团体新建、改扩建培训中心（基地）和各类具有住宿、会议、餐饮等接待功能的设施或场所建设项目。

（8）别墅类房地产开发项目，包括私家庄园等。

（9）涉及生态保护红线、自然保护地项目：①违反生态保护红线管理规定的项目；②违反自然保护地法律法规的项目；③损害自然保护地主要保护对象的项目。

（10）列入《产业结构调整指导目录（2024 年本）》限制类的新建项目和淘汰类项目，直接纳入本目录禁止类，自然资源、投资管理和林草主管部门一律不得办理相关手续。

2. 列入《产业结构调整指导目录（2024 年本）》中的限制类的新建项目和淘汰类项目

（1）用地红线宽度（包括绿化带）超过下列标准的城市主干道路项目：小城市和重点镇 40m，中等城市 55m，大城市 70m（200 万人口以上特大城市主干道路确需超过 70m 的，城市国土空间总体规划中应有专项说明）。

（2）用地面积超过下列标准的城市游憩集会广场项目：小城市和重点镇 $1hm^2$，中等城市 $2hm^2$，大城市 $3hm^2$，200 万人口以上特大城市 $5hm^2$。

（3）别墅类房地产开发项目。

（4）高尔夫球场项目。

（5）赛马场项目。

（6）严重缺水地区建设灌溉型造纸原料林基地（淘汰类项目）。

（7）开采范围与自然保护区、风景名胜区、饮用水水源保护区重叠的煤矿。

主要考点

【考点①】建设高档住宅和度假区（温泉别墅区），与国家政策不符。

历年考题

【2010-01 题】 ……利用南山风景区资源，在东湖边发展湖滨区，建设高档住宅区和休闲度假区。

考点解析：建设高档住宅和度假区，违反国家相关政策【考点①】。

【2017-01 题】 北方发达地区某县，地处平原，交通便利，南部与一特大城市接壤，县域西北部蕴藏有高品质、丰富的地热资源……为满足市场需求，在县域西北部利用温泉资源规划一处温泉别墅区。

考点解析：建设温泉别墅区，违反国家相关政策【考点①】。

■ 产业与主体功能区

与主体功能区的关系

① 限制发展区——限制产业门类，限制某些高污染产业，如化工（石化、煤化）、冶金、采掘、大中型机械制造、造纸、制革、建材等。

② 限制发展区——限制产业规模。

主要考点

【考点①】产业与限制发展区定位不符。

【考点②】产业规模与限制发展区定位不符。

历年考题

【2018-01 题】 该县在省级主体功能区规划中被确定为限制开发区。政府拟引进重大石化项目。

考点解析：石化产业与限制发展区矛盾【考点①】。

【2013-01 题】 ……该县域范围处于国家功能区划的限制发展区，并在中心城市东部规划了 20km^2 的工业园区。

考点解析：工业园区规模与限制发展区矛盾【考点②】。

■ 产业与市（县）情

与以下城市实际情况矛盾

① 水资源；

② 土地资源；

③ 电力资源；

④ 水环境；

⑤ 大气环境；

⑥ 土壤环境；

⑦ 社会经济。

主要考点

【考点①】干旱缺水地区，不适合大规模发展高耗水的煤化工、钢铁、石油炼制等。

【考点②】以水定地：干旱缺水地区，不应新建大规模工业园区。

【考点③】空气质量差（空气质量优良天数比 80%以下），不应大力发展产生大量废气的工业（产业）。

【考点④】工业基础薄弱，不应大力发展第二产业。

【考点⑤】缺电缺能源地区，高耗能产业不宜大力发展，如电解铝。

【考点⑥】水污染严重地区（劣 V 类水），不应大力发展污染工业（如化工等）。

【考点⑦】受到污染，不适宜种植粮食、建居住区、医院等。

历年考题

【2014-01 题】 西部某县属严重干旱缺水地区，县城生态环境脆弱……规划大力发展煤化工业。

考点解析：干旱缺水地区，不适合发展煤化工业【考点①】。

【2021-01 题】 ……该县 2020 年空气质量优良天数比为 73%，人均水资源量为 630m^3，现状耕地面积低于保护目标。新编制的国土空间规划方案：对三片煤层气储备区同时进行全面开采，在中部规划建设液化煤层气战略储备库；县城西北侧规划建设一处 20km^2 的工业园区……

考点解析：该县严重缺水，规划工业园区 20km^2 偏大【考点②】；空气质量差，不应开采煤层气【考点③】。

【2018-01 题】 我国南方沿海某县……该县近海海域是重要的海洋集聚区及生态环境高度敏感区域。该县现状工业基础薄弱，第三产业以传统服务业为主。近几年，县里为提高经济实力，增加税收，大力发展第二产业……

考点解析：大力发展第二产业与该县现状工业基础薄弱矛盾【考点④】。

■ 产业（污染）与环境保护

产业选址与环境保护矛盾

①《风景名胜区条例》中严禁在风景名胜区内开山采石、开矿等破坏景观植被的活动。

②《水污染防治法》禁止在饮用水水源一级保护区内从事网箱养殖、旅游、游泳、垂钓或者其他可能污染饮用水水体的活动。

③《防洪法》禁止在河道、湖泊管理范围内建设妨碍行洪的建筑物、构筑物，倾倒垃圾、渣土，从事影响河势稳定、危害河岸堤防安全和其他妨碍河道行洪的活动。

主要考点

【考点①】在风景名胜区内设置采矿点等破坏性活动。

【考点②】饮用水一级保护区内不得规划对水源环境造成污染的产业。

【考点③】河心岛工程建设，妨碍行洪。

【考点④】产业与国家自然保护区距离较近，易对自然保护区造成污染。

【考点⑤】产业位于河流和湿地的上游，不利于水环境、湿地环境的保护。

【考点⑥】有污染的产业邻近水源地、国家公园、自然保护区、风景名胜区、红树林等，不利于保护。

【考点⑦】石化产业布局在静风频率高的地区不合理，易造成大气污染。

历年考题

【2019-01 题】 东部沿海某县，县域地形以平原为主，东南部河流入海口具有较好的建港条件……

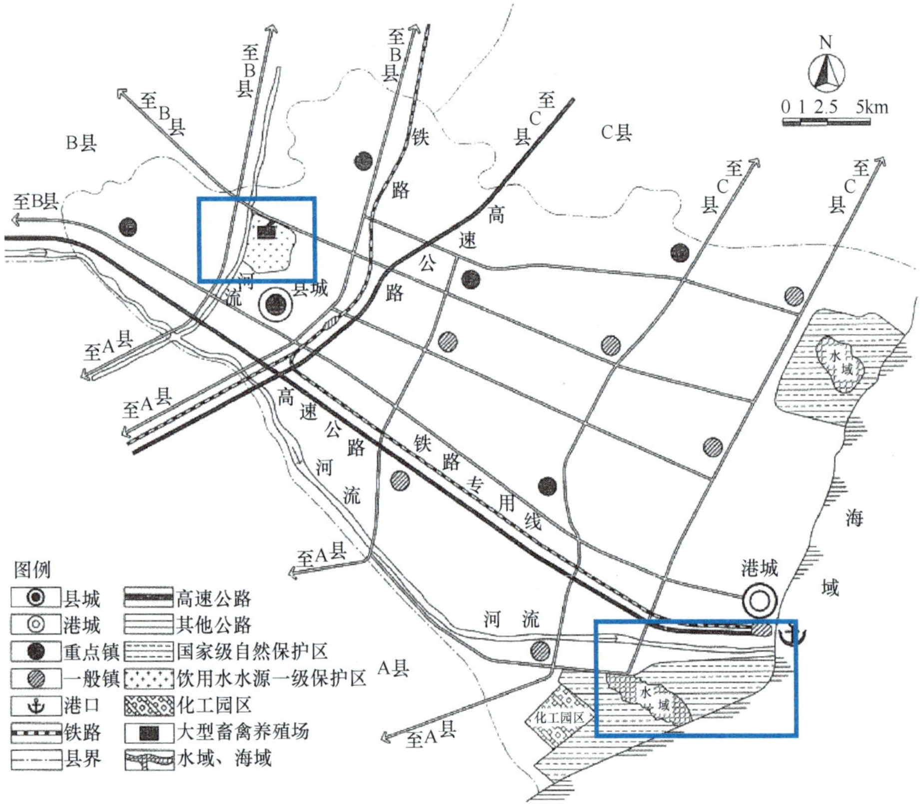

2019-01 题图

考点解析：(1) 饮用水一级保护区内规划大型畜禽养殖场不正确，易对水源环境造成污染，不利于饮用水保护区的生态环境保护和水源使用，违反《水污染防治法》【考点②】。(2) 港口与国家自然保护区距离较近，易对自然保护区造成污染，不利于国家自然保护区的保护【考点④】。

【2022-10-01 题】 某县 2020 年县域常住人口 92 万，城镇人口 49 万，国土开发强度 21%……

考点解析：食品产业园选址不合理，位于河流和湿地的上游，不利于水环境、湿地环境的保护【考点⑤】。

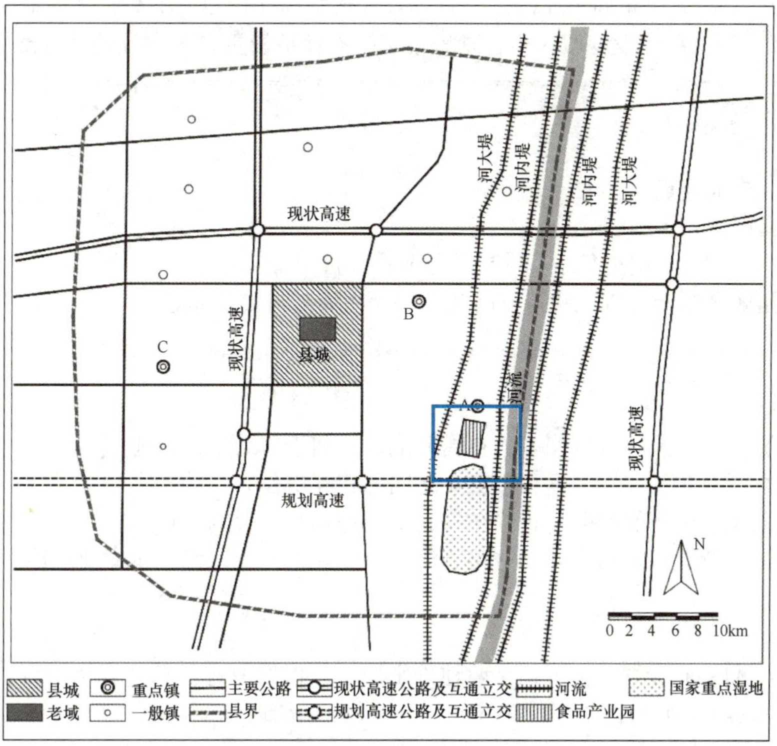

2022-10-01 题图

【2022-11-01 题】 ……在《县国土空间总体规划》中规划把水源保护地、国家湿地公园、国家地质公园、河心岛划定为生态保护极重要区……

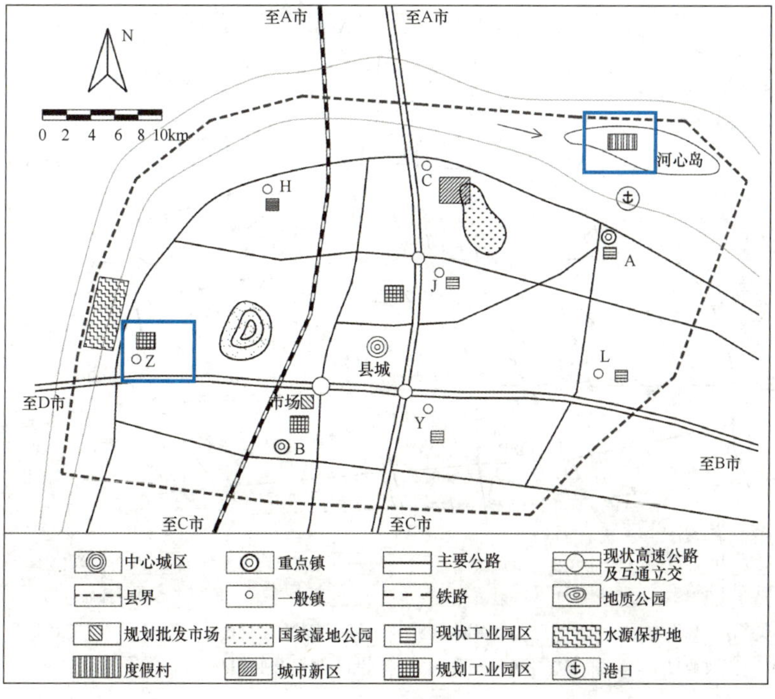

2022-11-01 题图

考点解析：（1）Z镇布局工业园区不合理，邻近水源保护地，不利于水源地生态环境保护【考点⑥】。（2）河心岛建设度假村不合理，位于生态保护极重要区内且妨碍行洪【考点③】。

■ 产业与交通

产业园区选址要点

① 产业园区优先集中（规划≥2个）；

② 明确产业类型，同类集中，不同类分散；

③ 产业园区应结合港口、铁路、高速公路等主要对外交通布置。

主要考点

【考点①】规划的园区数量偏多且布局分散，不利于节约集约用地。

【考点②】工业布局分散，不利于工业之间的相互协作。

【考点③】无法协作的产业，布置在一起不合理，互相影响。

【考点④】产业园区远离高速、铁路、港口等主要对外交通设施，交通运输不便。

历年考题

【2017-01题】 北方发达地区某县，地处平原……保留原有信息产业示范区、物流产业园区；在城镇建设用地外新增北部、中部、南部3个产业园区……

考点解析：在城市建设用地范围外发展园区不合理，在该县已有2个产业园区的情况下，再发展3个产业园区数量过多且布局分散【考点①】。

【2022-11-01题】 某县2021年土地开发强度30%，城镇化率75%，县域常住人口150万……规划2035年常住人口200万。每个乡镇工业园区都增加一定量建设用地。

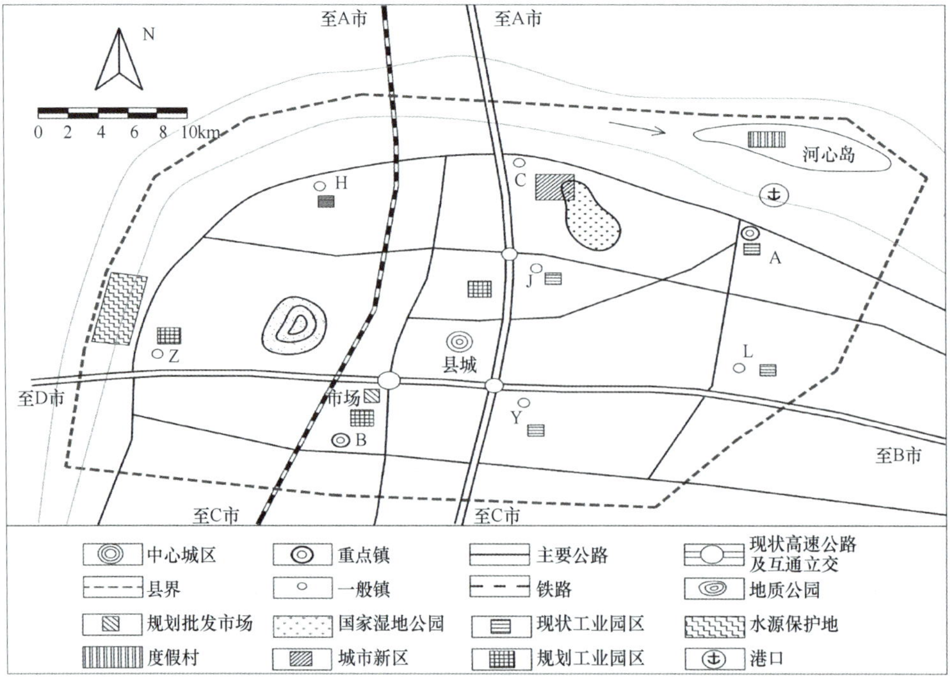

2022-11-01 题图

考点解析：现状已经有 4 处工业园，规划新增 3 个工业园区数量过多，不利于节约集约用地【考点①】。

【2009-01 题】 图为东南沿海地区某市市域城镇体系规划示意图……产业布局：规划在港口甲布局化学工业区 A，在港口乙和港口丙布局重化工业区 B，在沿海其他地区布局工业区 C，在机场东南侧布局建材、机械工业区 D。

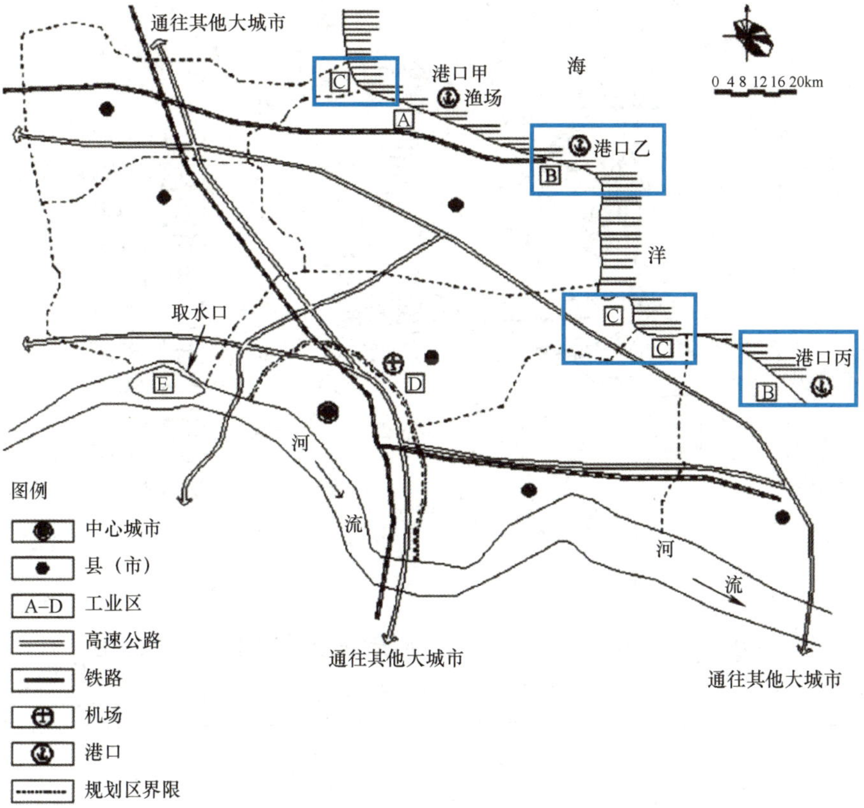

2009-01 题图

考点解析：在港口乙和港口丙布局重化工业区 B 不合理，化工产业布局分散；在沿海分散布局工业区 C 不合理，不利于产业协作和土地的节约集约利用【考点②】。

【2012-02 题】 ……某县级市中心城区……规划人口为 36 万……东部城区规划为高新化工材料生产、食品加工为主导的工业组团。

考点解析：化工材料生产易对食品加工产业造成干扰和污染，属于不能相互协作的产业类型【考点③】。

【2008-01 题】 我国某大城市，市域内北部为丘陵地区，南部为平原地区，市域范围内现状有两个主要城市 Y 和 Z……提出了以石化为主的工业区 A、以电子为主的工业区 B、区域性物流园区 C 及 4D 级新机场等的规划布局意见……

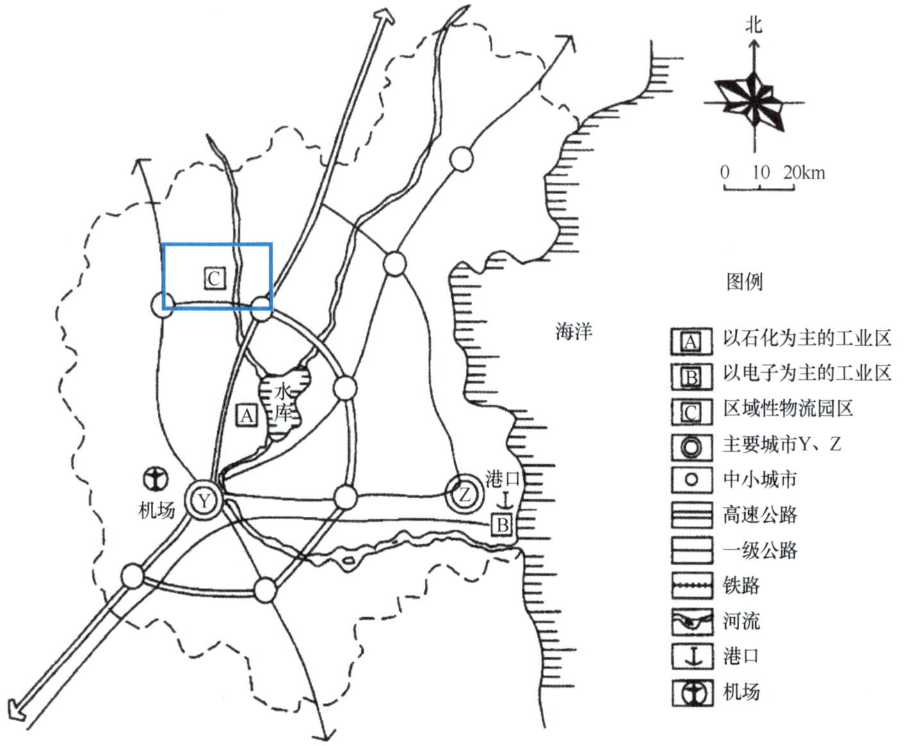

2008-01 题图

考点解析：区域性物流园区 C 选址不当，远离高速、铁路、港口等主要对外交通设施【考点④】。

知识点 11　资源保护

■ 三区三线

1. 三区分类

① 农业空间：以农业生产、农村生活、乡村产业为主，保障粮食安全和重要农产品供给的功能空间。注意：农业空间以耕地和农用地为主。

② 生态空间：以保障生态安全、提供生态系统服务或生态产品为主的功能空间。注意：生态空间以生态用地为主。

③ 城镇空间：以承载城镇经济、社会、政治、文化、生态等要素为主的功能空间。注意：城镇空间以城镇建设用地为主。

2. 三区管控

① 原则上三区不重叠、不交叉、不冲突；

② 三区是主导功能分区，不开天窗。

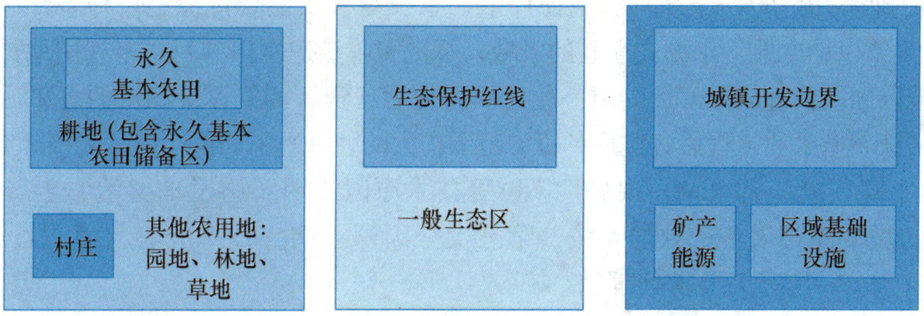

3. 三线定义

① 耕地和永久基本农田 ：是指按照一定时期人口和经济社会发展对农产品的需求，依据国土空间规划确定的不能擅自占用或改变用途的耕地。**注意：永久基本农田是维护国家粮食安全的底线**。

② 生态保护红线 ：生态功能极重要、生态极脆弱，以及具有潜在重要生态价值，必须强制性严格保护的区域。**注意：包括整合优化后的自然保护地**。

③ 城镇开发边界

一定时期内，在优先划定耕地和永久基本农田、生态保护红线的基础上，可以集中进行城镇开发建设、以城镇功能为主的区域边界。**注意：涉及城市、建制镇以及各类开发区等，是防止城镇无序扩张、优化城镇布局形态和功能结构的空间边界**。

拓展

三线的划定顺序：耕地和永久基本农田（优先划定）、生态保护红线（原则上不再调整）、城镇开发边界（正向约束 ：关注于现状建设用地规模比例关系）。

■ 耕地及永久基本农田

1. 耕地

（1）包含水田、水浇地和旱地，以及田间宽度南方＜1m，北方＜2m 的沟渠路地坎。18.65 亿亩保有量是红线。

（2）管控要求。

① 节约用地：非农业建设必须节约使用土地，可以利用荒地的，不得占用耕地，可以占用劣地的，不得占用好地。

② 占补（进出）平衡：占耕地要补充耕地，注意同时满足数量和质量。

③ 使用要求：非农化，严格控制耕地转为林地、草地、园地，可以种植粮、棉、油、糖、菜、饲草，但不能绿化造林、挖湖造景、非农建设。

（3）禁止补充耕地范围。

《自然资源部关于在经济发展用地要素保障工作中严守底线的通知》中规定：

① 禁止在生态保护红线、林地管理、湿地、河道湖区等范围开垦耕地。

② 禁止在严重沙化、水土流失严重、生态脆弱、污染严重难以恢复等区域开垦耕地。

③ 禁止在 25°以上陡坡地、重要水源地 15°以上坡地开垦耕地。

④ 对于坡度大于 15°的区域，原则上不得新立项实施补充耕地项目，根据农业生产需要和

农民群众意愿确需开垦的，应经县级论证评估、省级复核认定具备稳定耕种条件后方可实施。

⑤ 对于主要以抽取地下水方式灌溉的区域，不得实施垦造水田项目，未利用地开垦应限定在基于第三次全国国土调查成果开展的新一轮全国耕地后备资源调查评价确定的宜耕后备资源范围内实施；如实施大型水利工程后宜耕后备资源范围扩大的，可一事一议，由省级报部申请调整。

⑥ 因数字高程模型（DEM）现势性不够等技术原因或因实施土地整治、生态修复项目地块实际坡度与坡度图结果不一致的，按《第三次全国国土调查技术问答（第三批）》（国土调查办发〔2020〕9 号）有关要求处理。

2. 永久基本农田

（1）永久基本农田应划入范围

永久基本农田原则上应在纳入耕地保护目标的可长期稳定利用耕地上划定。优先将以下可长期稳定利用耕地划入永久基本农田：

① 经国务院农业农村主管部门或者县级以上地方人民政府；

② 有良好的水利与水土保持设施的耕地，正在实施改造计划以及可以改造的中、低产田和已建成的高标准农田；

③ 蔬菜生产基地；

④ 农业科研、教学试验田；

⑤ 土地综合整治新增加的耕地；

⑥ 黑土区耕地；

⑦ 国务院规定应当划为永久基本农田的其他耕地。

（2）划入耕地比例要求：《土地管理法》中规定各省、自治区、直辖市划定的永久基本农田一般应当占本行政区域内耕地的 80％以上，具体比例由国务院根据各省、自治区、直辖市耕地实际情况规定。

（3）划定及实施：永久基本农田以乡（镇）为单位进行，由县级人民政府自然资源主管部门会同同级农业农村主管部门组织实施（由市、县人民政府在组织编制国土空间总体规划中划定）。

（4）允许占用永久基本农田情形。

《自然资源部关于进一步做好用地用海要素保障的通知》中明确占用永久基本农田重大建设项目范围。

① 党中央、国务院明确支持的重大建设项目（包括党中央、国务院发布文件或批准规划中明确具体名称的项目和国务院批准的项目）；

② 中央军委及其有关部门批准的军事国防类项目；

③ 纳入国家级规划（指国务院及其有关部门颁布）的机场、铁路、公路、水运、能源、水利项目；

④ 省级公路网规划的省级高速公路项目；

⑤ 按《关于梳理国家重大项目清单加大建设用地保障力度的通知》（发改投资〔2020〕688 号）要求，列入需中央加大用地保障力度清单的项目；

⑥ 原深度贫困地区、集中连片特困地区、国家扶贫开发工作重点县省级以下基础设施、民生发展等项目。

（5）永久基本农田补划的规定

《自然资源部关于在经济发展用地要素保障工作中严守底线的通知》中规定如下。

落实永久基本农田特殊保护要求。永久基本农田一经划定，任何组织和个人不得擅自占用或者改变用途。确需占用的，应符合《土地管理法》关于重大建设项目范围的规定，并按要求做好占用补划审查论证，补划的永久基本农田必须是可以长期稳定利用的耕地。

（6）调整和优化

《自然资源部关于学习运用“千万工程”经验深入推进全域土地综合整治工作的意见》提出：

在保持空间布局总体稳定，确保耕地数量不减少、质量有提升、生态有改善，整治区域内建设用地面积不增加，城镇开发边界基本稳定，生态保护红线保护目标不降低的前提下，可结合国土空间规划对土地开发利用方式进行局部微调、统筹优化，但不得打破国土空间规划确定的总体格局。涉及永久基本农田调整的，应坚持“总体稳定、微调优化”的原则，重点对布局零星、破碎、散乱和配套设施不完善、不便耕种的地块进行调整，**调整规模原则上不得超过所涉乡镇永久基本农田划定面积的5%。**

主要考点

【考点①】永久基本农田原则上应在纳入耕地保护目标的可长期稳定利用耕地上划定。

历年考题

【2023-01题】 东北某县为资源枯竭型城市，中部为自然保护区，内有湿地和濒危物种栖息地，东南邻大城市中心城区……为满足永久基本农田保护目标，规划腾退部分村庄建设用地经复垦补划为永久基本农田。

考点解析：部分村庄建设用地直接复垦成基本农田不合理，永久基本农田原则上应在纳入耕地保护目标的可长期稳定利用耕地上划定【考点①】。

■ 生态保护红线

1. 生态保护红线定义

生态功能极重要、生态极脆弱，以及具有潜在重要生态价值，必须强制性严格保护的区域。

2. 生态保护红线划定范围

（1）《关于在国土空间规划中统筹划定落实三条控制线的指导意见》中规定如下。

① 优先将具有重要水源涵养、生物多样性维护、水土保持、防风固沙、海岸防护等功能的生态功能极重要区域，以及生态极敏感脆弱的水土流失、沙漠化、石漠化、海岸侵蚀等区域划入生态保护红线。

② 其他经评估目前虽然不能确定但具有潜在重要生态价值的区域。

③ 对自然保护地进行调整优化，评估调整后的自然保护地应划入生态保护红线；自然保护地发生调整的，生态保护红线相应调整。

（2）《生态保护红线划定指南》中规定如下。

校验划定范围，根据科学评估结果，将评估得到的生态功能极重要区和生态环境极敏感区进行叠加合并，并与以下保护地进行校验，形成生态保护红线空间叠加图，确保划定范围涵盖国家级和省级禁止开发区域，以及其他有必要严格保护的各类保护地。

① 国家级和省级禁止开发区域

——国家公园；

——自然保护区；

——森林公园的生态保育区和核心景观区；

——风景名胜区的核心景区；

——地质公园的地质遗迹保护区；
——世界自然遗产的核心区和缓冲区；
——湿地公园的湿地保育区和恢复重建区；
——饮用水水源地的一级保护区；
——水产种质资源保护区的核心区；
——其他类型禁止开发区的核心保护区域。

对于上述禁止开发区域内的不同功能分区，应根据生态评估结果最终确定纳入生态保护红线的具体范围。位于生态空间以外或人文景观类的禁止开发区域，不纳入生态保护红线。

② 其他各类保护地

除上述禁止开发区域以外，各地可结合实际情况，根据生态功能重要性，将有必要实施严格保护的各类保护地纳入生态保护红线范围。主要涵盖：极小种群物种分布的栖息地、国家一级公益林、重要湿地（含滨海湿地）、国家级水土流失重点预防区、沙化土地封禁保护区、野生植物集中分布地、自然岸线、雪山冰川、高原冻土等重要生态保护地。

（3）其他法律、法规、规章、规范需要划入生态保护红线的

①《湿地保护法》第十四条中规定，重要湿地依法划入生态保护红线。

②《海洋环境保护法》第十三条中规定，国家优先将生态功能极重要、生态极敏感脆弱的海域划入生态保护红线，实行严格保护。

③《土地管理法实施条例》第二十二条中规定，具有重要生态功能的未利用地应当依法划入生态保护红线，实施严格保护。

④《国家级自然公园管理办法（试行）》第五条中规定，国家级自然公园应当纳入生态保护红线。

⑤《省级海岸带综合保护与利用规划编制指南（试行）》5.5 中规定，加强海岛严管严控将领海基点所在海岛及领海基点保护范围内海岛、国防用途海岛、自然保护地内海岛以及具有珍稀濒危野生动植物及栖息地、重要自然遗迹等特殊保护价值和未开发利用的无居民海岛原则上划入生态保护红线，纳入生态保护区。

3. 管控规则

《自然资源部 生态环境部 国家林业和草原局关于加强生态保护红线管理的通知（试行）》

（1）规范管控对生态功能不造成破坏的有限人为活动。

生态保护红线是国土空间规划中的重要管控边界，生态保护红线内自然保护地核心保护区外，禁止开发性、生产性建设活动，在符合法律法规的前提下，仅允许以下对生态功能不造成破坏的有限人为活动。生态保护红线内自然保护区、风景名胜区、饮用水水源保护区等区域，依照法律法规执行。

① 管护巡护、保护执法、科学研究、调查监测、测绘导航、防灾减灾救灾、军事国防、疫情防控等活动及相关的必要设施修筑。

② 原住居民和其他合法权益主体，允许在不扩大现有建设用地、用海用岛、耕地、水产养殖规模和放牧强度（符合草畜平衡管理规定）的前提下，开展种植、放牧、捕捞、养殖（不包括投礁型海洋牧场、围海养殖）等活动，修筑生产生活设施。

③ 经依法批准的考古调查发掘、古生物化石调查发掘、标本采集和文物保护活动。

④ 按规定对人工商品林进行抚育采伐，或以提升森林质量、优化栖息地、建设生物防火隔离带等为目的的树种更新，依法开展的竹林采伐经营。

⑤ 不破坏生态功能的适度参观旅游、科普宣教及符合相关规划的配套性服务设施和相关

的必要公共设施建设及维护。

⑥ 必须且无法避让、符合县级以上国土空间规划的线性基础设施、通信和防洪、供水设施建设和船舶航行、航道疏浚清淤等活动；已有的合法水利、交通运输等设施运行维护改造。

⑦ 地质调查与矿产资源勘查开采。

⑧ 依据县级以上国土空间规划和生态保护修复专项规划开展的生态修复。

⑨ 根据我国相关法律法规和与邻国签署的国界管理制度协定（条约）开展的边界边境通视道清理以及界务工程的修建、维护和拆除工作。

⑩ 法律法规规定允许的其他人为活动。

开展上述活动时禁止新增填海造地和新增围海。上述活动涉及利用无居民海岛的，原则上仅允许按照相关规定对海岛自然岸线、表面积、岛体、植被改变轻微的低影响利用方式。

（2）加强有限人为活动管理。上述生态保护红线管控范围内有限人为活动，涉及新增建设用地、用海用岛审批的在报批农用地转用、土地征收、海域使用权、无居民海岛开发利用时，附省级人民政府出具符合生态保护红线内允许有限人为活动的认定意见；不涉及新增建设用地、用海用岛审批的，按有关规定进行管理，无明确规定的由省级人民政府制定具体监管办法。上述活动涉及自然保护地的，应征求林业和草原主管部门或自然保护地管理机构意见。

（3）有序处理历史遗留问题。生态保护红线经国务院批准后，对需逐步有序退出的矿业权等，由省级人民政府按照尊重历史、实事求是的原则，结合实际制定退出计划，明确时序安排、补偿安置、生态修复等要求，确保生态安全和社会稳定。零星分布的已有水电、风电、光伏、海洋能设施，按照相关法律法规规定进行管理，严禁扩大现有规模与范围，项目到期后由建设单位负责做好生态修复。

（4）确需占用生态保护红线的国家重大项目项目范围。

① 党中央、国务院发布文件或批准规划中明确具体名称的项目和国务院批准的项目；

② 中央军委及其有关部门批准的军事国防项目；

③ 国家级规划（指国务院及其有关部门正式颁布）明确的交通、水利项目；

④ 国家级规划明确的电网项目，国家级规划明确的且符合国家产业政策的能源矿产勘查开采、油气管线、水电、核电项目；

⑤ 为贯彻落实党中央、国务院重大决策部署，国务院投资主管部门或国务院投资主管部门会同有关部门确认的交通、能源、水利等基础设施项目；

⑥ 按照国家重大项目用地保障工作机制要求，国家发展改革委会同有关部门确认的需中央加大建设用地保障力度，确实难以避让的国家重大项目。

生态保护红线一经划定，未经批准，严禁擅自调整。根据资源环境承载能力监测、生态保护重要性评价和国土空间规划实施“五年一评估”情况，可由省级人民政府编制生态保护红线局部调整方案，纳入国土空间规划修改方案报国务院批准，并抄送生态环境部。

4. 自然保护地

《关于建立以国家公园为主体的自然保护地体系的指导意见》

（1）定义：自然保护地是由各级政府依法划定或确认，对重要的自然生态系统、自然遗迹、自然景观及其所承载的自然资源、生态功能和文化价值实施长期保护的陆域或海域。

（2）自然保护地管理（2 级设立）。

国家批准设立：中央直接管理、中央地方共同管理。

省级政府批准设立：地方管理。

（3）分区分类。

① 国家公园（自然保护地的主体）：是指以保护具有国家代表性的自然生态系统为主要目的，实现自然资源科学保护和合理利用的特定陆域或海域，是我国自然生态系统中最重要、自然景观最独特、自然遗产最精华、生物多样性最富集的部分，保护范围大，生态过程完整，具有全球价值、国家象征，国民认同度高。

② 自然保护区（自然保护地的基础）：是指保护典型的自然生态系统、珍稀濒危野生动植物种的天然集中分布区、有特殊意义的自然遗迹的区域。具有较大面积，确保主要保护对象安全，维持和恢复珍稀濒危野生动植物种群数量及赖以生存的栖息环境。

③自然公园（自然保护地的补充）：是指保护重要的自然生态系统、自然遗迹和自然景观，具有生态、观赏、文化和科学价值，可持续利用的区域。确保森林、海洋、湿地、水域、冰川、草原、生物等珍贵自然资源，以及所承载的景观、地质地貌和文化多样性得到有效保护。包括森林公园、地质公园、海洋公园、湿地公园等各类自然公园。

拓展

国家级自然公园：包括国家级风景名胜区、国家级森林公园、国家级地质公园、国家级海洋公园、国家级湿地公园、国家级沙漠（石漠）公园和国家级草原公园。

④ 调整要求

对自然保护地进行科学评估，将保护价值低的建制城镇、村屯或人口密集区域、社区民生设施等调整出自然保护地范围。结合精准扶贫、生态扶贫，核心保护区内原住居民应实施有序搬迁，对暂时不能搬迁的，可以设立过渡期，允许开展必要的、基本的生产活动，但不能再扩大发展。依法清理整治探矿采矿、水电开发、工业建设等项目，通过分类处置方式有序退出；根据历史沿革与保护需要，依法依规对自然保护地内的耕地实施退田还林还草还湖还湿。

⑤ 分区管控

国家公园、自然保护区：分为核心保护区和一般控制区。核心保护区内原则上禁止人为活动；一般控制区内：有限人为活动。

自然公园：按一般控制区管理。

⑥ 自然保护地与生态保护红线

《关于在国土空间规划中统筹划定落实三条控制线的指导意见》

对自然保护地进行调整优化，评估调整后的自然保护地应划入生态保护红线；自然保护地发生调整的，生态保护红线相应调整。

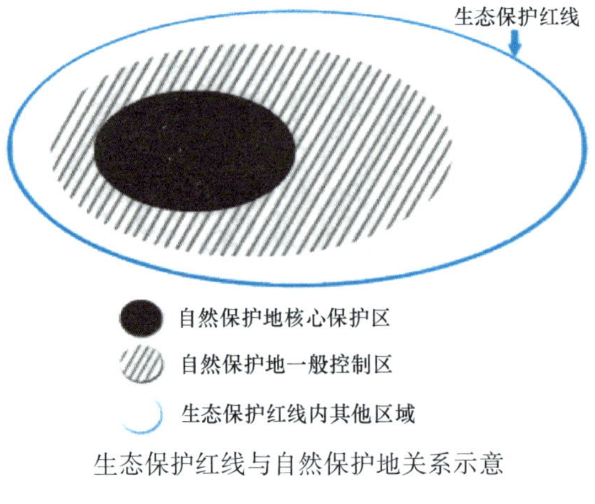

生态保护红线与自然保护地关系示意

拓展

2021 年 10 月 12 日，在《生物多样性公约》第十五次缔约方大会上，我国正式宣布设立**三江源、大熊猫、东北虎豹、海南热带雨林、武夷山等第一批国家公园**，涉及青海、西藏、四川、陕西、甘肃、吉林、黑龙江、海南、福建、江西等 10 个省地区，均处于我国生态安全战略格局的关键区域，保护面积达 23 万 km^2，涵盖近 30%的陆域国家重点保护野生动植物种类。

国家公园

5. 管控办法

《关于建立以国家公园为主体的自然保护地体系的指导意见》

（1）核心保护区 **注意：自然保护区原核心区和原缓冲区转为核心保护区**

① 原则上禁止人为活动。

② 已划入自然保护地核心保护区的永久基本农田、镇村、矿业权逐步有序退出。

（2）一般控制区：严格禁止开发性、生产性建设活动，在符合现行法律法规前提下，除国家重大战略项目外，仅允许对生态功能不造成破坏的有限人为活动，主要包括：

① 零星的原住民在不扩大现有建设用地和耕地规模前提下，修缮生产生活设施，保留生活必需的少量种植、放牧、捕捞、养殖；

② 因国家重大能源资源安全需要开展的战略性能源资源勘查，公益性自然资源调查和地质勘查；

③ 自然资源、生态环境监测和执法包括水文水资源监测及涉水违法事件的查处等，灾害防治和应急抢险活动；

④ 经依法批准进行的非破坏性科学研究观测、标本采集；

⑤ 经依法批准的考古调查发掘和文物保护活动；

⑥ 不破坏生态功能的适度参观旅游和相关的必要公共设施建设；

⑦ 必须且无法避让、符合县级以上国土空间规划的线性基础设施建设、防洪和供水设施建设与运行维护；

⑧ 重要生态修复工程。

主要考点

【考点①】国家公园应整体划入生态保护红线。

【考点②】原则上自然保护地核心区禁止人为活动，原住居民应实施有序搬迁，其范围内的耕地应有序退出。

【考点③】省级人民政府制定监管办法。

【考点④】高速公路选线违反《湿地保护法》中禁止占用国家重要湿地的规定。

【考点⑤】城市新区选址侵占国家湿地公园，违反了《湿地保护法》。

【考点⑥】位于自然保护区内且有濒危物种栖息地，应划入重要湿地，划入一般湿地名录不合理。

【考点⑦】村庄位于自然保护区核心保护范围内，应有序搬迁。

历年考题

【2020-01 题】 东南沿海某县级市，乡镇经济发达，耕地资源紧张。……规划提出，按照自然保护地差别化管理要求，将国家公园的核心保护区划入生态保护线，在国家公园核心保护区内搬迁部分居民点，复垦增补一定数量的耕地。对国家公园一般控制区制定具体监管办法，明确不破坏生态功能的适度旅游和相关必要公共设施建设的要求……

考点解析：(1) 只将国家公园中的核心保护区划入生态保护红线不对，依据要求，国家公园应整体划入生态保护红线【考点①】。(2) 在国家公园核心保护区内搬迁部分居民点，复垦增补一定数量的耕地不对，因为原则上自然保护地核心区禁止人为活动，原住居民应实施有序搬迁、其范围内的耕地应有序退出【考点②】。(3) 县级市制定国家公园一般控制区的具体监管办法不对，应由省级人民政府制定监管办法【考点③】。

【2022-11-01 题】 某县 2021 年土地开发强度 30%，城镇化率 75%，县域常住人口 150 万。现有劳动密集型企业逐渐外迁……为促进县域经济发展，把 A、B 镇设为重点镇。A 镇利用港口港城联动发展，在河心岛上规划旅游度假村。B 镇设批发市场，发展工业区。C 镇设新城区，涉及占用国家湿地公园的用地，规划从其他地方找补……

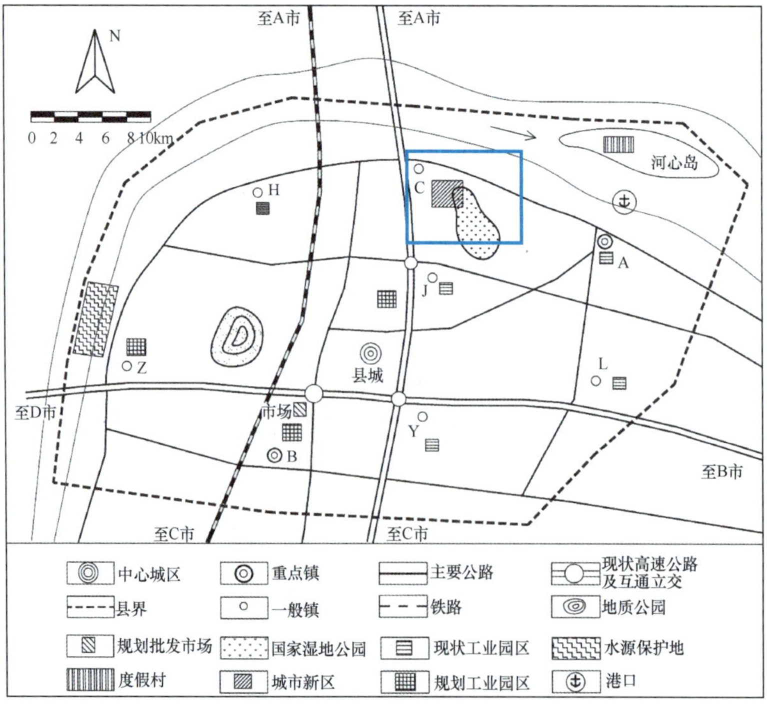

2022-11-01 题图

考点解析：城市新区选址不当，侵占国家湿地公园，违反了《湿地保护法》【考点⑤】。

【2023-01 题】 东北某县为资源枯竭型城市，中部为自然保护区，内有湿地和濒危物种栖息地，东南邻大城市中心城区。……将自然湿地列入一般湿地名录；保留自然保护区内一处现状村庄，为促进乡村振兴预留少量建设用地指标发展旅游业……

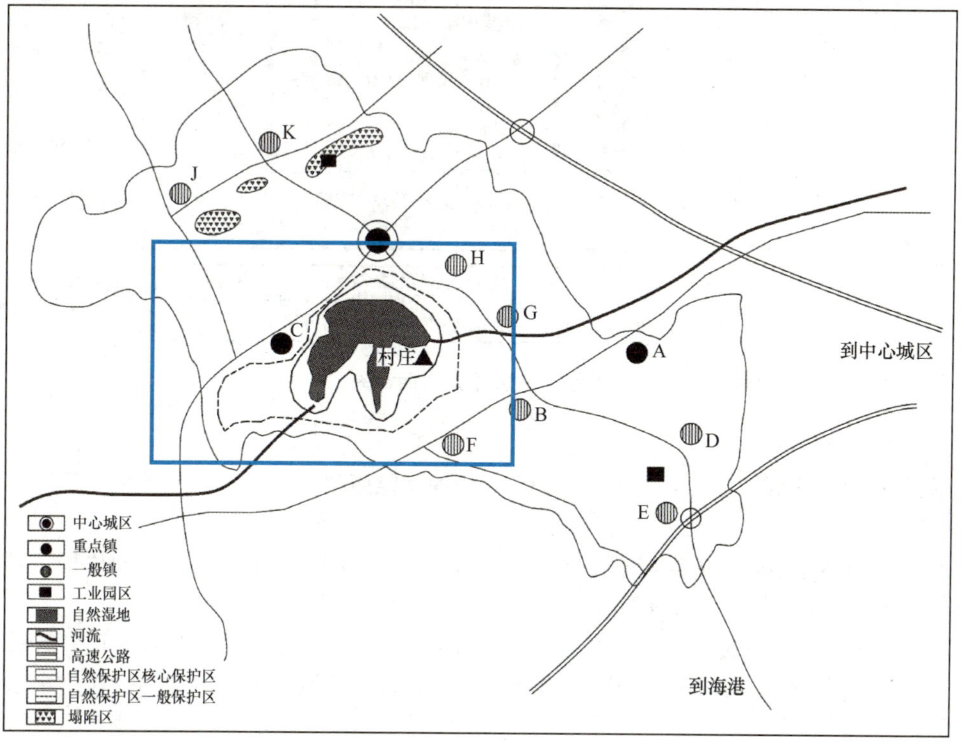

2023-01 题图

考点解析：（1）位于自然保护区内且有濒危物种栖息地的湿地，应划入重要湿地，划入一般湿地名录不合理【考点⑥】。（2）保留自然保护区内一处现状村庄不合理，村庄位于自然保护区核心保护范围内，应有序搬迁【考点⑦】。（3）留少量建设用地指标发展旅游业不合理，自然保护地核心保护区内的原住民不能扩大现有的建设用地，且核心保护区内禁止人为活动，不能发展旅游【考点②】。

■ 城镇开发边界

1. 城镇开发边界相关概念

（1）城镇开发边界：一定时期内，在优先划定耕地和永久基本农田、生态保护红线的基础上，可以集中进行城镇开发建设，以城镇功能为主的区域边界。**注意：涉及城市、建制镇以及各类开发区等，是防止城镇无序扩张、优化城镇布局形态和功能结构的空间边界。**

（2）城镇开发边界分区

城镇开发边界内可分为城镇集中建设区、城镇弹性发展区和特别用途区。城市、建制镇应划定城镇开发边界。

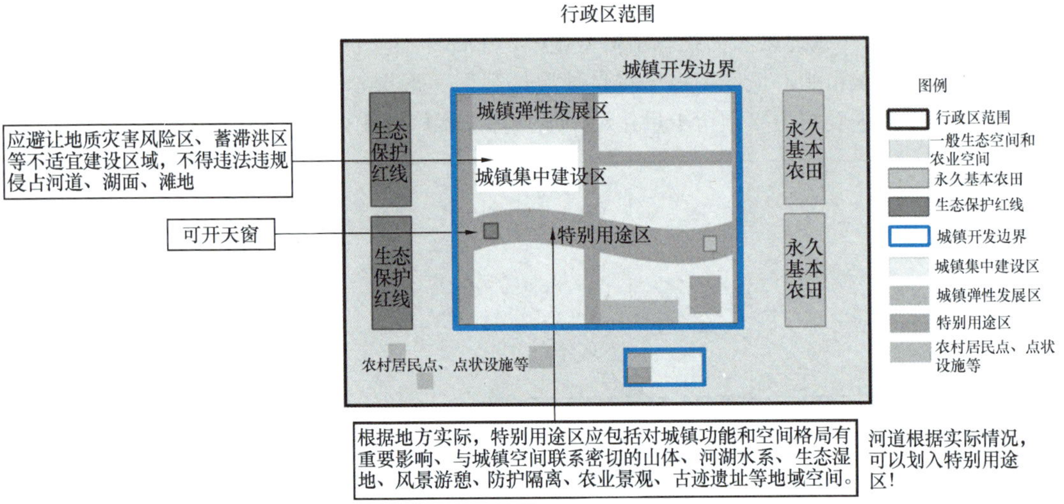

城镇开发边界分区示意图

2. 划定原则

《关于在全国开展三区三线划定工作的函》中的划定原则：

（1）强化反向约束

① 守住自然生态安全边界，不得侵占和破坏山水林田湖草沙海的自然空间格局，避让重要山体山脉、沙漠、戈壁、河流湖泊、湿地、天然林草场、海岸线等。

② 落实耕地保护目标任务和生态保护红线划定方案，避让连片优质耕地和已有政策法规明确禁止或限制人为活动的国家公园、自然保护区、自然公园、生态公益林、饮用水水源保护区等。

③ 避让地质灾害极高和高风险区、蓄滞洪区、地震断裂带、洪涝风险易发区、采煤塌陷区、重要矿产资源压覆区及油井密集区等不适宜城镇建设区域，确实无法避让的应当充分论证并说明理由，明确减缓不良影响的措施。

④ 加强历史文化遗产保护，避让大遗址保护区和地下文物埋藏区。

⑤ 贯彻“以水定城、以水定地、以水定人、以水定产”的原则，根据水资源约束底线和利用上限，控制新增建设用地规模，引导人口、产业和用地合理布局。

⑥ 基于资源环境承载能力和国土空间开发适宜性评价，充分考虑各类限制性因素，测算新增城乡建设用地潜力。

（2）设置正向约束

① 超大城市、人均城镇建设用地远超国家标准的城市、近十年城区常住人口减少的城市，城镇开发边界面积一般为现状城镇建设用地规模的 1.1 倍以内，其他城市一般为 1.3 倍以内，如超过控制线要有足够合理性。

② 可在城镇开发边界内保留一定的农业和生态空间，发挥城市周边重要生态功能空间和连片优质耕地对城市“摊大饼”式扩张的阻隔作用，促进形成多中心、组团式的空间布局。

③ 充分利用河流、山川以及铁路、高速公路、机场、高压走廊等自然地理和地物边界，形态尽可能完整，便于识别、便于管理。

④ 在城镇开发边界内，城镇集中建设区的新增建设用地规模不得超过上级下达的新增城镇建设用地规模。可在城镇集中建设区外划定弹性发展区，应对城镇发展的不确定性。

3. 划定层次

① 市级总规应依照上位国土空间规划确定的城镇定位、规模指标等控制性要求划定市辖区城镇开发边界，统筹提出县人民政府所在地镇（街道）、各类开发区的城镇开发边界指导方案。

② 县级总规应依据市级总规的指导方案，划定县域范围内的城镇开发边界，包括县人民政府所在地镇（街道）、其他建制镇、各类开发区等。

4. 城镇开发边界管理

《自然资源部关于做好城镇开发边界管理的通知（试行）》

（1）各类城镇建设所需要的用地均需纳入全省规划规模和扩展倍数统筹核算。不得擅自突破。

（2）开发边界范围内耕地和永久基本农田保护，确需整治的，原则上仍应以"开天窗"方式保留，且总面积不减少；确需调出城镇开发边界范围的，应确保城镇建设用地规模和城镇开发边界扩展倍数不扩大。

（3）可基于五年一次的规划实施评估，按照法定程序经原审批机关同意后进行调整。

（4）要避免"寅吃卯粮"，为"十五五""十六五"期间至少留下35%、25%的增量用地。

（5）在年度增量用地使用规模上，至少为每年保留5年平均规模的80%，其余可以用于年度间调剂，但不得突破分阶段总量控制。

（6）确保城镇建设用地规模和城镇开发边界扩展倍数不突破的前提下，可对以下几种情形的城镇开发边界进行局部优化：

① 国家和省重大战略实施、重大政策调整、重大项目建设，以及行政区划调整涉及城镇布局调整的；

② 因灾害预防、抢险避灾、灾后恢复重建等防灾减灾确需调整城镇布局的；

③ 耕地和永久基本农田核实处置过程中确需统筹优化城镇开发边界的；

④ 已依法依规批准且完成备案的建设用地，已办理划拨或出让手续已核发建设用地使用权权属证书，确需纳入城镇开发边界的；

⑤ 已批准实施全域土地综合整治确需优化调整城镇开发边界的；

⑥ 规划深化实施中因用地勘界、比例尺衔接等需要局部优化城镇开发边界的；

⑦ 引导城镇建设用地向城镇开发边界内集中（内集中，外不得，可零星，需核减）；

⑧ 城镇开发边界外不得进行城镇集中建设，不得规划建设各类开发区和产业园区，不得规划城镇居住用地；

⑨ 在城镇开发边界外可规划布局有特定选址要求的零星城镇建设用地，纳入国土空间规划"一张图"；

⑩ 涉及的建设用地纳入扩展倍数统筹核算，等量缩减，确保城镇建设用地总规模和城镇开发边界扩展倍数不突破。**注意：1.1倍，1.3倍。**

历年考点

【考点①】城镇建设区域选址不当，应当避让地质灾害风险区、蓄滞洪区、塌陷区等不适宜建设区域。

历年考题

【2023-01题】 东北某县为资源枯竭型城市，中部为自然保护区，内有湿地和濒危物种栖

息地，东南邻大城市中心城区。该县共有 A、C 两个重点镇，8 个一般镇。重点镇 A 主要发展商贸服务业，重点镇 C 发展煤化工循环产业，北部主要发展碳素循环产业集群，东南部为新型制造产业集群，为县城产业中心。

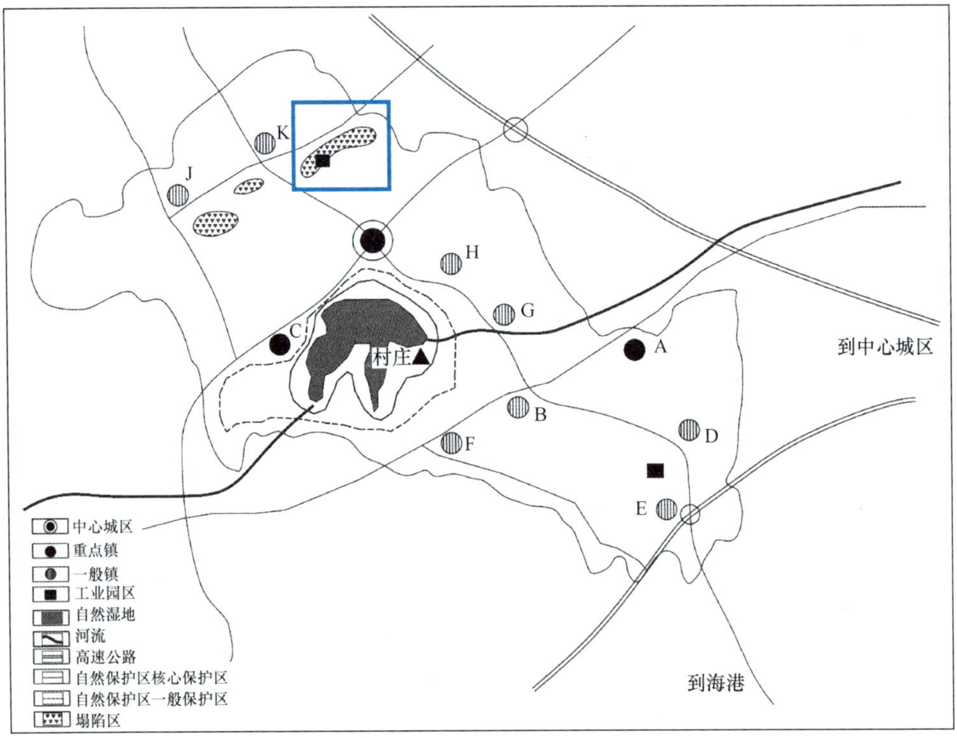

2023-01 题图

考点解析：北部工业区选址不当，交通不便且部分位于塌陷区内【考点①】。

■ 三线协调

《关于在国土空间规划中统筹划定落实三条控制线的指导意见》

（1）国家明确三条控制线划定和管控原则及相关技术方法。

（2）省（自治区、直辖市）确定本行政区域内三条控制线总体格局和重点区域，提出下一级划定任务。

（3）市、县组织统一划定三条控制线和乡村建设等各类空间实体边界。跨区域划定冲突由上一级政府有关部门协调解决。

协调边界矛盾。三条控制线出现矛盾时：

① 生态保护红线要保证生态功能的系统性和完整性，确保生态功能不降低、面积不减少、性质不改变。

② 永久基本农田要保证适度合理的规模和稳定性，确保数量不减少、质量不降低。

③ 城镇开发边界要避让重要生态功能，不占或少占永久基本农田。

④ 目前已划入自然保护地核心保护区的永久基本农田、镇村、矿业权逐步有序退出；已划入自然保护地一般控制区的，根据对生态功能造成的影响确定是否退出，其中，造成明显影响的逐步有序退出，不造成明显影响的可采取依法依规相应调整一般控制区范围等措施妥

善处理。

⑤ 协调过程中退出的永久基本农田在县级行政区域内同步补划，确实无法补划的在市级行政区域内补划。**注意：补划顺序：县、市、省。**

⑥ 严格实施管理。建立健全统一的国土空间基础信息平台，实现部门信息共享，严格三条控制线监测监管。三条控制线是国土空间用途管制的基本依据，涉及生态保护红线、永久基本农田占用的，报国务院审批；对于生态保护红线内允许的对生态功能不造成破坏的有限人为活动，由省级政府制定具体监管办法；城镇开发边界调整报国土空间规划原审批机关审批。

■ 风景名胜区

《风景名胜区条例》中的相关规定。

1. 禁止活动

① 开山、采石、开矿、开荒、修坟立碑等破坏景观、植被和地形地貌的活动；

② 修建储存爆炸性、易燃性、放射性、毒害性、腐蚀性物品的设施；

③ 在景物或者设施上刻划、涂污；

④ 乱扔垃圾。

2. 禁止建设

① 禁止违反风景名胜区规划，在风景名胜区内设立各类开发区。

② 禁止违反风景名胜区规划，在核心景区内建设宾馆、招待所、培训中心、疗养院以及与风景名胜资源保护无关的其他建筑物。

③ 已经建设的，应当按照风景名胜区规划，逐步迁出。

3. 风景名胜区批准允许情形

①设置、张贴商业广告。

②举办大型游乐等活动。

③ 改变水资源、水环境自然状态的活动。

主要考点

【考点①】违反《风景名胜区条例》中禁止活动、建设的相关规定。

历年考题

【2011-01 题】 图为西南内陆地区某县县域城镇体系规划示意图。……规划确定城镇主导职能如下：县城为综合服务，重点镇 A 为农产品加工，重点镇 B 为商贸和旅游，重点镇 C 为旅游和建材，重点镇 D 为商贸服务，重点镇 E 为化工和物流。

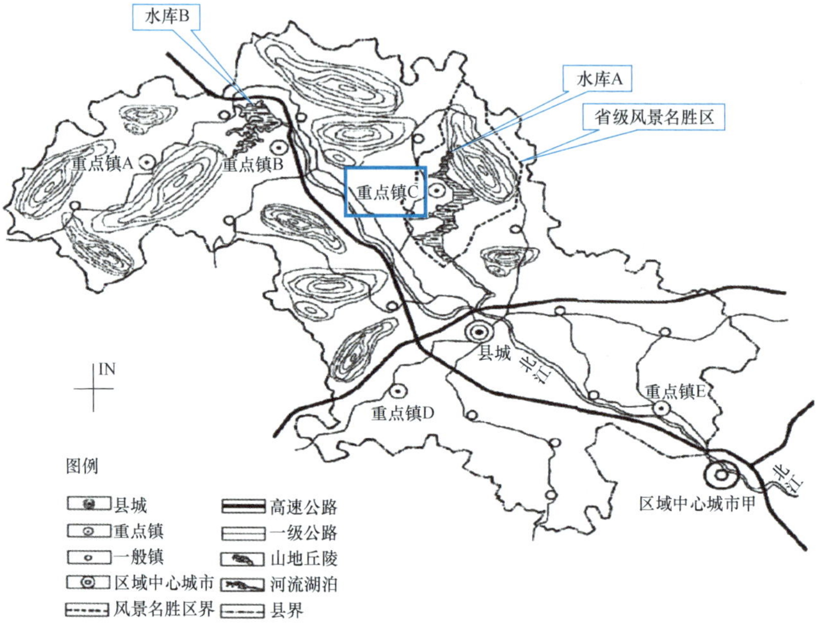

2011-01 题图

考点解析：C镇规划建材产业不合理，违反《风景名胜区条例》中严禁建设破坏景观、污染环境项目的规定，同时靠近水库易对水资源环境造成污染【考点①】。

【2014-01 题】 西部某县属于严重缺水地区，县域生态环境脆弱，东北部山区蕴藏有较为丰富的煤矿资源，经济发展水平较低……规划镇布局、饮用水源保护区、省级风景名胜区、矿产开采及煤化工业分布如下图所示……

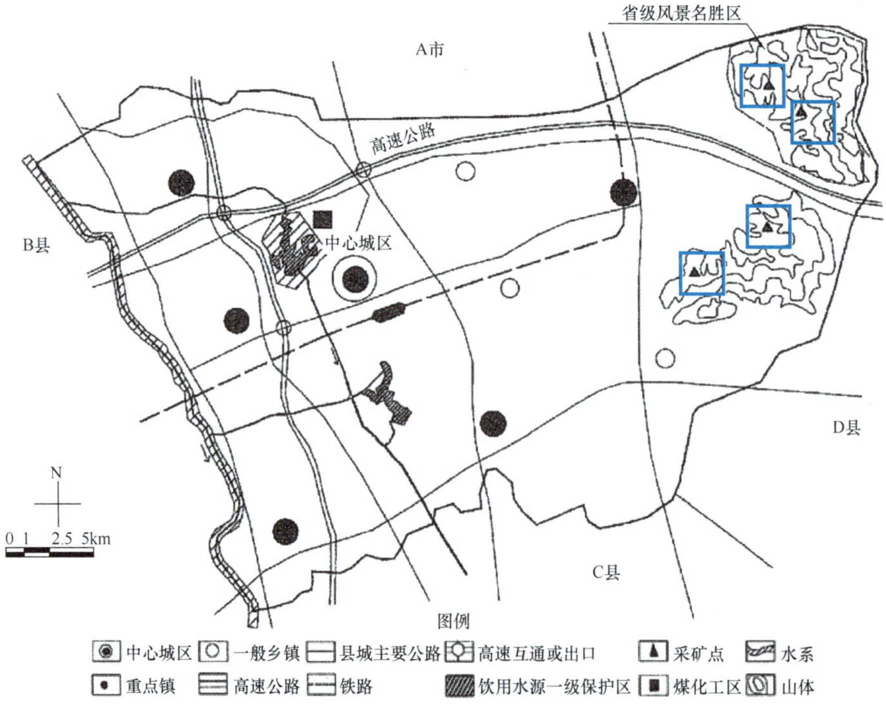

2014-01 题图

考点解析：在省级风景名胜区内设置采矿点不合理，违反《风景名胜区条例》中严禁在风景名胜区内开山采石、开矿等破坏景观植被的活动的规定【考点①】。

■ 历史文化名城、名镇、名村

1.《历史文化名城名镇名村保护条例》

第二十一条 历史文化名城、名镇、名村应当整体保护，保持传统格局、历史风貌和空间尺度，不得改变与其相互依存的自然景观和环境。

第二十三条 在历史文化名城、名镇、名村保护范围内从事建设活动，应当符合保护规划的要求，不得损害历史文化遗产的真实性和完整性，不得对其传统格局和历史风貌构成破坏性影响。

（1）禁止

① 开山、采石、开矿等破坏传统格局和历史风貌的活动；

② 占用保护规划确定保留的园林绿地、河湖水系、道路等；

③ 修建生产、储存爆炸性、易燃性、放射性、毒害性、腐蚀性物品的工厂、仓库等；

④ 在历史建筑上刻画、涂污。

（2）批准允许

① 改变园林绿地、河湖水系等自然状态的活动；

② 在核心保护范围内进行影视摄制、举办大型群众性活动；

③ 其他影响传统格局、历史风貌或者历史建筑的活动。

2. 传统村落

（1）《关于切实加强中国传统村落保护的指导意见》

① 保持传统村落的完整性。注重村落空间的完整性，保持建筑、村落以及周边环境的整体空间形态和内在关系，避免“插花”混建和新旧村不协调。注重村落历史的完整性，保护各个时期的历史记忆，防止盲目塑造特定时期的风貌。注重村落价值的完整性，挖掘和保护传统村落的历史文化、艺术、科学、经济、社会等价值，防止片面追求经济价值。

② 保持传统村落的真实性。注重文化遗产存在的真实性，杜绝无中生有、照搬抄袭。注重文化遗产形态的真实性，避免填塘、拉直道路等改变历史格局和风貌的行为，禁止没有依据的重建和仿制。注重文化遗产内涵的真实性，防止一味娱乐化等现象。注重村民生产生活的真实性，合理控制商业开发面积比例，严禁以保护利用为由将村民全部迁出。

③ 保持传统村落的延续性。注重经济发展的延续性，提高村民收入让村民享受现代文明成果，实现安居乐业。注重传统文化的延续性，传承优秀的传统价值观、传统习俗和传统技艺。

（2）保护措施

① 完善名录。抓紧将有重要价值的村落列入中国传统村落名录。

② 制定保护发展规划。

③ 加强建设管理。规划区内新建、修缮和改造等建设活动，要经乡镇人民政府初审后报县级住房城乡建设部门同意，并取得乡村建设规划许可，涉及文物保护单位的应征得文物行政部门的同意。严禁拆并中国传统村落。

主要考点

【考点①】占用及破坏传统村落，破坏传统风貌且存在安全隐患。

【考点②】腾空部分村落，发展产业不合理，不利于历史文化遗产的保护，破坏传统村落的真实性、完整性。

历年考题

【2021-01 题】 县域常住人口为 39 万人，城镇化率为 45%。沿河两岸有大量耕地及多处保存完整的明清时期传统村落。……新编制的国土空间规划方案：在中部规划建设液化煤层气战略储备库……腾空部分传统村落，发展文化旅游产业……

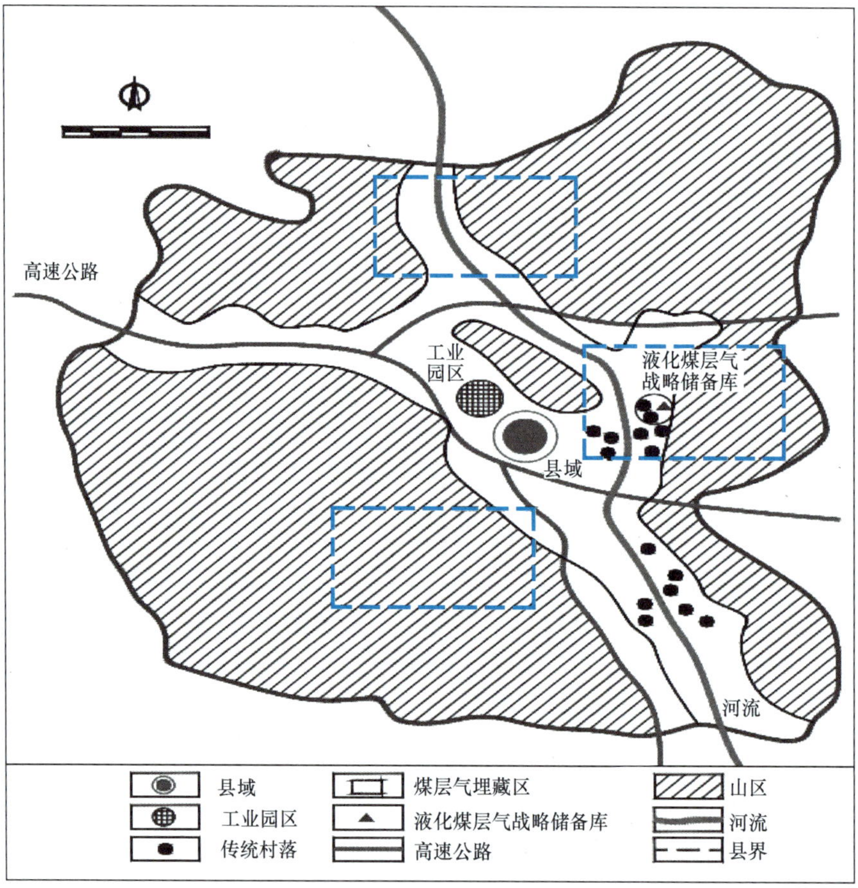

2021-01 题图

考点解析：(1) 在中部规划建设液化煤层气战略储备库不合理，该做法会占用及破坏传统村落，破坏传统风貌且存在安全隐患【考点①】。(2) 腾空部分村落，发展旅游不合理，该做法不利于历史文化遗产的保护，破坏传统村落的真实性、完整性【考点②】。

■ 饮用水源保护

《中华人民共和国水污染防治法》

1. 饮用水水源一级保护区

① 禁止在饮用水水源一级保护区内新建、改建、扩建与供水设施和保护水源无关的建设项目。

② 已建成的与供水设施和保护水源无关的建设项目，由县级以上人民政府责令拆除或者关闭。

③ 禁止在饮用水水源一级保护区内从事网箱养殖、旅游、游泳、垂钓或者其他可能污染饮用水水体的活动。

2. 饮用水水源二级保护区

① 禁止在饮用水水源二级保护区内新建、改建、扩建排放污染物的建设项目，已建成的排放污染物的建设项目，由县级以上人民政府责令拆除或者关闭。

② 在饮用水水源二级保护区内从事网箱养殖、旅游等活动的，应当按照规定采取措施，防止污染饮用水水体。

主要考点

【考点①】在饮用水保护区内规划大型畜禽养殖场，对水源环境造成污染。

【考点②】邻近水源保护地，布局工业园区不合理，不利于水源地生态环境保护。

历年考题

【2019-01 题】 东部沿海某县，县域地形以平原为主，东南部河流入海口具有较好的建港条件。……规划如下图所示……

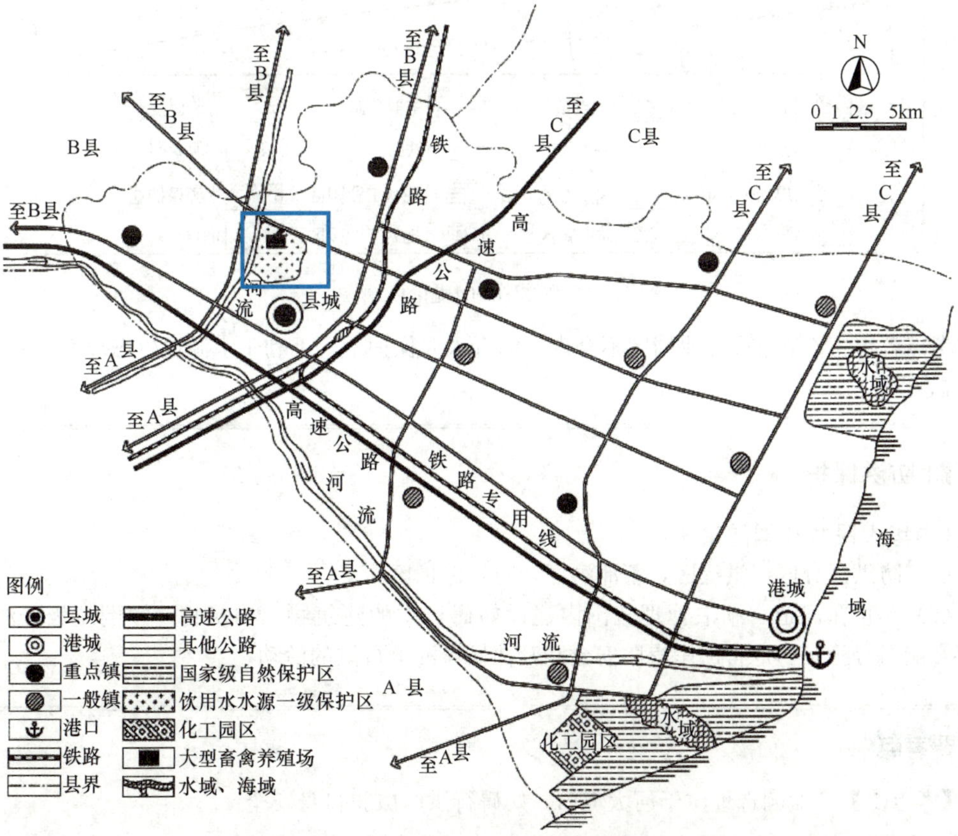

2019-01 题图

考点解析：从 2019-01 题图可知规划欲在饮用水一级保护区内建大型畜禽养殖场，该做法不合理，会对水源环境造成污染，违反《水污染防治法》【考点①】。

【2022-11-01 题】 某县 2021 年土地开发强度 30%，城镇化率 75%，县域常住人口 150 万。……规划如下图所示……

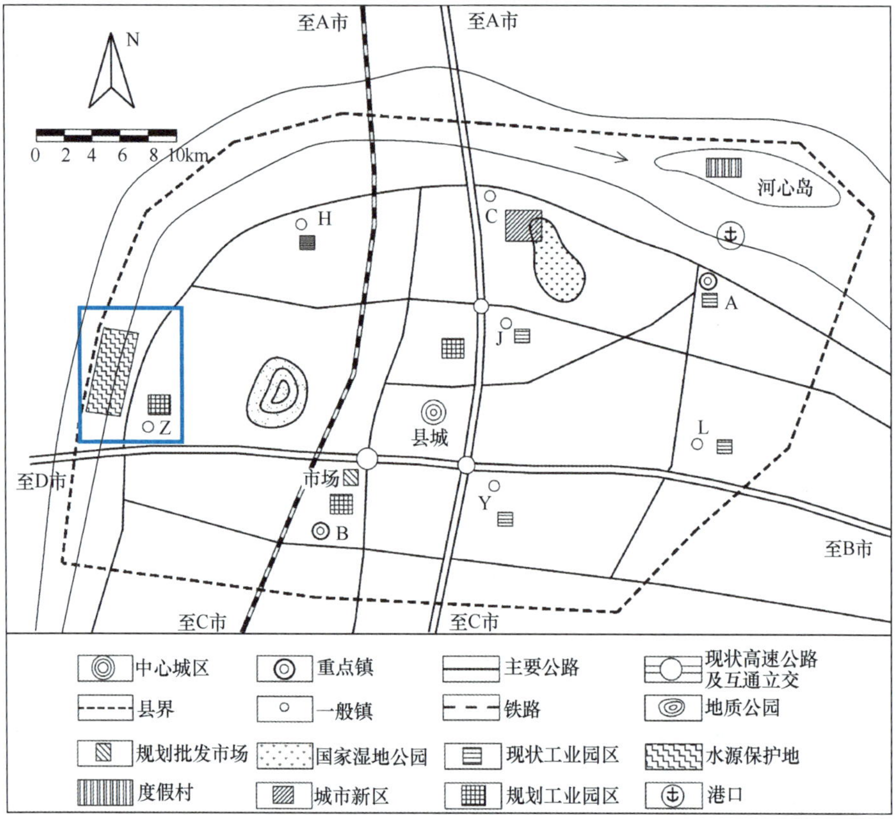

2022-11-01 题图

考点解析：Z 镇布局工业园区不合理，邻近水源保护地，不利于水源地生态环境保护【考点②】。

■ 防洪保护

《中华人民共和国防洪法》

（1）防洪区分区：洪泛区，蓄滞洪区，防洪保护区。

（2）禁止在河道、湖泊管理范围内建设妨碍行洪的建筑物、构筑物，倾倒垃圾、渣土，从事影响河势稳定、危害河岸堤防安全和其他妨碍河道行洪的活动。

主要考点

【考点①】产业园选址位于河大堤内，妨碍行洪，威胁自身安全。

历年考题

【2022-10-01 题】 某县 2020 年县域常住人口 92 万人，城镇人口 49 万人，国土开发强度 21%……规划新建食品产业园。在农村地区发展乡村旅游……

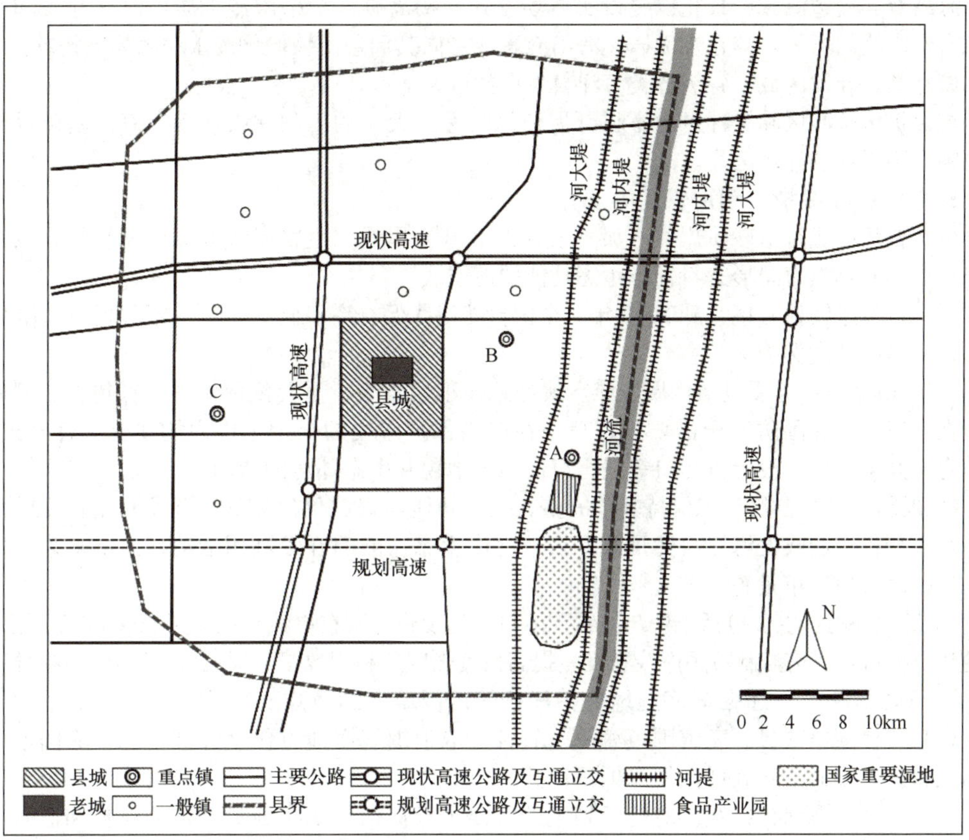

2022-10-01 题图

考点解析：由图可知食品产业园选址位于河大堤内，妨碍行洪，威胁自身安全【考点①】。

■ 海洋与海岸线

1.《全国海洋主体功能区规划》

（1）优化开发区域：控制开发强度，严格实施围填海总量控制制度。严格控制陆源污染物排放。

（2）重点开发区域：防止低水平重复建设和产业结构趋同化。

禁止占用和影响周边海域旅游景区、自然保护区、河口行洪区和防洪保留区等。

（3）限制开发区域：海洋渔业保障区。

① 包括传统渔场、海水养殖区、水产种质资源保护区。

② 禁止开展对海洋经济生物繁殖生长有较大影响的开发活动。

（4）海洋特别保护区。

① 在重要河口区域——禁止采挖海砂、围填海等破坏河口生态功能的开发活动。

② 在重要滨海湿地区域——禁止开展围填海、城市建设开发等改变海域自然属性、破坏湿地生态系统功能的开发活动。

③ 在重要砂质岸线——禁止开展可能改变或影响沙滩自然属性的开发建设活动，岸线向海一侧 3.5km 范围内禁止开展采挖海砂、围填海、倾倒废物等可能引发沙滩蚀退的开发活动。

④ 在重要渔业海域——禁止开展围填海及可能截断洄游通道开发活动。

海岛及其周边海域：禁止以建设实体坝方式连接岛礁，严格限制无居民海岛开发和改变海岛自然岸线的行为，禁止在无居民海岛弃置或者向其周边海域倾倒废水和固体废物。

（5）禁止开发区域：各级各类海洋自然保护区。

在保护区核心区和缓冲区内不得开展任何与保护无关的工程建设活动，海洋基础设施建设原则上不得穿越保护区。

2.《海岸线保护与利用管理办法》

（1）自然岸线是指砂质岸线、淤泥质岸线、基岩岸线、生物岸线等原生海岸线，以及整治修复后具有自然海岸形态特征和生态功能的海岸线。

（2）自然岸线保有率：到 2020 年，全国自然岸线保有率不低于 35%（不包括海岛岸线）。

（3）岸线分类保护：

① 严格保护：主要包括优质沙滩、典型地质地貌景观、重要滨海湿地、红树林、珊瑚礁等所在海岸线。除国防安全需要外，禁止在严格保护岸线的保护范围内构建永久性建筑物、围填海、开采海砂、设置排污口等损害海岸地形地貌和生态环境的活动。

② 限制开发：自然形态保持基本完整、生态功能与资源价值较好、开发利用程度较低的海岸线。严格控制改变海岸自然形态和影响海岸生态功能的开发利用活动，预留未来发展空间，严格海域使用审批。

③ 优化利用：主要包括工业与城镇、港口航运设施等所在岸线，应集中布局确需占用海岸线的建设项目，严格控制占用岸线长度，提高投资强度和利用效率，优化海岸线开发利用格局。

3.《国务院关于加强滨海湿地保护严格管控围填海的通知》

（1）严控新增项目。完善围填海总量管控，取消围填海地方年度计划指标，除国家重大战略项目外，全面停止新增围填海项目审批。

（2）严守生态保护红线。对已经划定的海洋生态保护红线实施最严格的保护和监管，全面清理非法占用红线区域的围填海项目，确保海洋生态保护红线面积不减少、大陆自然岸线保有率标准不降低、海岛现有砂质岸线长度不缩短。

（3）严格用途管制。严禁国家产业政策淘汰类、限制类项目在滨海湿地布局，实现山水林田湖草整体保护、系统修复、综合治理。

主要考点

【考点①】临海规划业园区，易造成污染。

【考点②】规划填海进行建设活动，违反除国家重大项目外，全面禁止新增围填海的规定。

【考点③】在洋流方向上毗邻鱼类产卵场规划热电厂和产业园区，影响鱼类产卵场的生态功能，同时易对海洋生态环境造成污染。

【考点④】鱼类产卵场属于生物多样性维护区域，应将重要渔业海域划入生态保护红线保护范围。

历年考题

【2018-01 题】 我国南方沿海某县，西北部为山区，中部为丘陵，东南部有少量平原缓丘及大面积海湾；海岸线长，海产资源丰富……该县近海海域是重要的海洋集聚区及生态环境高度敏感区域……除保留原有的省级经济开发区外，新建东部工业园区及西部工业园区……

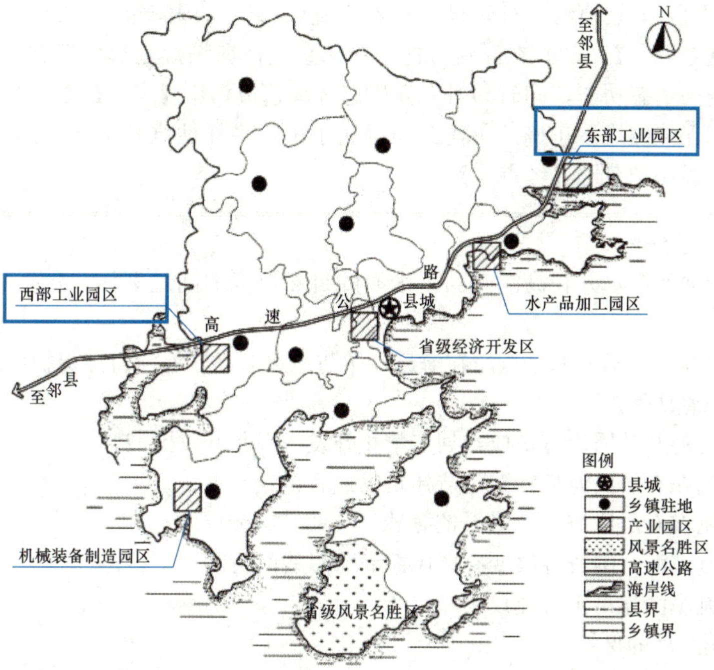

2018-01 题图

考点解析：临海规划东部、西部产业园区不正确，该海域为生态环境高度敏感区域，该做法易对海洋生态环境和海洋生物多样性维护造成不利影响【考点①】。

【2020-01 题】 东南沿海某县级市，乡镇经济发达，耕地资源紧张……为了促进经济发展和乡镇工业用地整合，在中心城区南部规划填海建设热电厂和产业园区，具体见下图……

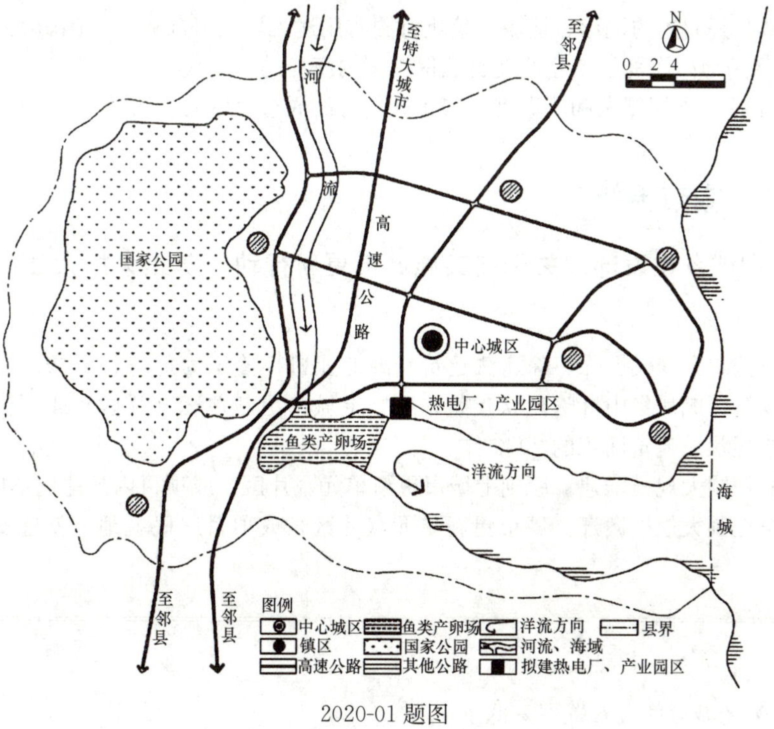

2020-01 题图

考点解析：（1）规划填海进行建设活动不正确，违反除国家重大项目外，全面禁止新增围填海的规定【考点②】。（2）在洋流方向上毗邻鱼类产卵场规划热电厂和产业园区不合理。影响鱼类产卵场的生态功能，同时易对海洋生态环境造成污染【考点③】。（3）规划未将鱼类产卵场划入生态保护红线不正确。鱼类产卵场属于生物多样性维护区域，应将重要渔业海域划入生态保护红线保护范围【考点④】。

4.《海岛保护法》

海岛是指四面环海水并在高潮时高于水面的自然形成的陆地区域，包括有居民海岛和无居民海岛。

特殊用途海岛：包括领海基点所在海岛、国防用途海岛、海洋自然保护区内的海岛。

（1）有居民海岛保护

① 有居民海岛及其周边海域应当划定禁止开发、限制开发区域。

② 严格限制在有居民海岛沙滩建造建筑物或者设施。

③ 严格限制在有居民海岛沙滩采挖海砂。

④ 严格限制填海、围海等改变有居民海岛海岸线的行为。

⑤ 严格限制填海连岛工程建设。

（2）无居民海岛的保护

未经批准利用的无居民海岛，应当维持现状；禁止采石、挖海砂、采伐林木以及进行生产、建设旅游等活动。

（3）特殊用途海岛的保护

① 领海基点所在的海岛：禁止在领海基点保护范围内进行工程建设以及其他可能改变该区域地形、地貌的活动。

② 国防用途无居民海岛：禁止破坏国防用途无居民海岛的自然地形、地貌和有居民海岛国防用途区域及其周边的地形、地貌。禁止将国防用途无居民海岛用于与国防无关的目的。

③ 自然保护地内海岛：禁止改变自然保护区内海岛的海岸线。

④ 禁止采挖、破坏珊瑚和珊瑚礁。禁止砍伐海岛周边海域的红树林。

知识点 12　城市更新

■ 住房和城乡建设部《关于在实施城市更新行动中防止大拆大建问题的通知》建科

（1）严格控制大规模拆除。除违法建筑和经专业机构鉴定为危房且无修缮保留价值的建筑外，不大规模、成片集中拆除现状建筑，原则上城市更新单元（片区）或项目内拆除建筑面积不应大于现状总建筑面积的 20%。

（2）严格控制大规模增建。原则上城市更新单元（片区）或项目内拆建比不应大于 2。

（3）严格控制大规模搬迁。城市更新单元（片区）或项目居民就地、就近安置率不宜低于 50%。

主要考点

【考点①】老城区就近安置不宜低于 50%。

历年考题

【2022-01 题】 某县 2020 年县域常住人口 92 万人，城镇人口 49 万人，国土开发强度 21%……对县城老城进行城市更新，迁出 60%居民到中心城区边缘地区进行安置……

考点解析：老城区迁出 60%居民到中心城区边缘地区进行安置不合理，就近安置不宜低于 50%，该做法违反了城市更新相关政策。【考点①】。

板块 3 国土空间总体规划——中心城区层次

微信扫码
免费听课

历年考频

考点	城市性质	用地指标	用地布局	规划分区	城镇建设	道路交通	公共基础设施	资源保护
考频	1	1	11	2	2	8	7	4

知识点 1 编制内容、城市性质

■ 规划编制内容

（1）分析确定城市性质、职能和发展目标。

（2）预测城市人口规模。

（3）划定城镇开发边界。

（4）确定建设用地的空间布局，提出土地使用强度管制区划和相应的控制指标。

（5）确定市级和区级中心的位置和规模，提出主要的公共服务设施的布局。

（6）确定交通发展战略和城市公共交通的总体布局，落实公交优先政策，确定主要对外交通设施和主要道路交通设施布局。

（7）确定绿地系统的发展目标及总体布局，划定各种功能绿地的保护范围（绿线），划定河湖水面的保护范围，确定岸线使用原则。

（8）确定历史文化保护及地方传统特色保护的内容和要求，划定历史文化街区、历史建筑保护范围，确定各级文物保护单位的范围；研究确定特色风貌保护重点区域及保护措施。

（9）研究住房需求，确定住房政策、建设标准和居住用地布局；重点确定经济适用房、普通商品住房等满足中低收入人群住房需求的居住用地布局及标准。

（10）确定电信、供水、排水、供电、燃气、供热、环卫发展目标及重大设施总体布局。

（11）确定生态环境保护与建设目标，提出污染控制与治理措施。

（12）确定综合防灾与公共安全保障体系，提出防洪、消防、人防、抗震、地质灾害防护等规划原则和建设方针。

（13）划定旧区范围，确定旧区有机更新的原则和方法，提出改善旧区生产、生活环境的标准和要求。

（14）确定空间发展时序，提出规划实施步骤、措施和政策建议。

■ 城市性质

城市性质是指城市在一定地区、国家以至更大范围内的政治、经济与社会发展中所处的地位和所担负的主要职能。城市性质反映的是城市的地位和主要职能。

主要考点

【考点①】主导产业选择与城市性质矛盾。

历年真题

【2005-02 题】 ……该市确定以发展无污染工业和旅游度假服务业为主导的综合性城市……

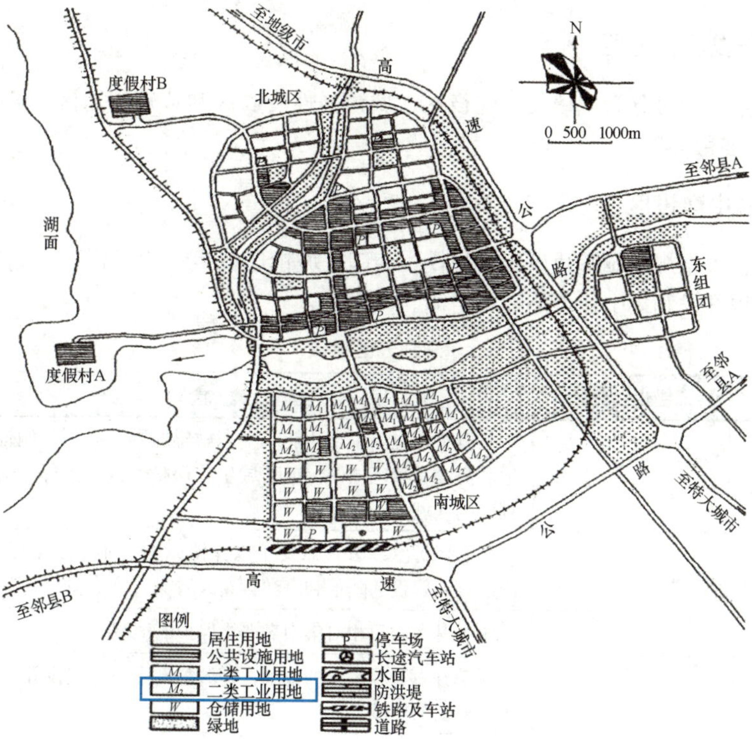

2005-02 题图

考点解析：确定发展无污染工业，规划却设置了二类工业用地，产业与城市性质矛盾【考点①】。

【2010-01 题】 某地级市位于我国南部河谷平原地带……该市目前已初步建成地区中心城市和科研基地，是城景交融的全国著名旅游城市……对项目组提出如下城市发展战略，为加强城市经济实力，大力发展工业；在城市南部，引进大型钢铁企业，集中建设钢铁工业区……

考点解析：大力发展工业、集中建设钢铁工业区与全国著名旅游城市的城市性质矛盾【考点①】。

【2022-10-02 题】 某特大城市的一个新区规划，新区距离城市主城区 30km，定位为科创文化休闲城，新区规划有轨道交通、主干路、高速公路连接主城区与邻市（县、区）……新区北部为服装纺织区，中部为公共服务区，南部为休闲娱乐区……

考点解析：北部服装纺织区与科创文化休闲城的城市性质矛盾【考点①】。

知识点 2　城镇开发边界

■ 相关概念

一定时期内，在优先划定耕地和永久基本农田、生态保护红线的基础上，可以集中进行城镇开发建设、以城镇功能为主的区域边界。**注意：涉及城市、建制镇以及各类开发区等，是防止城镇无序扩张、优化城镇布局形态和功能结构的空间边界。**

■ 城镇开发边界分区

城镇开发边界内可分为城镇集中建设区、城镇弹性发展区和特别用途区。城市、建制镇应划定城镇开发边界。

■ 城镇集中建设区

（1）定义：根据规划城镇建设用地规模，为满足城镇居民生产生活需要，划定的一定时期内允许开展城镇开发和集中建设的地域空间。

规划分区建议

<table>
<tr><th>一级规划分区</th><th colspan="2">二级规划分区</th><th>含义</th></tr>
<tr><td>生态保护区</td><td colspan="2"></td><td>具有特殊重要生态功能或生态敏感脆弱、必须强制性严格保护的陆地和海洋自然区域，包括陆域生态保护红线、海洋生态保护红线集中划定的区域</td></tr>
<tr><td>生态控制区</td><td colspan="2"></td><td>生态保护红线外，需要予以保留原貌、强化生态保育和生态建设、限制开发建设的陆地和海洋自然区域</td></tr>
<tr><td>农田保护区</td><td colspan="2"></td><td>永久基本农田相对集中需严格保护的区域</td></tr>
<tr><td rowspan="11">城镇发展区</td><td colspan="2"></td><td>城镇开发边界围合的范围，是城镇集中开发建设并可满足城镇生产、生活需要的区域</td></tr>
<tr><td rowspan="8">城镇集中建设区</td><td>居住生活区</td><td>以住宅建筑和居住配套设施为主要功能导向的区域</td></tr>
<tr><td>综合服务区</td><td>以提供行政办公、文化、教育、医疗以及综合商业等服务为主要功能导向的区域</td></tr>
<tr><td>商业商务区</td><td>以提供商业、商务办公等就业岗位为主要功能导向的区域</td></tr>
<tr><td>工业发展区</td><td>以工业及其配套产业为主要功能导向的区域</td></tr>
<tr><td>物流仓储区</td><td>以物流仓储及其配套产业为主要功能导向的区域</td></tr>
<tr><td>绿地休闲区</td><td>以公园绿地、广场用地、滨水开敞空间、防护绿地等为主要功能导向的区域</td></tr>
<tr><td>交通枢纽区</td><td>以机场，港口、铁路客货运站等大型交通设施为主要功能导向的区域</td></tr>
<tr><td>战略预留区</td><td>在城镇集中建设区中，为城镇重大战略性功能控制的留白区域</td></tr>
<tr><td colspan="2">城镇弹性发展区</td><td>为应对城镇发展的不确定性，在满足特定条件下方可进行城镇开发和集中建设的区域</td></tr>
<tr><td colspan="2">特别用途区</td><td>为完善城镇功能，提升人居环境品质，保持城镇开发边界的完整性，根据规划管理需划入开发边界内的重点地区，主要包括与城镇关联密切的生态涵养，休闲游憩、防护隔离、自然和历史文化保护等区域</td></tr>
</table>

续表

一级规划分区	二级规划分区	含义
乡村发展区		农田保护区外，为满足农林牧渔等农业发展以及农民集中生活和生产配套为主的区域
	村庄建设区	城镇开发边界外，规划重点发展的村庄用地区域
	一般农业区	以农业生产发展为主要利用功能导向划定的区域
	林业发展区	以规模化林业生产为主要利用功能导向划定的区域
	牧业发展区	以草原畜牧业发展为主要利用功能导向划定的区域
海洋发展区		允许集中开展开发利用活动的海域，以及允许适度开展开发利用活动的无居民海岛
	渔业用海区	以渔业基础设施建设、养殖和捕捞生产等渔业利用为主要功能导向的海域和无居民海岛
	交通运输用海区	以港口建设，路桥建设、航运等为主要功能导向的海域和无居民海岛
	工矿通信用海区	以临海工业利用，矿产能源开发和海底工程建设为主要功能导向的海域和无居民海岛
	游憩用海区	以开发利用旅游资源为主要功能导向的海域和无居民海岛
	特殊用海区	以污水达标排放，倾倒、军事等特殊利用为主要功能导向的海域和无居民海岛
	海洋预留区	规划期内为重大项目用海用岛预留的控制性后备发展区域
矿产能源发展区		为适应国家能源安全与矿业发展的重要陆域采矿区、战略性矿产储量区等区域

（2）划定要求

① 结合城镇发展定位和空间格局，依据国土空间规划中确定的规划城镇建设用地规模，将规划集中连片、规模较大、形态规整的地域确定为城镇集中建设区。

② 现状建成区，规划集中连片的城镇建设区和城中村、城边村，依法合规设立的各类开发区，国家、省、市确定的重大建设项目用地等应划入城镇集中建设区。

③ 城镇建设和发展应避让地质灾害风险区、蓄泄洪区等不适宜建设区域，不得违法违规侵占河道 、湖面、滩地。

④ 市级总规在市辖区划定的城镇开发边界内，划入城镇集中建设区的规划城镇建设用地一般不少于市辖区规划城镇建设用地总规模的 80%。

⑤ 县级总规按照市级总规提出的区县指引要求划定县（区）域的全部城镇开发边界后，以县（区）为统计单元，划入城镇集中建设区的规划城镇建设用地一般应不少于县（区）域规划城镇建设用地总规模的 90%。

■ 城镇弹性发展区

（1）定义：为应对城镇发展的不确定性，在城镇集中建设区外划定的，在满足特定条件下方可进行城镇开发和集中建设的地域空间。

在不突破规划城镇建设用地规模的前提下，城镇建设用地布局可在城镇弹性发展范围内进行调整，同时相应核减城镇集中建设区用地规模。

（2）划定要求：在与城镇集中建设区充分衔接、关联的基础上，合理划定城镇弹性发展区，做到规模适度、设施支撑可行。

（3）城镇弹性发展区面积：原则上不超过城镇集中建设区面积的15%，其中现状城区常住人口300万以上城市的城镇弹性发展区面积原则上不超过城镇集中建设区面积的10%，现状城区常住人口500万以上城市、收缩城镇及人均城镇建设用地显著超标的城镇，应进一步收紧弹性发展区所占比例，原则上不超过城镇集中建设区面积的5%。

■ 特别用途区

（1）定义：为完善城镇功能，提升人居环境品质，保持城镇开发边界的完整性，根据规划管理需划入开发边界内的重点地区，主要包括与城镇关联密切的生态涵养、休闲游憩、防护隔离、自然和历史文化保护等地域空间。

特别用途区原则上禁止任何城镇集中建设行为实施建设用地总量控制，原则上不得新增除市政基础设施、交通基础设施、生态修复工程、必要的配套及游憩设施外的其他城镇建设用地。

（2）划定要求如下。

① 根据地方实际，特别用途区应包括对城镇功能和空间格局有重要影响、与城镇空间联系密切的山体、河湖水系、生态湿地、风景游憩、防护隔离、农业景观、古迹遗址等地域空间。

② 对于影响城市长远发展，在规划期内不进行规划建设、也不改变现状的空间，可以以林地、草地或湿地等形态，一并划入特别用途区予以严格管控。

③ 特别用途区应做好与城镇集中建设区的蓝绿空间衔接，形成完整的城镇生态网络体系。

④ 对于开发边界围合面积超过城镇集中建设区面积1.5倍的，对其合理性及必要性应当予以特殊说明。

■ 城镇开发边界划定流程

（1）城镇开发边界应尽可能避让生态保护红线、永久基本农田。

（2）出于城镇开发边界完整性及特殊地形条件约束的考虑，对于无法调整的零散分布生态保护红线和永久基本农田，可以“开天窗”形式不计入城镇开发边界面积，并按照生态保护红线、永久基本农田的保护要求进行管理。

（3）尽量利用国家有关基础调查明确的边界、各类地理边界线、行政管辖边界等界线，将城镇开发边界落到实地，做到清晰可辨、便于管理。城镇开发边界由一条或多条连续闭合线组成，单一闭合线围合面积原则上不小于$30hm^2$。

（4）划定成果矢量数据采用2000国家大地坐标系和1985国家高程基准，在“三调”成果基础上，结合高分辨率卫星遥感影像图、地形图等基础地理信息数据，作为国土空间规划成果一同汇交入库。

主要考点

【考点①】集中建设区未避让水源地保护区控制线，侵占水源保护区不合理。

【考点②】弹性发展区比例过大（原则上不超过城镇集中建设区面积的5%），且未与城镇集中建设区衔接，不合理。

【考点③】弹性发展区规划侵占山体，不合理。

【考点④】建设项目选址不当，位于防洪堤内，妨碍行洪，威胁自身安全。

【考点⑤】建设项目选址不当，位于行洪区内，妨碍行洪，威胁自身安全。

【考点⑥】城镇建设和发展应避让蓄泄洪区等不适宜建设区域。

历年真题

【2022-10-02 题】 图为某特大城市的一个新区规划……在新区外侧布置了弹性发展区，在新区南入口主干路旁规划了一处留白用地。

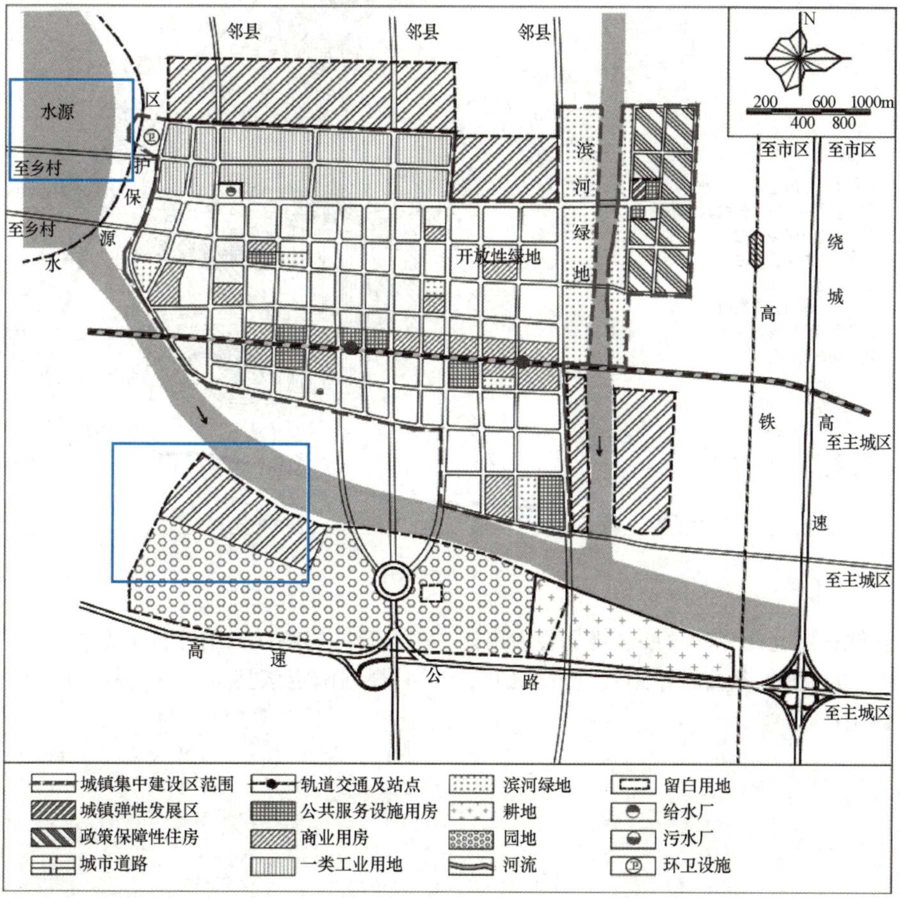

2022-10-02 题图

考点解析：(1) 集中建设区侵占水源保护区【考点①】。(2) 弹性发展区比例过大，河东侧、河南侧的弹性发展区未与城镇集中建设区衔接【考点②】。

【2023-02 题】 某大城市外围县城，城区北部片区现状为老城区，以传统工矿业和生活区为主；南部片区现状为一般工业和配套服务区，城区西临生态环境良好的浅山区……

2023-02 题图

考点解析：北侧弹性发展区规划侵占山体，不合理，影响浅山的优势生态【考点③】。

【2021-02 题】 某县城用地规划方案如图所示，规划确定该县重点发展科教产业、制造业和旅游休闲产业。

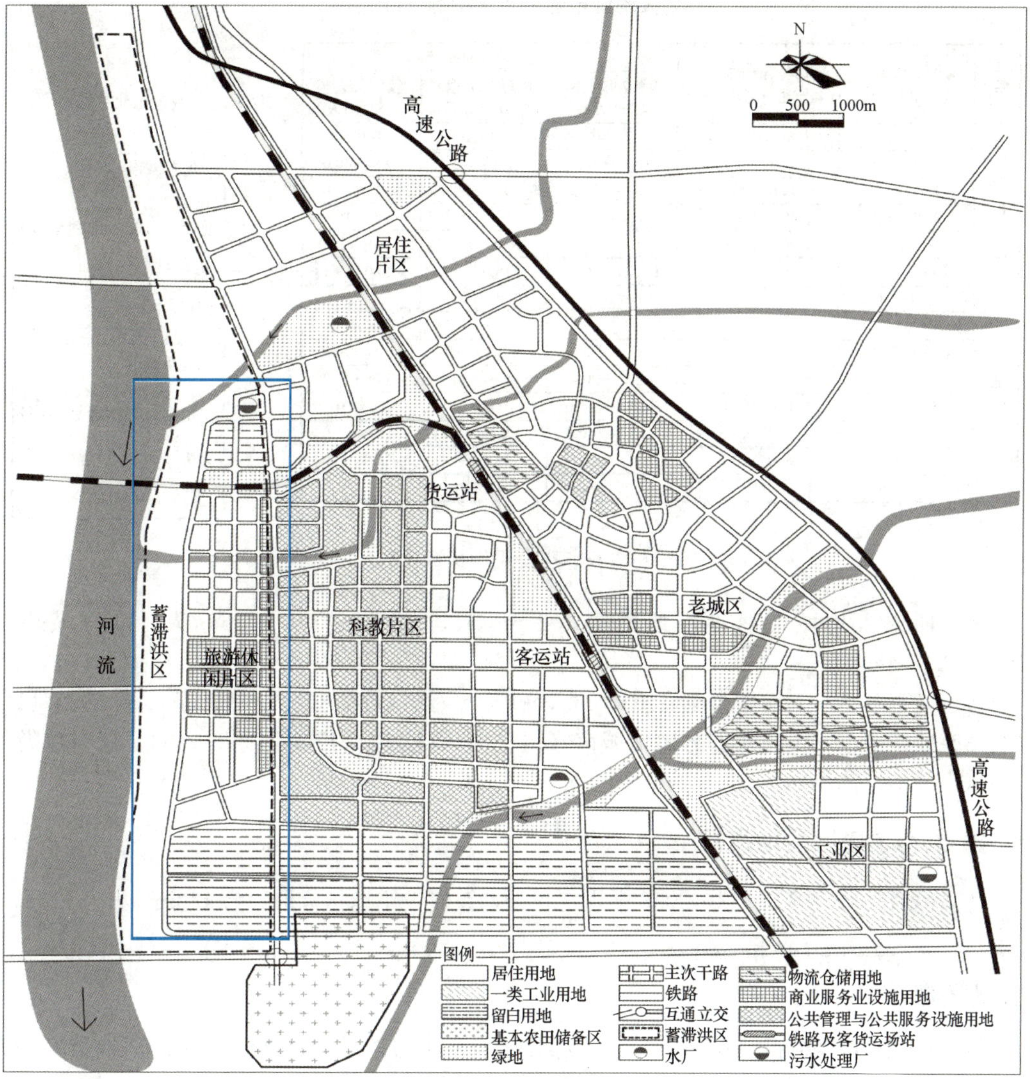

2021-02 题图

考点解析：城市西侧旅游休闲区布置在蓄滞洪区不合理，城镇建设和发展应避让蓄泄洪区等不适宜建设区域【考点⑥】。

知识点 3　规划城市、镇建设用地指标

■ 人均城市建设用地指标

《城市用地分类与规划建设用地标准》GB 50137—2011 中规定，规划人均城市建设用地指标应根据现状人均城市建设用地指标、城市（镇）所在的气候区以及规划人口规模，按相关规定综合确定，并应同时符合规定中允许采用的规划人均城市建设用地指标和允许调整幅度双因子的限制要求。

规划人均城市建设用地指标（m^2/人）

气候区	现状人均城市建设用地指标	允许采用的规划人均城市建设用地指标	允许调整幅度		
			规划人口规模≤20.0万人	规划人口规模20.1万~50.0万人	规划人口规模＞50.0万人
Ⅰ、Ⅱ、Ⅵ、Ⅶ	≤65.0	65.0~85.0	＞0.0	＞0.0	＞0.0
	65.1~75.0	65.0~95.0	+0.1~+20.0	+0.1~+20.0	+0.1~+20.0
	75.1~85.0	75.0~105.0	+0.1~+20.0	+0.1~+20.0	+0.1~+15.0
	85.1~95.0	80.0~110.0	+0.1~+20.0	−5.0~+20.0	−5.0~+15.0
	95.1~105.0	90.0~110.0	−5.0~+15.0	−10.0~+15.0	−10.0~+10.0
	105.1~115.0	95.0~115.0	−10.0~−0.1	−15.0~−0.1	−20.0~−0.1
	＞115.0	≤115.0	＜0.0	＜0.0	＜0.0
Ⅲ、Ⅳ、Ⅴ	≤65.0	65.0~85.0	＞0.0	＞0.0	＞0.0
	65.1~75.0	65.0~95.0	+0.1~+20.0	+0.1~20.0	+0.1~+20.0
	75.1~85.0	75.0~100.0	−5.0~+20.0	−5.0~+20.0	−5.0~+15.0
	85.1~95.0	80.0~105.0	−10.0~+15.0	−10.0~+15.0	−10.0~+10.0
	95.1~105.0	85.0~105.0	−15.0~+10.0	−15.0~+10.0	−15.0~+5.0
	105.1~115.0	90.0~110.0	−20.0~−0.1	−20.0~−0.1	−25.0~−5.0
	＞115.0	≤110.0	＜0.0	＜0.0	＜0.0

总结：南方城市比北方城市少5

北方城市

现状85~105，规划≤110

现状＞105，只能调减↓

上限≤115

南方城市

现状85~105，规划≤105

现状＞105，只能调减↓

上限≤110

人均城市建设用地指标比较

规划期末人均城市建设用地增幅≤$20m^2$/人，北方城市≤$115m^2$/人，南方城市≤$110m^2$/人。

新建城市（镇）人均城市建设用地85.1～$105m^2$/人，首都105.1～$115m^2$/人，边远地区、少数民族地区城市（镇）及部分山地城市（镇）、人口较少的工矿业城市（镇）、风景旅游城市（镇）等≤$150m^2$/人。

■ 人均镇建设用地指标

《镇规划标准》GB 50188—2007中规定，人均镇建设用地指标最大为$140m^2$/人。

主要考点

【考点①】现状指标＞$105m^2$/人，规划指标应调减却调增，规划人均建设用地指标增长过大。

【考点②】现状指标＞$105m^2$/人，规划人均建设用地指标超标，超过北方城市$115m^2$/人、南方城市$110m^2$/人的上限。

【考点③】规划指标增幅＞$20m^2$/人，超过《城市用地分类与规划建设用地标准》GB 50137—2011规定的允许调整幅度。

【考点④】现状指标85～$105m^2$/人，规划北方城市应≤$110m^2$/人，南方城市应≤$105m^2$/人。

【考点⑤】人均镇建设用地指标＞$140m^2$/人不合理。

历年真题

【2014-02题】 北方某县……2012年底人均$106.1m^2$/人……规划人均$108m^2$/人。

考点解析：现状指标＞$105m^2$/人，规划指标应调减不应调增，规划人均建设用地指标不合理【考点①】。

【2009-02题】 ……中心城区现状人口32万人，城区建设用地$29.4km^2$；规划……人口

规模为 42 万，城市建设用地 50km²。

考点解析：规划人均 $50\times10^6/42\times10^4=119\ m^2$/人，现状指标 >105m² 人，规划人均建设用地指标超标，超过北方城市 115m²/人、南方城市 110m²/人的上限【考点②】。

【2010-02 题】 ……该市 2004 年人均建设用地 85m²……2020 年人均建设用地 107m²。

考点解析：增幅为 107−85=22，规划指标增幅>20m²/人，超过允许的调整幅度【考点③】。

【2018-02 题】 ……该市位于Ⅱ气候分区……现状人均 103.5m²/人，规划人均 112m²/人。

考点解析：现状指标 103.5m²/人，在 85～105m²/人之间，按规定Ⅱ气候分区规划人均建设用地上限为 110m²/人，规划 112m²/人违反规定【考点④】。

知识点 4　城市总体布局

■ 城市总体布局主要模式

1. 集中式布局

特点是城市各项主要用地较集中，便于集中设置较完善的生活服务设施和市政工程设施，又可节省建设投资，一般中、小城市大多采用这种布局形式。

优点：①布局紧凑，节约用地，节省建设投资；②容易低成本配套建设各项生活服务设施和基础设施；③居民工作、生活出行距离较短，城市氛围浓郁，交往需求易于满足。

缺点：①城市用地功能分区不明显，工业区与生活区紧邻，如处理不当，易造成环境污染；②城市用地大面积集中连片布置，不利于城市道路交通的组织，越往市中心，人口和经济密度越高，交通流量越大；③城市进一步发展，会出现“摊大饼”的现象，即城市居住区与工业区层层包围，城市用地连绵不断地向四周扩展，布局可能陷入混乱。

2. 分散式布局

城市分为若干相对独立的组团，组团之间大多被河流与山川等自然地形、矿藏资源或对外交通系统分隔，分散的布局形式会导致组团间联系不太方便，市政工程设施的投资较高。通常是大城市和受地形限制的城市采用这种布局。

优点：①布局灵活，城市用地发展和城市容量具有弹性，容易处理好近期与远期的关系；②接近自然、环境优美；③各城市物质要素的布局关系井然有序，疏密有致。

缺点：①城市用地分散，土地利用不集约；②各城区不易统一配套建设基础设施，分开建设成本较高；③如果每个城区的规模达不到一个最低要求，城市氛围就不浓郁；④跨区工作和生活出行成本高，居民联系不便。

主要考点

【考点①】空间结构过于分散，土地利用不集约。

历年真题

【2019-02 题】 图为北方某县城总体规划用地布局方案。该县为省级历史文化名城……规划确定……“两片区五组团”，分别为东片区、西片区、旅游度假组团、职教园区组团、高铁组团、南部工业组团和西部工业组团。

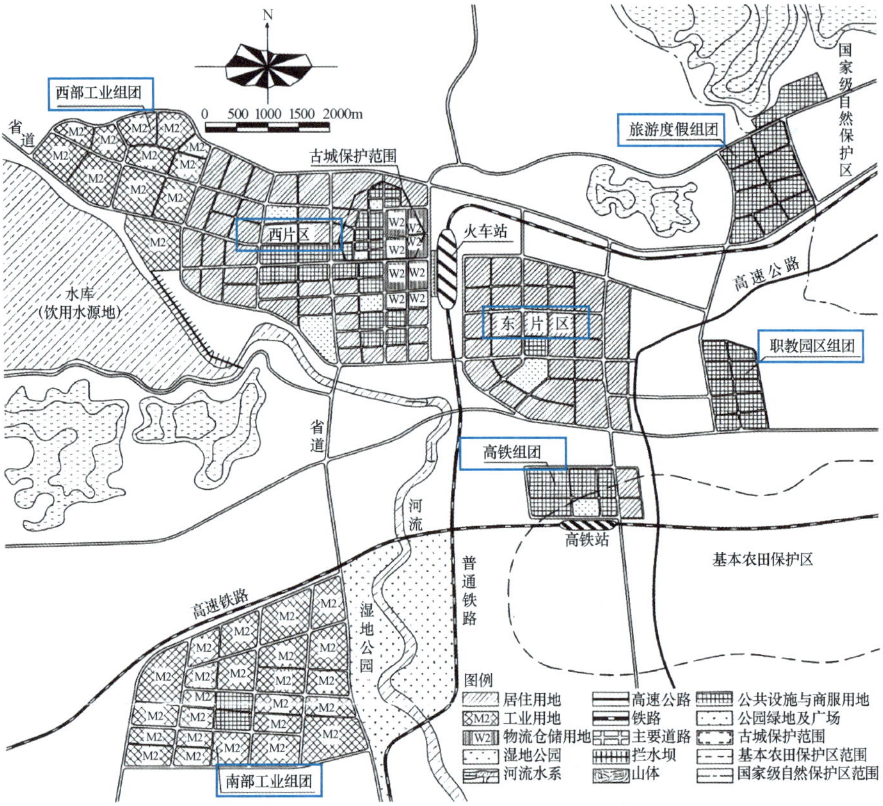

2019-02 题图

考点解析："两片区五组团"的空间结构不合理，空间结构过于分散，土地利用不集约【考点①】。

拓展

如何判断分散式布局的合理性？

(1) 看题目是否告知是中小城市，如果是，分散布局不合理。

(2) 看是否受河流与山川等自然地形、矿藏资源或交通干道的分隔，如果不是，分散布局不合理。

知识点 5　城市建设用地选择

■ 城市建设用地的选择要求

城市建设用地选择就是合理地选择城市的具体位置和用地范围，对新建城市来说就是城市选址，对老城市来说则是确定城市用地的发展方向。

(1) 选择有利的自然条件（一般是指地势较为平坦，地基承载力良好，不受洪水威胁，工程建设投资省的地段）。

(2) 尽量少占农田（尽量利用劣地、荒地、坡地，少占农田）。

(3) 保护古迹与矿藏。

（4）满足主要建设项目的要求（优先布局重大项目）。

（5）要为城市合理布局创造良好条件。

■ 城市发展方向影响因素

（1）自然条件制约：地形地貌、河流水系、地质条件、生态保护。

（2）人工环境制约和诱导：高速公路、铁路、高压输电线；区域产业布局、区域城市之间相对位置。

（3）城市现状与形态：依托老城，发展新区（除个别完全新建的城市外，大部分城市均依托已有城市发展）。

（4）规划及政策性因素政策：永久基本农田、耕地保护、历史文化保护（地下文物＋地上文物）。

（5）其他因素：土地产权、土地征收、城中村。

主要考点

【考点①】在尚有建设用地的条件下，不应跨越高速公路和铁路发展组团。

【考点②】跨越铁路发展高铁组团、跨越高速公路发展组团，会增加建设投资，不合理。

【考点③】邻近耕地，将来发展受限。

【考点④】邻近水库，易对城市水源造成污染。

【考点⑤】发展方向：主要用地沿对外交通干线和可用地潜力方向平行布置，有利于城市规划向南发展未来不可预计的空间拓展；区域衔接：向有利于接受邻近大城市辐射作用的方向发展。农田保护：城市建设尽可能少占农田。

历年真题

【2005-02 题】 图为某市 25 万人口的城市主城区总体规划示意图……北城区为全市公共活动中心和居住区，南城区为工业、仓储区，东组团为新规划的居住区……

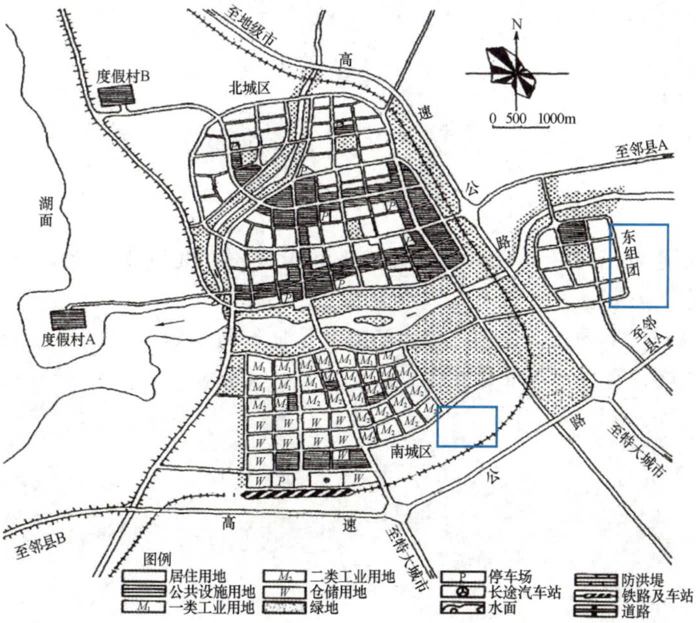

2005-02 题图

考点解析：在南北市区尚有建设用地的条件下，不应跨越高速公路和铁路发展东组团【考点①】。

【2020-02 题】 某滨海县城用地规划方案如图所示，规划确定该县城市性质为风景旅游城市和临港制造业基地。中心城区人口规模 35 万人，空间结构为组团布局模式。

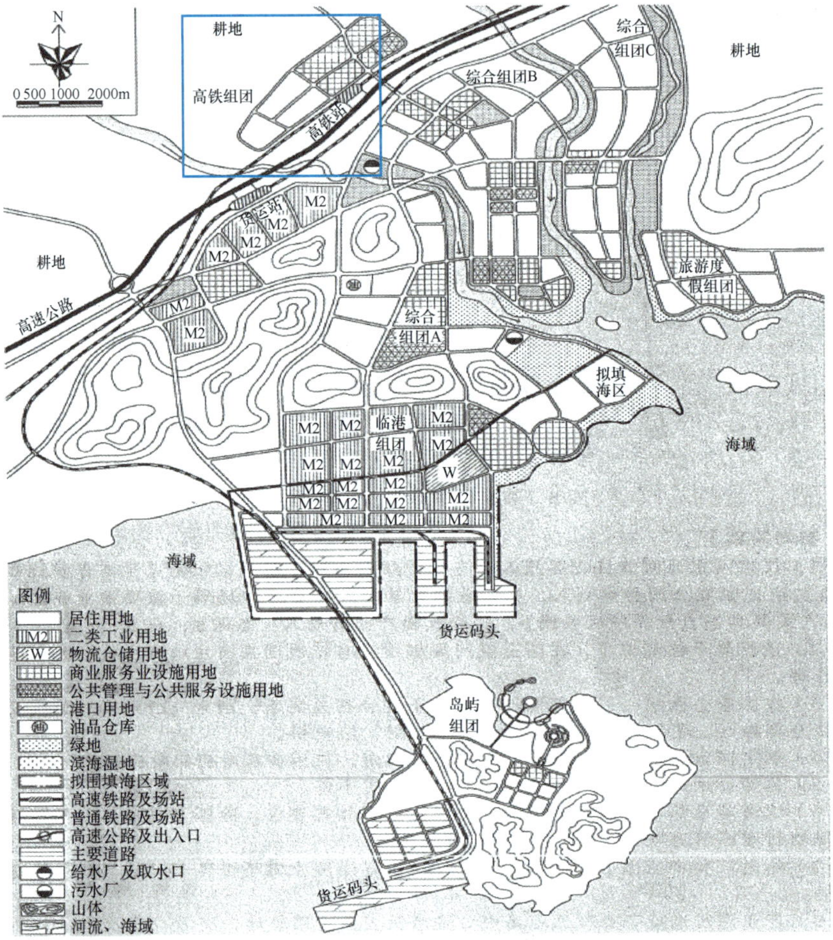

2020-02 题图

考点解析：跨越铁路发展高铁组团，会增加建设投资，北侧为耕地，将来发展受限，不合理【考点②】【考点③】。

【2022-11-02 题】 下图为南方某丘陵城市的用地布局规划图，规划人口 30 万人，面积 $30km^2$。北侧风景好，有一个水库是水源地……

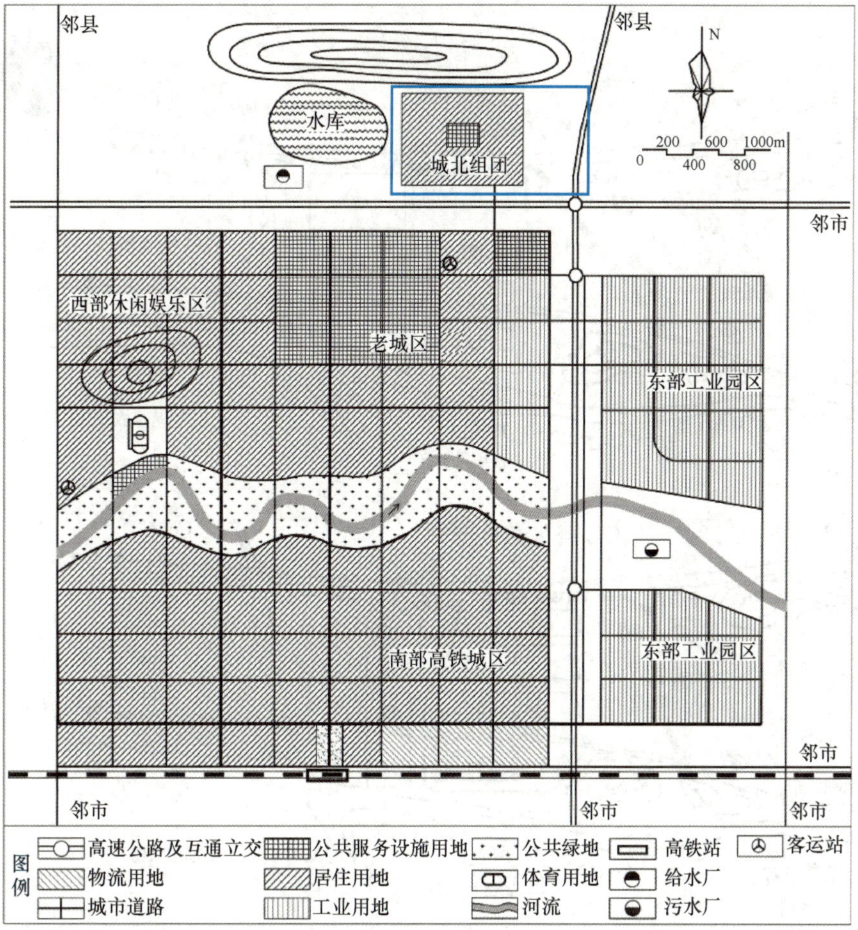

2022-11-02 题图

考点解析：向北发展城北组团不合理，跨越高速公路建设成本较高，且邻近水库，易对城市水源造成污染【考点②】【考点④】。

【2004-02 题】 图为某县级市因省道改线而形成的总体规划布局的两个方案。该市西距人口 65 万人的地级市 40km，东距 5 万人口的县城 30km。用地条件较好，西部为山丘坡地，东部较为平坦，水资源充沛。虽现状人口不足 10 万人，但随着近年国家铁路的通车，社会经济呈快速发展的趋势，该省域城镇体系规划中已确定其为重点发展城市。评析比选出一个优选方案并说明理由（注：不考虑人口规模预测及各项用地比例）。

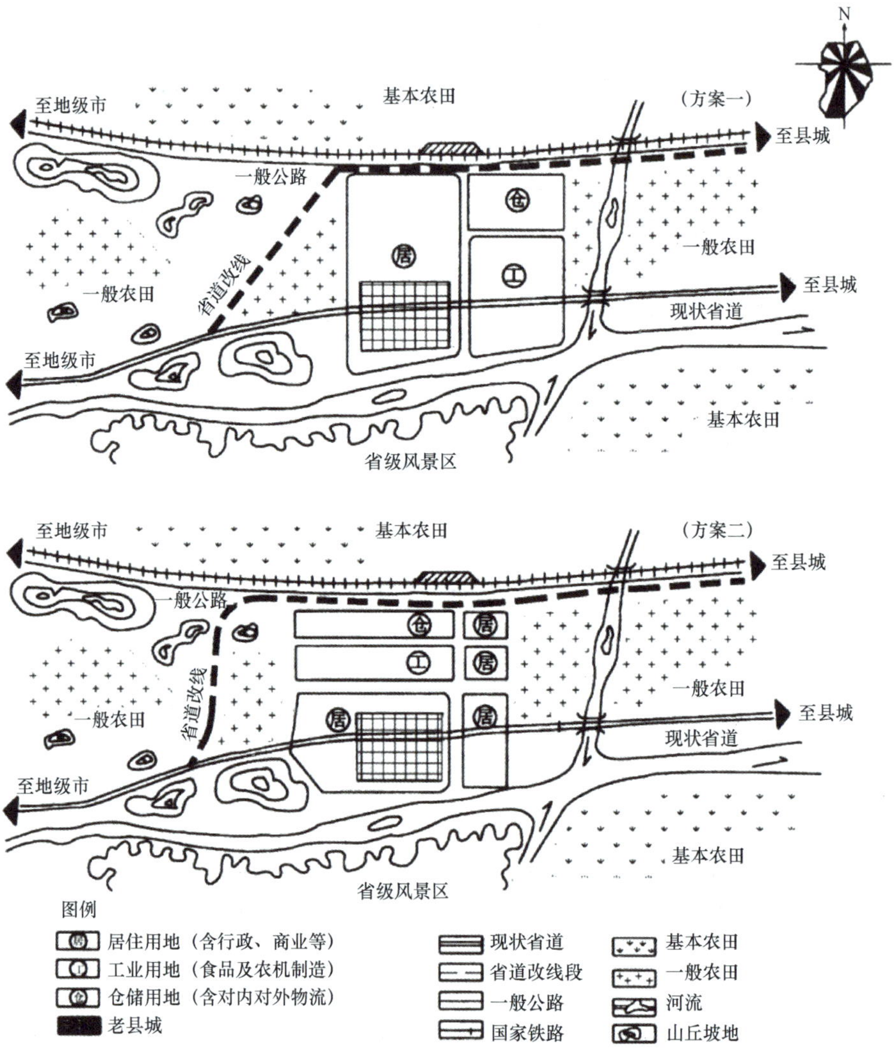

2004-02 题图

考点解析：方案二好。其一，向西发展靠近地级市；其二，东面是耕地，向西发展少占耕地【考点⑤】。

知识点 6　城市功能分区

■ 基本概念

《雅典宪章》提出了城市的功能分区。它认为，城市活动可以划分为居住、工作、游憩和交通四大类，指出这是城市规划研究和分析的“最基本分类"。它主要针对当时大多数城市无计划、无秩序发展过程中出现的，尤其是工业和居住混杂，工业污染导致的严重的卫生问题、交通问题和居住环境问题提出的。

■ 功能分区对布局的影响

（1）布局机械：单个组团（片区）单一用途判定用地布局机械，两个组团（片区）以上单一用途判定功能分区机械。

（2）单向交通：钟摆式交通，又称潮汐式交通。城市高峰交通的主要流向在每天固定的时辰内往返变化的现象。单向交通是规划布局机械问题，解决方案是职住平衡。

（3）单一通道是道路规划问题，解决方案是增加道路、提升均衡性。

主要考点

【考点①】功能分区过于机械，会增加居民出行距离，造成上下班交通拥挤。

【考点②】布置单一功能的工业组团、高铁组团、旅游服务组团，存在职住不平衡问题。

历年真题

【2005-02 题】 图为某市 25 万人口的城市主城区总体规划示意图……北城区为全市公共活动中心和居住区，南城区为工业、仓储区，东组团为新规划的居住区……

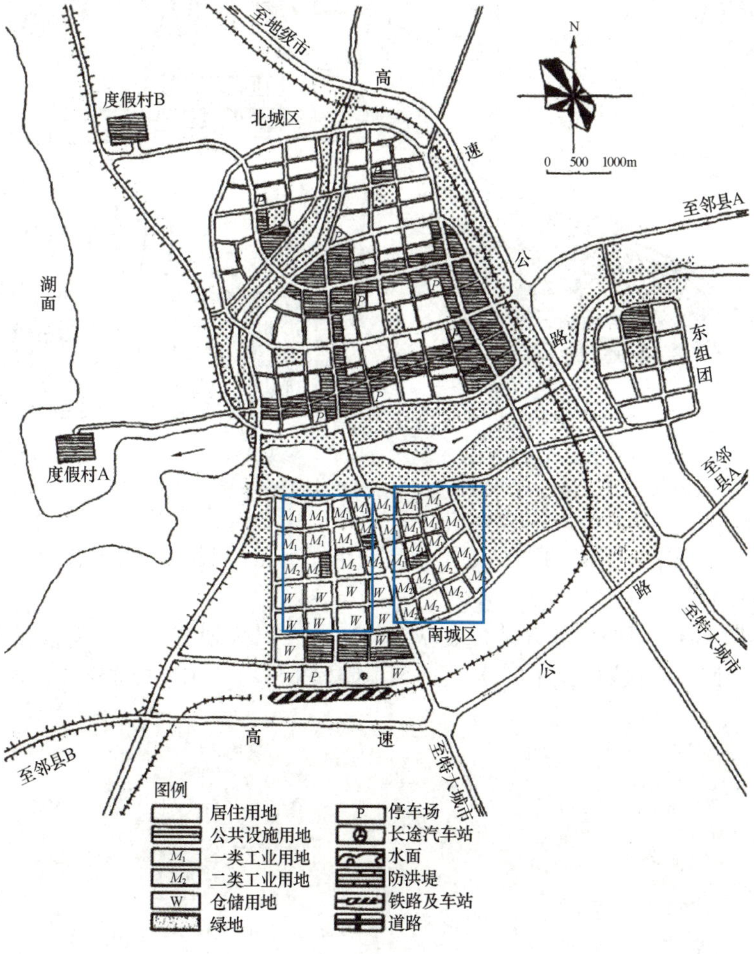

2005-02 题图

考点解析：功能分区机械，增加了居民出行距离，造成上下班交通拥挤【考点①】。

【2019-02 题】 图为北方某县城总体规划用地布局方案……规划确定该中心城区空间结构为“两片区五组团”，分别为东片区、西片区、旅游度假组团、职教园区组团、高铁组团、南部工业组团和西部工业组团。

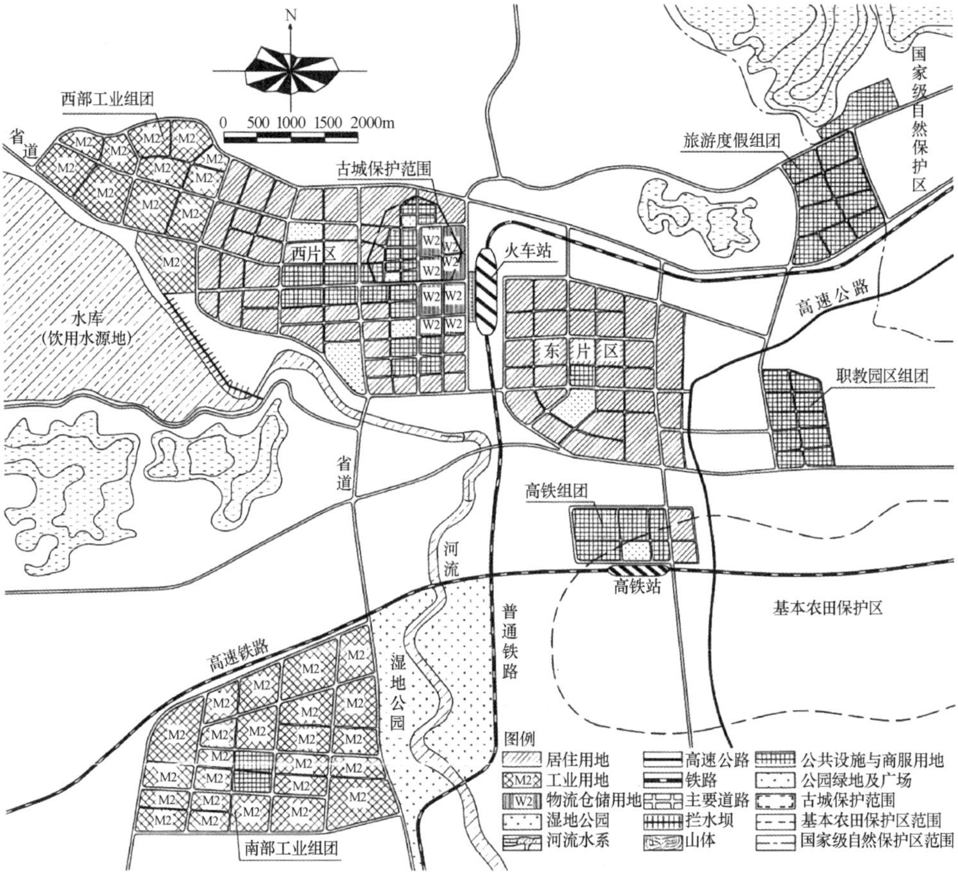

2019-02 题图

考点解析：布置单一功能的工业组团、高铁组团、旅游服务组团不合理，会产生职住不平衡问题【考点②】。

【2022-11-02 题】 下图为南方某丘陵城市的用地布局规划图……规划依托于北部现有老城区，往南发展南部高铁城区，向西发展西部休闲娱乐区，往东发展东部工业园区。

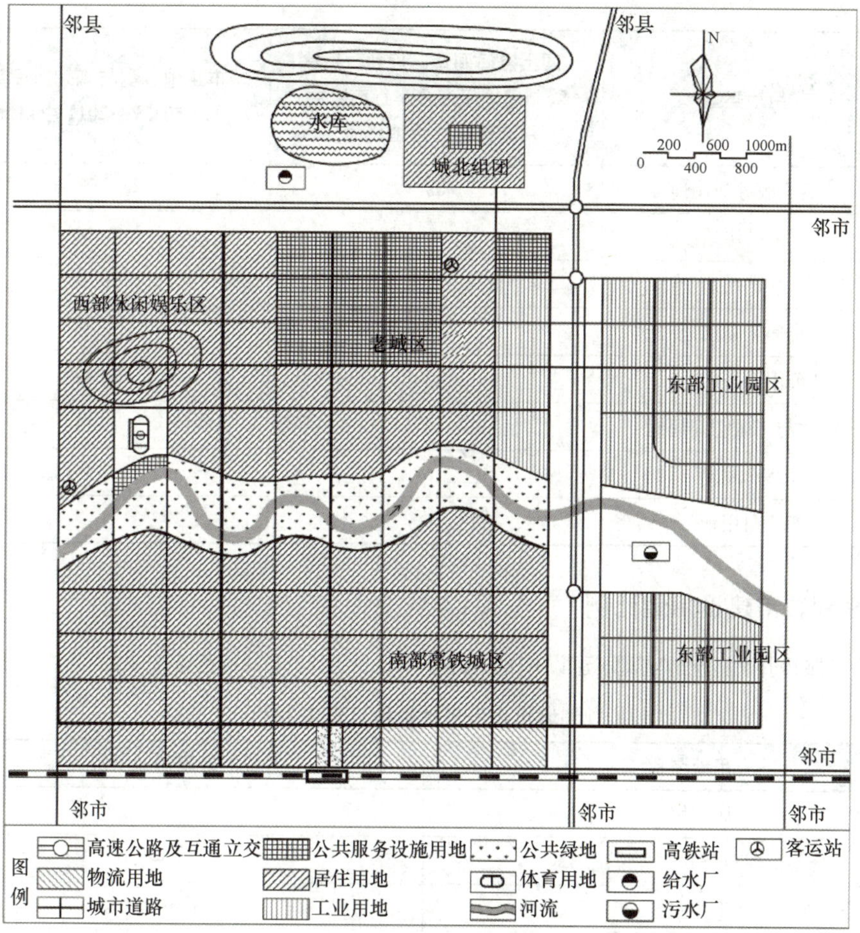

2022-11-02 题图

考点解析：东部工业园区、北侧居住区组团用地都是单一用途，规划布局机械，存在职住不平衡问题【考点②】。

知识点 7　城市规划建设用地结构

■ 中心城区城镇建设用地结构

中心城区城镇建设用地结构规划表

序号	用地类型	《国土空间调查、规划、用途管制用地用海分类指南》中用地代码（用地用海）	《城市用地分类与规划建设用地标准》GB 50137—2011 中用地分类
1	居住用地	07	R
2	公共管理与公共服务用地	08	A

序号	用地类型	《国土空间调查、规划、用途管制用地用海分类指南》中用地代码（用地用海）	《城市用地分类与规划建设用地标准》GB 50137—2011 中用地分类
3	商业服务业用地	09	B
4	工矿用地	10	M
5	仓储用地	11	W
6	交通运输用地	12	S
7	公用设施用地	13	U
8	绿地与开敞空间用地	14	G
9	特殊用地	15	—
10	留白用地	16	—

■ 规划城市建设用地比例

详见《城市用地分类与规划建设用地标准》GB 50137—2011 表 4.1.1。

规划城市建设用地结构（表 4.1.1）

用地名称	占城市建设用地比例（%）
居住用地	25.0～40.0
公共管理与公共服务设施用地	5.0～8.0
工业用地	15.0～30.0
道路与交通设施用地	10.0～25.0（更新）
绿地与广场用地	10.0～15.0

注：道路与交通设施用地比例更新：《城市综合交通体系规划标准》GB/T 51328—2018 第 3.0.4 条规定，规划的城市道路与交通设施用地面积应占城市规划建设用地面积的 15%～25%，人均道路与交通设施面积不应小于 12m²。

■ 规划人均城市建设用地面积

规划人均单项城市建设用地面积标准

人均居住用地面积	Ⅰ、Ⅱ、Ⅵ、Ⅶ气候区	28.0～38.0m²/人
	Ⅲ、Ⅳ、Ⅴ气候区	23.0～36.0m²/人
规划人均公共管理与公共服务设施用地面积		≥5.5m²/人
规划人均道路与交通设施用地面积		≥12m²/人
规划人均绿地与广场用地面积		≥10m²/人
其中人均公园绿地面积		≥8m²/人

主要考点

【考点①】工业用地占城市建设用地的比例偏大，超过标准上限 30%。

【考点②】居住用地占城市建设用地的比例偏大，超过标准上限 40%。

【考点③】规划人均居住用地面积过大，超过标准上限。

历年真题

【2012-02 题】 ……规划城市建设用地面积为 43km^2。该市确定为以发展高新技术产业和产品物流业为主导的综合性城市，规划工业用地面积占总建设用地面积的 35%……

考点解析：工业用地占城市建设用地的比例偏大，35%过多【考点①】。

【2017-02 题】 ……某县级市中心城区总体规划……，2030 年规划城市人口 21 万人，城市建设用地为 22km^2，其中居住用地占城市建设用地的 45%……

考点解析：规划居住用地占比 45%过高不合理【考点②】；规划人均居住用地面积 47m^2（22km^2×45%/21 万人）过大，超过标准上限【考点③】。

知识点 8　用地布局

■ 居住用地

居住用地（07）占地比例宜为 25%～40%。人均居住用地面积，北方为 28～38m^2/人，南方为 23～36m^2/人。

1. 布局原则

（1）严禁在有滑坡、泥石流、山洪等自然灾害威胁的地段进行建设。

（2）土壤存在污染的地段，必须采取有效措施进行无害化处理，达到居住用地土环境质量要求。

（3）与危险化学品及易燃易爆品等危险源保持一定的安全距离。

（4）尽量接近水面和风景优美的环境。

2. 污染防护

居住用地与二类、三类工业用地，仓储用地之间应设置防护绿地。

3. 职住平衡

职住平衡的基本内涵是指在某一给定的地域范围内，大部分居民可以就近工作；通勤交通可采用步行、自行车或者其他的非机动车方式；即使是使用机动车，出行距离和时间也比较短，限定在一个合理的范围内，这样就有利于减少机动车尤其是小汽车的使用，从而减少交通拥堵和空气污染。

4. 居住用地与工业用地的关系

（1）居住用地和工业用地布局过近：缺少防护绿地，造成环境污染。

（2）居住用地和工业用地布局过远：职住不平衡，出行距离远，形成单向交通。

主要考点

【考点①】居住用地被工业用地包围，易造成较大的污染和干扰，不利于居住环境的营造。

【考点②】布局居住用地时应避免形成单一功能的大型居住区，造成职住关系变化。

【考点③】居住用地应结合产业园区、轨道交通站点布置，避免跨河发展（易造成交通不便且增加投资）。

历年真题

【2018-02 题】 下图为某县级市城市总体规划中心城区用地布局规划方案……

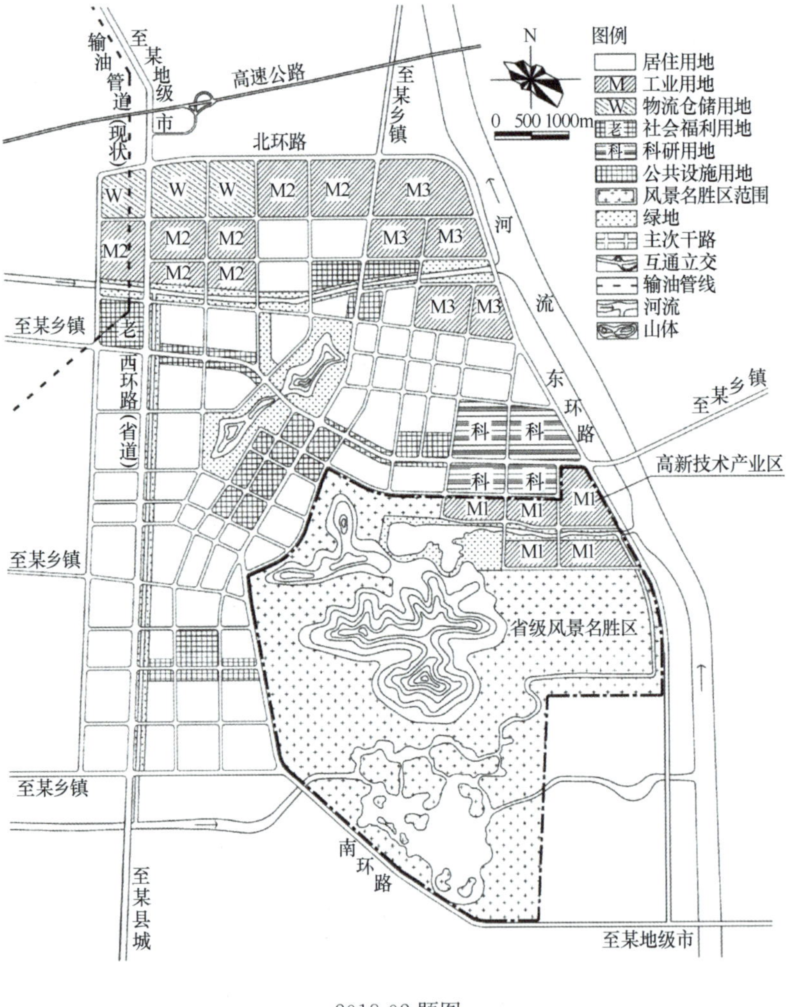

2018-02 题图

考点解析：居住用地布局不合理，被工业用地包围，易造成较大的污染和干扰，不利于居住环境的营造【考点①】。

【2021-02 题】 某县城用地规划方案如图所示，规划确定该县重点发展科教产业、制造业和旅游休闲产业。

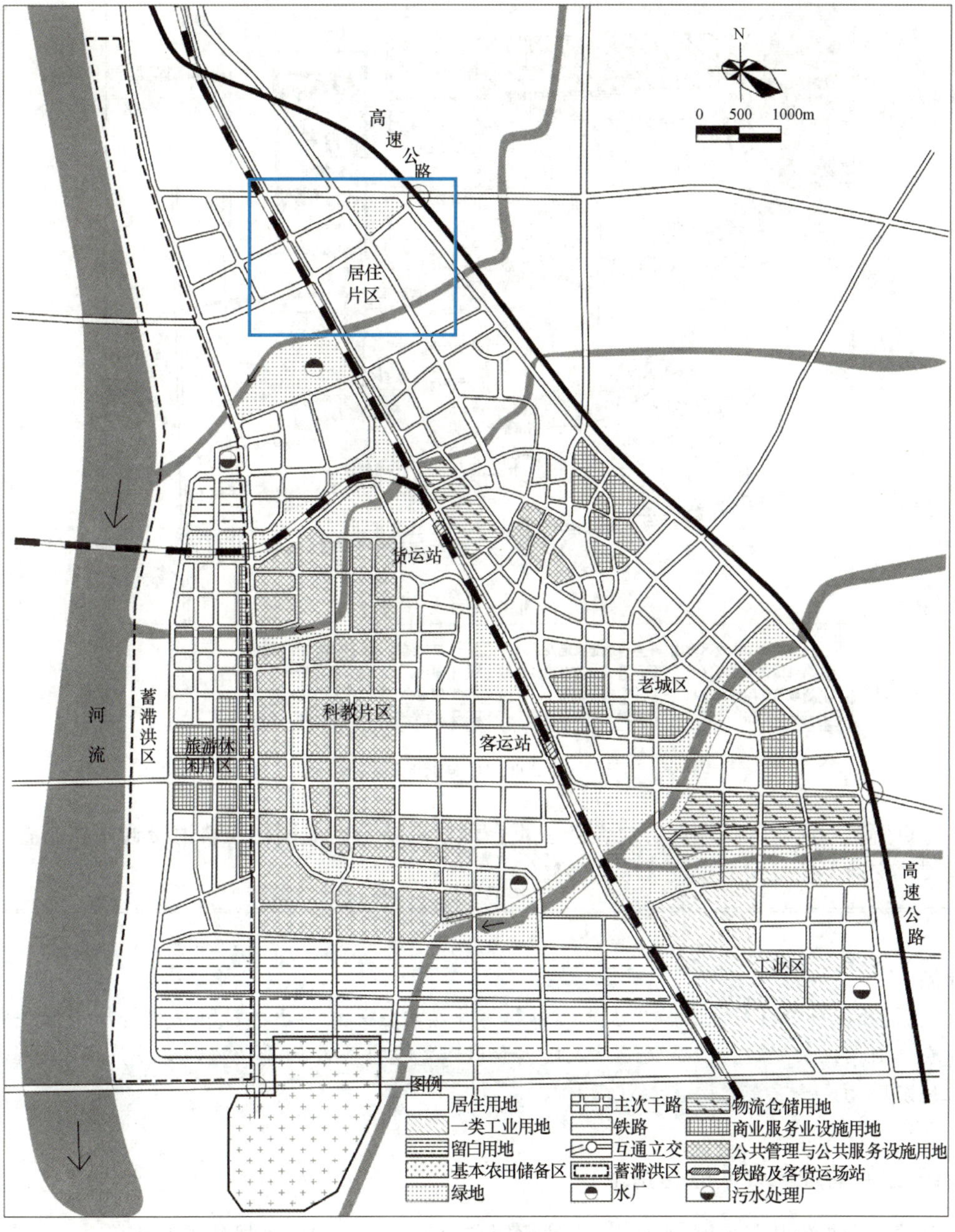

2021-02 题图

考点解析：北侧用地全部布局居住用地不合理，缺少配套，应改善职住关系，避免形成单一功能的大型居住区【考点②】。

【2022-10-02 题】 图为某特大城市的一个新区规划，新区距离城市主城区 30km，定位为科创文化休闲城，规划人口 10 万人……在河东规划了政策性保障性住房，用以吸引大城市人口。

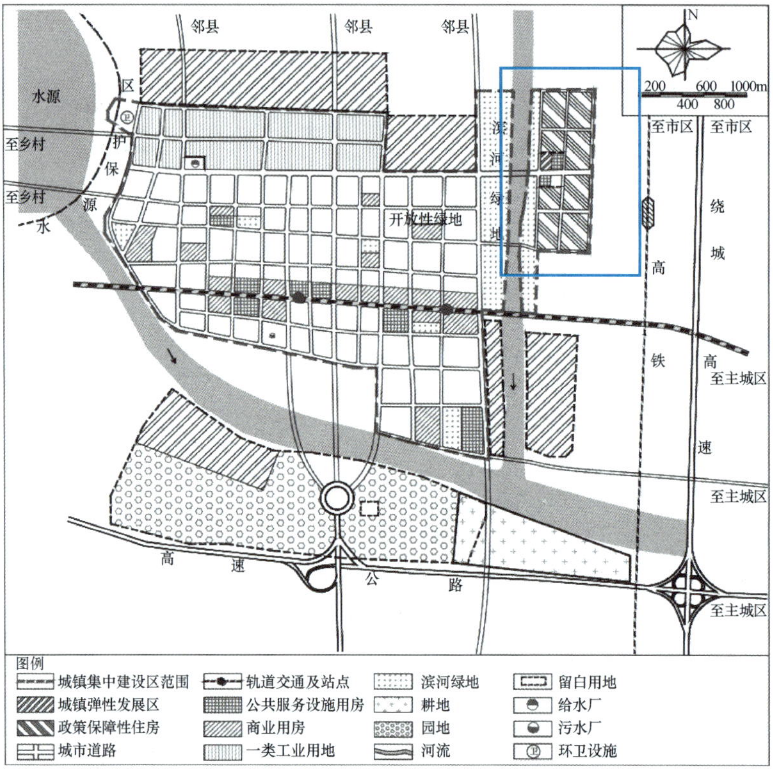

2022-02 题图

考点解析：河东保障性住房建设选址不合理，未结合产业园区、轨道交通站点布置；跨河发展，交通不便且增加投资【考点③】。

拓展

《国务院办公厅关于加快发展保障性租赁住房的意见》指出，保障性租赁住房主要安排在产业园区及周边、轨道交通站点附近和城市建设重点片区等区域，引导产城人融合、人地房联动。

■ 公共管理与公共服务用地

公共管理与公共服务用地（08）占地比例宜为5%～8%，宜与居住用地结合。

1. 布局原则

08	公共管理与公共服务用地	布局原则
0801	机关团体用地	行政办公设施用地布局宜采取集中与分散相结合的方式
0802	科研用地	对场地有特殊要求重建的科研院所，在城市边缘地区选址，并宜适当集中布局
0803	文化用地	图书、展览馆，宜结合公园布局
0804	教育用地	新建高等院校通常布置在城区边缘，科技园区、高新技术园区与综合性大学相毗邻，利于相互促进共同发展

续表

08	公共管理与公共服务用地	布局原则
0805	体育用地	大型体育设施一般应均匀布置在城市中心区外围或边缘，需要良好的交通条件
0806	医疗卫生用地	医疗卫生设施用地布局应考虑服务半径，选址在环境安静交通便利的地段。传染性疾病的医疗卫生设施宜选址在城市边缘地区的下风方向
0807	社会福利用地	老年人、儿童社会福利用地，宜邻近居住用地

2. 服务半径及范围

(1) 服务半径是检验公共设施分布合理与否的指标之一，不同的公共设施，服务对象和服务半径不同。

(2) 范围如下：①市级：政府及各局等；②区级：区政府；③15 分钟生活圈：街道办事处、中学；④10 分钟：小学。

3. 与道路交通影响

大型公共设施会吸引大量人、车流，道路分为交通性、生活性主干道。

主要考点

【考点①】在交通性道路两侧布置大量公共服务用地不合理，会降低道路运行效率，存在交通安全隐患，道路功能与两侧用地性质不匹配。

【考点②】小学与长途汽车站相邻布置不合理，造成相互干扰。

【考点③】体育设施选址不应位于公园绿地内。

【考点④】公共服务设施用地侵占滨河绿地不合理。

历年真题

【2011-02 题】 某镇位于我国西部某大河沿岸，邻近我国重要的高山林业水源涵养区……

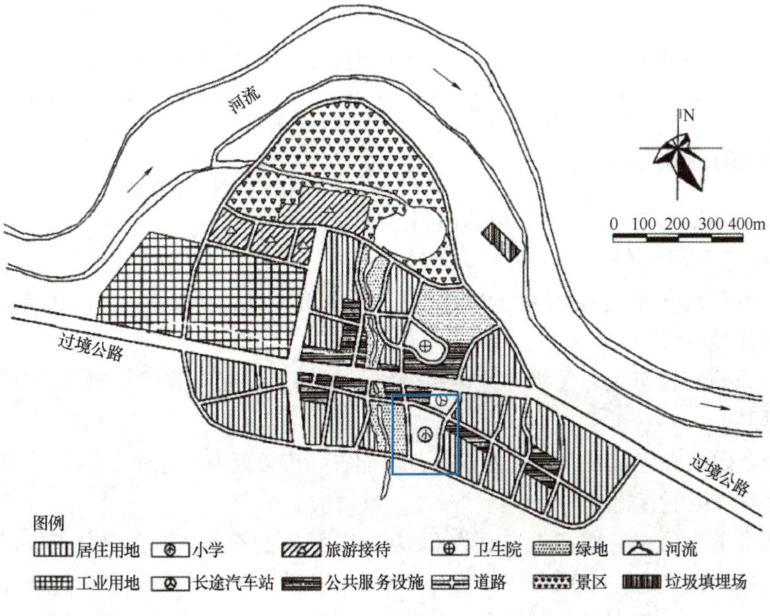

2011-02 题图

考点解析：小学距离长途汽车站太近，易互相干扰，并有一定的安全隐患【考点②】。

【2022-11-02 题】 下图为南方某丘陵城市的用地布局规划图，规划人口 30 万人，面积 30km²……

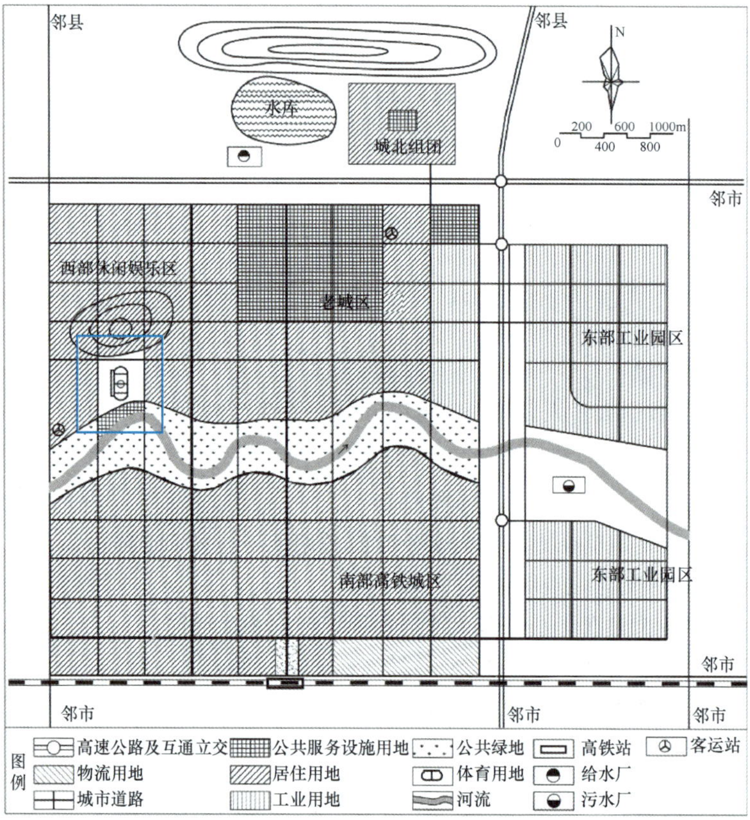

2022-11-02 题图

考点解析：体育用地南侧的公共服务设施用地侵占滨河防护绿地且有安全隐患【考点③】。

■ 商业服务业用地

商业服务业用地（09），布局于交通便利、地价高的地段。

1. 商业服务业用地分类

商业服务业用地包括商业用地（0901）、商务金融用地（0902）、娱乐康体用地（0903）、其他商业服务用地（0904）。

商业金融设施宜按市级、区级和地区级分级设置，形成相应等级和规模的商业金融中心。

2. 布局原则

（1）商业金融中心应以人口规模为依据合理配置，市级商业金融中心服务人口宜为 50 万～100 万人，服务半径不宜超过 8km。

（2）区级商业金融中心服务人口宜为 50 万人以下，服务半径不宜超过 4km。

（3）地区级商业金融中心服务人口宜为 10 万人以下，服务半径不宜超过 1.5km。

（4）商业金融中心规划用地应具有良好的交通条件，但不宜沿城市交通主干路两侧布局。

(5) 在历史文化保护城区不宜布局新的大型商业金融设施用地。大城市可设多个商业中心，小城市设综合性商业中心。

主要考点

【考点①】古城内布置大量小型商业，破坏古城整体格局与历史风貌。

【考点②】在古城保护范围内，布局大量商业服务业用地不合理，破坏古城整体格局与历史风貌。

历年真题

【2010-04 题】 ……在环湖公园北侧开辟一条南北轴线，安排行政中心……小型商业、文化设施等用地……

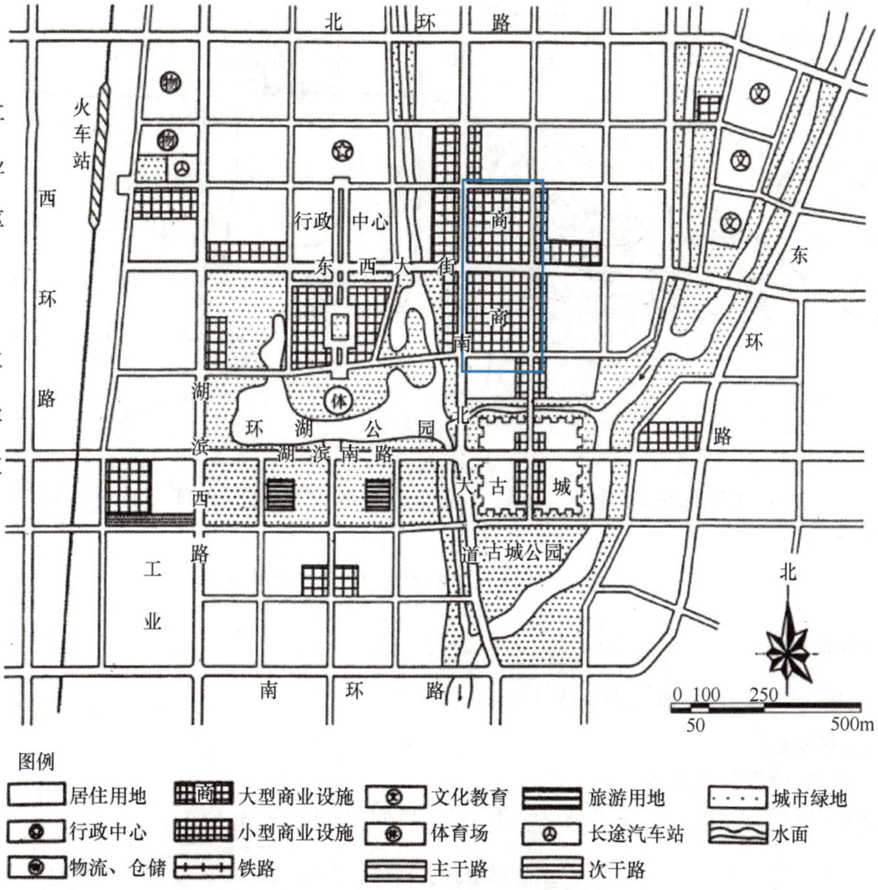

2010-04 题图

考点解析：古城内布置大量小型商业不合理，破坏古城整体格局与历史风貌【考点①】。

【2019-02 题】 图为北方某县城总体规划用地布局方案。该县为省级历史文化名城，规划中心城区人口规模为 32 万人。

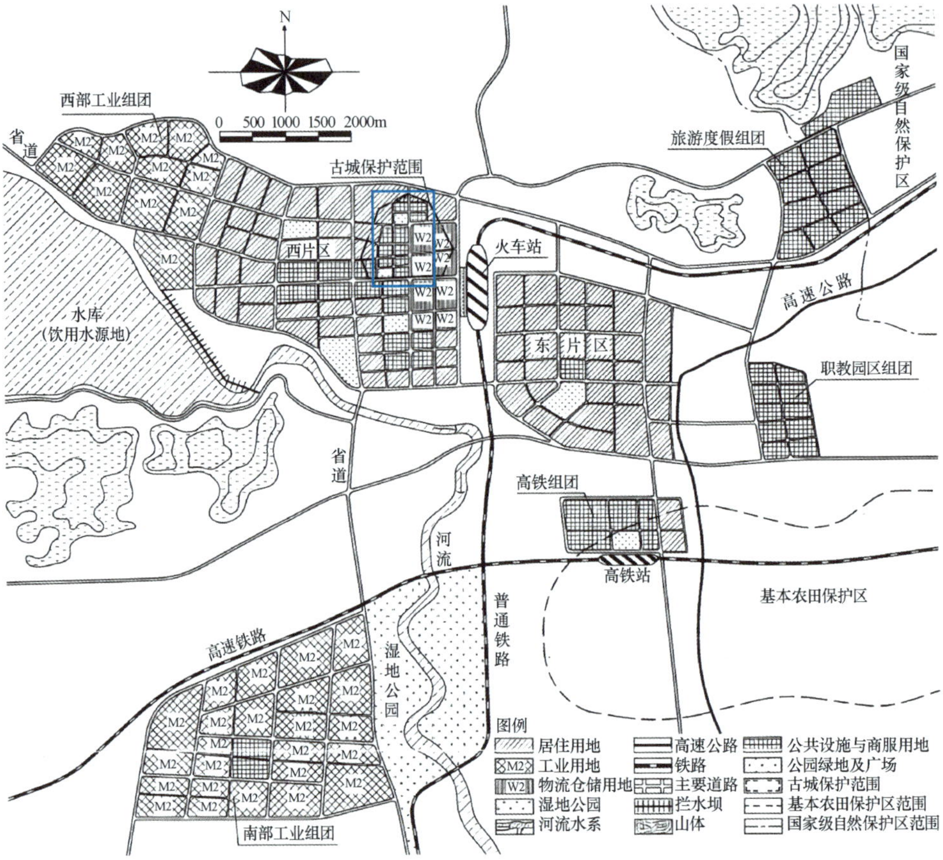

2019-02 题图

考点解析：在古城保护范围内，布局大量商业服务业用地不合理，破坏古城整体格局与历史风貌【考点②】。

■ 工业用地

工业用地（1001）占地比例宜为15%～30%。

1. 工业用地分类

① 按用地性质分见下表。

② 按门类分：钢铁、石化、冶金、电力、机械、化工、食品加工等。

工矿用地分类名称、代码

代码	名称	含义
10	工矿用地	指用于工矿业生产的土地
1001	工业用地	指工矿企业的生产车间、装备修理、自用库房及其附属设施用地，包括专用铁路、码头和附属道路、停车场等用地，不包括采矿用地
100101 （M1）	一类工业用地	指对居住和公共环境基本无干扰、污染和安全隐患，布局无特殊控制要求的工业用地

续表

代码	名称	含义
100102 (M2)	二类工业用地	指对居住和公共环境有一定干扰、污染和安全隐患，不可布局于居住区和公共设施集中区内的工业用地
100103 (M3)	三类工业用地	指对居住和公共环境有严重干扰、污染和安全隐患，布局有防护、隔离要求的工业用地
1002	采矿用地	指采矿、采石、采砂（沙）场，砖瓦窑等地面生产用地及排土（石）、尾矿堆放用地
1003	盐田	指用于盐业生产的用地，包括晒盐场所、盐池及附属设施用地

拓展

在工业用地（M类）中增加新型产业用地（M0），是指融合研发、创意、设计、无污染生产等新型产业功能以及相关配套服务的用地，是“无污染工业＋商务办公＋服务贸易＋研发设计”功能的混合用地。

2. 布局原则

（1）市情：该不该发展工业，该不该发展二类/三类工业。

（2）污染：考虑静风、河流下游，上风向。

（3）交通运输：考虑铁路、水、公路以及安全。

（4）协作：相关产业集中，不相关则分散。

（5）岸线：要预留生活岸线。

3. 工业与市情

主要考点

【考点①】产业与城市性质的冲突。

【考点②】产业与资源环境禀赋的冲突。

历年真题

【2011-02 题】 某镇位于我国西部某大河沿岸，邻近我国重要的高山林业水源涵养区。该镇对外交通便捷、旅游资源丰富。作为传统的农业城镇……经济社会发展迅速。该镇近期拟依托水电资源优势，发展电解铝等产业。

考点解析：该镇发展电解铝产业不合理，与该镇地处“我国重要的高山林业水源涵养区”冲突【考点②】。

4. 工业用地与污染

（1）避让：风景名胜区、自然保护区、水源保护地、湿地公园等。

（2）污染干扰：

① 一类工业（基本无污染），如电子工业、缝纫手工业，可结合居住用地布置。

② 二类工业（有一定污染），如机械工业、纺织工业、食品加工业，应布置于城市边缘的

独立地段。

③ 三类工业（有严重污染），污染大户须防护、易燃易爆要隔离，严重污染的工业（如化学工业、冶金工业等），与城市保持一定的距离，需设置较宽的绿化防护带。

拓展 1　工业用地与居住用地布局图解

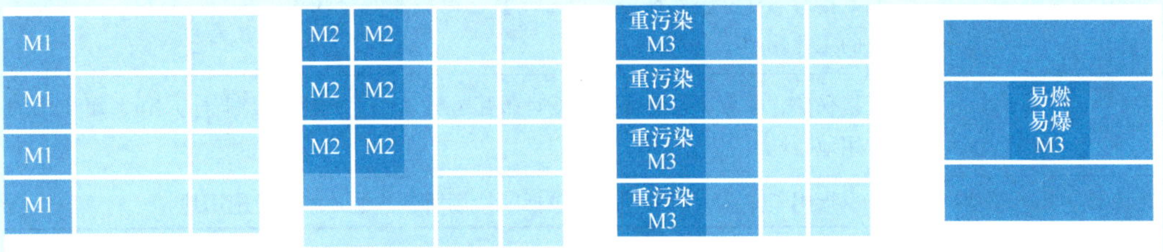

一类工业布局方式（可结合居住用地布置）　二类工业布局方式（城市边缘的独立地段）　三类工业布局方式（与城市保护一定的距离，需设置较宽的绿化防护带）　三类工业布局方式（远离城市的独立地段）

拓展 2　防护绿地与风玫瑰

1.《城市绿地分类标准》CJJ/T 85—2017 中规定，G2 防护绿地：用地独立，具有卫生、隔离、安全、生态防护功能，游人不宜进入的绿地。主要包括卫生隔离防护绿地、道路及铁路防护绿地、高压走廊防护绿地、公用设施防护绿地等。

2. 风玫瑰：风玫瑰图是气象科学专业统计图表，用来统计某个地区一段时期内风向、风速发生频率。由于形状形似玫瑰花朵，故名“风玫瑰”。

3. 风向怎么看：风玫瑰图上所表示的风向即风的来向，是指从外面吹向地区中心的方向，如图：①表示北风，②表示西风，③表示东北风，④表示西南风。

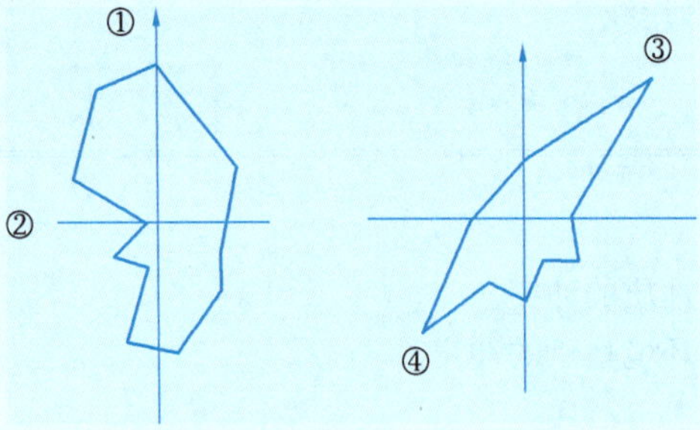

风玫瑰图

注意：居住区布置在主导风向的上风向；把工业等布置在主导风向的下风向，最小风频的上方向。

主要考点

【考点①】静风污染：在群山环绕的盆地、谷地，四周被高大建筑包围的空间及静风频率高的地区，不宜布置排放有害废气的工业。

【考点②】风向：工业用地应布局于主导风的下风向。

【考点③】防护绿地：工业与居住用地之间按要求隔开一定距离，并种植树木，形成绿带，以有效减少工业对居住区的危害。

【考点④】水污染：在城市现有及规划水源的上游不得设置排放有害废水的工业。

【考点⑤】工业用地布局不合理：(1) 布局大量工业与农业大县的县情矛盾；(2) 邻近省级风景名胜区，易造成污染；(3) 与居住用地之间未设置卫生防护带；(4) 侵占河流岸线；(5) 布局机械，职住不平衡，形成单向交通。

历年真题

【2020-02 题】 某滨海县城用地规划方案如图所示，规划确定该县城市性质为风景旅游城市和临港制造业基地……

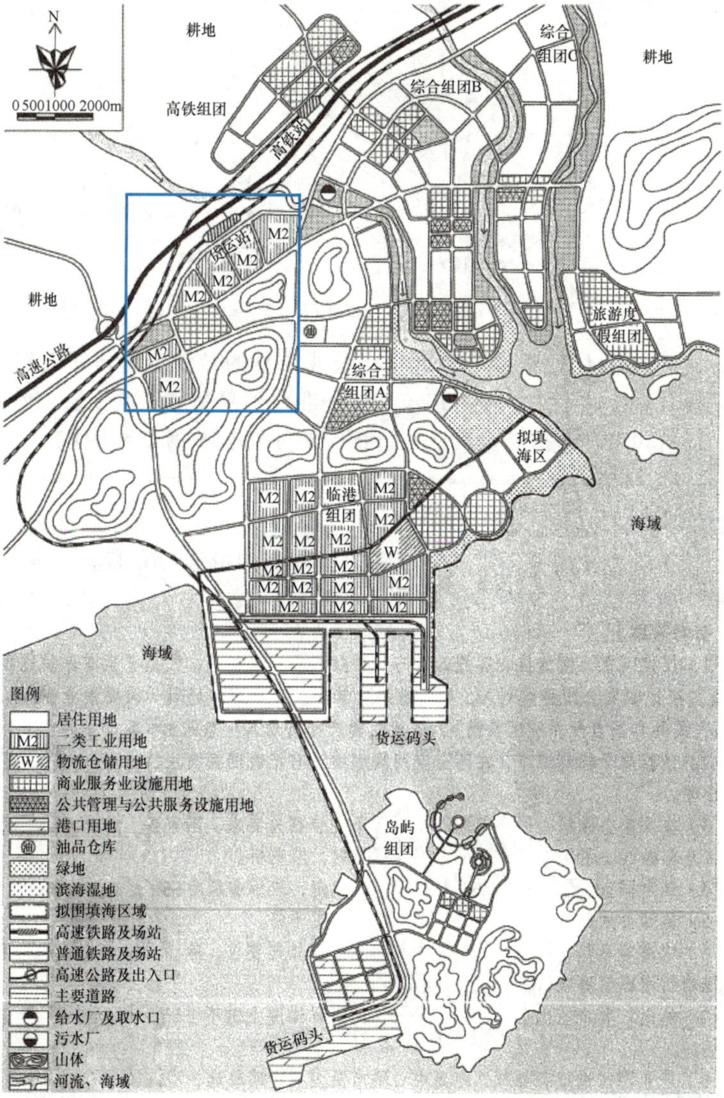

2020-02 题图

考点解析：二类工业用地布局在主导风向上风向且位于河流上游，易造成污染【考点②】。

【2024-02 题】 某县为西南地区传统农业大县。县城三面环山、生态环境良好，北面有一省级风景名胜区，南面有一湖泊……

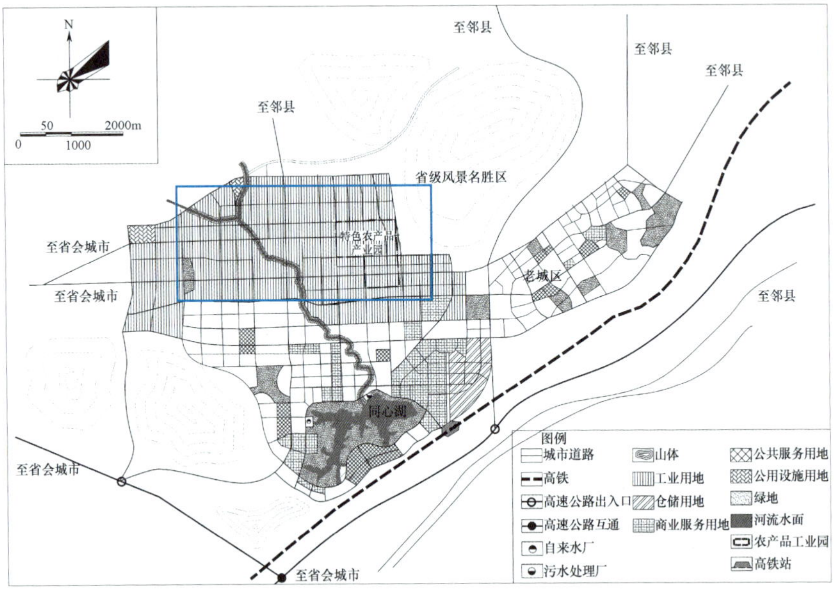

2024-02 题图

考点解析：(1) 工业用地布局不合理，与农业大县的县情矛盾，邻近省级风景名胜区，易造成污染，未设置卫生防护带，侵占河流岸线，职住不平衡【考点⑤】；(2) 农产品工业园位置不合理：①邻近风景名胜区，易造成污染；②对外交通不便【考点⑤】。

5. 工业用地与交通运输

布局原则：城市的工业用地多沿公路、铁路、通航河流进行布置；工业用地应避开以下地区：军事用地、水利枢纽、大桥等战略目标；矿物蕴藏地区和采空区；文物古迹埋藏地区以及生态保护与风景旅游区；埋有地下设备的地区。

6. 工业用地与产业

主要考察协作布局原则。

主要考点

【考点①】相关产业之间应取得较好的联系，开展必要的协作。

【考点②】不相关产业之间，不应协作。

历年真题

【2012-2 题】 东部城区规划为高新化工材料生产、食品加工为主导的工业组团。

考点解析：食品和化工属于不相关产业，不应协作【考点②】。

7. 工业用地与岸线

沿河布局不应侵占岸线，要预留生活岸线，

主要考点

【考点①】在沿河两岸连续布置工业用地不合理，即使均为一类工业用地也不合理。既占用生活岸线，又影响城市的景观。

历年真题

【2003-02 题】 某市拟规划发展人口规模为 25 万人左右的一座新城，图为某新城总体规划布局方案……

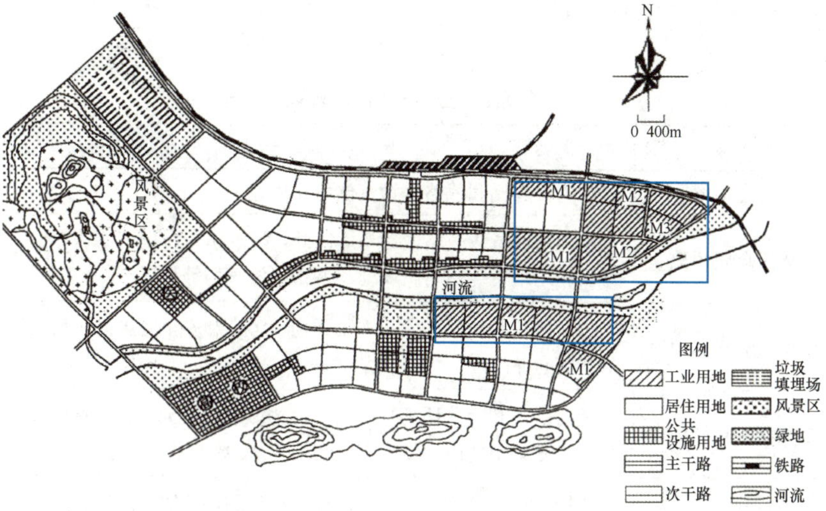

2003-02 题图

考点解析：沿河南岸连续布置一类工业用地，北岸连续布置工业用地，占用了宝贵的城市景观岸线【考点①】。

【2023-02 题】 某大城市外围县城，城区北部片区现状为老城区，以传统工矿业和生活区为主……

2023-02 题图

考点解析：工业用地占用岸线不合理【考点①】。

■ 仓储用地

占地比例无要求，地价低、无污染。

1. 仓储用地分类

仓储用地分类名称、代码

代码	名称	含义
11	仓储用地	指物流仓储和战略性物资储备库用地
1101	物流仓储用地	指国家和省级战略性储备库以外，城、镇、村用于物资存储、中转、配送等设施用地，包括附属设施、道路、停车场等用地
110101（W1）	一类物流仓储用地	指对居住和公共环境基本无干扰、污染和安全隐患，布局无特殊控制要求的物流仓储用地
110102（W2）	二类物流仓储用地	指对居住和公共环境有一定干扰、污染和安全隐患，不可布局于居住区和公共设施集中区内的物流仓储用地
110103（W3）	三类物流仓储用地	指用于存放易燃、易爆和剧毒等危险品，布局有防护、隔离要求的物流仓储用地
1102	储备库用地	指国家和省级的粮食、棉花、石油等战略性储备库用地

2. 布局原则

（1）污染：①部分仓储用地有污染，需要设置防护绿地。②仓储用地应布置在城市的下风向或侧风向，河流下游。

（2）交通运输：①仓储用地必须以邻近货运需求量大或供应量大的地区为原则，方便为生产、生活服务。②宜结合货运枢纽（铁路货运站、公路货运站等），大型仓库必须考虑铁路运输以及水运条件。

（3）岸线：沿河、湖、海布置仓库时，必须留出岸线，照顾城市居民生活、游憩、利用河（海）岸线的需要。

（4）边缘：①小城市（集中布局）宜较集中地布置在城市的边缘，靠近铁路车站、公路或河流，便于城乡集散运输。②大中城市（集中与分散相结合），过分集中的布置，既不利于交通运输，对工业区、居住区的布局也不利，可按照专业将仓库组织成各类仓库区，适当分散布置。

（5）特殊：易燃、易爆、剧毒等危险品仓库，如油库。

同类仓库尽可能集中布置，不同类型和不同性质的仓库最好分别布置在不同的地段。

① 危险品仓库（易爆、剧毒）：城市远郊独立地段，专用地块、与使用单位所在位置方向一致，防止穿城，与厂区、居住、铁路、港口、码头保持一定的安全距离。

② 燃料及易燃材料仓库（石油、煤炭、天然气）：郊区的独立地段，在气候干燥、风速大的城市，还必须布置在大风季节城市的下风向或侧风向。

③ 应避开城市居住区、变电所、重要交通枢纽、机场、大型水库及水利工程、电站、重要桥梁、大中型工业企业、矿区、军事目标、其他重要设施，并最好在城市地形的低处，有一定的防护措施。

主要考点

【考点①】物流仓储用地布局：小城市宜较集中地布置在城市的边缘，避免占用大量岸线，避免位于河流上游、城市主导风上风向，否则易造成水和空气污染，避免与高铁站客运运输性质不匹配，避免与居住区之间缺少防护绿地。

【考点②】油库选址应布置在城市下风向或侧风向的郊区独立地段，且设置隔离地带，避免紧邻居住用地。

历年真题

【2021-02 题】 某县城用地规划方案如图所示，规划确定该县重点发展科教产业、制造业和旅游休闲产业。

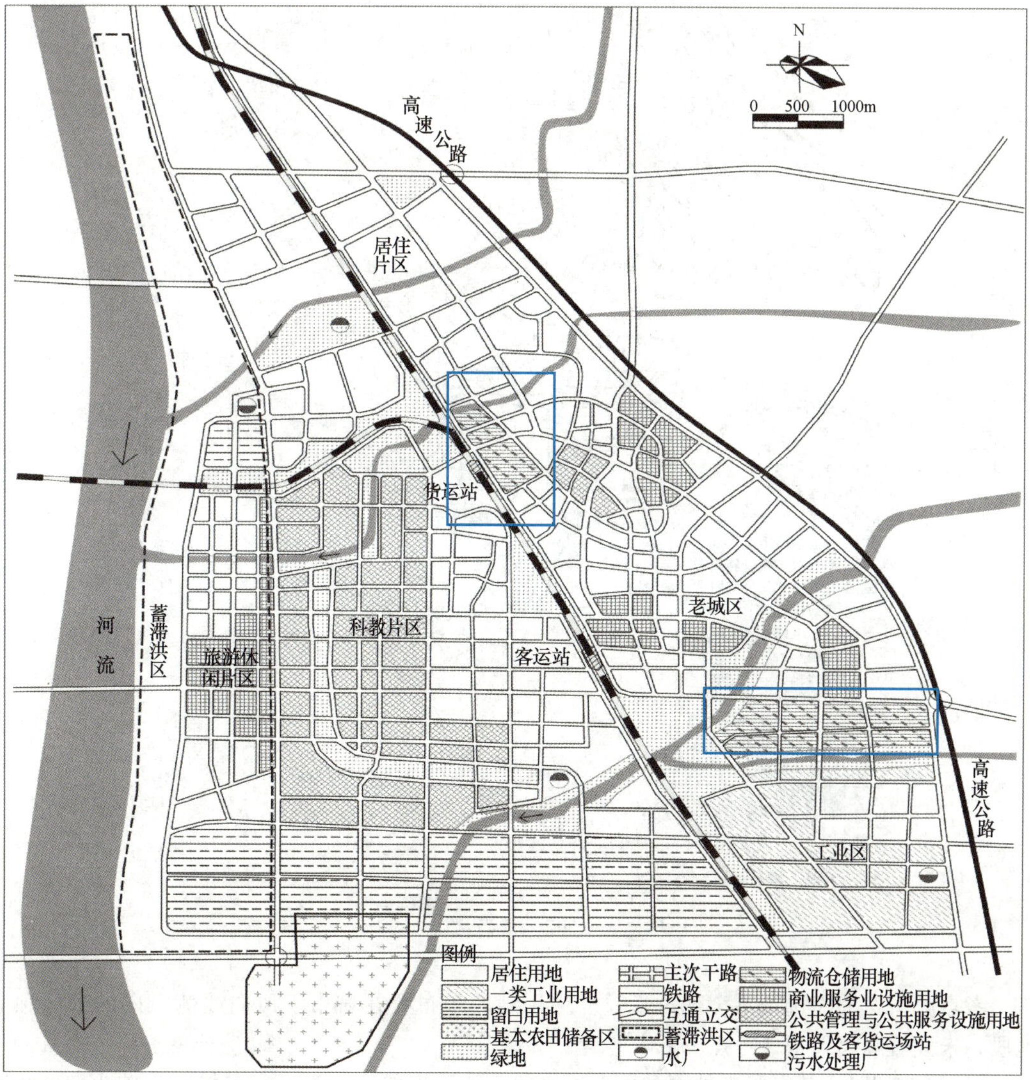

2021-02 题图

考点解析：北侧物流仓储用地布局不合理，小城市宜较集中地布置在城市的边缘，南侧物流仓储用地布局不合理，占用大量岸线，且位于河流上游、城市主导风上风向，易造成水和空气污染【考点①】。

【2020-02 题】 某滨海县城用地规划方案如图所示，规划确定该县城市性质为风景旅游城市和临港制造业基地……

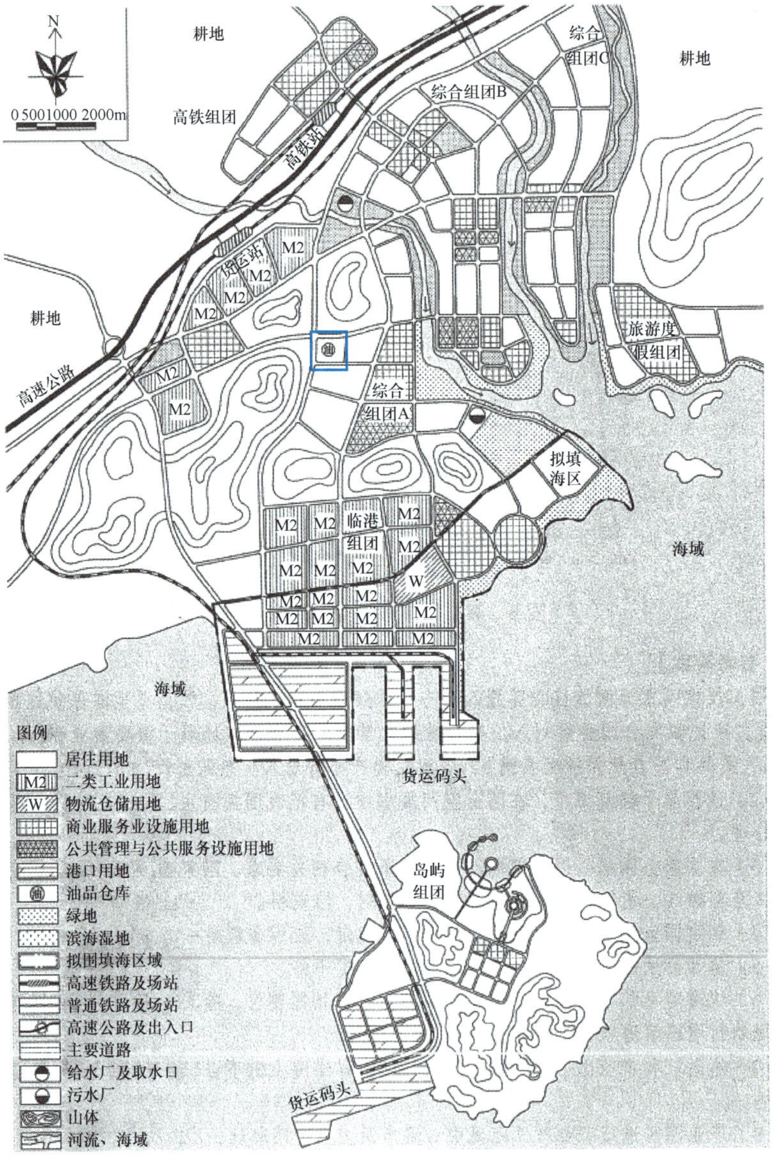

2020-02 题图

考点解析：油库选址不合理，紧邻居住用地，未布置在城市下风向或侧风向的郊区独立地段，未设置隔离地带【考点②】。

【2023-02 题】 某大城市外围县城，城区北部片区现状为老城区，以传统工矿业和生活区为主……

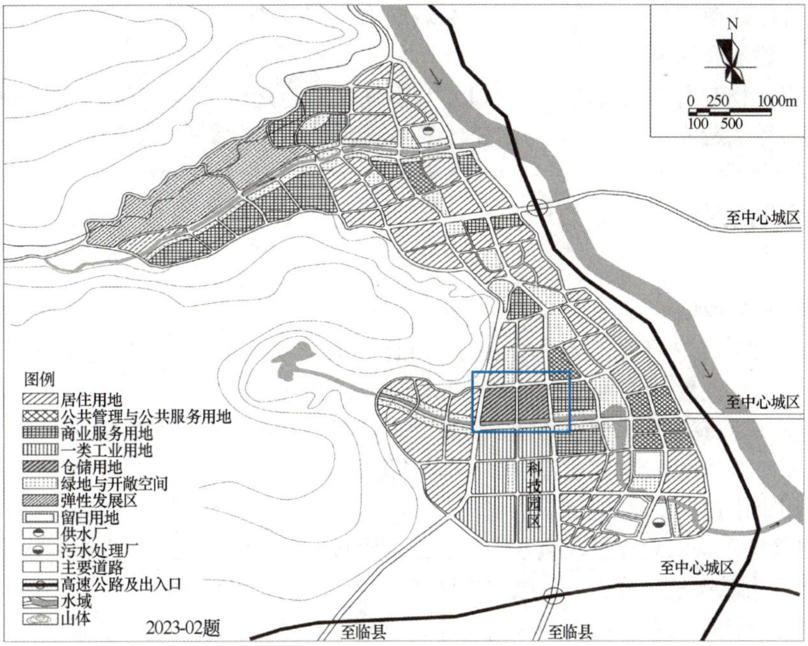

2023-02 题图

考点解析：仓储用地选址不当，占用岸线，位于河流和主导风上风向，易对空气和水造成污染，且未布局于县城边缘【考点①】。

【2024-02 题】 某县为西南地区传统农业大县。县城三面环山、生态环境良好，北面有一

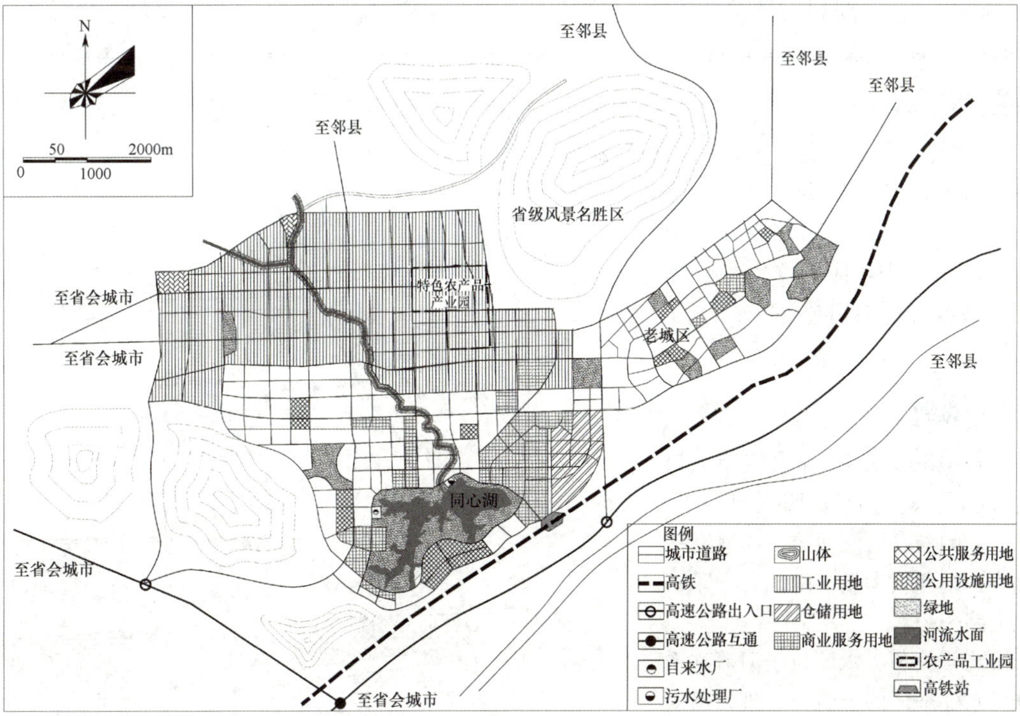

2024-02 题图

省级风景名胜区，南面有一湖泊……规划在城南布局居住新区，在城西布局工业园区，在高铁站周边布局物流仓储区……

考点解析：物流仓储区选址不当：（1）与高铁站客运运输性质不匹配；（2）位于主导风的上风向，对环境造成污染；（3）与居住区之间缺少防护绿地【考点①】。

■ 公用设施用地

1. 水厂

（1）水厂布局原则

① 地表水水厂应选择在不受洪水威胁、有良好的工程地质条件、供电安全可靠、交通便捷和水厂生产废水处置方便的地方。一般是河流的上游。

② 地下水水厂应根据水源地的地点和取水方式确定，选择在取水构筑物附近。

③ 水厂厂区周围应设置宽度不小 10m 宽绿化带。

（2）饮用水水源保护区

① 地表水饮用水水源保护区包括一定范围的水域和陆域（河流型，湖泊、水库型）。

② 饮用水水源保护区分为：一级保护区、二级保护区、准保护区。

③ 禁止在饮用水水源一级保护区内新建、改建、扩建与供水设施和保护水源无关的建设项目，禁止设置排污口。

拓展：取水口＝饮用水水源一级保护区的中心

《饮用水水源保护区划分技术规范》HJ 338—2018 中规定饮用水水源一级保护区定义——指以取水口（井）为中心，为防止人为活动对取水口的直接污染，确保取水口水质安全而划定需加以严格限制的核心区域。

主要考点

【考点①】水厂位于河流水系和污水处理厂的下游不合理（上游有工业、仓储、垃圾填埋场、污水处理厂都不行）。

【考点②】水厂及取水口位于绿地内不合理，应独立占地，且不应靠近有可能造成污染的工业用地。

历年真题

【2013-02 题】 某县级市人口为 25 万人，中间高四周低，南、西、北侧均有河流通过，西侧有铁路客运站和货运站，南侧有一条一级公路……

考点解析：水厂位于河流水系和污水处理厂的下游不合理，易对城市水源造成污染【考点①】。

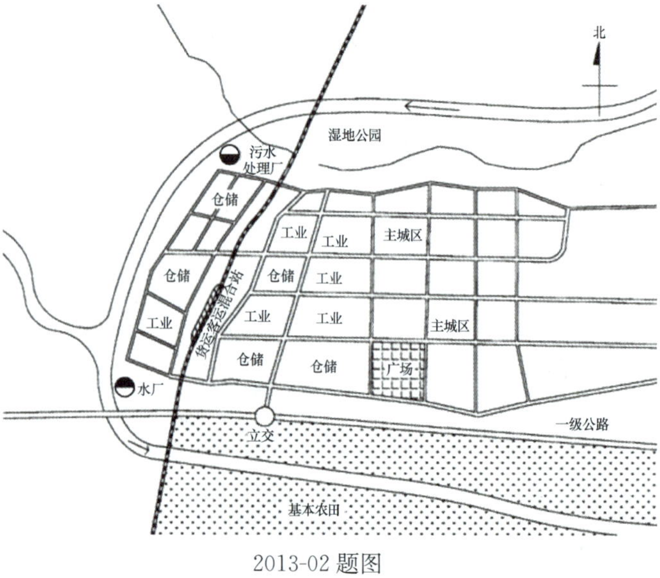

2013-02 题图

【**2020-02 题**】 某滨海县城用地规划方案如图所示，规划确定该县城市性质为风景旅游城市和临港制造业基地……

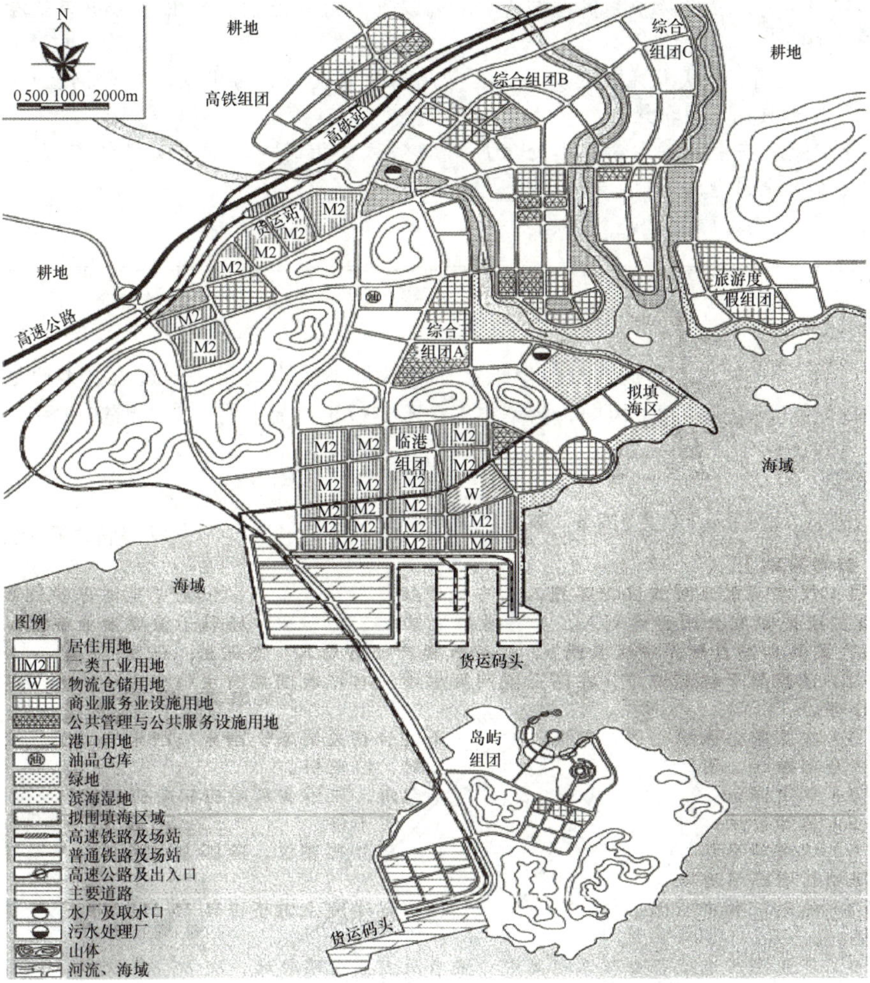

2020-02 题图

考点解析：水厂及取水口位于绿地内不合理，未独立占地，且靠近二类工业用地【考点②】。

---

2. 污水处理厂

《城市排水工程规划规范》GB 50318—2017 中关于城市污水处理厂选址的规定如下：

① 便于污水再生利用，并符合供水水源防护要求。

② 城市夏季最小频率风向的上风侧。

③ 与城市居住及公共服务设施用地保持必要的卫生防护距离（一般为 150～300m）。

④ 工程地质及防洪排涝条件良好的地区（厂区地形不应受洪涝灾害影响）。

⑤ 有扩建的可能。

拓展

① 污水处理厂必须设置卫生防护距离。

② 规模越大，卫生防护距离也越大。80%以上的污水处理厂的卫生防护距离在100～300m的范围。

③ 研究表明，高大树木对臭味、灰尘等隔离效果良好，污水处理厂外围宜设置一定宽度（不小于10m）防护绿带。

出于健康和安全的考虑，污水处理厂的卫生防护距离内，不得安排住宅、学校、医院等敏感性用途的建设用地。

主要考点

【考点①】污水处理厂布局：不应位于蓄滞洪区且不应距离居住区过近；不应远离河道；不应设置在城市主导风向的上风向，污染空气；不应位于河流上游，对下游造成污染。

历年真题

【2021-02题】 某县城用地规划方案如图所示，规划确定该县重点发展科教产业、制造业和旅游休闲产业。

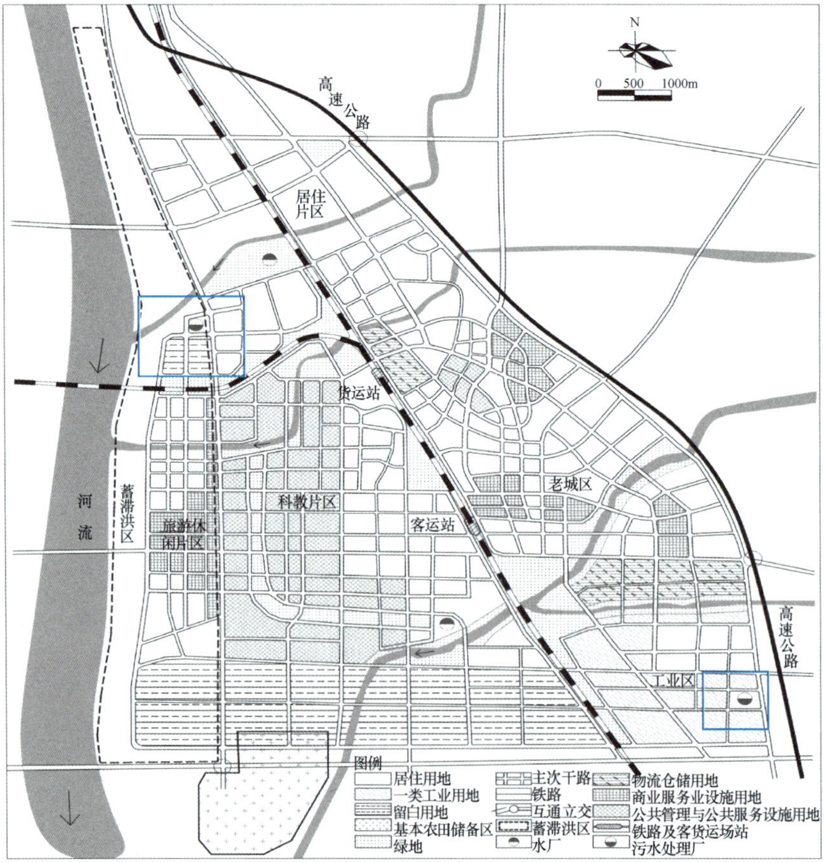

2021-02 题图

考点解析：西北向污水处理厂布局不合理，位于蓄滞洪区且距离居住区过近。东南向污水处理厂布局不合理，远离河道，不利于排放，且设置在城市主导风向的上风向，易造成污染空气【考点①】。

【2022-10-02 题】 图为某特大城市的一个新区规划，新区距离城市主城区 30km，定位为科创文化休闲城，规划人口 10 万人……

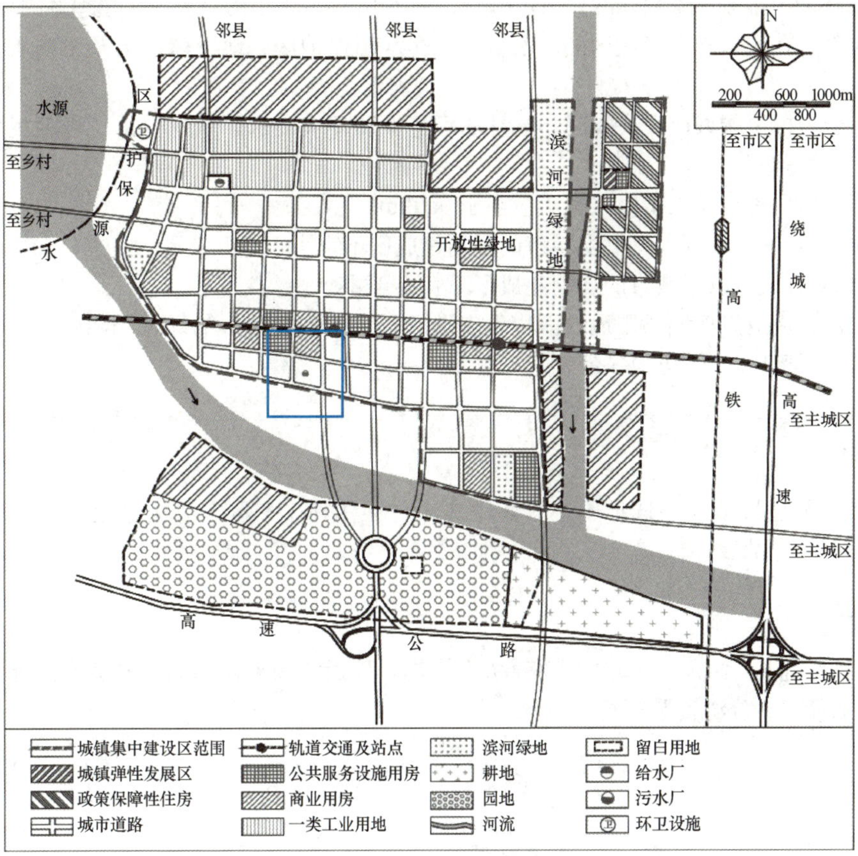

2022-10-02 题图

考点解析：污水处理厂规划不合理，距离居住用地距离较近，且位于城区导风向上风向，易污染空气，远离河流不利于排放【考点①】。

【2024-02 题】 如下图：

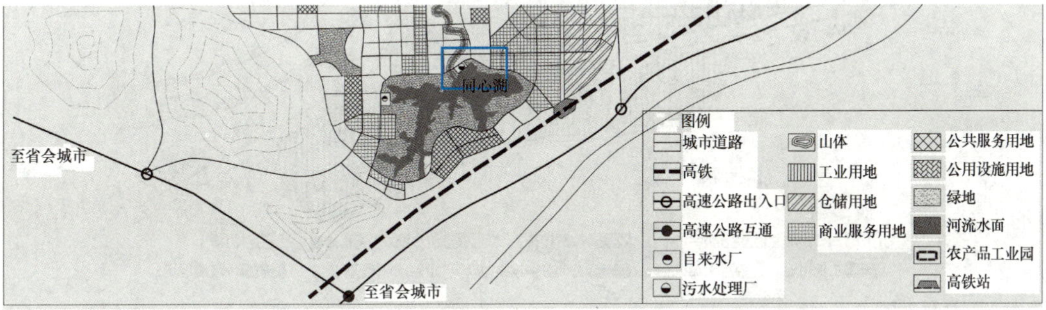

2024-02 题局部图

考点解析：污水处理厂布局不合理：①邻近湖泊，②位于河流上游，③位于主导风上风向【考点①】。

3. 城市环境卫生设施

（1）生活垃圾卫生填埋场布局原则

《城市环境卫生设施规划标准》GB/T 50337—2018 中关于生活垃圾卫生填埋场的规定如下。

① 应设置在城市规划建成区外，不得设置在水源保护区、地下蕴矿区及影响城市安全的区域内。

② 综合考虑协调城市发展空间、选址的经济性和环境要求，新建生活垃圾卫生填埋场不应位于城市主导发展方向上。

③ 距农村居民点及人畜供水点不应小于 0.5km。

④ 用地边界距 20 万人口以上城市的规划建成区不宜小于 5km。

⑤ 距 20 万人口以下城市的规划建成区不宜小于 2km。

⑥ 生活垃圾卫生填埋场用地内沿边界应设置宽度不小于 10m 的绿化隔离带，外沿周边宜设置宽度不小于 100m 的防护绿带。

主要考点

【考点①】垃圾填埋场选址不合理，距离居住区用地、景区、河流过近，且缺少防护绿带，污染严重。

历年真题

【2011-02 题】 某镇位于我国西部某大河沿岸，邻近我国重要的高山林业水源涵养区。该镇对外交通便捷、旅游资源丰富……

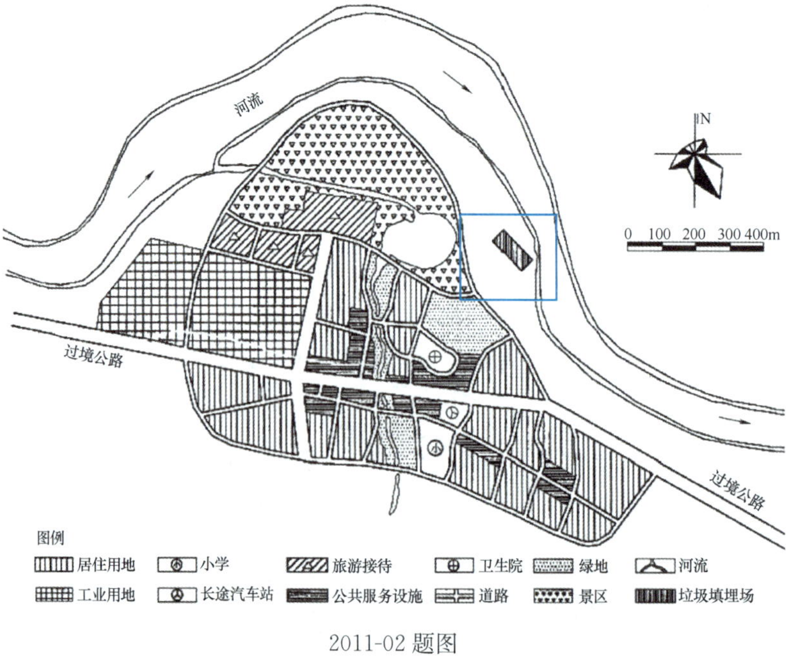

2011-02 题图

考点解析：垃圾填埋场选址不合理，距离居住区用地、景区、河流过近，且缺少防护绿带，污染严重【考点①】

【**2003-02 题**】 某市拟规划发展人口规模为 25 万人左右的一座新城，图为某新城总体规划布局方案……

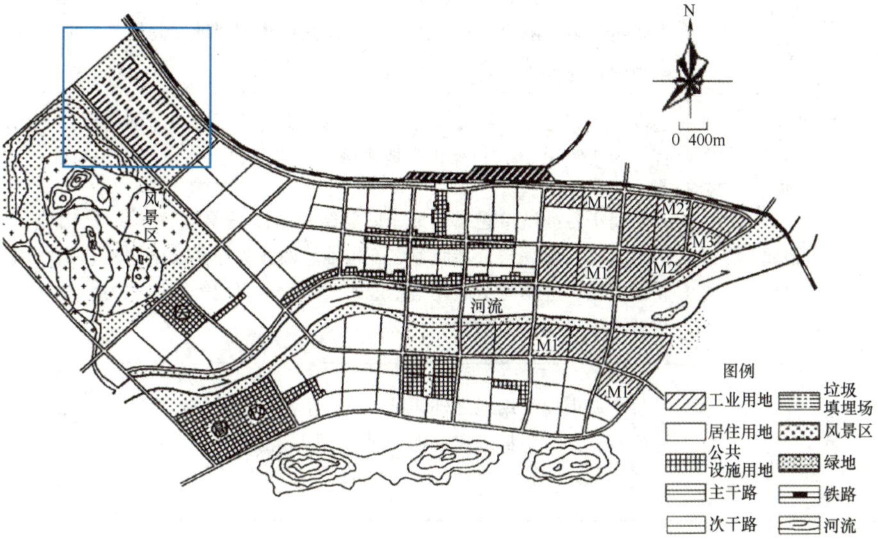

2003-02 题图

考点解析：垃圾填埋场距居住用地和景区都过近，防护距离不够【考点①】。

（2）生活垃圾焚烧厂布局原则

《城市环境卫生设施规划标准》GB/T 50337—2018 中关于生活垃圾焚烧厂的规定如下。

① 不宜邻近城市生活区布局，其用地边界距城乡居住用地及学校、医院等公共设施用地的距离一般不应小于 300m。

② 生活垃圾焚烧厂单独设置时，用地内沿边界应设置宽度不小于 10m 的绿化隔离带。

■ 绿地与开敞空间用地

占地比例：10%～15%。

1. 绿地与开敞空间用地分类

绿地与开敞空间用地分类名称、代码

代码	名称	含义
14	绿地与开敞空间用地	指城镇、村庄建设用地范围内的公园绿地、防护绿地、广场等公共开敞空间用地，不包括其他建设用地中的附属绿地
1401	公园绿地（G1）	指向公众开放，以游憩为主要功能，兼具生态、景观、文教、体育和应急避险等功能，有一定服务设施的公园和绿地，包括综合公园、社区公园、专类公园和游园等
1402	防护绿地（G2）	指具有卫生、隔离、安全、生态防护功能，游人不宜进入的绿地
1403	广场用地（G3）	指以游憩、健身、纪念、集会和避险等功能为主的公共活动场地

城市建设用地内、外绿地分类

G1	公园绿地	向公众开放，以游憩为主要功能，兼具生态、景观、文教和应急避险等功能，有一定游憩和服务设施的绿地
G2	防护绿地	用地独立，具有卫生、隔离、安全、生态防护功能，游人不宜进入的绿地。主要包括卫生隔离防护绿地、道路及铁路防护绿地、高压走廊防护绿地、公用设施防护绿地等
G3	广场用地	以游憩、纪念、集会和避险等功能为主的城市公共活动场地。绿化占地比例宜大于或等于35%；绿化占地比例大于或等于65%的广场用地计入公园绿地
XG	附属绿地	附属于各类城市建设用地（除“绿地与广场用地”）的绿化用地。包括居住用地、公共管理与公共服务设施用地、商业服务业设施用地、工业用地、物流仓储用地、道路与交通设施用地、公用设施用地等用地中的绿地（不再重复参与城市建设用地平衡）
EG	区域绿地	位于城市建设用地之外，具有城乡生态环境及自然资源和文化资源保护、游憩健身、安全防护隔离、物种保护、园林苗木生产等功能的绿地。不参与建设用地汇总，不包括耕地

2. 公园绿地与防护绿地相关要求

指标：规划人均绿地与广场用地面积不应小于 $10m^2$/人，其中人均公园绿地面积不应小于 $8m^2$/人。

《城市绿地规划标准》GB/T 51346—2019 中规定如下。

（1）构建公园体系并应符合下列规定：

① 新城区应均衡布局公园绿地，旧城区应结合城市更新，优化布局公园绿地，提升服务半径覆盖率。

② 应按服务半径分级配置大、中、小不同规模和类型的公园绿地。

（2）城区公园绿地和广场用地 500m 服务半径覆盖居住用地的比例应大于 90%，其中规划新区应达到 100%，旧城区应达到 80%。

（3）规划城区绿地率指标不应小于 35%，设区城市各区的规划绿地率均不应小于 28%。

（4）对有卫生、隔离、安全、生态防护功能要求的下列区域应设置防护绿地：

① 受风沙、风暴、海潮、寒潮、静风等影响的城市盛行风向的上风侧。

② 城市粪便处理厂、垃圾处理厂、净水厂、污水处理厂和殡葬设施等市政设施周围。

③ 生产、存储、经营危险品的工厂、仓库和市场，产生烟、雾、粉尘及有害气体等工业企业周围。（工业仓储）

④ 河流、湖泊、海洋等水体沿岸及高速公路、快速路和铁路沿线。

⑤ 地上公用设施管廊和高压走廊沿线、变电站外围等。

3. 广场相关要求

（1）广场用地的选址应符合下列规定：

① 应有利于展现城市的景观风貌和文化特色。

② 至少应与一条城市道路相邻，可结合公共交通站点布置。

③ 宜结合公共管理与公共服务用地、商业服务业设施用地、交通枢纽用地布置。

④ 宜结合公园绿地和绿道等布置。

（2）规划新建单个广场的面积应符合下表规定。

规划新建单个广场的面积要求

规划城区人口（万人）	面积（hm^2）
＜20	≤1
20～50	≤2
50～200	≤3
≥200	≤5

注：表中数据以上包括本数，以下不包括本数。

（3）广场用地的硬质铺装面积比例应根据广场类型和游人规模具体确定，绿地率宜大于35%。

主要考点

【考点①】城区缺少绿地，绿地系统规划不连续、不完整。

【考点②】高速公路沿线缺少防护绿地，会导致沿高速布局的居住用地环境差。

【考点③】避免大广场，大广场违反了中央关于“严禁宽马路、大广场”的相关政策。

历年真题

【2009-02 题】 某地级市位于山区和沿江平原的结合部，域内“七山二水一分田”，人地矛盾突出，境内交通便利……

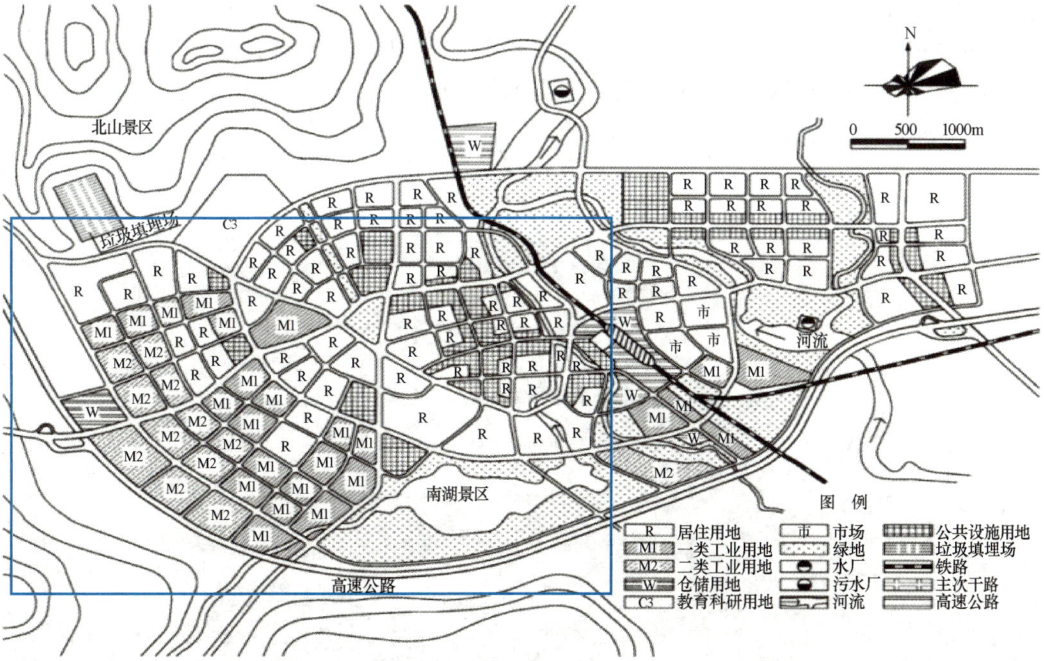

2009-02 题图

考点解析：城西缺少绿地，绿地系统规划不连续、不完整【考点①】。

【2006-02 题】 图为某大城市外围一个新城的总体规划示意图。该区现状为一般农田，河流以西和高速公路以东也为一般农田及少量村庄……

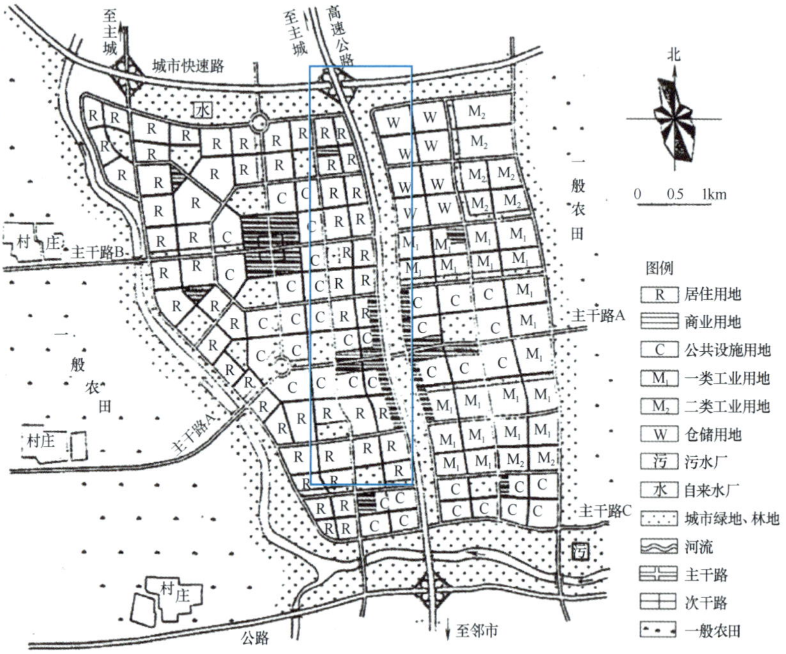

2006-02 题图

考点解析：高速公路西侧没有安排城市绿地（缺少防护绿地），沿高速布局的居住用地环境差【考点②】。

【2013-02 题】 某县级市人口为 25 万人，中间高四周低，南、西、北侧均有河流通过，西侧有铁路客运站和货运站，南侧有一条一级公路……

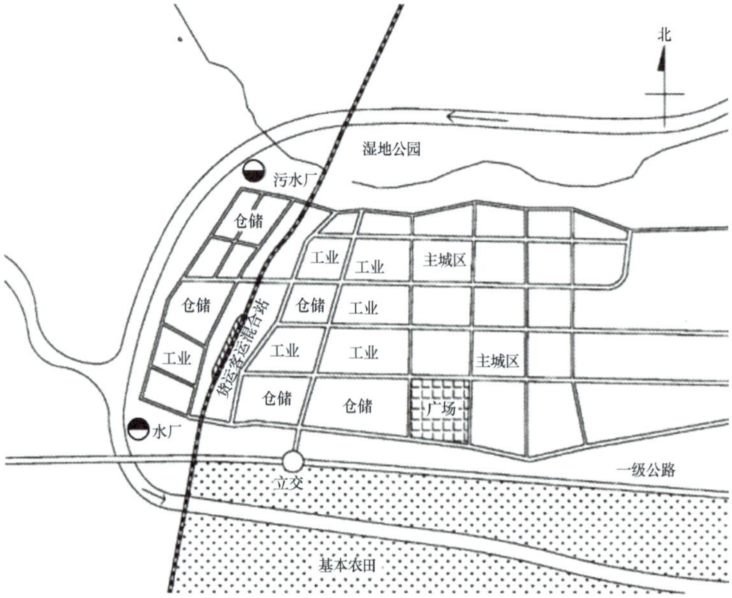

2013-02 题图

国土空间总体规划——中心城区层次

考点解析：应避免大广场，规划 15hm^2 的大广场不对，脱离实际，违反了中央关于“严禁宽马路、大广场”的相关政策，且广场位置偏，市民使用不便【考点③】。

【2024-02 题】 某县为西南地区传统农业大县……

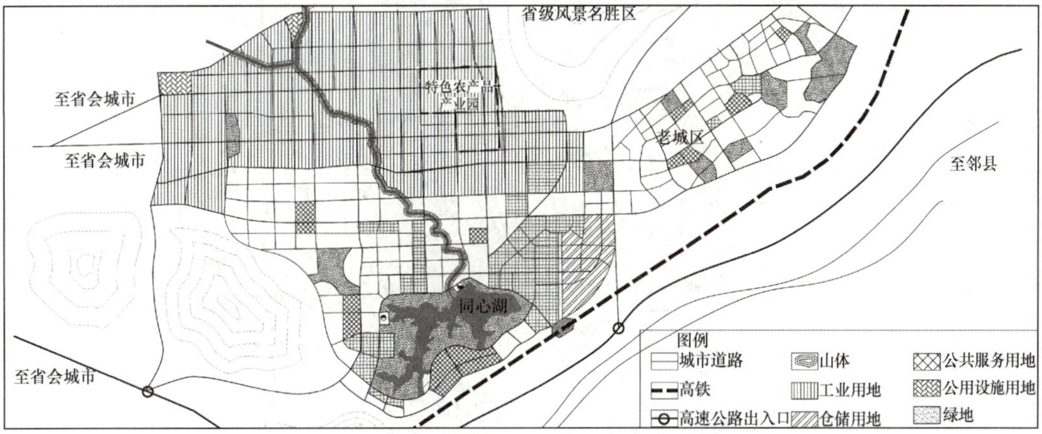

2024-02 题图

考点解析：绿地系统规划不连续、不完整【考点①】。

提示：第一步：看图例，找到绿地的位置；第二步：看是绿地系统是否完整、连续、均衡（点：均布；线：连续，面：完整）。

■ 留白用地

1. 概念

① 用地代码为 16：指国土空间规划确定的城镇、村庄范围内暂未明确规划用途、规划期内不开发或特定条件下开发的用地。

② 是在城镇集中建设区中，为城镇重大战略性功能控制的留白区域。

2. 相关政策文件

《自然资源部关于加强国土空间详细规划工作的通知》总体规划确定的战略留白用地，一般不编制详细规划但要加强开发保护的管控。

主要考点

【考点①】留白用地划定，侵占园地且未纳入集中建设区。

【考点②】留白用地、城市道路占用基本农田储备区不合理。

【考点③】留白用地布局分散不合理且规划期内不应被占用。

历年真题

【2022-02 题】 图为某特大城市的一个新区规划，新区距离城市主城区 30km，定位为科创文化休闲城，规划人口 10 万人……

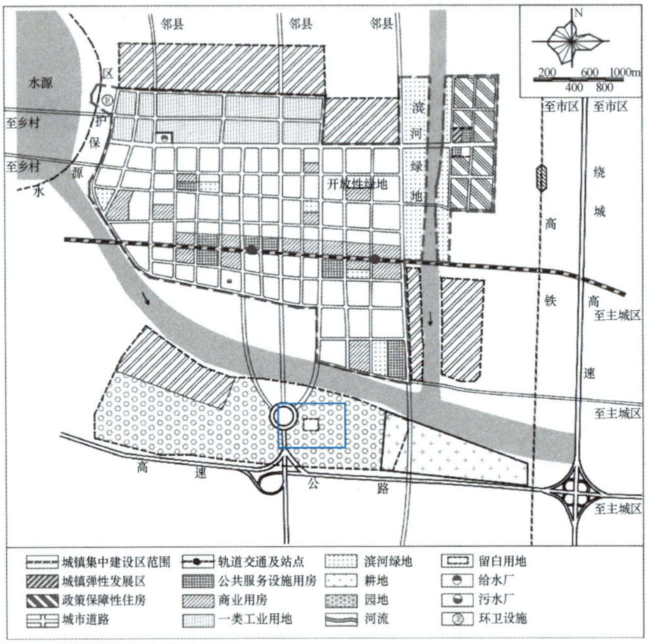

2022-02 题图

考点解析：留白用地侵占园地【考点①】。

【**2023-02 题**】 某大城市外围县城，城区北部片区现状为老城区，以传统工矿业和生活区为主……

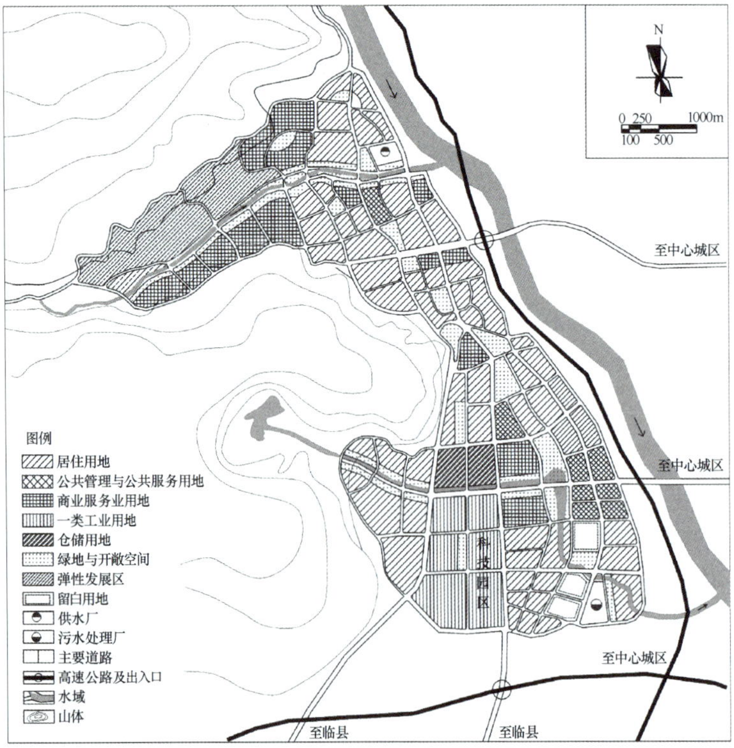

2023-02 题图

考点解析：留白用地布局不合理，布局分散且规划期内不应被占用【考点③】。

拓展

用地布局答题要点总结：

（1）熟悉各类用地的布局原则。

（2）熟悉各类用地的相互关系，尤其是居住用地、工业用地和仓储用地。

（3）标注在图上。

① 用地在图上可以用文字标出，基础设施可以用图例表示。

② 用地与用地之间，不能占用。按用地用海分类指南，同级地类不重叠、不交叉。

③ 涉及分区的，首先归类，比如：留白用地属于城镇集中建设区，属于建设用地，蓄滞洪区属于不适宜建设区。

注意：文字多的，优先评判文字，先否定不合理；文字少的，看完文字直接看图，从 R 开始到 G 结束，再分区看。

知识点 9　城市道路交通

主要考点

【考点①】交通不均衡：道路偏于一侧，两侧地块交通联系不足。

城市道路系统完整，交通均衡分布。减少跨越城区或组团的远距离交通，并做到交通在道路系统上的均衡分布。在城市道路系统规划中应注意采取集中与分散相结合的原则。集中就是把性质和功能要求相同的交通相对集中起来；分散就是尽可能使交通均匀分布，简化交通矛盾。

注意：单向交通是规划的问题，例如工业组团缺少居住用地。

【考点②】避免单一通道。

（1）在规划中应特别注意避免单一通道的做法，对于每一种交通需要，都应提供两条以上的路线（通道）为使用者选择。城市各部分之间（如市中心、工业区、居住区、车站和码头）应有便捷的交通联系，各城区、组团间要有必要的干路数量相联系。

（2）《城市综合交通体系规划标准》GB/T51328－2018 中 12.3.7 相关规定如下：

规划人口规模 100 万及以上的城市主要对外方向应有 2 条以上城市干线道路，其他对外方向宜有 2 条城市干线道路；分散布局的城市，各相邻片区、组团之间宜有 2 条以上城市干线道路。

【考点③】干线道路间距过大：城市建设用地内部的城市干线道路的间距不宜超过 1.5km。

【考点④】道路功能与性质不匹配：先判断是不是交通性道路，交通性主干路两侧布局大量吸引人流的用地不合理。

【考点⑤】开口过多：①城市与过境公路形成过多交叉口，影响交通和安全；②公路与居住用地之间缺少防护绿地。

【考点⑥】畸形交叉口：①平面环形交叉口，不适用于快速路和主干路；②立交，立体交叉主要设置在快速路、铁路；③不应规划超过 4 条进口道的多路（五岔路口）、错位、畸形交叉口；相交道路的交角不应小于 70°，地形条件特殊困难时，不应小于 45°。

【考点⑦】穿山：道路选线不合理，道路翻越山体，增加工程造价。

【考点⑧】高速公路出入口：①设置太多不合理，小城市一般 1～2 个；②高速公路出入口间距过小（不应小于 4km），影响交通和安全；③与城市道路交叉口间距过近，不利于交通组织和影响交通安全。

【考点⑨】铁路客运站：规划客运站选址不合理，远离中心区不便于使用，或者居住用地远离客运不合理。

【考点⑩】铁路货运站：①货运站选址不当，远离产业园区；②铁路货运站选址不当，宜设置在中心城区外围。

【考点⑪】跨河道路（桥梁）：数量少，两侧联系不便；数量多，增加投资；位置不能偏于一侧，要均衡布局；跨河道路等级至少是次干路，穿山至少是主干路，桥梁一般垂直于河道布置。

【考点⑫】管道：油、气、液体货物集疏运管道不得通过居住区和人流集中的区域。

【考点⑬】高铁客运站：①规划的高铁客运站未布局于中心城区内；②高铁站前两侧道路布局大量商业用地不合理，用地性质与道路不符。

【考点⑭】穿越城市中心区：2 级主干路及以上干线不应穿越城市中心区。

【考点⑮】穿越历史文化街区：干线道路不得穿越历史文化街区与文物保护单位的保护范围以及其他历史地段。

【考点⑯】带形城市：带形城市的长轴方向干线道路应贯通，且不应少于 2 条，道路等级为Ⅱ级主干路。

【考点⑰】环路：①大城市外围应布置快速路、高速路环线，分流过境交通；②大城市中心区外围应布置环路，分流中心区的穿越交通；③历史城区外围应布置环路，分流历史城区的穿越交通。

【考点⑱】滨水道路：①水网城市道路应平行或垂直于河道布置；②沿生活性岸线布置的城市滨水道路，道路等级不宜高于Ⅲ级主干路（生活性主干路）。

【考点⑲】编组站：编组站选址不合理，未布局于中心城区边缘或之外。

【考点⑳】港口：①危险品码头选址：独立、下游；②与水厂、水库取水口和水源保护区保持安全距离；③大型货运港口应优先发展铁路、水路集疏运方式；④应规划独立的集疏运道路，集疏运道路应与国家和省级高速公路网络顺畅衔接。

历年真题

【2005-02 题】 下图为某市 25 万人口的城市主城区总体规划示意图……

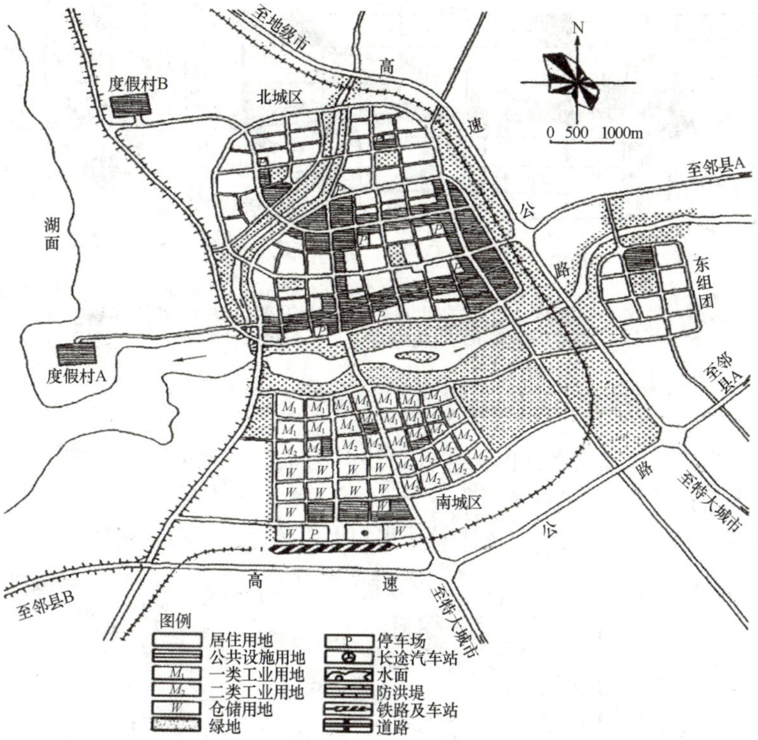

2005-02 题图

考点解析：南北市区之间联系道路偏少。东组团与南市区的交通联系不便【考点①】。

【2020-02 题】 某滨海县城用地规划方案如图所示，规划确定该县城市性质为风景旅游城市和临港制造业基地……

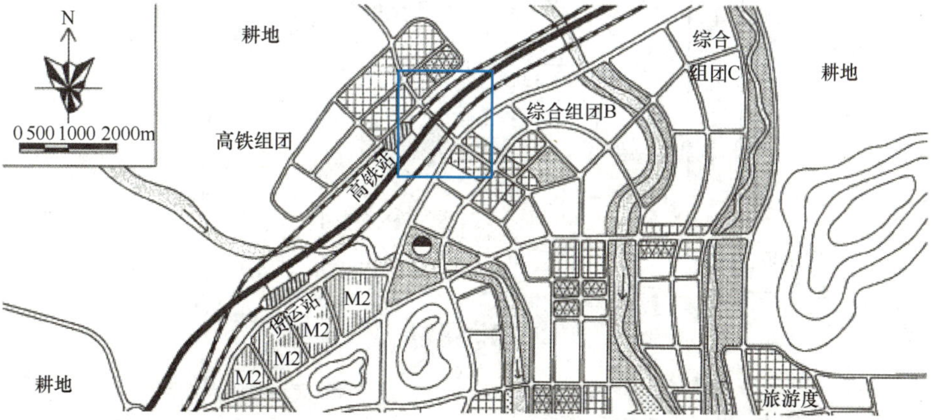

2020-02 题局部图

考点解析：高铁组团与其他组团直接存在单一通道不合理，交通可靠性低【考点②】。

【2012-02 题】 图为某县级市中心城区总体规划示意图，规划人口为 36 万人，规划城市建设用地面积为 43km^2……

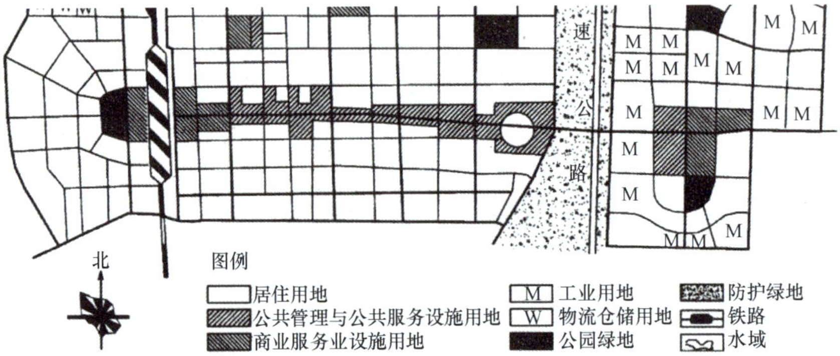

2012-02 题局部图

考点解析：连接东区和火车站的交通性道路两侧布置了大量公共管理与公共服务设施用地不合理【考点④】。

【**2018-02 题**】 下图为某县级市城市总体规划中心城区用地布局规划方案……

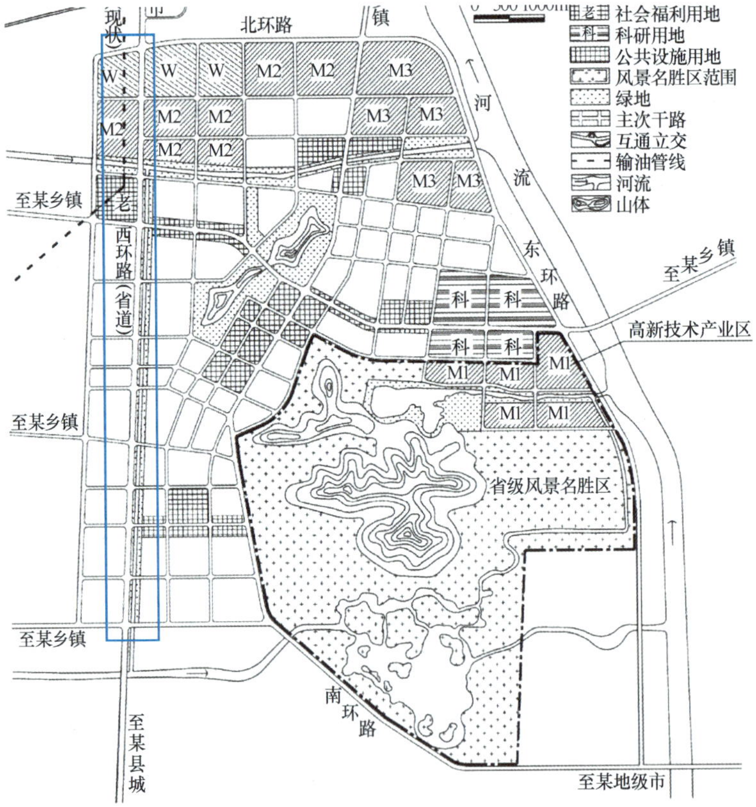

2018-02 题图

考点解析：主次干路对公路开口过多，影响交通【考点⑤】；规划社会福利用地、工业用地、仓储用地压占现状输油管线不合理，有安全隐患【考点⑫】

【**2022-10-02 题**】 图为某特大城市的一个新区规划，新区距离城市主城区 30km，定位为科创文化休闲城……

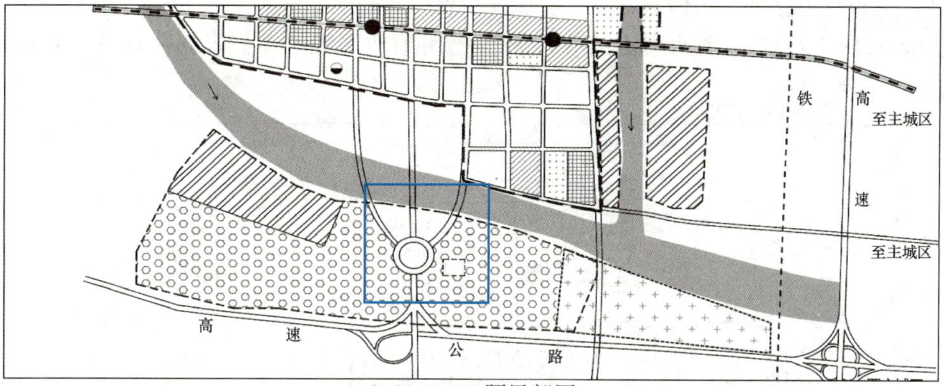

2022-10-02 题局部图

考点解析：平面环形交叉口，不适用于快速路和主干路【考点⑥】。

【2024-02 题】 题图如下。

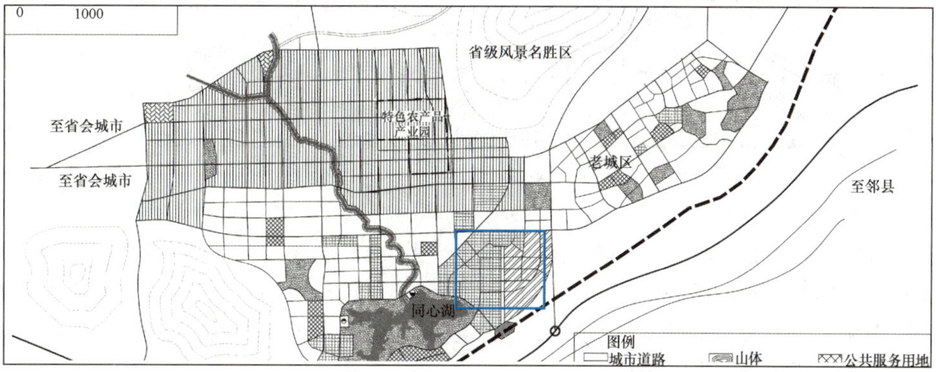

2024-02 题局部图

考点解析：畸形，不应规划超过 4 条进口道的多路（五岔路口）、错位、畸形交叉口【考点⑥】。

【2014-02 题】 北方某县生态环境良好、资源丰富。随着高速铁路、高速公路的规划建设，为该县产业升级、发展商贸物流创造了条件……

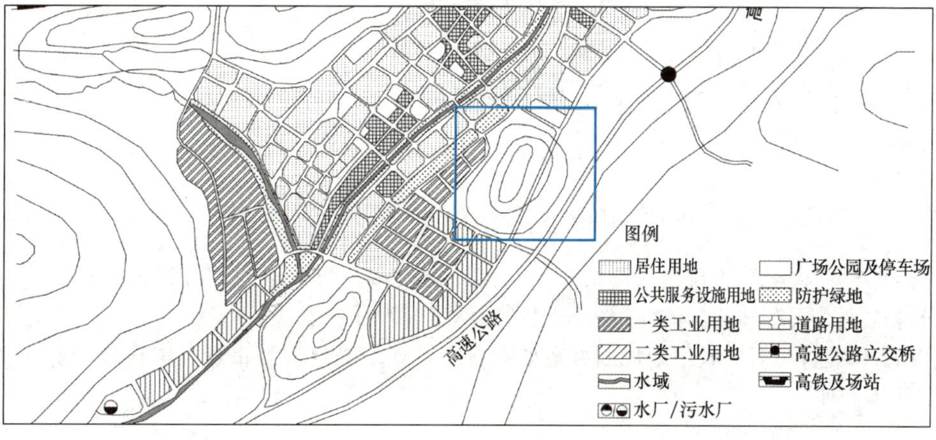

2014-02 题局部图

考点解析：道路翻越山体不合理，会增加投资【考点⑦】。

【2022-11-02 题】 下图为南方某丘陵城市的用地布局规划图，规划人口 30 万人，面积 30km²……

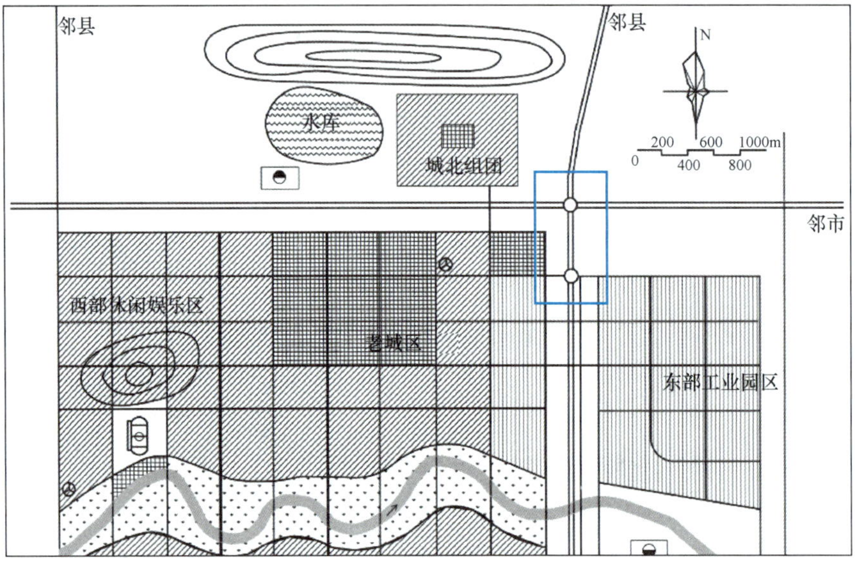

2022-11-02 题局部图

考点解析：高速公路出入口间距过小【考点⑧】，跨河道路过多【考点⑪】。

【2005-02 题】 下图为某市 25 万人口的城市主城区总体规划示意图。该市的东、南有高速公路和铁路，设有客货兼营火车站一座，西边为一湖泊，东南方向离某特大城市约 70km，西北方向离某地级市约 50km……

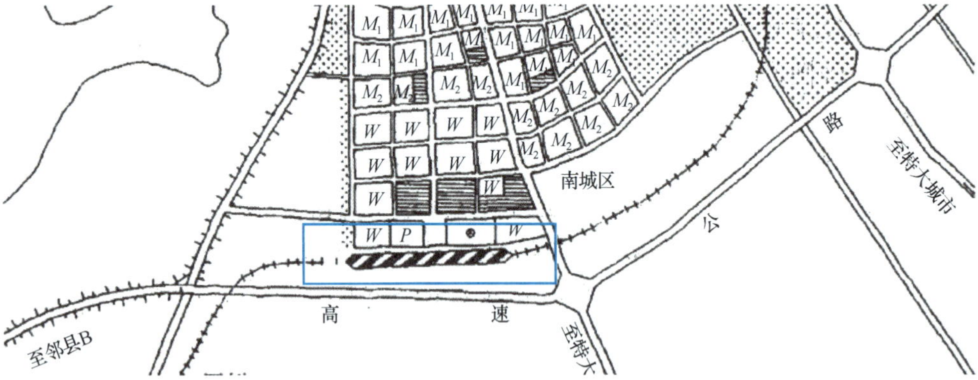

2005-02 题局部图

考点解析：火车站和长途汽车站布局在南城区南端，与城市的客源集中区距离太远，没有充分考虑现有火车站的功能作用，土地利用不尽合理【考点⑨】。

【2021-02 题】 某县城用地规划方案如图所示，规划确定该县重点发展科教产业、制造业和旅游休闲产业。

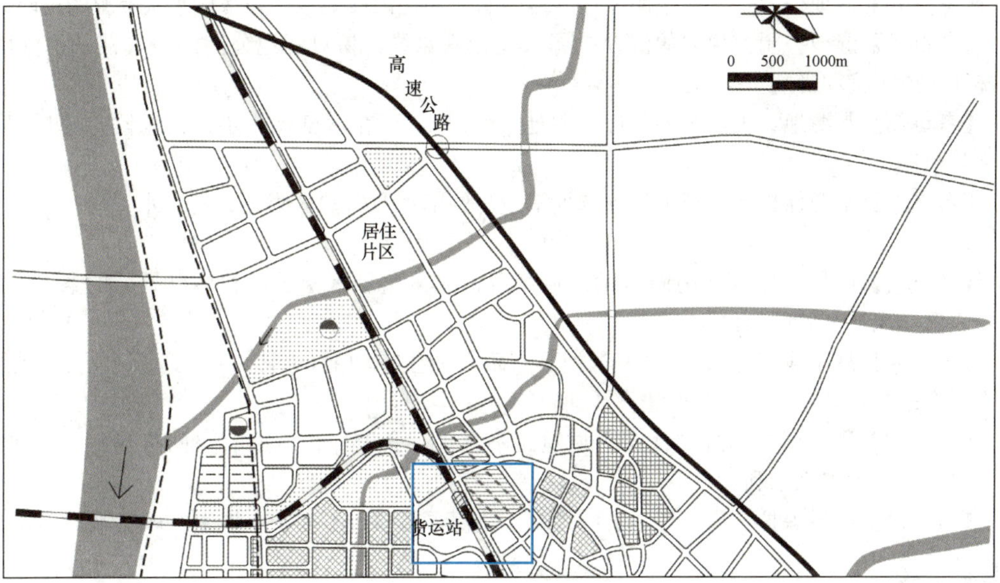

2021-02 题局部图

考点解析：货运站布局在老城区内不合理，未布局于中心城区外围【考点⑩】。

【2024-02 题】 某县为西南地区传统农业大县。县城三面环山、生态环境良好，北面有一省级风景名胜区，南面有一湖泊……

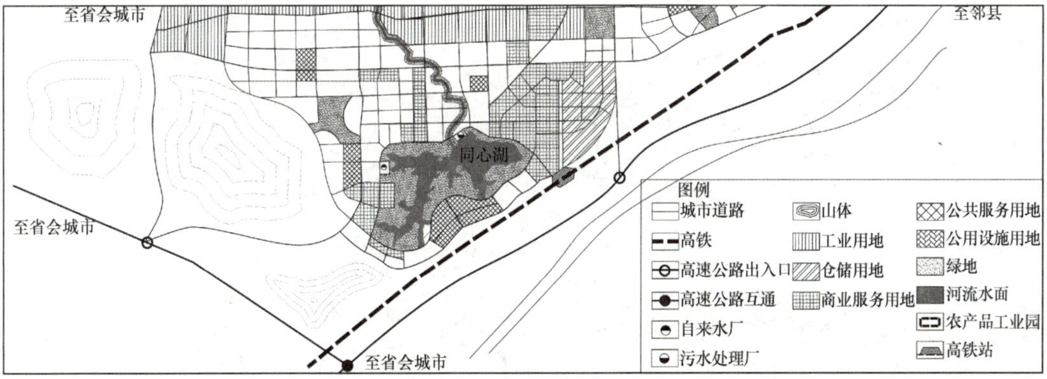

2024-02 题局部图

考点解析：铁站前两侧道路布局大量仓储用地不合理，用地性质与道路不符【考点⑬】。

知识点 10 资源保护

主要考点

【考点①】永久基本农田、耕地：高铁组团侵占永久基本农田，违反《土地管理法》。

【考点②】自然保护区：旅游服务组团侵占国家级自然保护区，破坏山体，违反《自然保护区条例》。

【考点③】湿地公园：工业组团邻近湿地公园，存在污染湿地公园水体水系资源的风险。

【考点④】湿地公园：规划的湿地公园未避让铁路线，易对湿地公园的原真性、整体性、系统性造成干扰和影响。

【考点⑤】水源地：工业组团邻近水源地（水库），存在污染饮用水源的风险，违反《水污染防治法》。

【考点⑥】水源保护区：环卫设施选址不当，位于水源保护区附近，易对水源保护区造成污染。

【考点⑦】风景名胜区：高新技术产业区侵占风景名胜区不妥，破坏风景区的景观、植被，违反《风景名胜区条例》。

【考点⑧】海岸线（海岛）：滨海湿地具有重要的生态功能，周边布局工业、仓储用地不合理，严格禁止开发性、生产性建设活动。

【考点⑨】历史保护：规划横穿古城道路不合理，会破坏古城原有空间格局、古城肌理等，对古城保护带来不利。

【考点⑩】山体保护：居住用地、绿地、道路侵占山体，不利于山体生态环境保护。

历年真题

【2019-02 题】 图为北方某县城总体规划用地布局方案……分别为东片区、西片区、旅游度假组团、职教园区组团、高铁组团、南部工业组团和西部工业组团。

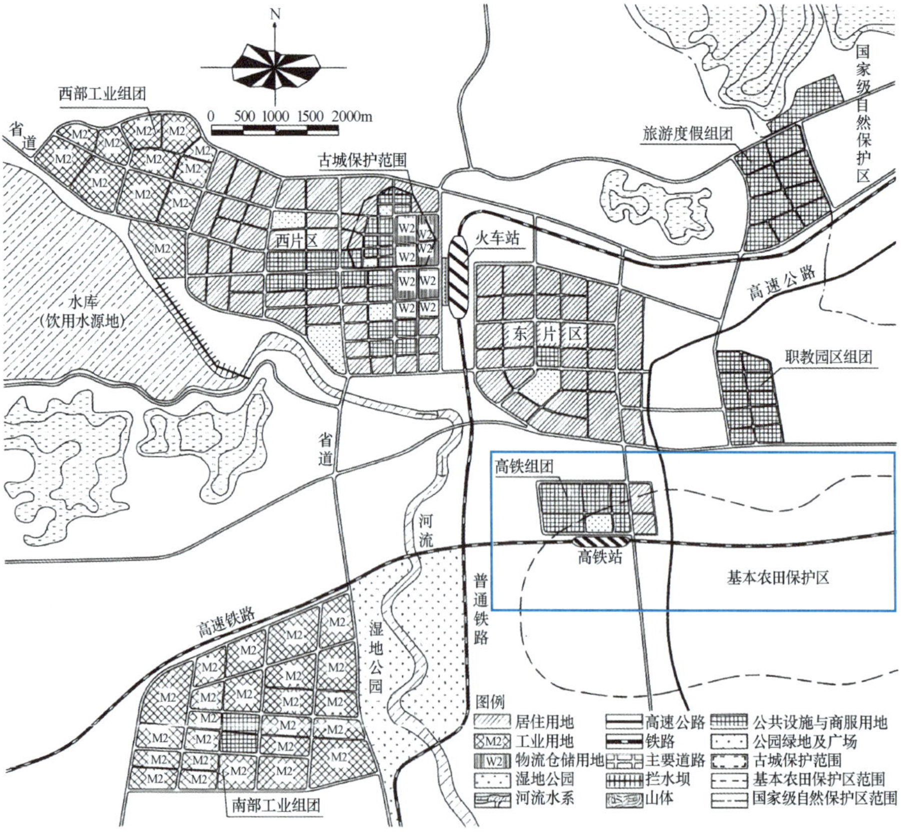

2019-02 题图

考点解析：高铁组团侵占永久基本农田【考点①】；旅游服务组团侵占国家级自然保护区【考点②】；南部工业组团邻近湿地公园【考点③】；西部工业组团邻近水源地【考点⑤】。

【2013-02 题】 某县级市人口为 25 万人，中间高四周低，南、西、北侧均有河流通过……结合北侧的水系规划湿地公园，并建有 $15hm^2$ 的广场用地……

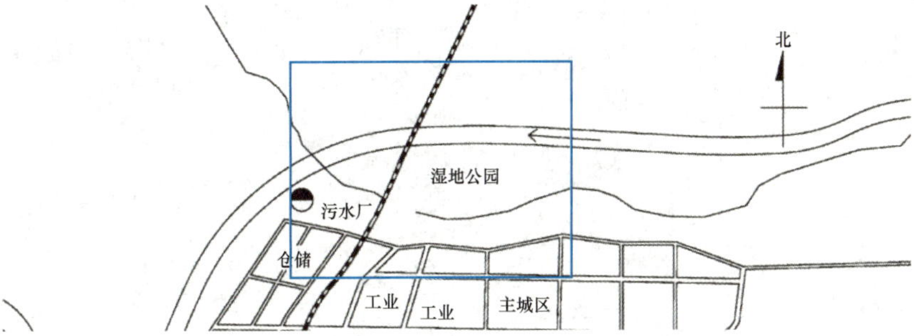

2013-02 题局部图

考点解析：湿地公园未避让铁路【考点④】。

【2022-10-02 题】 图为某特大城市的一个新区规划，新区距离城市主城区 30km，定位为科创文化休闲城，规划人口 10 万人……

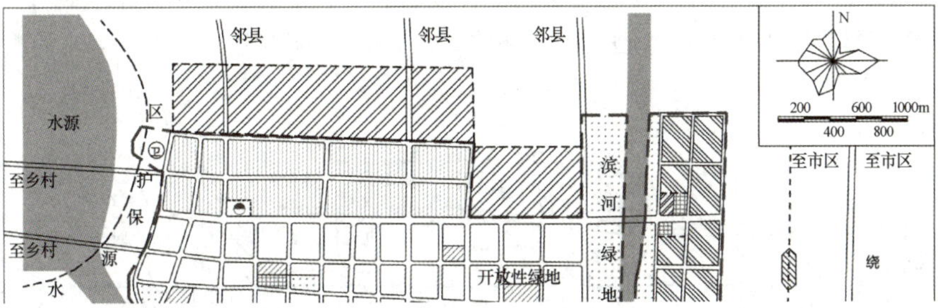

2022-10-02 题局部图

考点解析：环卫设施选址不当，位于水源保护区附近【考点⑥】。

【2018-02 题】 下图为某县级市城市总体规划中心城区用地布局规划方案……

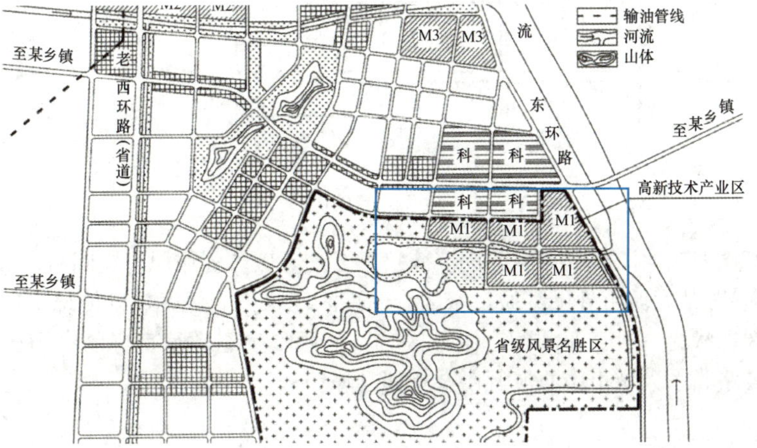

2018-02 题局部图

考点解析：高新技术产业区侵占风景名胜区不妥【考点⑦】。

【2020-02 题】 某滨海县城用地规划方案如图所示，规划确定该县城市性质为风景旅游城市和临港制造业基地……

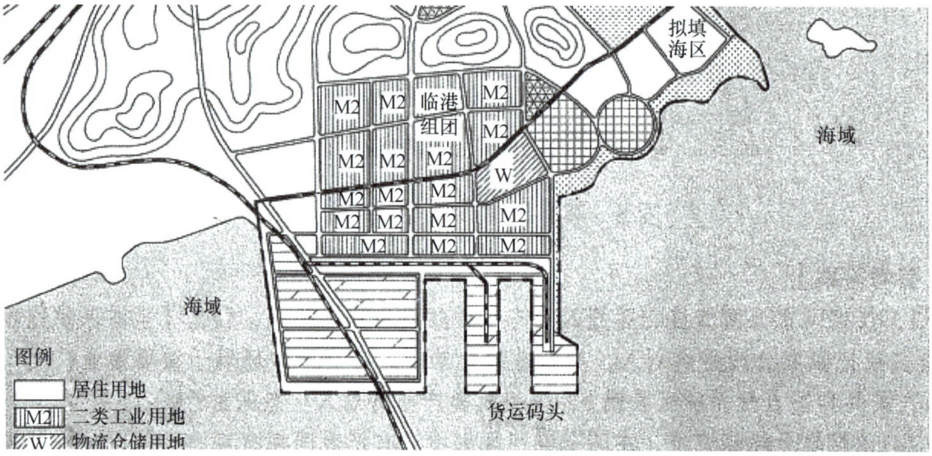

2020-02 题局部图

考点解析：滨海湿地具有重要的生态功能，周边布局工业、仓储用地不合理【考点⑧】。

【2010-04 题】 某中等城市中心区由东环路、西环路、南环路、北环路构成的内环路围合而成……

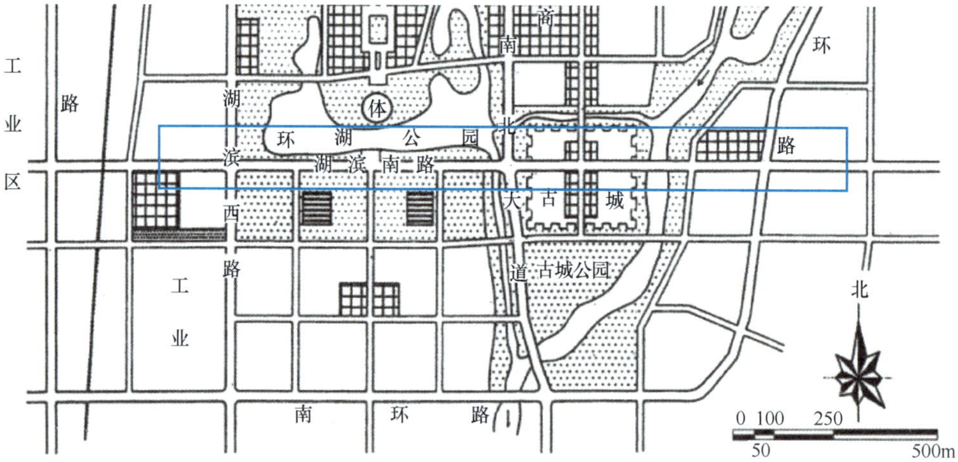

2010-04 题局部图

考点解析：规划东西向横穿古城的湖滨南路不合理，破坏古城原有空间格局【考点⑨】。

【2023-02 题】 某大城市外围县城，城区北部片区现状为老城区，以传统工矿业和生活区为主；南部片区现状为一般工业和配套服务区，城区西临生态环境良好的浅山区，东部和南部有现状高速公路联系大城市中心城区以及相邻县城……

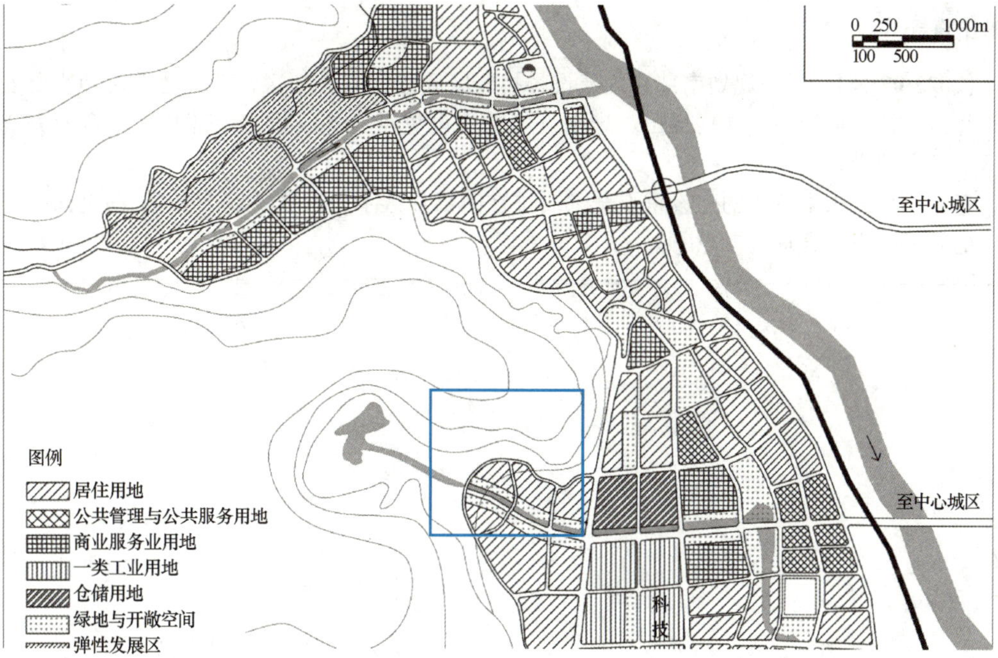

2023-02 题局部图

考点解析：居住用地、绿地、道路侵占山体【考点⑩】。

知识点 11　相关政策

■ 严控增量、盘活存量

《自然资源部关于在经济发展用地要素保障工作中严守底线的通知》

严控新增城镇建设用地。省市县各级国土空间规划实施中，要避免“寅吃卯粮”，在城镇开发边界内的增量空间使用上，为“十五五”“十六五”期间至少留下35%、25%的增量空间。在年度增量空间使用规模上，至少为每年保留五年平均规模的80%。

■ 旧城改造和新城建设

将旧城改造和新城建设有机统筹起来，通过切实转变发展方式、优化经济结构、转换发展动能，推动城市高质量发展是实事求是和科学的；将新城建设和旧城改造对立和隔绝起来，甚至削足适履，将一些新城建设项目也硬性包装成所谓城市更新项目，完全没有必要。

主要考点

【考点①】在城镇开发边界内的增量空间使用上，应当为“十五五”“十六五”期间至少留下35%、25%的增量空间。

【考点②】未来五年的建设重点全部安排在新城区不合理，不利于老城区的发展，老城区也应同步建设。

历年真题

【2023-02 题】 ……规划南部片区建设科技园区和综合服务新区，新增建设用地主要安排在该片区。该县近期建设规划提出，未来五年的建设重点全部安排在南部片区，全面完成该片区的开发建设。

考点解析：未来五年的建设重点全部安排在南部片区不合理【考点②】；近期全面完成该片区的开发建设不合理【考点①】。

板块 4　城市居住区规划

微信扫码
免费听课

历年考频

考点	10 分钟社区生活圈配套设施	5 分钟社区生活圈配套	道路交通	技术指标	建筑布局
考频	5	10	5	6	6

考点	绿地	总体布局	消防	其他
考频	4	6	6	1

知识点 1　居住区分级规模

■ 居住街坊

居住人口规模：0.1 万～0.3 万人；户数：300～1000；用地面积：2～4hm^2，是居住基本单元。

■ 五分钟生活圈居住区

居住人口规模：0.5 万～1.2 万人；户数：1500～4000；用地面积：8～18hm^2，服务半径：300m，通常由 3～4 个居住街坊组成。

■ 十分钟生活圈居住区

居住人口规模：1.5 万～2.5 万人；户数：5000～8000；用地面积：32～50hm^2，服务半径：500m，通常由 3～4 个五分钟圈居住区组成。

■ 十五分钟生活圈居住区

居住人口规模：5 万～10 万人；户数：17000～32000；用地面积：130～200hm^2，服务半径：800～1000m，通常由 3～4 个十分钟圈居住组成。

知识点 2　居住用地构成

居住用地分类名称、代码

代码	名称	含义
07	居住用地	指城乡住宅用地及其居住生活配套的社区服务设施用地
0701	城镇住宅用地	指用于城镇生活居住功能的各类住宅建筑用地及其附属设施用地
070102	二类城镇住宅用地	指配套设施较齐全、环境良好，以四层及以上住宅为主的住宅建筑用地及其附属道路、附属绿地、停车场等用地

续表

代码	名称	含义
0702	城镇社区服务设施用地	指为城镇居住生活配套的社区服务设施用地，包括社区服务站以及托儿所、社区卫生服务站、文化活动站、小型综合体育场地、小型超市等用地，以及老年人日间照料中心（托老所）等社区养老服务设施用地，不包括中小学、幼儿园用地

注：(1) 各级生活圈居住区用地包括住宅用地、配套设施用地、公共绿地用地和城市道路用地。
(2) 居住用地包括住宅用地和社区级服务设施用地（即五分钟生活圈配套设施用地）。
(3) 生活圈居住区四类用地之和为100%。

知识点3　各级生活圈规模

■ 各级生活圈规模表

三圈一街坊	面积区间（hm^2）	步行距离（m）	居住人口（万人）
五分钟生活圈居住区	8～18	300	0.5～1.2
十分钟生活圈居住区	32～50	500	1.5～2.5
十五分钟生活圈居住区	130～200	800～1000	5～10
居住街坊	2～4	无	0.1～0.3

主要考点

【考点①】通过用地面积判断属于几分钟生活圈。

历年真题

【2023-03题】 图为北方某城市居住小区规划方案，规划用地面积21.8hm^2……

考点解析：属于五分钟生活圈居住区规模【考点①】。

【2022-10-03题】 ……南方某城市一个居住区……面积约32hm^2……

考点解析：属于十分钟生活圈居住区规模【考点①】。

注意：这里判断规模，十分钟生活圈要达到32hm^2才能判定。

拓展

居住区用地范围计算

居住区用地面积应包括住宅用地、配套设施用地、公共绿地和城市道路用地，其计算方法应符合下列规定：

(1) 居住区范围内与居住功能不相关的其他用地以及本居住区配套设施以外的其他公共服务设施用地，不应计入居住区用地。

(2) 当周界为自然分界线时，居住区用地范围应算至用地边界。

(3) 当周界为城市快速路或高速路时，居住区用地边界应算至道路红线或其防护绿地边界。

(4) 当周界为城市干路或支路时，各级生活圈的居住区用地范围应算至道路中心线。

(5) 居住街坊用地范围应算至周界道路红线，且不含城市道路。

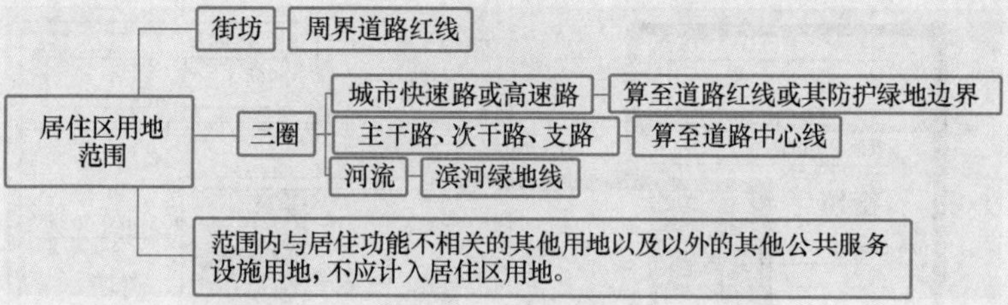

居住区用地范围导图

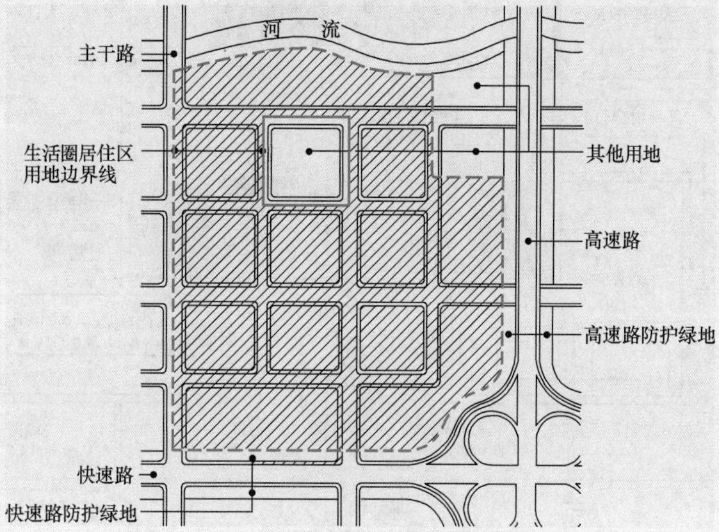

生活圈居住区用地范围划定规划示意

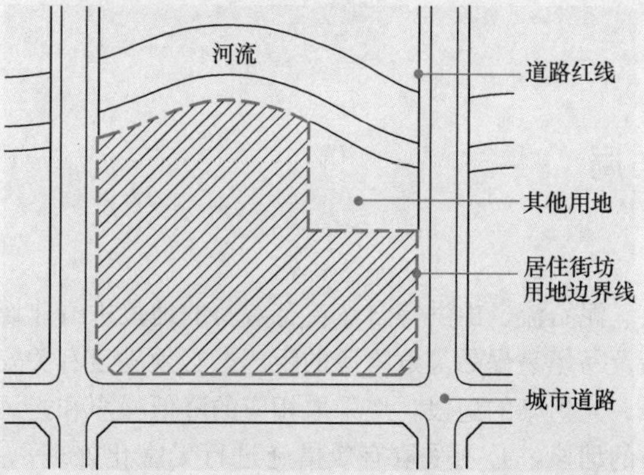

居住街坊范围划定规则示意

拓展 2

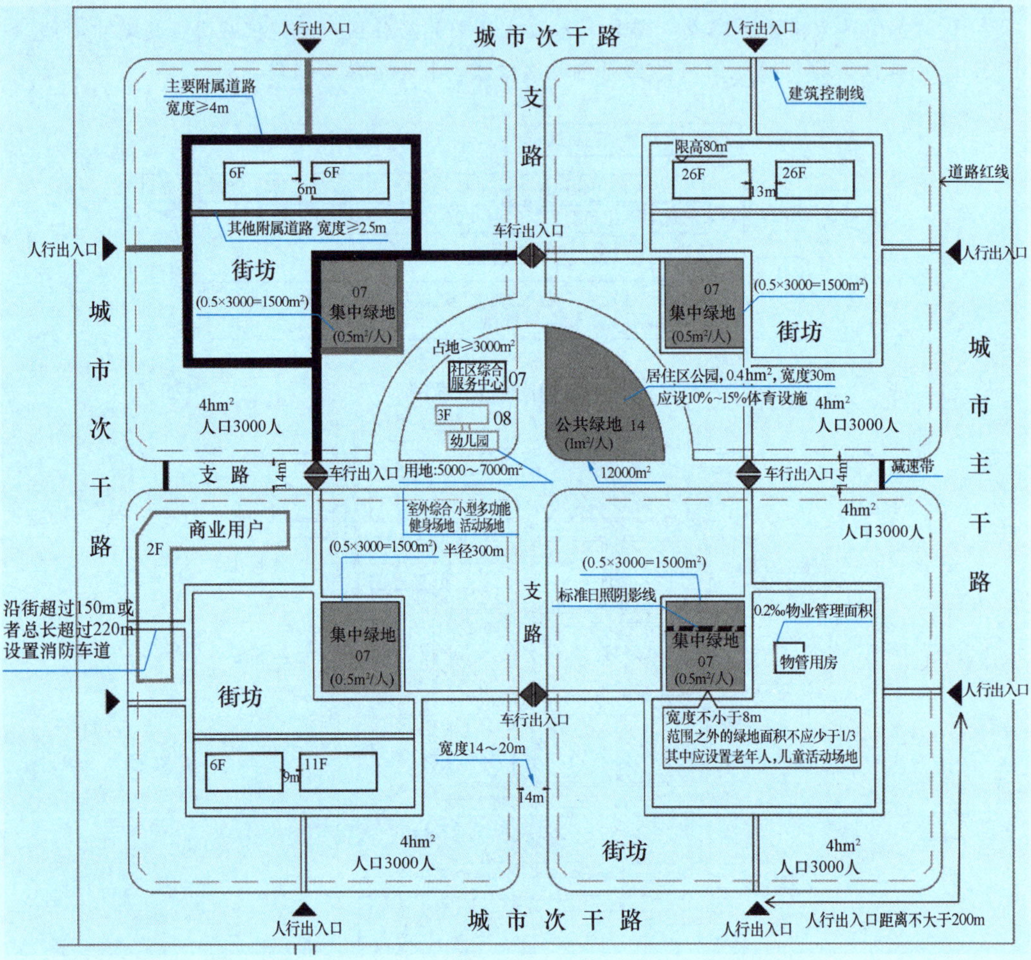

五分钟生活圈居住区示意图

知识点 4　总体布局

■ 选址原则

（1）不得在有滑坡、泥石流、山洪等自然灾害威胁的地段进行建设。

（2）与危险化学品及易燃易爆品等危险源的距离，必须满足有关安全规定。

（3）存在噪声污染、光污染的地段，应采取相应的降低噪声和光污染的防护措施。

（4）土壤存在污染的地段，必须采取有效措施进行无害化处理，并应达到居住用地土壤环境质量的要求。

主要考点

【考点①】邻近历史文化街区、历史建筑、文物保护单位等，总体布局应与周边环境相协调，历史建筑不能改变外观，不能擅自改变文物保护单位用途。

【考点②】邻近河流、公园，布局不应阻隔视线廊道。

历年真题

【2021-03 题】 ……北方某城市居住小区……规划用地面积 23hm^2……利用一处历史建筑加高作为小学……

考点解析：加高历史建筑不合理，历史建筑不能改变外观，不能擅自改变文物保护单位用途【考点①】。

【2020-03 题】 北方某居住小区规划如图所示，规划用地面积 18.5hm^2，用地四周为城市主次干路……

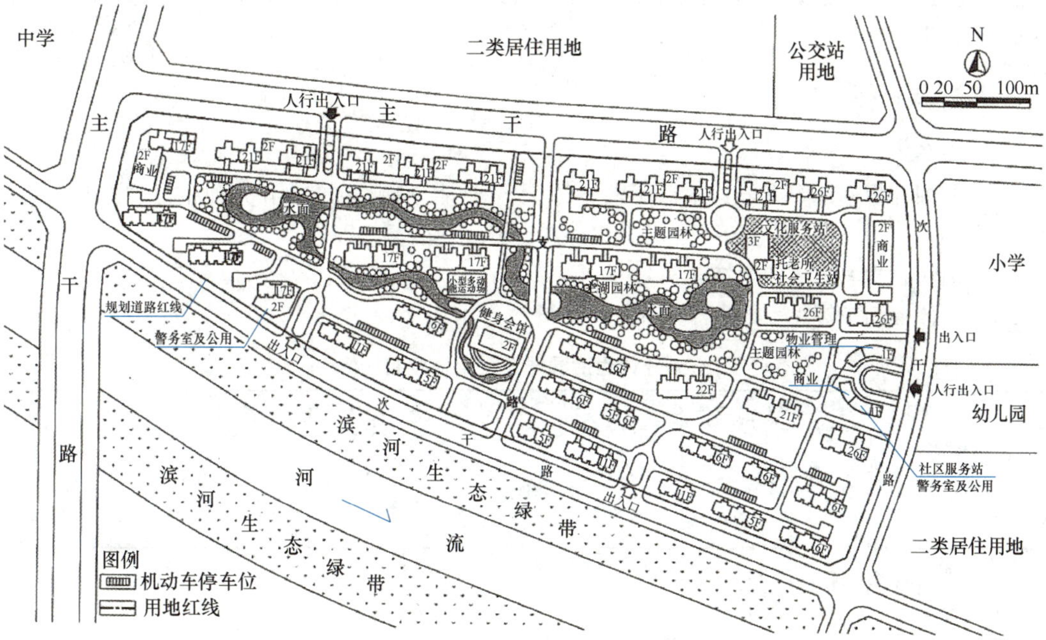

2020-03 题图

考点解析：沿滨河生态绿带布局高层建筑不合理，布局存在视线廊道阻隔【考点②】。

知识点 5　技术指标

■ 规定性指标

开发强度（规划控制指标）：包括总建筑面积、容积率、建筑密度、绿地率、建筑高度控制等。

■ 定义及控制指标

1. 定义

①居住区用地容积率：生活圈内，住宅建筑及其配套设施地上建筑面积之和与居住区用地总面积的比值。

②住宅用地容积率：居住街坊内，住宅建筑及其便民服务设施地上建筑面积之和与住宅用地总面积的比值。

③建筑密度：居住街坊内，住宅建筑及其便民服务设施建筑基底面积与该居住街坊用地面积的比率（%）。

④绿地率：居住街坊内，绿地面积之和与该居住街坊用地面积的比率（%）。

2. 三圈居住区用地控制指标

住宅建筑平均层数类别、人均居住区用地面积、居住区用地容积率、居住区用地构成。

注意：三圈没有建筑密度、绿地率、建筑高度指标控制。

3. 居住街坊用地与建筑控制指标

住宅建筑平均层数、人均住宅用地面积、住宅用地容积率、建筑密度、绿地率、住宅建筑高度控制。

■ 主要指标

1. 容积率

① 三圈容积率：十五分钟生活圈≤1.5；十分钟生活圈≤1.8；五分钟生活圈：Ⅰ、Ⅶ气候分区≤1.8，Ⅱ、Ⅵ气候分区≤1.9，Ⅲ、Ⅳ、Ⅴ气候分区≤2.0。

② 街坊容积率：居住街坊≤3.1。

③ 具体控制指标见下面四个表格。

十五分钟生活圈居住区用地控制指标

建筑气候区划	住宅建筑平均层数类别	人均居住区用地面积（m^2/h）	居住区用地容积率	居住区用地构成（%）				
				住宅用地	配套设施用地	公共绿地	城市道路用地	合计
Ⅰ、Ⅶ	多层Ⅰ类（4层～6层）	40～54	0.8～1.0	58～61	12～16	7～11	15～20	100
Ⅱ、Ⅵ		38～51	0.8～1.0					
Ⅲ、Ⅳ、Ⅴ		37～48	0.9～1.1					
Ⅰ、Ⅶ	多层Ⅱ类（7层～9层）	35～42	1.0～1.1	52～58	13～20	9～13	15～20	100
Ⅱ、Ⅵ		33～41	1.0～1.2					
Ⅲ、Ⅵ、Ⅴ		31～39	1.1～1.3					
Ⅰ、Ⅶ	高层Ⅰ类（10层～18层）	28～38	1.1～1.4	48～52	16～23	11～16	15～20	100
Ⅱ、Ⅵ		27～36	1.2～1.4					
Ⅲ、Ⅳ、Ⅴ		26～34	1.2～1.5					

注：居住区用地容积率是生活圈内，住宅建筑及其配套设施地上建筑面积之和与居住区用地总面积的比值。

十分钟生活圈居住区用地控制指标

建筑气候区划	住宅建筑平均层数类别	人均居住区用地面积（m^2/h）	居住区用地容积率	居住区用地构成（%）				
				住宅用地	配套设施用地	公共绿地	城市道路用地	合计
Ⅰ、Ⅶ	低层（1层～3层）	49～51	0.8～0.9	71～73	5～8	4～5	15～20	100
Ⅱ、Ⅵ		45～51	0.8～0.9					
Ⅲ、Ⅳ、Ⅴ		42～51	0.8～0.9					
Ⅰ、Ⅶ	多层Ⅰ类（4层～6层）	35～47	0.8～1.1	68～70	8～9	4～6	15～20	100
Ⅱ、Ⅵ		33～44	0.9～1.1					
Ⅲ、Ⅳ、Ⅴ		32～41	0.9～1.2					
Ⅰ、Ⅶ	多层Ⅱ类（7层～9层）	30～35	1.1～1.2	64～67	9～12	6～8	15～20	100
Ⅱ、Ⅵ		28～33	1.2～1.3					
Ⅲ、Ⅳ、Ⅴ		26～32	1.2～1.4					
Ⅰ、Ⅶ	高层Ⅰ类（10层～18层）	23～31	1.2～1.6	60～64	12～14	7～10	15～20	100
Ⅱ、Ⅵ		22～28	1.3～1.7					
Ⅲ、Ⅳ、Ⅴ		21～27	1.4～1.8					

注：居住区用地容积率是生活圈内，住宅建筑及其配套设施地上建筑面积之和与居住区用地总面积的比值。

五分钟生活圈居住区用地控制指标

建筑气候区划	住宅建筑平均层数类别	人均居住区用地面积（m^2/h）	居住区用地容积率	居住区用地构成（%）				
				住宅用地	配套设施用地	公共绿地	城市道路用地	合计
Ⅰ、Ⅶ	低层（1层～3层）	46～47	0.7～0.8	71～77	3～4	2～3	15～20	100
Ⅱ、Ⅵ		43～47	0.8～0.9					
Ⅲ、Ⅳ、Ⅴ		39～47	0.8～0.9					
Ⅰ、Ⅶ	多层Ⅰ类（4层～6层）	32～43	0.8～1.1	74～76	4～5	2～3	15～20	100
Ⅱ、Ⅵ		31～40	0.9～1.2					
Ⅲ、Ⅳ、Ⅴ		29～37	1.0～1.2					
Ⅰ、Ⅶ	多层Ⅱ类（7层～9层）	28～31	1.2～1.3	72～74	5～6	3～4	15～20	100
Ⅱ、Ⅵ		25～29	1.2～1.4					
Ⅲ、Ⅳ、Ⅴ		23～28	1.3～1.6					
Ⅰ、Ⅶ	高层Ⅰ类（10层～18层）	20～27	1.4～1.8	69～72	6～8	4～5	15～20	100
Ⅱ、Ⅵ		19～25	1.5～1.9					
Ⅲ、Ⅳ、Ⅴ		18～23	1.6～2.0					

居住街坊用地与建筑控制指标

建筑气候区划	住宅建筑平均层数类别	住宅用地容积率	建筑密度最大值（%）	绿地率最小值（%）	住宅建筑高度控制最大值（m）	人均住宅用地面积最大值（m²/人）
Ⅰ、Ⅶ	低层（1层～3层）	1.0	35	30	18	36
	多层Ⅰ类（4层～6层）	1.1～1.4	28	30	27	32
	多层Ⅱ类（7层～9层）	1.5～1.7	25	30	36	22
	高层Ⅰ类（10层～18层）	1.8～2.4	20	35	54	19
	高层Ⅱ类（19层～26层）	2.5～2.8	20	35	80	13
Ⅱ、Ⅵ	低层（1层～3层）	1.0～1.1	40	28	18	36
	多层Ⅰ类（4层～6层）	1.2～1.5	30	30	27	30
	多层Ⅱ类（7层～9层）	1.6～1.9	28	30	36	21
	高层Ⅰ类（10层～18层）	2.0～2.6	20	35	54	17
	高层Ⅱ类（19层～26层）	2.7～2.9	20	35	80	13
Ⅲ、Ⅳ、Ⅴ	低层（1层～3层）	1.0～1.2	43	25	18	36
	多层Ⅰ类（4层～6层）	1.3～1.6	32	30	27	27
	多层Ⅱ类（7层～9层）	1.7～2.1	30	30	36	20
	高层Ⅰ类（10层～18层）	2.2～2.8	22	35	54	16
	高层Ⅱ类（19层～26层）	2.9～3.1	22	35	80	12

2. 居住街坊的绿地率、建筑密度、建筑高度

① 居住街坊的绿地率：高层住宅≥35%，多层住宅≥30%，低层不限。

② 高层建筑密度：Ⅰ、Ⅱ、Ⅵ、Ⅶ气候分区≤20%；Ⅲ、Ⅳ、Ⅴ气候分区≤22%。

③ 建筑高度≤80m。

建筑高度＝建筑层数×层高（题目未明确，则默认3m）。

主要考点

【考点①】住宅限高80m。

【考点②】高层绿地率≥35%。

【考点③】五分钟生活圈居住区的容积率不高于2.0。

【考点④】十分钟生活圈居住区的容积率不高于1.8。

【考点⑤】南侧建筑高度过高，对北侧建筑造成日照遮挡。

历年真题

【2019-03题】 如图所示北方某城市居住小区的修建性详细规划方案，占地面积23hm²，用地性质为居住兼容商业用地，街坊绿地率为28%……

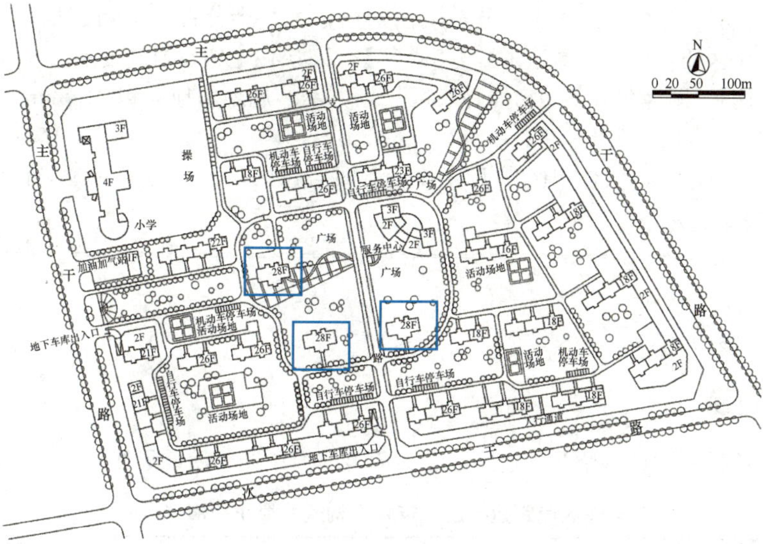

2019-03 题图

考点解析：3 栋 28 层，$H=3\times28=84$m，建筑高度超过 80m，而住宅限高 80m【考点①】；绿地率为 28%偏低，要≥35%【考点②】。

【2022-10-03 题】 图是南方某城市一个居住区的总平面图，面积约 32hm²。规划容积率 2.3……

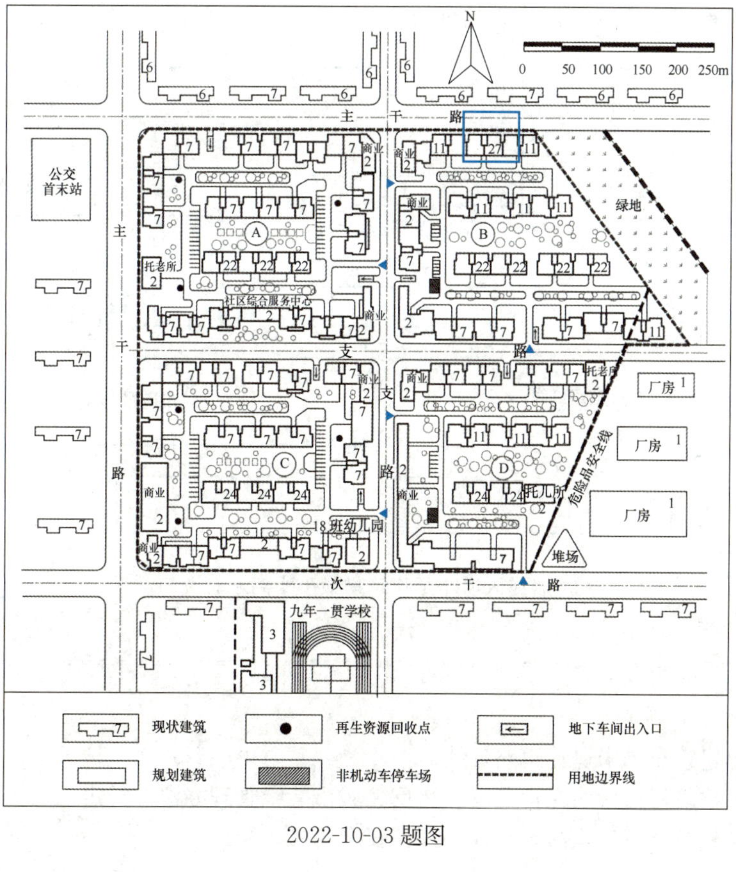

2022-10-03 题图

考点解析：$32hm^2$ 居住区属于十分钟生活圈居住区，十分钟生活圈容积率 2.3 过高，十分钟生活圈居住区的容积率不高于 1.8【考点④】；27 层住宅的建筑高度超过 80m【考点①】。

【2023-03 题】 图为北方某城市居住小区规划方案，规划用地面积 $21.8hm^2$，小区规划容积率为 2.7。

考点解析：$21.8hm^2$ 居住小区属五分钟生活圈居住区，五分钟生活圈居住区容积率 2.7 过高【考点③】。

知识点 6　建筑布局

■ 建筑退线

退绿线、蓝线、黄线、紫线、道路红线、危险品控制线、用地界线。

居住区道路边缘至建筑物、构筑物最小距离（m）

与建、构筑物关系		城市道路	附属道路
建筑物面向道路	无出入口	3.0	2.0
	有出入口	5.0	2.5
建筑物山墙面向道路		2.0	1.5
围墙面向道路		1.5	1.5

注：道路边缘对于城市道路是指道路红线；附属道路分两种情况：道路断面设有人行道时，指人行道的外边线；道路断面未设人行道时，指路面边线。

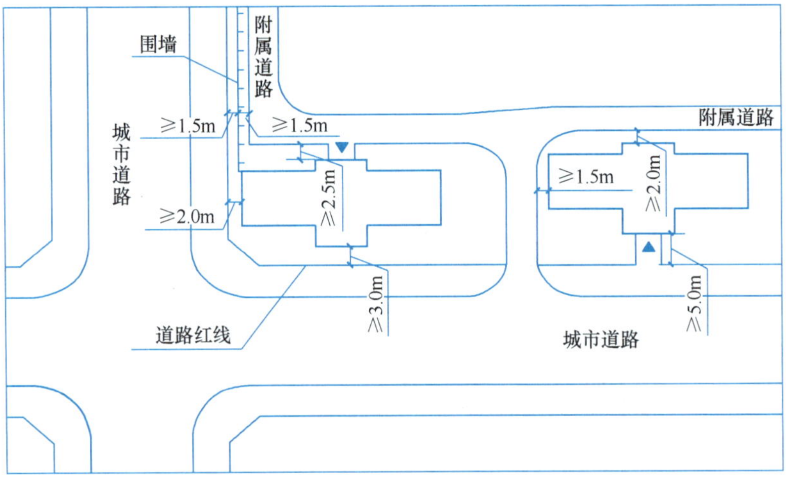

居住区道路至建筑物最小距离示意图

主要考点

【考点①】建筑布局未退让道路红线。

【考点②】建筑侵占紫线保护范围，违反《城市紫线管理办法》规定。

【考点③】建筑侵占危险品控制线，存在安全隐患。

历年真题

【2020-03 题】 题图如下。

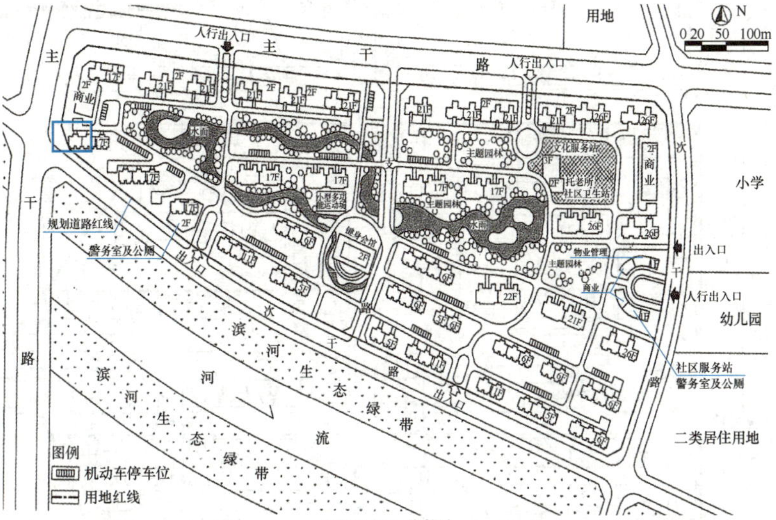

2020-03 题图

考点解析：西南角建筑布局不合理，未退让道路红线【考点①】。

【2014-03 题】 题图如下。

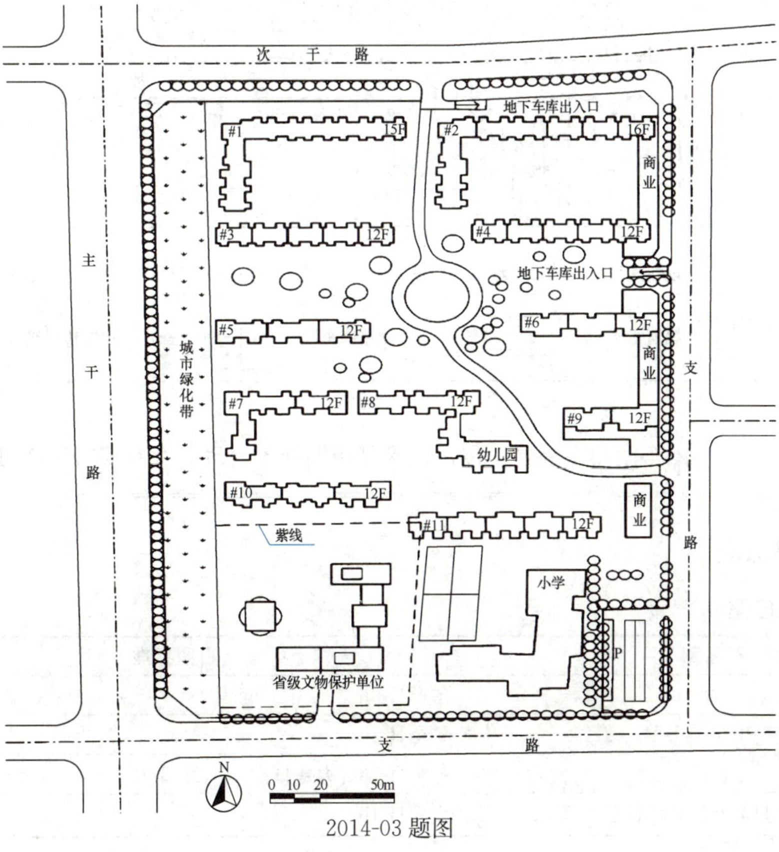

2014-03 题图

考点解析：11 号楼侵占紫线保护范围，违反《城市紫线管理办法》规定【考点②】。

【**2022-03 题**】 题图如下：

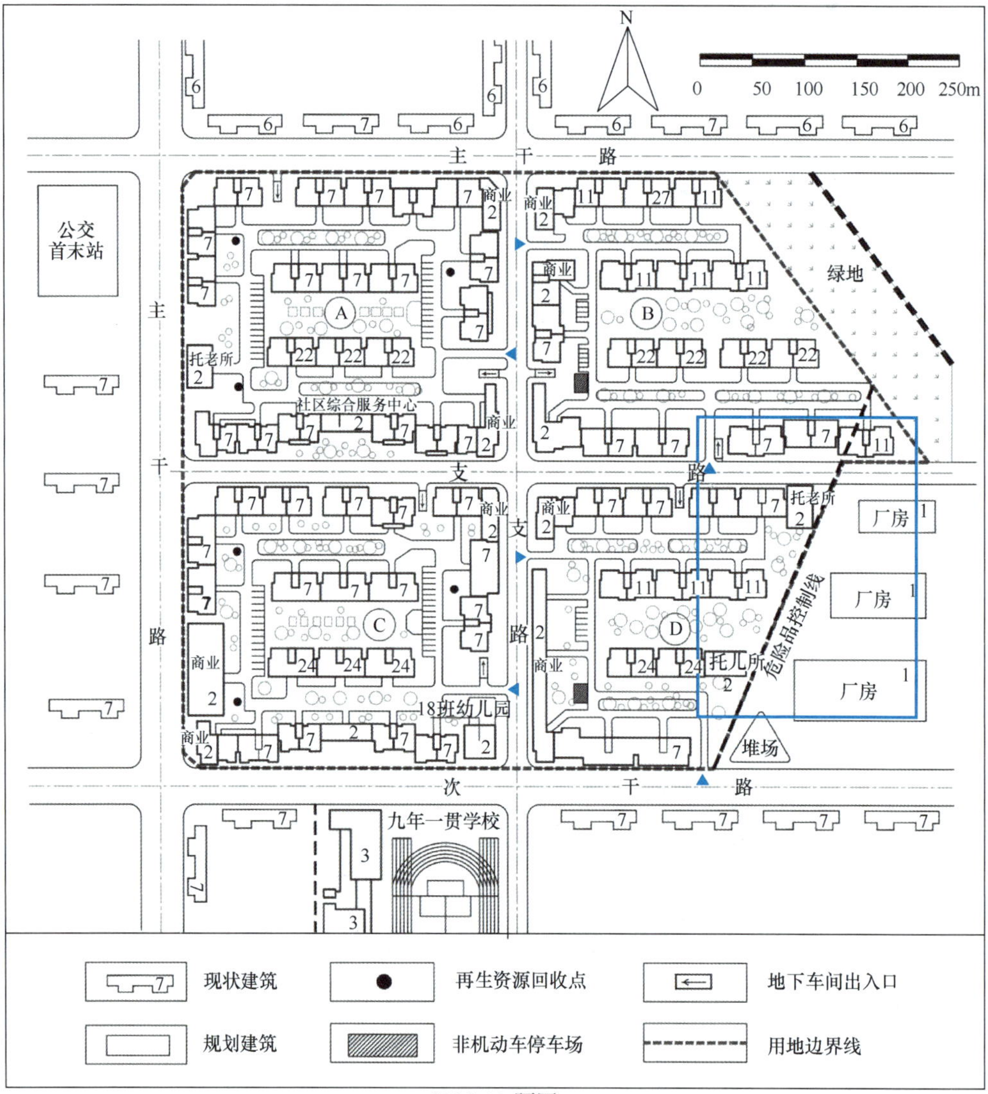

2022-03 题图

考点解析：B 组团东南角 7 层建筑侵占危险品控制线不合理，存在安全隐患【考点③】。

■ 日照标准

1. 建筑日照标准表

名称	日照标准
幼儿园	冬至日 3h
老年人住宅、中学、小学	冬至日 2h
新建住宅	冬至日 1h、大寒日 3h、大寒日 2h
旧区改建项目内新建住宅建筑	大寒日 1h

住宅建筑日照标准（《城市居住区规划设计标准》GB 50180—2018 表 4.0.9）

建筑气候区划	Ⅰ、Ⅱ、Ⅲ、Ⅶ气候		Ⅳ气候区		Ⅴ、Ⅵ气候区
地区常住人口（万人）	≥50	<50	≥50	<50	无限定
日照标准日	大寒日			冬至日	
日照时数（h）	≥2	≥3		≥1	
有效日照时间带（当地真太阳时）	8 时～16 时			9 时～15 时	
计算起点	底层窗台面				

注：底层窗台面是指距室内地坪 0.9m 高的外墙位置。

2. 日照间距

（1）定义：日照间距，就是前后两栋建筑之间，根据日照时间要求所确定的距离。

（2）日照间距系数相关规定如下。

以房屋长边向阳，朝阳向正南，正午太阳照到后排房屋底层窗台为依据来进行计算日照间距系数＝D/H，由此得日照间距应为：D＝（H－H_1）×日照间距系数；式中：D—房屋间距；H—前幢房屋檐口至地面高度；H_1—后幢房屋窗台至地面高度。

主要考点

【考点①】部分建筑日照间距不足。

【考点②】高层建筑与北侧住宅建筑日照间距不足，居住区内部住宅建筑之间日照间距不足。

【考点③】幼儿园、小学北侧布局高层，无法满足日照要求，活动场地设于幼儿园建筑北侧不合理，应有不少于 1/2 的活动面积在标准的建筑日照阴影线之外。

【考点④】老年人居住建筑采用日照标准过低，不符合老年人居住日照时长要求。

历年真题

【2023-03 题】 图为北方某城市居住小区规划方案，规划用地面积 21.8hm^2，相邻地块现状为居住建筑和公共建筑，其东南侧紧邻为小区配套的小学。小区规划容积率为 2.7，住宅建筑层高为 3m，日照间距系数为 1.2……

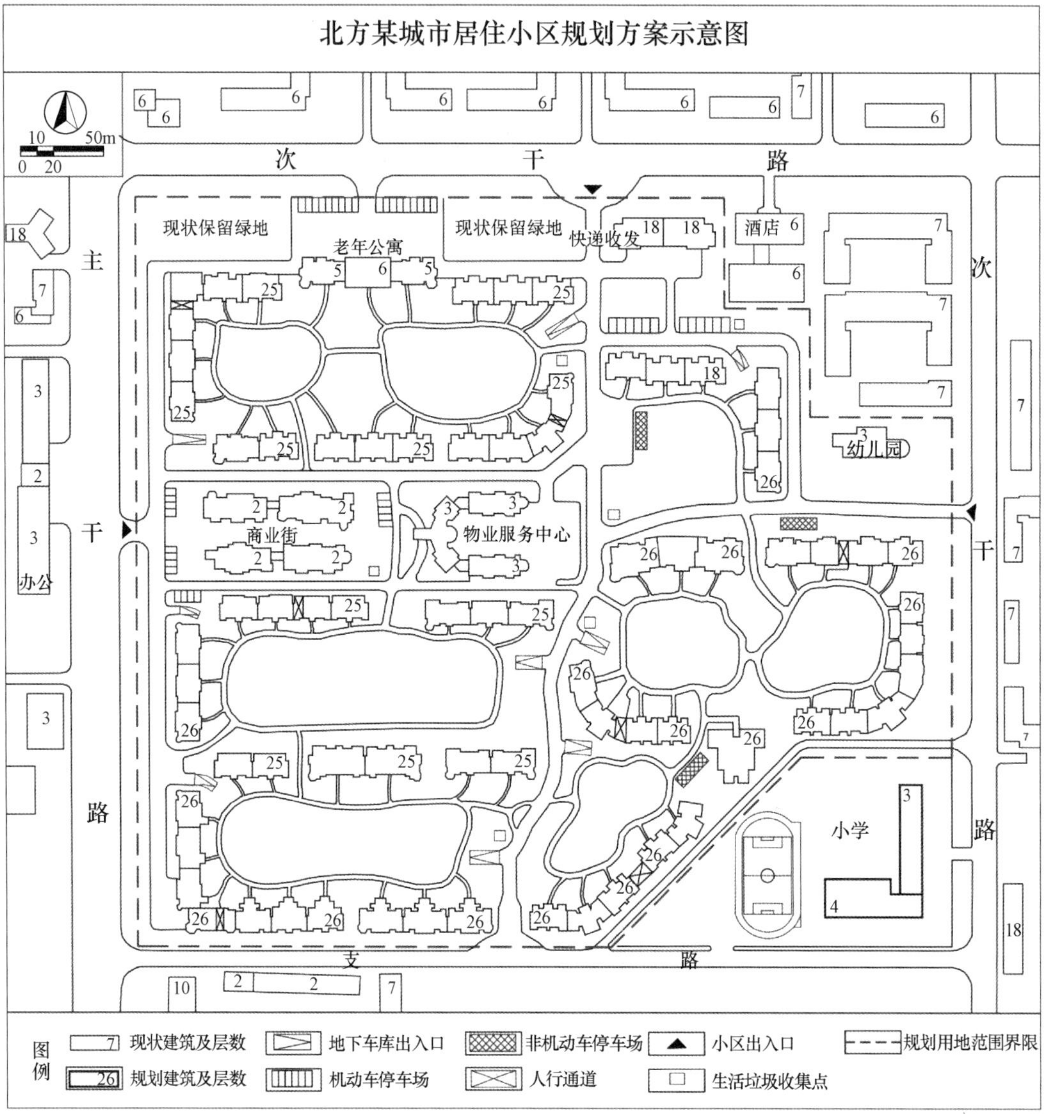

2023-03 题图

考点解析：部分建筑日照间距不足（西侧 26F 与 26F 之间、东侧 26F 与 26F 之间，北侧 25F 与 25F 之间）【考点①】。

【2022-10-03 题】 图是南方某城市一个居住区的总平面图，面积约 $32hm^2$。规划容积率 2.3。建筑层高按 3m 计算，日照系数 1.2……

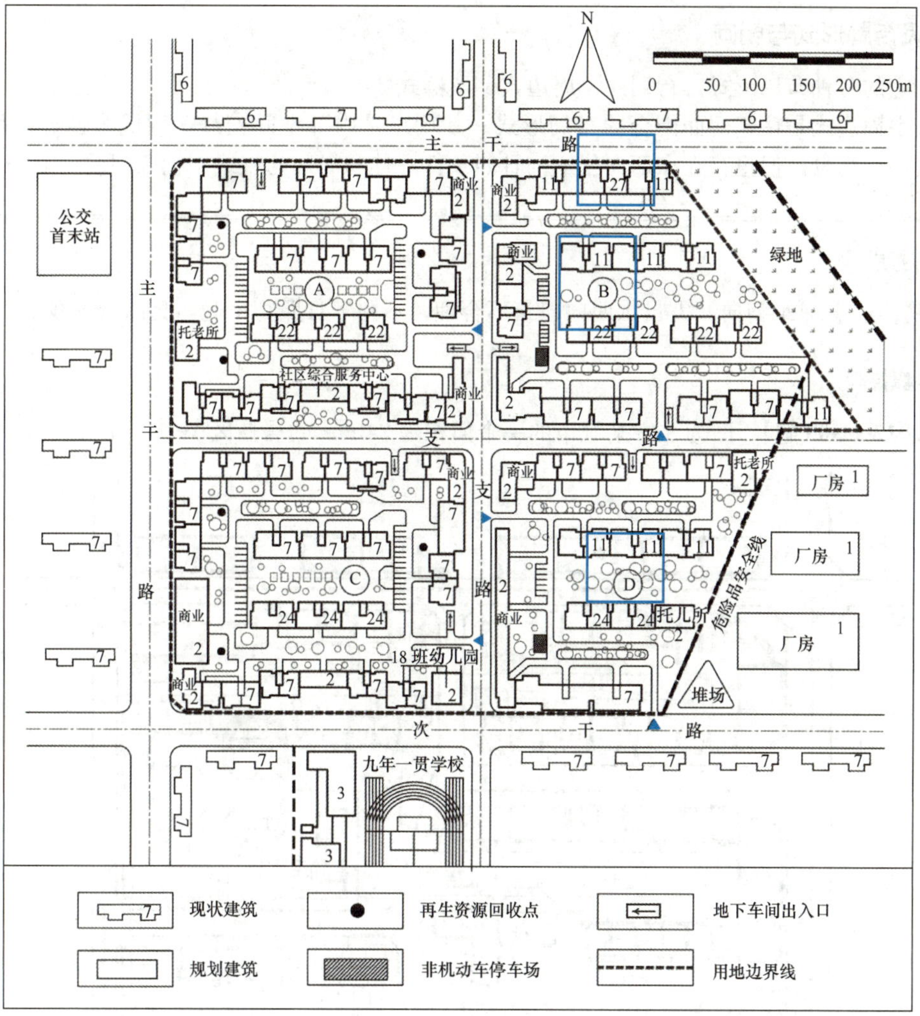

2022-10-03 题图

考点解析：小区北侧 27F 楼与北侧日照间距不足，B 组团和 D 组团内部日照间距不足【考点②】。

【拓展题】 某居住小区规划方案，住宅建筑分为四个组团布置其中，在东北组团北侧安排了四幢老年公寓。规划提出了包括以下有关建设标准和技术要求：所有条式住宅之间的正面间距均按冬至日 1 小时的日照标准计算。

考点解析：老年人居住建筑采用冬至日 1 小时的日照标准过低，老年人居住建筑日照标准不应低于冬至日 2 小时【考点④】。

拓展

（1）大寒日 2 小时＜大寒日 3 小时＜冬至日 1 小时＜冬至日 2 小时＜冬至日 3 小时

（2）大寒日与冬至的区别：冬至日是全年日照时间最短，夜最长的一天，大寒日是全年最冷的一天。相对来说老年人、儿童需要日照时间，平时居住需要温暖。

■ 建筑布局形式与朝向

住宅的三种布局形式：行列式、周边式、点群式。

其中周边式是住宅四面围合的布局形式。其特点是内部空间安静、领域感强，并且容易形成较好的街景。但也存在东西向住宅的日照条件不佳和局部的视线干扰等问题。

主要考点

【考点①】建筑朝向：大量东西向建筑不合理，不利于日照与采光，日照、视线受干扰。

历年真题

【2022-11-03 题】 图为北方某城市的一个面积为 24hm^2 的居住区……

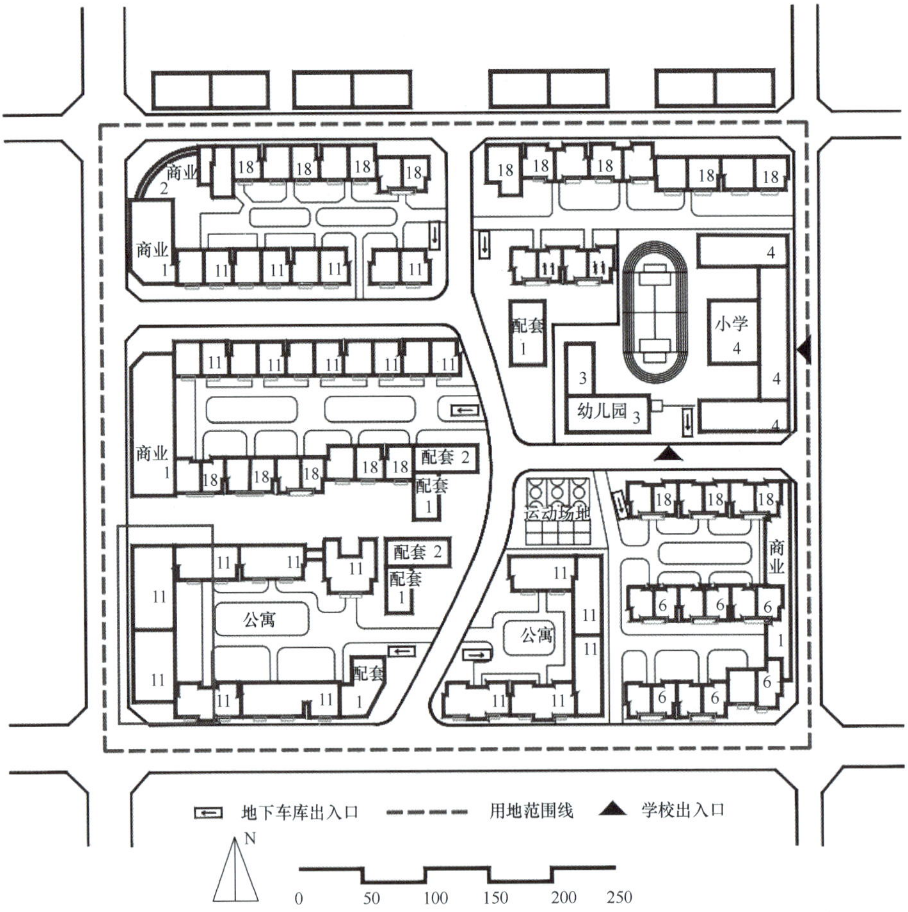

2022-11-03 题图

考点解析：东西向建筑不利于日照与采光【考点①】。

【2019-03 题】 如图所示北方某城市居住小区的修建性详细规划方案，占地面积 23hm^2，用地性质为居住兼容商业用地，街坊绿地率为 28%……

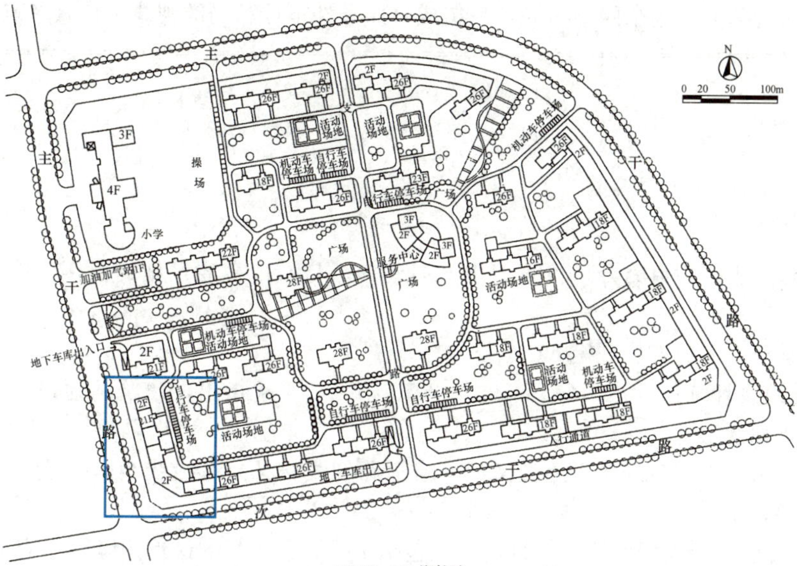

2019-03 题图

考点解析：北方城市建筑东西向，不利于日照【考点①】。

【2023-03 题】 图为北方某城市居住小区规划方案，规划用地面积 21.8hm^2……

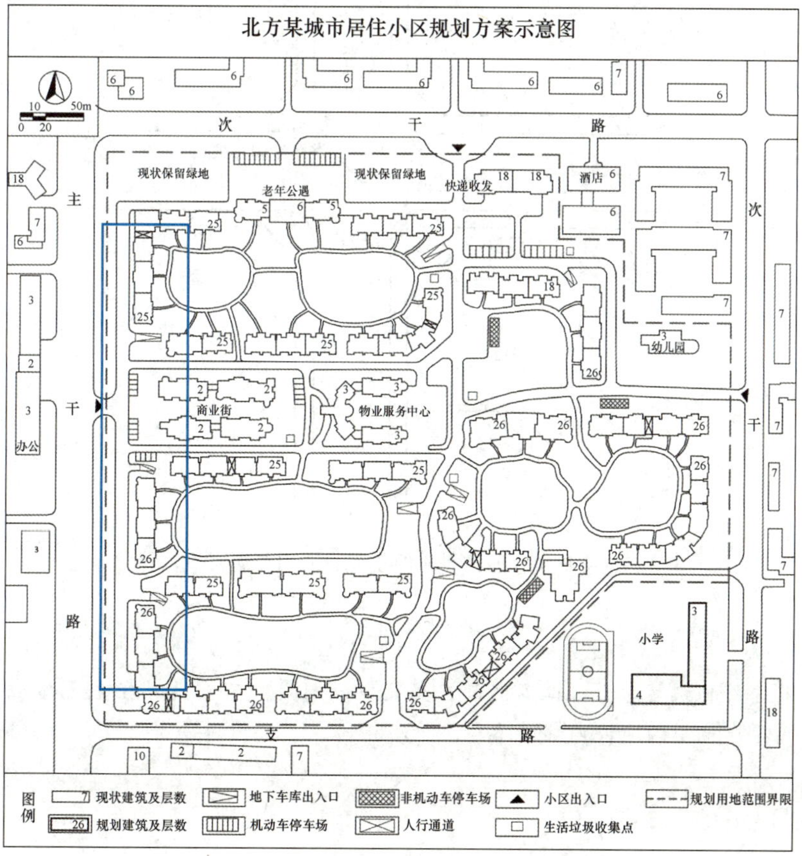

2023-03 题图

考点解析：部分住宅东西向布局，易造成日照条件不佳和局部视线干扰【考点①】。

知识点 7　交通

■ 出入口

（1）交通组织包括道路开口位置、出入口朝向、与城市交通设施的衔接、停车位数量和比例等。

（2）机动车出入口方位规定如下。

《民用建筑设计统一标准》GB 50352—2019 第 4.2.4 条指出，建筑基地机动车出入口位置，应符合下列规定：

①中等城市、大城市的主干路交叉口，自道路红线交叉点起沿线 70.0m 范围内不应设置机动车出入口；

② 距人行横道、人行天桥、人行地道（包括引道、引桥）的最近边缘线不应小于 5.0m；

③ 距地铁出入口、公共交通站台边缘不应小于 15.0m；

④ 距公园、学校及有儿童、老年人、残疾人使用建筑的出入口最近边缘不应小于 20.0m。

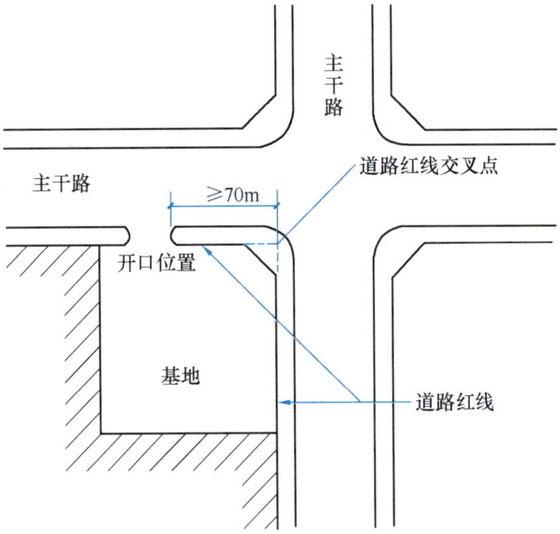

建筑基地在城市主干路交叉口开口位置示意

拓展

地块及建筑物机动车出入口不得设在交叉口范围内且不宜设置在主干路上，宜经支路或专为集散车辆用的地块内部道路与次干路相通。

主要考点

【考点①】地下车库出入口朝向主干路不合理，易对主干道交通造成干扰也影响自身使用。

【考点②】小区出入口朝向主干路不合理，且与对面办公出入口互相干扰。

【考点③】机动车出入口距离交叉口过近不合理。

【考点④】主要附属道路至少应有两个车行出入口连接城市道路。

【考点⑤】人行出入口间距不宜超过 200m（人行出入口可以朝向主干路）。

历年真题

【2021-03 题】 如下图：

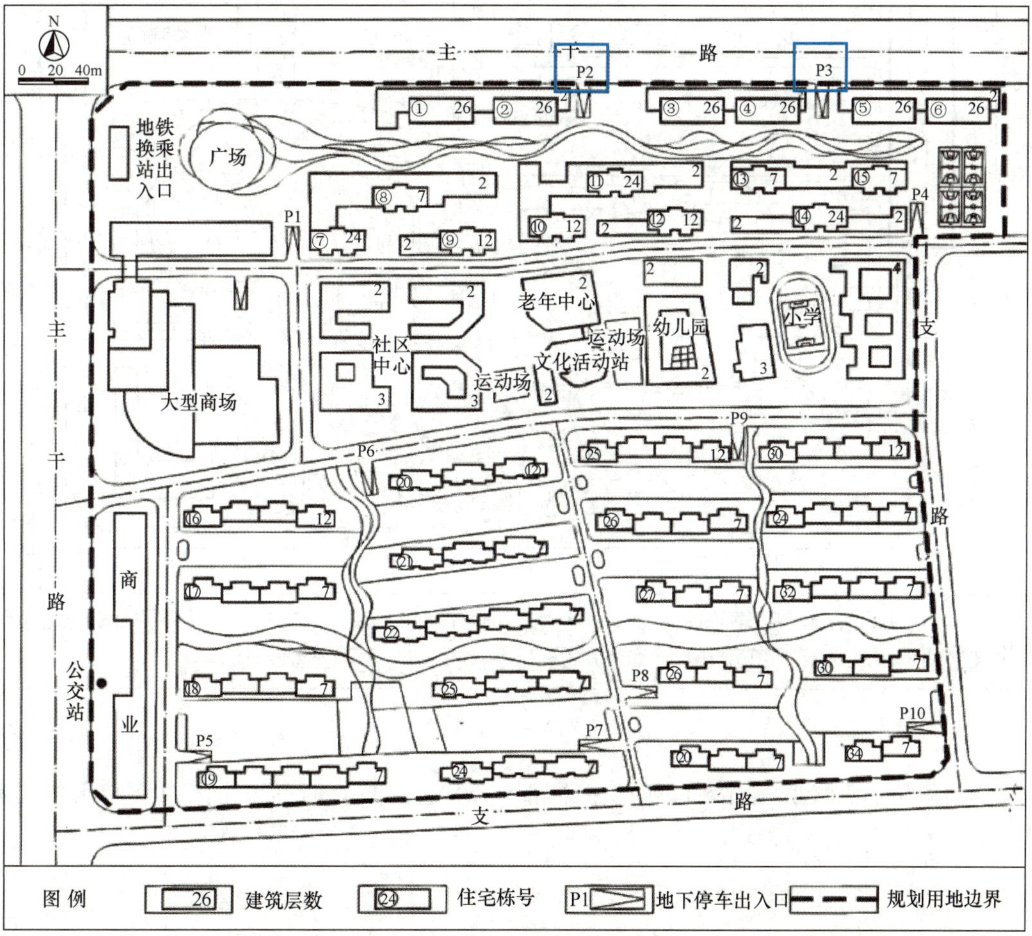

2021-03 题图

考点解析：北侧 P2 和 P3 地下车库出入口朝向主干路不合理，易对主干道交通造成干扰也影响自身使用【考点①】。

【2024-03 题】 图为北方某城市居住小区规划方案，规划用地面积 21.8hm²。

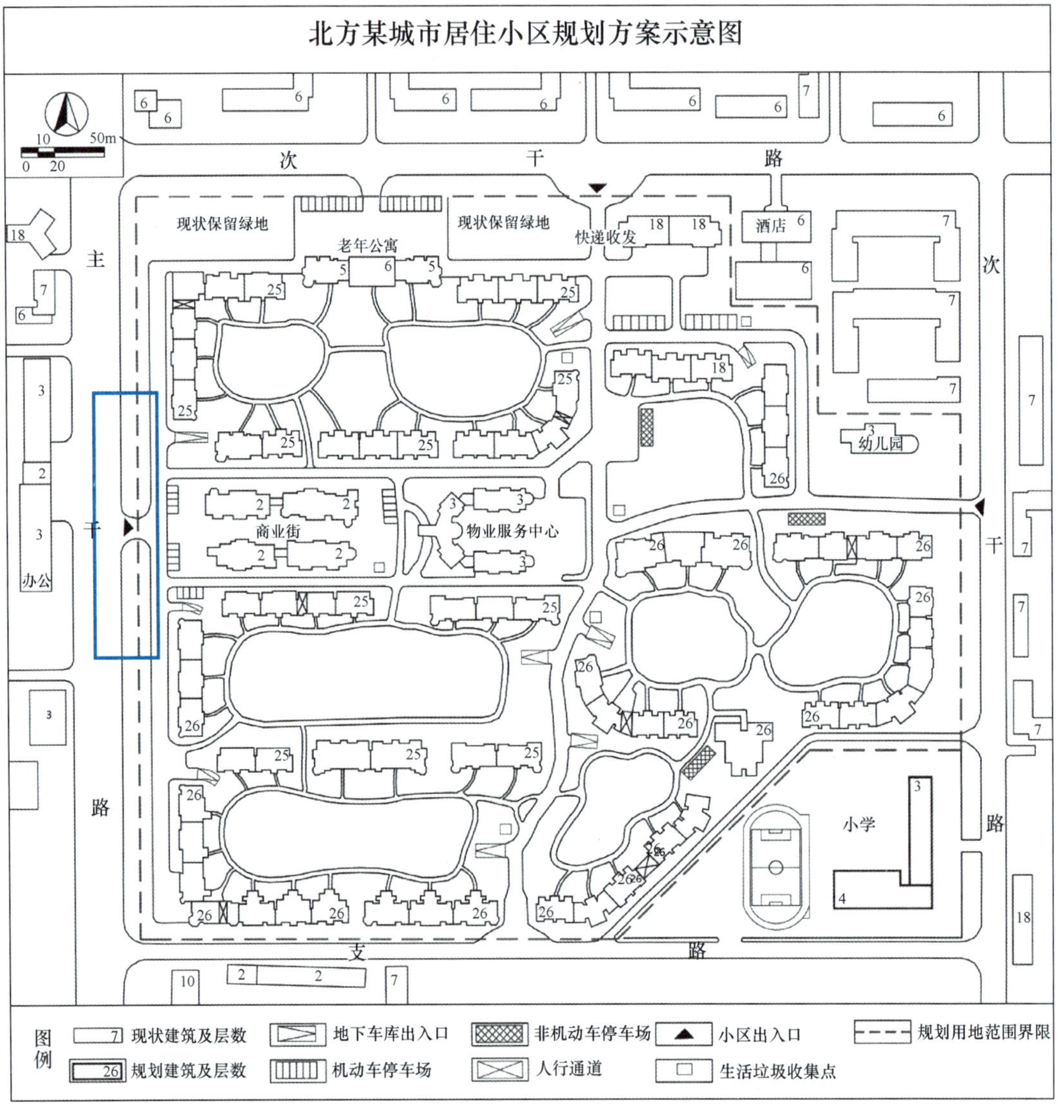

2024-03 题图

考点解析：西侧小区出入口朝向主干路不合理，且与对面办公出入口互相干扰【考点②】。

【**2017-03 题**】 如下图：

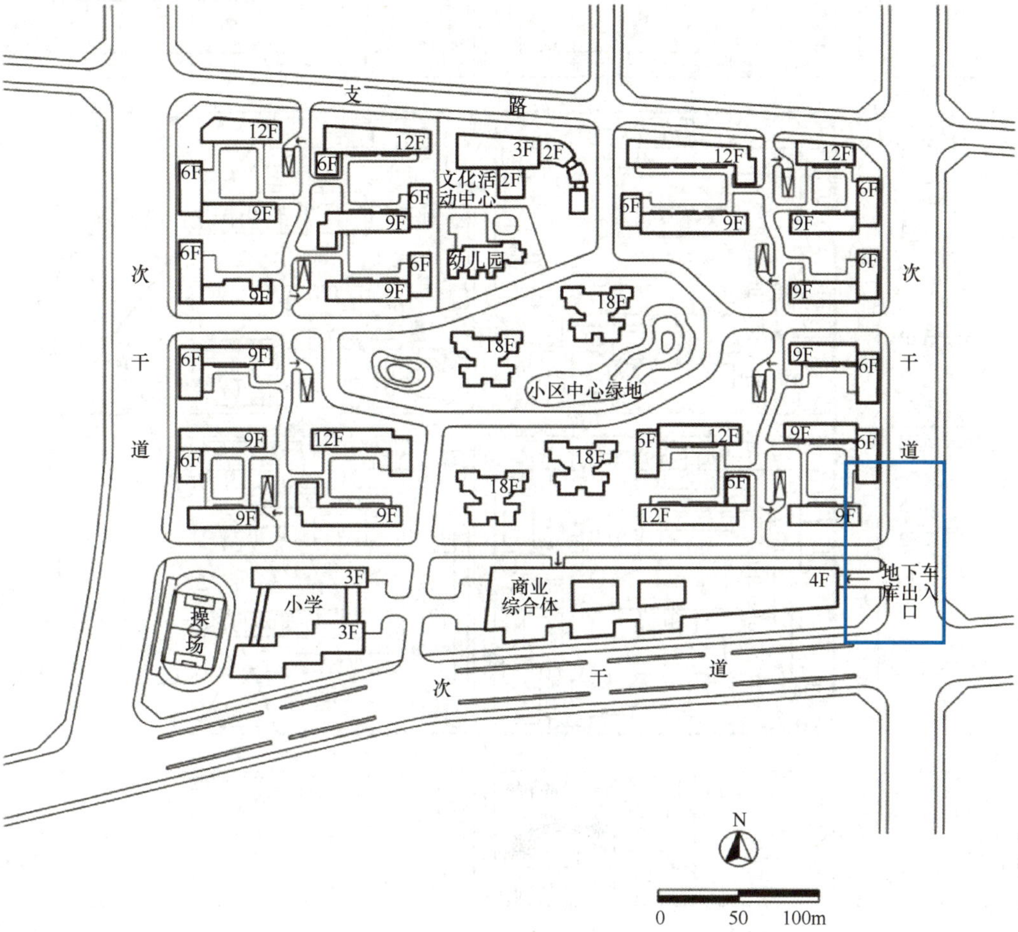

2017-03 题图

考点解析：商业综合体东侧地下车库出入口与次干路交叉口距离过近【考点③】。

【**2022-10-03 题**】 图是南方某城市一个居住区的总平面图，面积约 32hm^2。规划容积率 2.3……

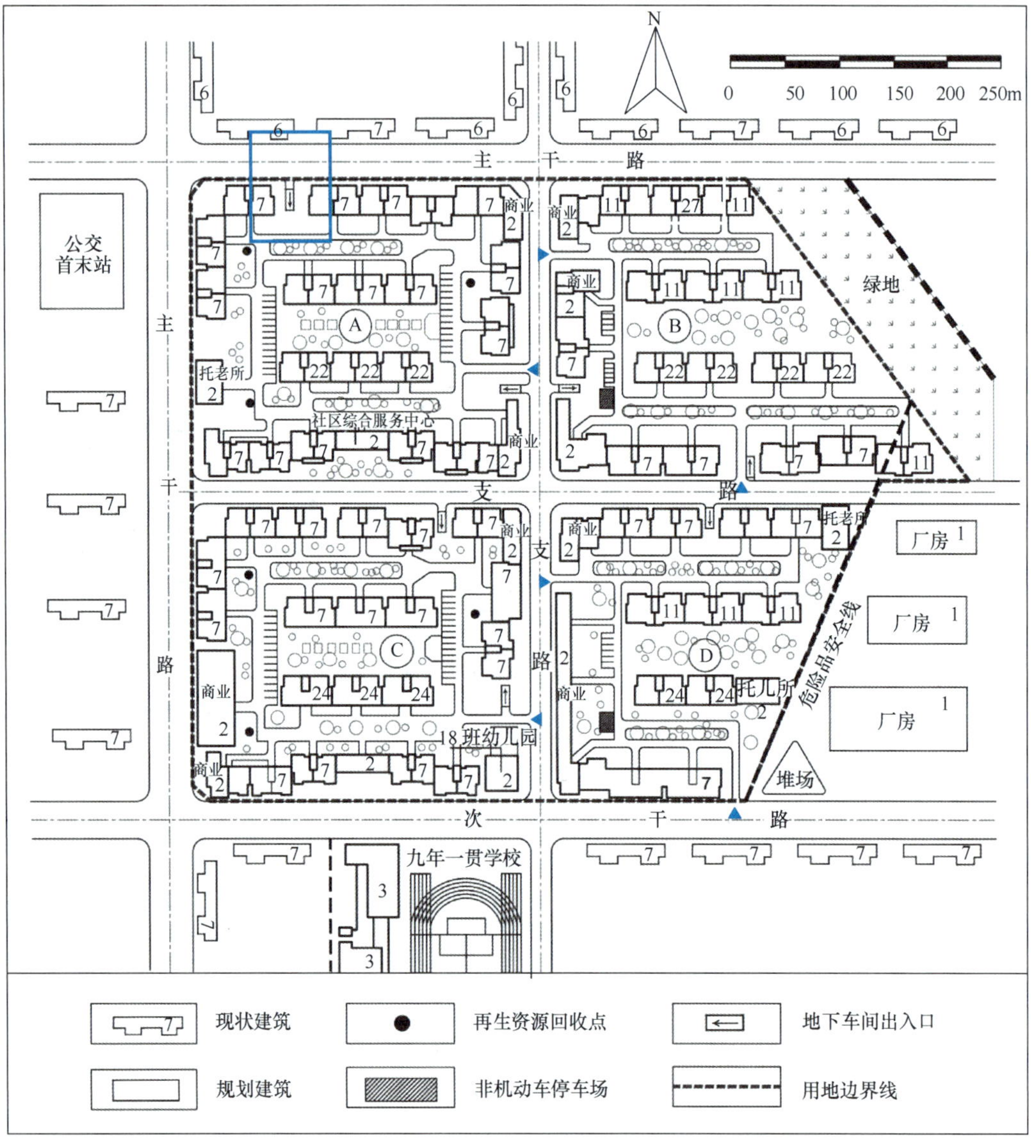

2022-10-03 题图

考点解析：A 组团的地下车库出入口朝向主干路不合理【考点①】，A、C 组团只有 1 个出入口不合理，应不低于 2 个出入口【考点④】。

【2020-03 题】 北方某居住小区规划如图所示，规划用地面积 18.5hm²……

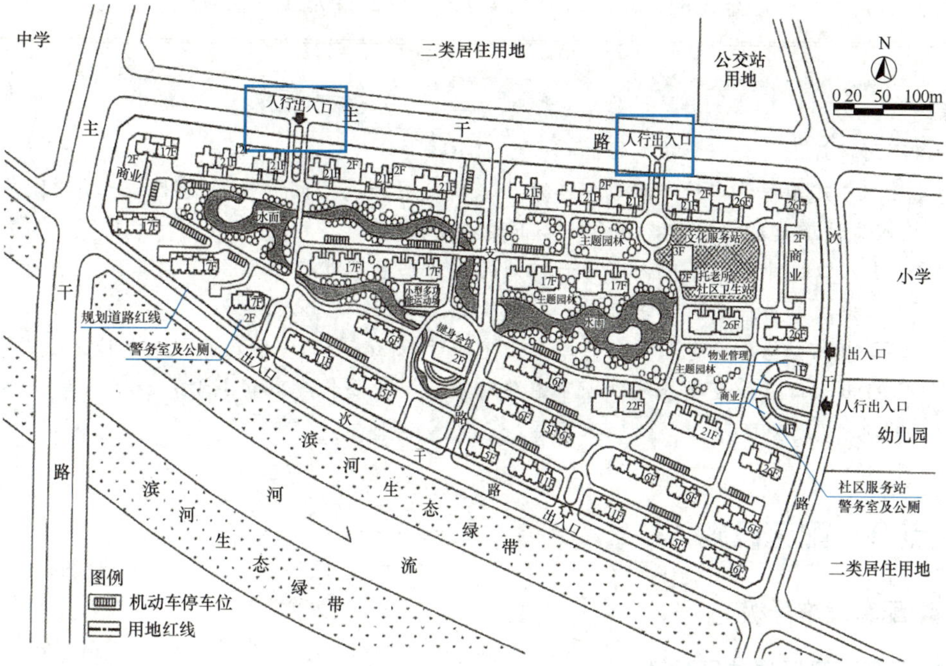

2020-03 题图

考点解析：人行出入口布局不合理，距离大于 200m【考点⑤】。

■ 居住街坊附属道路

居住街坊附属道路主要附属道路至少应有两个车行出入口连接城市道路，其路面宽度不应小于 4.0m；其他附属道路的路面宽度不宜小于 2.5m。

人行出口间距不宜超过 200m。

■ 停车场

地面停车场：地面停车位数量不宜超过住宅总套数的 10%。

非机动车停车场：应设置在方便居民使用的位置，服务半径 150m。

车位数量：新建居住社区按照不低于 1 车位/户配建机动车停车位。

充电设施：100%停车位建设充电设施或者预留建设安装条件。

主要考点

【考点①】地面停车位数量超过住宅总套数的 10%。

历年真题

【2020-03 题】 ……地面机动车停车位数量为住宅总套数的 20%……

考点解析：地面停车比例过大【考点①】。

【2021-03 题】 ……小区规划共计 1800 户……500 个地面停车位及 1500 个地下停车位……

考点解析：地面停车比例：500/1800=27.7%，比例过大【考点①】。

拓展

《民用建筑设计统一标准》GB 50352—2019

5.2.4　建筑基地内地下机动车车库出入口与连接道路间宜设置缓冲段，缓冲段应从车库出入口坡道起坡点算起，并应符合下列规定：

① 出入口缓冲段与基地内道路连接处的转弯半径不宜小于5.5m；

② 当出入口与基地道路垂直时，缓冲段长度不应小于5.5m；

③ 当出入口与基地道路平行时，应设不小于5.5m长的缓冲段再汇入基地道路；

④ 当出入口直接连接基地外城市道路时，其缓冲段长度不宜小于7.5m。

知识点8　配套设施

■ 配套设施分级

1. 各级生活圈居住区配套

（1）十五分钟、十分钟生活圈居住区：对应居住区分级配套规划建设，并与居住人口规模或住宅建筑面积规模相匹配的生活服务设施；主要包括基层公共管理与公共服务设施、商业服务业设施、市政公用设施、交通场站（属于城市建设用地）及社区服务设施、便民服务设施。**注意：十五分钟和十分钟生活圈包含了五分钟和居住街坊配套。**

（2）五分钟生活圈居住区：对应居住人口规模配套建设的生活服务设施，主要包括托幼、社区服务及文体活动、卫生服务、养老助残、商业服务等设施。**注意：除幼儿园外，都属于居住用地。**

（3）居住街坊：居住街坊内住宅建筑配套建设的基本生活服务设施，主要包括物业管理、便利店、活动场地、生活垃圾收集点、停车场（库）等设施（都属于居住用地）。

① 十五分钟生活圈居住区服务配套设施一览表如下。

十五分钟生活圈居住区服务配套设施

设施类别		必配项目设置规定		选配项目设置规定	
		项目名称	建设方式	项目名称	建设方式
公共管理和公共服务设施	教育设施	初中	应独立占地	—	—
	体育设施	大型多功能运动场地	宜独立占地	体育馆(场)或全民健身中心	可联合建设
	医疗设施	卫生服务中心（社区医院）	宜独立占地	—	—
		门诊部	可联合建设		
	社会福利设施	养老院	宜独立占地	—	—
		老年养护院			
	文化设施	文化活动中心（含青少年、老年活动中心）	可联合建设	—	—
	行政设施	社区服务中心（街道级）	可联合建设	派出所	宜独立占地
		街道办事处			
		司法所			

续表

设施类别	必配项目设置规定		选配项目设置规定	
	项目名称	建设方式	项目名称	建设方式
商业服务业设施	商场 餐饮设施 银行营业网点 电信营业网点 邮政营业场所	可联合建设	健身房	可联合建设
市政公用设施	开闭所	可联合建设	燃料供应站	宜独立占地
			燃气调压站	宜独立占地
			供热站或热交换站	宜独立占地
			通信机房	可联合建设
			有线电视基站	可联合建设
			垃圾转运站	应独立占地
			消防站	宜独立占地
			市政燃气服务网点和应急抢修站	可联合建设
交通场站设施	公交车站	宜独立设置	轨道交通站点 公交首末站 非机动车停车场（库） 机动车停车场（库）	可联合建设

② 十分钟生活圈居住区服务配套设施如下。

十分钟生活圈居住区服务配套设施

设施类别		必配项目设置规定		选配项目设置规定	
		项目名称	建设方式	项目名称	建设方式
公共管理和公共服务设施	教育设施	小学	应独立占地	初中	应独立占地
	体育设施	中型多功能运动场地	宜独立占地	—	—
商业服务业设施		商场 菜市场或生鲜超市 餐饮设施 银行营业网点 电信营业网点	可联合建设	健身房	可联合建设
市政公用设施		—	—	开闭所	可联合建设
				燃料供应站	宜独立占地
				燃气调压站	宜独立占地
				供热站或热交换站	宜独立占地
				通信机房	可联合建设

续表

设施类别	必配项目设置规定		选配项目设置规定	
	项目名称	建设方式	项目名称	建设方式
市政公用设施	—	—	有线电视基站	可联合设置
			垃圾转运站	应独立占地
			市政燃气服务网点和应急抢修站	可联合建设
交通场站设施	公交车站	宜独立设置	轨道交通站点	可联合建设
			公交首末站	
			非机动车停车场(库)	
			机动车停车场（库）	

③ 五分钟生活圈居住区服务配套设施如下。

五分钟生活圈居住区服务配套设施

设施类别	必配项目设置规定		选配项目设置规定	
	项目名称	建设方式	项目名称	建设方式
社区服务设施	社区服务站（含居委会、治安联防站、残疾人康复室）	可联合建设	社区食堂	可联合建设
	文化活动站（含青少年活动站、老年活动站）	可联合建设	托儿所	可联合建设
	小型多功能运动（球类）场地	宜独立占地	社区卫生服务站	可联合建设
	室外综合健身场地（含老年户外活动场地）	宜独立占地	公交车站	宜独立设置
	幼儿园	宜独立占地	非机动车停车场（库）	可联合建设
	老年人日间照料中心（托老所）	可联合建设	机动车停车场（库）	可联合建设
	社区商业网点（超市、药店、洗衣店、美发店等）	可联合建设	—	—
	再生资源回收点	可联合设置	—	—
	生活垃圾收集站	宜独立设置	—	—
	公共厕所	可联合建设	—	—

④ 居住街坊服务配套设施

居住街坊服务配套设施（便民服务设施）

设施类别	必配项目设置规定	
	项目名称	建设方式
便民服务设施	物业管理与服务	可联合建设
	儿童、老年人活动场地	宜独立占地

续表

设施类别	必配项目设置规定	
	项目名称	建设方式
便民服务设施	室外健身器械	可联合设置
	便利店（菜店，日杂等）	可联合建设
	邮件和快递送达设施	可联合设置
	生活垃圾收集点	宜独立设置
	居民非机动车停车场（库）	可联合建设
	居民机动车停车场（库）	可联合建设

2. 综合服务中心

（1）十五分钟生活圈居住区配套设施中，文化活动中心、社区服务中心（街道级）、街道办事处等服务设施宜联合建设并形成街道综合服务中心，其用地面积不宜小于 $1hm^2$。

（2）五分钟生活圈居住区配套设施中，社区服务站、文化活动站（含青少年、老年活动站）、老年人日间照料中心（托老所）、社区卫生服务站、社区商业网点等服务设施，宜集中布局、联合建设，并形成社区综合服务中心，其用地面积不宜小于 $0.3hm^2$。

■ 配套设施布局要求

1. 十五分钟生活圈必须配套设施（节选）

设施	要求
初中	① 数量：每十五分钟生活圈应配套 1 个
	② 位置：居中，服务半径 800～1000m
	③ 条件：选址应避开城市干道交叉口等交通繁忙路段；中学校建设应远离医院的太平间、传染病院等建筑；高压电线、长输天然气管道、输油管道严禁穿越或跨越学校校园
	④ 班级：中学不宜超过 36 班
	⑤ 层数：中学主要教学用房不应设在五层以上
	⑥ 日照标准：普通教室冬至日满窗日照不应少于 2h
	⑦ 开口方位、距离：不应开向主干路、快速路、国道、省道（距离交叉口应大于 100m）
	⑧ 距离：学校主要教学用房设置窗户的外墙与铁路路轨的距离不应小于 300m，与高速路、地上轨道交通线或城市主干路的距离不应小于 80m；各类教室的外窗与相对的教学用房或室外运动场地边缘间的距离不应小于 25m
大型多功能运动场地	① 宜结合公共绿地等公共活动空间统筹布局
	② 服务半径不宜大于 1000m
养老院/老年养护院	① 宜临近社区卫生服务中心、幼儿园、小学以及公共服务中心
	② 安全、安静、无污染
	③ 不应低于冬至日日照时数 2h。
	④ 用地面积：3500～22000m^2；建筑面积：7000～7500m^2

设施	要求
卫生服务中心（社区医院）（建筑面积不得低于 1700m^2）	① 建筑面积：1700～2000m^2；用地面积：1420～2860m^2
	② 安全、安静、无污染
	③ 一般结合街道办事处所辖区域进行设置，且不宜与菜市场、学校、幼儿园、公共娱乐场所、消防站、垃圾转运站等设施毗邻
	④ 服务半径不宜大于 1000m

拓展

体育场（馆）或全民健身中心

① 建筑面积：2000～5000m^2；

② 用地面积：1200～15000m^2

③ 设置要求：服务半径不宜大于 1000m

④ 体育场应设置 60～100m 直跑道和环形跑道

2. 十分钟生活圈必须配套设施

设施	要求
小学	① 数量：每 10 分钟生活圈应配 1 个
	② 位置：服务半径≤500m
	③ 条件：选址应避开城市干道交叉口等交通繁忙路段；中小学校建设应远离医院的太平间、传染病院等建筑；高压电线、长输天然气管道、输油管道严禁穿越或跨越学校校园
	④ 班级：小学不宜超过 36 班
	⑤ 层数：小学主要教学用房不应设在四层以上
	⑥ 日照标准：普通教室冬至日满窗日照不应少于 2h（常考点：学校南侧布局高层建筑）
	⑦ 开口方位、距离：不应开向主干路、快速路、国道、省道（距离交叉口应大于 100m）
	⑧ 运动场：应设不低于 200m 环形跑道和 60m 直跑道的运动场。场地的长轴宜南北方向
	⑨ 距离：学校主要教学用房设置窗户的外墙与铁路路轨的距离不应小于 300m，与高速路、地上轨道交通线或城市主干路的距离不应小于 80m；各类教室的外窗与相对的教学用房或室外运动场地边缘间的距离不应小于 25m
商场、餐饮设施、营业网点、菜市场或生鲜超市	① 商场应集中布局在居住区相对居中的位置
	② 服务半径不宜大于 500m
	③ 应设置机动车、非机动车停车场
中型多功能运动场地	① 用地面积：1310～2460m^2
	② 设置要求：宜结合公共绿地等公共活动空间统筹布局；服务半径不宜大于 500m
公交车站（注：公交首末站、轨道交通站点为选配）	① 公交车站服务半径不宜大于 500m
	② 轨道交通站点服务半径不宜大于 800m

注：公交首末站无服务半径

3. 五分钟生活圈必须配套设施

设施	要求
幼儿园	① 数量：每 5 分钟生活圈应配 1 个幼儿园
	② 位置：服务半径≤300m，接近公共绿地
	③ 条件：选址应避开城市干路交叉口等交通繁忙路段
	④ 班级：幼儿园不宜超过 12 班
	⑤ 层数：建筑层次不超过 3 层
	⑦ 开口：不应直接设置在城市干路一侧
	⑧ 活动场地：应有不少于 1/2 的活动面积在标准的建筑日照阴影线之外（不宜放北侧）
	⑨ 用地面积：5240～7580m^2；建筑面积：3150～4550m^2
小型多功能运动（球类）场地	① 用地面积：770～1310m^2
	② 服务半径不宜大于 300m
	③ 用地面积不宜小于 800m^2
室外综合健身场地（含老年户外活动场地）	① 用地面积：150～750m^2
	② 服务半径不宜大于 300m
	③ 用地面积不宜小于 150m^2
	④ 老年人户外活动场地应设置休憩设施，附近宜设置公共厕所
	⑤ 广场舞等活动场地的设置应避免噪声扰民
老年人日间照料中心（托老所）	① 服务半径：不宜大于 300m
	② 建筑面积：350～750m^2
	③ 二层及以上楼层、地下室、半地下室设置老年人用房时应设电梯
社区商业网点（超市、药店、洗衣店、美发店等）	小超市：服务半径不大于 300m
社区服务站（社区级）	① 服务半径：不宜大于 300m
	② 用地面积：500～800m^2
	③ 建筑面积：600～1000m^2
文化活动站（含青少年活动站、老年活动站）	① 服务半径：不宜大于 500m
	② 宜结合或靠近公共绿地设置
	③ 建筑面积：250～1200m^2
再生资源回收点	① 1000～3000 人设置 1 处；选址应满足卫生等要求
	② 用地面积：6～10m^2，不宜小于 6m^2
生活垃圾收集站	① 居住人口规模大 5000 人的居住区及规模较大的商业可单独设置
	② 采用人力收集的，服务半径宜为 400m，不超过 1km； 采用小型机动车收集的，服务半径不宜超过 2km
	③ 用地面积：120～200m^2

续表

设施	要求
公共厕所	① 宜设置于人流集中处；宜结合配套设施及室外综合健身场地设置
	② 用地面积：60～120m^2；建筑面积：30～80m^2

4. 居住街坊必须配套设施

设施	要求
儿童、老年人活动场地	① 用地面积：170～450m^2
	② 宜结合集中绿地设置，并宜设置休憩设施
	③ 室外健身器械：宜结合绿地设置；宜在居住街坊范围内设置
物业管理与服务	宜按照不低于物业总建筑面积的 2‰配置物业管理用房
生活垃圾收集点	① 服务半径不应大于 70m，生活垃圾收集点应采用分类收集
	② 生活垃圾收集点可采用放置垃圾容器或建造垃圾容器间方式
	③ 采用混合收集垃圾容器间时，建筑面积≥5m^2；采用分类收集垃圾容器间时，建筑面积≥10m^2
居民机动车停车场（库）	机动车停车场（库）服务半径不宜大于 150m
居民非机动车停车场（库）	① 宜设置于居住街坊出入口附近，并按照每套住宅配建 1～2 辆配置
	② 停车场面积按照 0.8～1.2m^2/辆，停车库按照 1.5～1.8m^2/辆
	③ 新建居住街坊宜集中设置电动自行车停车场，并宜配置充电控制设施
便利店（菜店、日杂等）	① 1000～3000 人设置；② 建筑面积：50～100m^2
邮件和快递送达设施	应结合物业管理设施或在居住街坊内设置

拓展

其他配套设施—加油站

① 公共加油加气站及充换电站宜沿城市主、次干路设置；

② 出入口距道路交叉口不宜小于 100m；

③ 加油站不能距离居住区过近，存在安全隐患。

主要考点

【考点①】小学和住宅建筑临近加油加气站布置不合理，存在安全隐患，不符合相关规范要求。

【考点②】(1) 幼儿园服务半径不合理，不宜大于 300m。(2) 居住小区该设置却未设置幼儿园。(3) 数量不足，每个 5 分钟居住区生活圈应配套幼儿园。(4) 幼儿园班级数量过多，不应超过 12 班。(5) 超出服务半径（300m)。

【考点③】（1）小学规划位置较偏，服务半径过大。（2）小学位于主干道交叉口，易造成环境干扰与安全隐患。（3）小学向主干道开设出入口，造成交通干扰。（4）小学出入口过少，宜设置两个出入口。

【考点④】托老所布局不合理，不满足日照要求。

【考点⑤】中学、小学布局不合理，中学服务半径超过 1000m，小学服务半径超过 500m，未避开城市干路与次干路交叉口等繁忙路段。

【考点⑥】配套设施布局不合理，部分组团缺少配套。

【考点⑦】幼儿园和小学南侧布置高层住宅不合理，幼儿园和小学无法满足日照标准要求。

【考点⑧】小区篮球场服务半径超过 300m，不符合标准。

【考点⑨】公交站选址不当，未结合现有地铁换乘站布置，不方便换乘。

【考点⑩】多层建筑不设电梯不合理，老年人建筑 2 层及以上应该设电梯。

【考点⑪】非机动车停车场布局不合理，部分街坊未配置，生活垃圾收集点、快递收发配置不足。

历年真题

【2019-03 题】 如图所示北方某城市居住小区的修建性详细规划方案，占地面积 23hm²，用地性质为居住兼容商业用地……

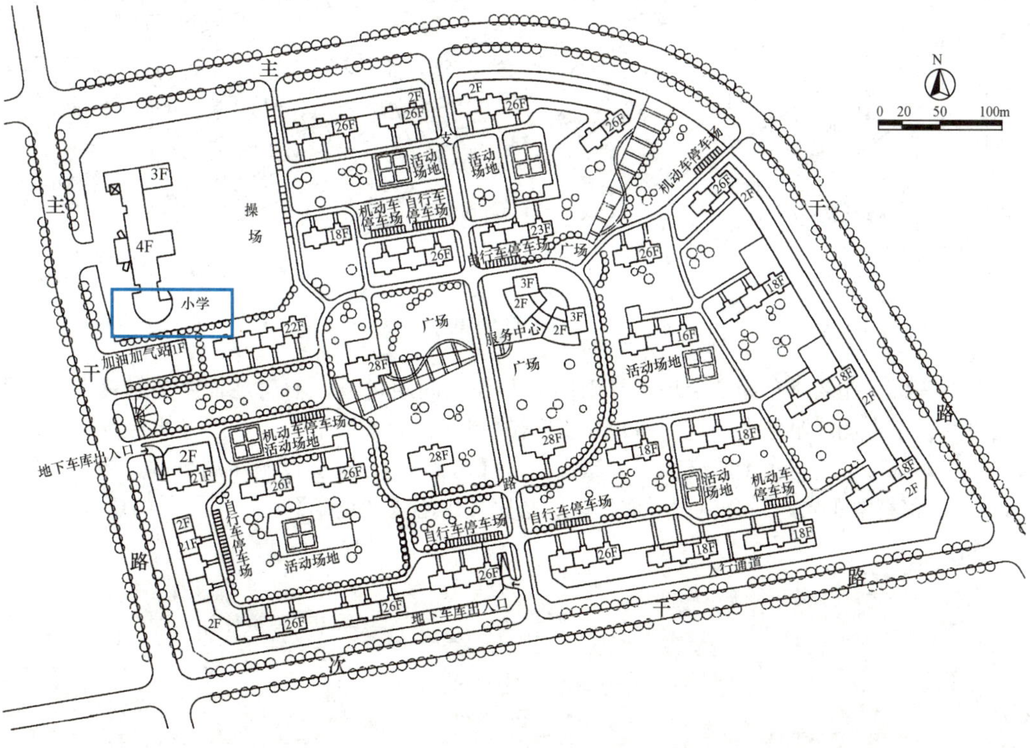

2019-03 题图

考点解析：(1) 小学和住宅建筑临近加油加气站布置不合理，存在安全隐患，不符合相关规范要求【考点①】。(2) 该居住小区未设置幼儿园，每个五分钟居住区生活圈应配套幼儿园【考点②】。(3) 小学规划位置较偏，服务半径过大；小学位于主干路交叉口，易造成环境干扰与安全隐患；小学向主干道开设出入口，造成交通干扰；小学出入口过少，宜设置两个出入口【考点③】。

【2020-03 题】 北方某居住小区规划如图所示，规划用地面积 18.5hm^2，用地四周为城市主次干路，东侧临近为小区配套的小学和幼儿园，南侧为滨河生态绿带……

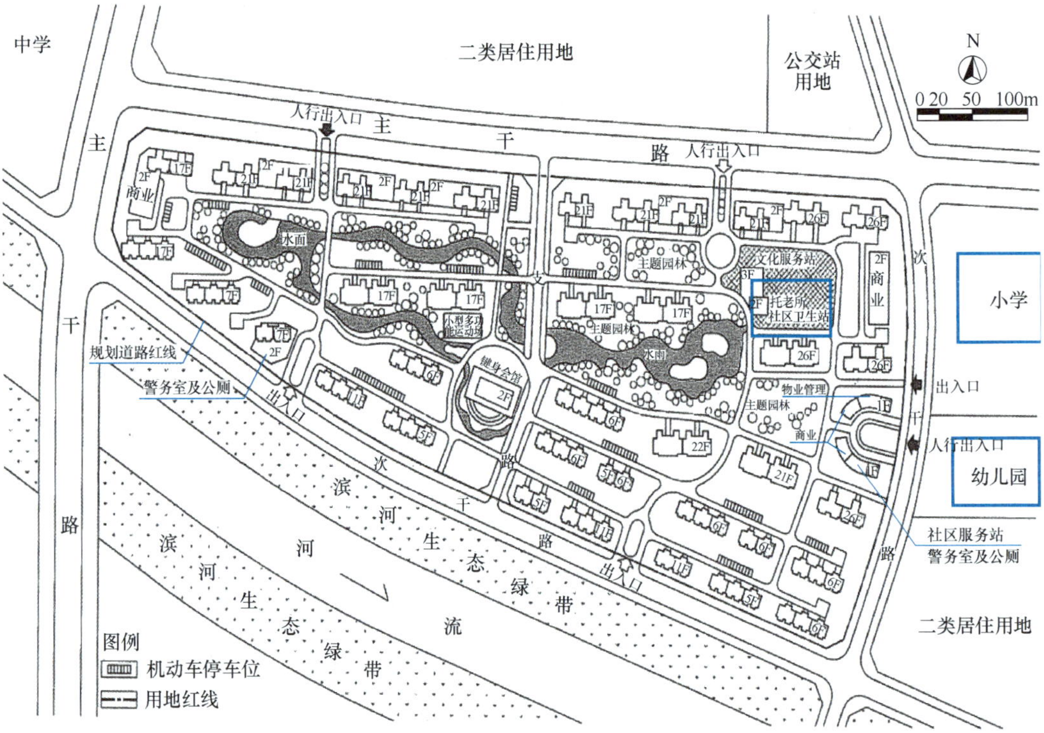

2020-03 题图

考点解析：托老所布局不合理，与南侧 26F 住宅间距过近，不满足日照要求【考点④】。幼儿园设置不合理，服务半径超过 300m【考点②】，小学布局不合理，服务半径大于 500m，未避开东侧城市干路与次干路交叉口等繁忙路段【考点⑤】，配套设施布局分散，服务半径超过 300m，宜集中布局，联合建设形成社区综合服务中心【考点⑥】。

【2021-03 题】 图为北方某城市居住小区规划方案，规划用地面积 $23hm^2$。地段内现有地铁换乘站、大型商场，规划利用一处历史建筑加高作为小学，其余均为新建。

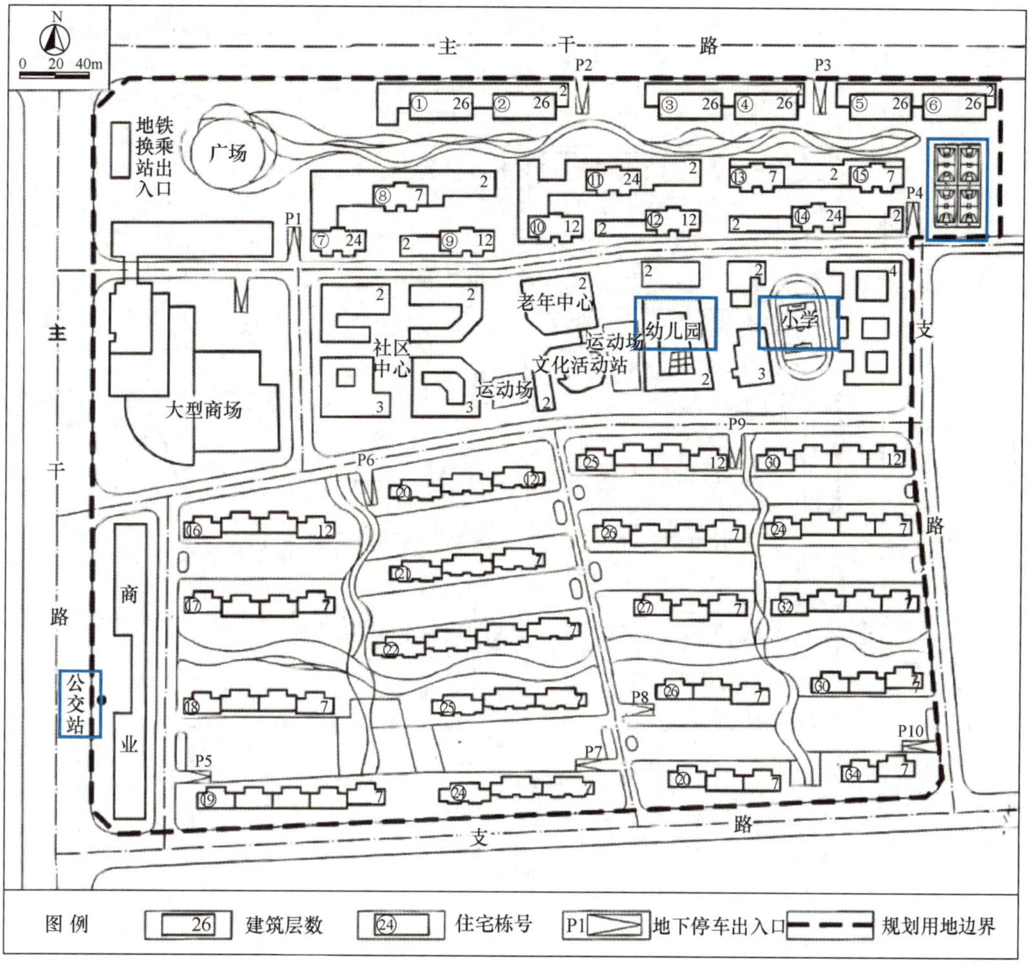

2021-03 题图

考点解析：幼儿园和小学南侧布置高层住宅不合理，无法满足日照标准要求【考点⑦】；小区东北部篮球场服务半径超过 300m，不符合标准【考点⑧】。公交站选址不当，未结合现有地铁换乘站布置，不方便换乘【考点⑨】。

【2022-10-03 题】 图是南方某城市一个居住区的总平面图，面积约 32hm²。规划容积率 2.3……

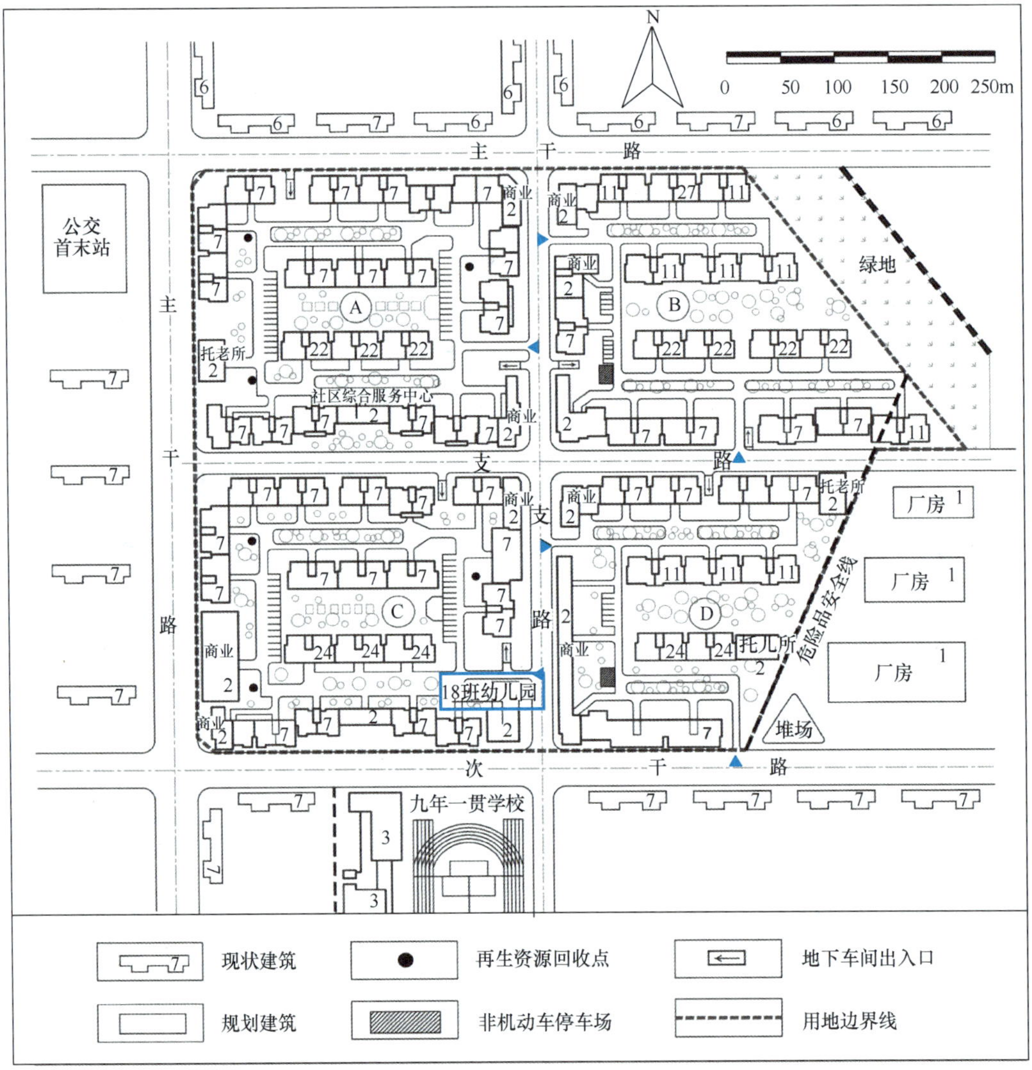

2022-10-03 题图

考点解析：幼儿园设置不合理：①数量不足，应为 4 个幼儿园；②18 班幼儿园班级数量过多，应为 12 班幼儿园；③超出服务半径【考点②】。B、C 组团未设置托老所不合理，且未考虑结合社区综合服务中心集中布局；B、D 组团缺少再生资源回收点；A、C 组团未布置非机动车停车场不合理【考点⑥】。

【2023-03 题】 图为北方某城市居住小区规划方案，规划用地面积 21.8hm²，相邻地块现状为居住建筑和公共建筑，其东南侧紧邻为小区配套的小学……区内多层居住建筑不设电梯。

北方某城市居住小区规划方案示意图

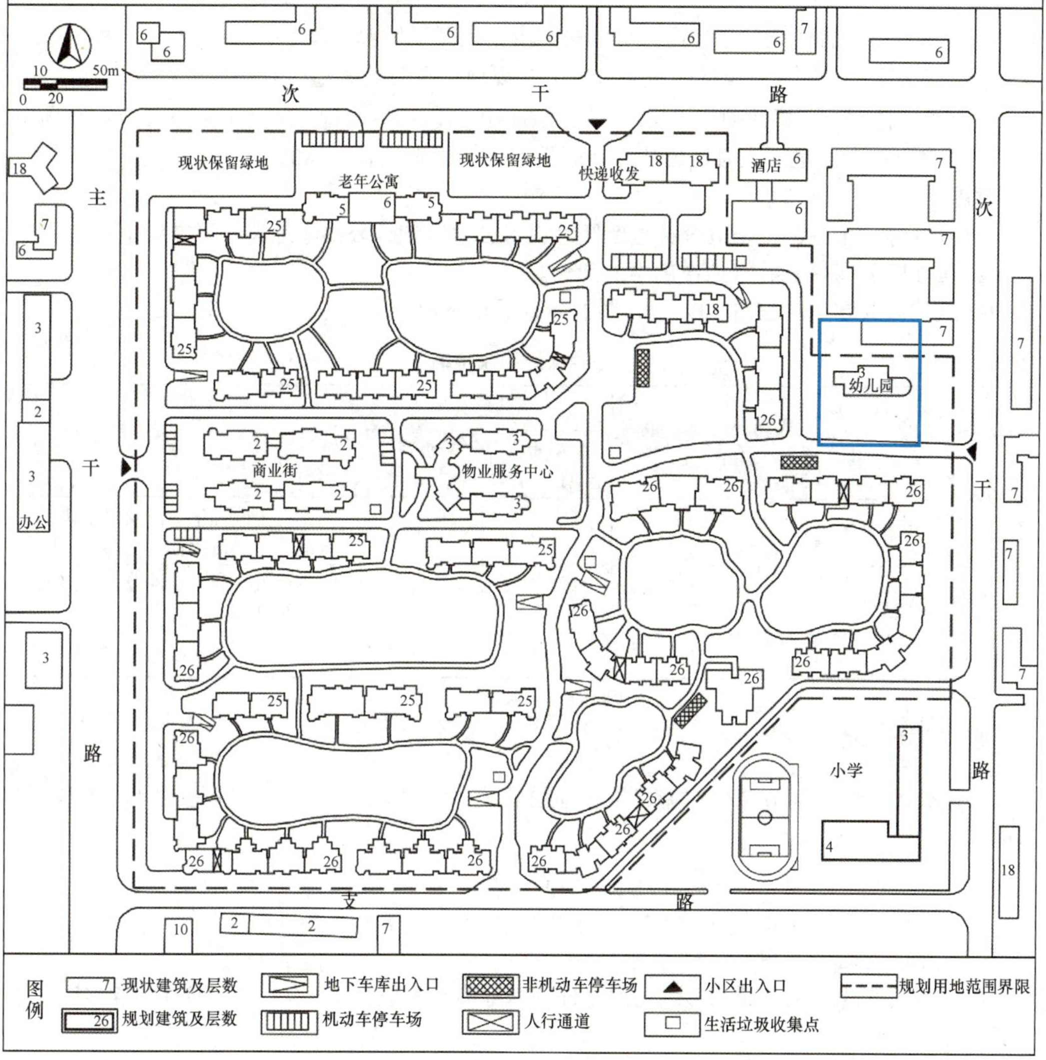

2023-03 题图

考点解析：多层建筑不设电梯不合理，老年公寓为 5 层和 6 层，老年人建筑 2 层及以上应该设电梯【考点⑪】；幼儿园选址不合理，①位置偏，服务半径大于 300m，②布局于 26F 住宅北侧，难以满足日照要求，③缺少南向活动场地【考点②】；配套设施布局分散，服务半径超过 300m，宜集中布局，联合建设形成社区综合服务中心【考点⑥】；非机动车停车场布局不合理，部分街坊未配置，生活垃圾收集点、快递收发配置不足【考点⑪】。

知识点 9 绿地

■ 公共绿地

公共绿地：为居住区配套建设、可供居民游憩或开展体育活动的公园绿地。

居住区公园：新建各级生活圈居住区应配套规划建设公共绿地，并应集中设置具有一定规模，且能开展休闲、体育活动的居住区公园，居住区公园中应设置10%～15%的体育活动场地。

旧区改建不能满足下表时，公共绿地面积不低于相应控制指标的70%。

注意：

① 五分钟、十分钟、十五分钟生活圈才设置公共绿地，公共绿地属于城市绿地。

② 居住区公园是公共绿地中集中的部分。

③ 居住区公园里应设置10%～15%的体育活动场地。

公共绿地控制指标

类别	人均公共绿地面积（m^2/人）	居住区公园		备注
		最小规模（hm^2）	最小宽度（m）	
十五分钟生活圈居住区	2.0	5.0	80	不含十分钟生活圈及以下级居住区的公共绿地指标
十分钟生活圈居住区	1.0	1.0	50	不含五分钟生活圈及以下级居住区的公共绿地指标
五分钟生活圈居住区	1.0	0.4	30	不含居住街坊的绿地指标

■ 集中绿地

居住街坊内的绿地应结合住宅建筑布局设置集中绿地和宅旁绿地，绿地的计算方法见拓展内容。

居住街坊内集中绿地的规划建设，应符合下列规定：

（1）新区建设不应低于0.50m^2/人，旧区改建不应低于0.35m^2/人；

（2）宽度不应小于8m；

（3）在标准的建筑日照阴影线范围之外的绿地面积不应少于1/3，其中应设置老年人、儿童活动场地。

拓展

（1）居住街坊内的绿地属于附属绿地——附属于各类城市建设用地（除“绿地与广场用地”）的绿化用地附属包括居住用地、公共管理与公共服务设施用地等用地中的绿地

（2）街坊绿地面积计算

居住街坊内绿地面积的计算方法应符合下列规定：

① 满足当地植树绿化覆土要求的屋顶绿地可计入绿地。绿地面积计算方法应符合所在城市绿地管理的有关规定。

② 当绿地边界与城市道路临接时，应算至道路红线；当与居住街坊附属道路临接时，应算至路面边缘；当与建筑物临接时，应算至距房屋墙脚1.0m处；当与围墙、院墙临接时，应算至墙脚。

③ 当集中绿地与城市道路临接时，应算至道路红线；当与居住街坊附属道路临接时，应算至距路面边缘 1.0m 处；当与建筑物临接时，应算至距房屋墙脚 1.5m 处。

主要考点

【考点①】居住区公园绿地中应设置 10%～15%的体育活动场地。

【考点②】居住区缺少公共绿地。

历年真题

【2020-03 题】 ……小区公园绿地中设置了 8%的体育活动场地……

考点解析：小区公园绿地中设置了 8%的体育活动场地不合理，不满足 10%～15%的要求【考点①】。

【2023-03 题】 题图如下：

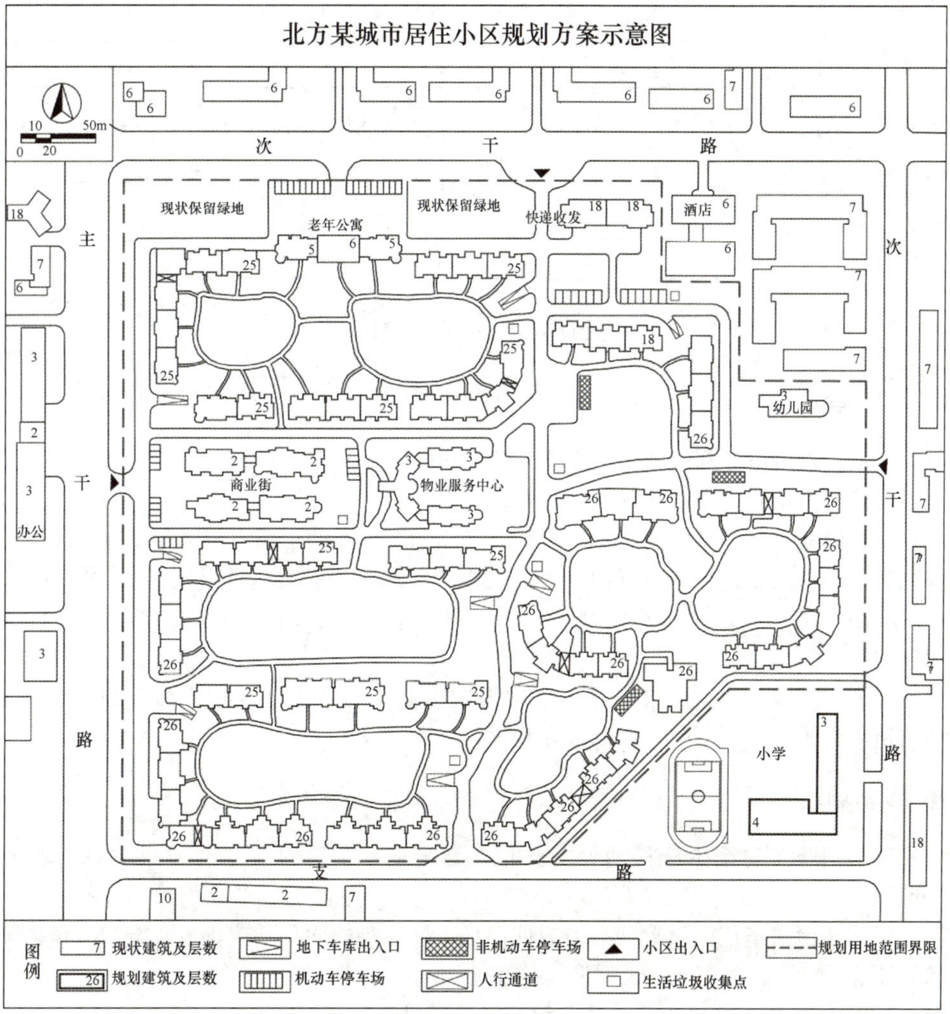

2023-03 题图

考点解析：居住区缺少公共绿地【考点②】。

知识点 10　消防

■ 防火间距

建筑设计防火规范 GB 50016—2014（2018 年版）中 5.2.2 条规定：民用建筑之间的防火间距不应小于表 5.2.2 的规定。

民用建筑之间的防火间距（m）（表 5.2.2）

建筑类别		高层民用建筑	裙房和其他民用建筑		
		一、二级	一、二级	三级	四级
高层民用建筑	一、二级	13	9	11	14
裙房和其他民用建筑	一、二级	9	6	7	9
	三级	11	7	8	10
	四级	14	9	10	12

消防间距低层与低层≥6m，多层与高层≥9m，高层与高层≥13m。

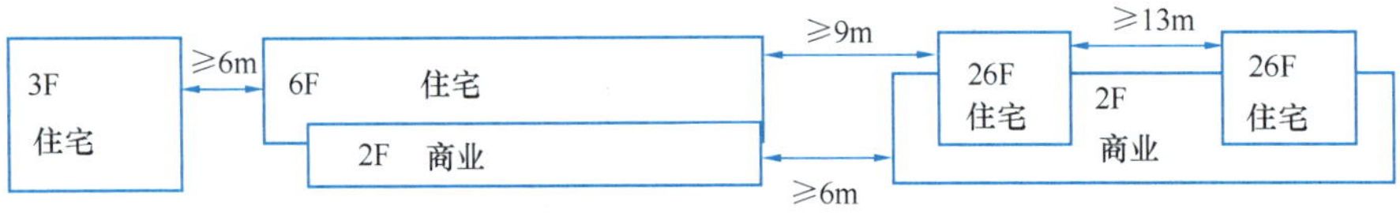

建筑山墙防火间距示意图

■ 消防车道

（1）当建筑物沿街道部分的长度大于 150m 或总长度大于 220m 时，应设置穿过建筑物的消防车道。确有困难时，应设置环形消防车道。

（2）街区内的道路应考虑消防车的通行，道路中心线间的距离不宜大于 160m。

（3）有封闭内院或天井的建筑物，当内院或天井的短边长度大于 24m 时宜设置进入内院或天井的消防车道；当该建筑物沿街时，应设置连通街道和内院的人行通道（可利用楼梯间），其间距不宜大于 80m。

（4）住宅建筑应至少沿建筑的一条长边设置消防车道，当建筑仅设置 1 条消防车道时，该消防车道应位于建筑的消防车登高操作场地一侧。

■ 回车场地

（1）环形消防车道至少应有两处与其他车道连通，车道的净宽度和净空高度均不应小于 4.0m。

（2）尽头式消防车道应设置回车道或回车场，回车场的面积不应小于 12m×12m；对于高层建筑，不宜小于 15m×15m；供重型消防车使用时，不宜小于 18m×18m。

（3）长度大于 40m 的尽头式消防车道应设置满足消防车回转要求的场地或道路。

（4）尽端式道路长度大于 120m 时，应在尽端设置不小于 12m×12m 的回车场地。

主要考点

【考点①】建筑沿街长度超过 150m，应设而未设置穿越建筑的消防通道，高层建筑消防间距不足 13m。

历年真题

【2023-03 题】 题图如下。

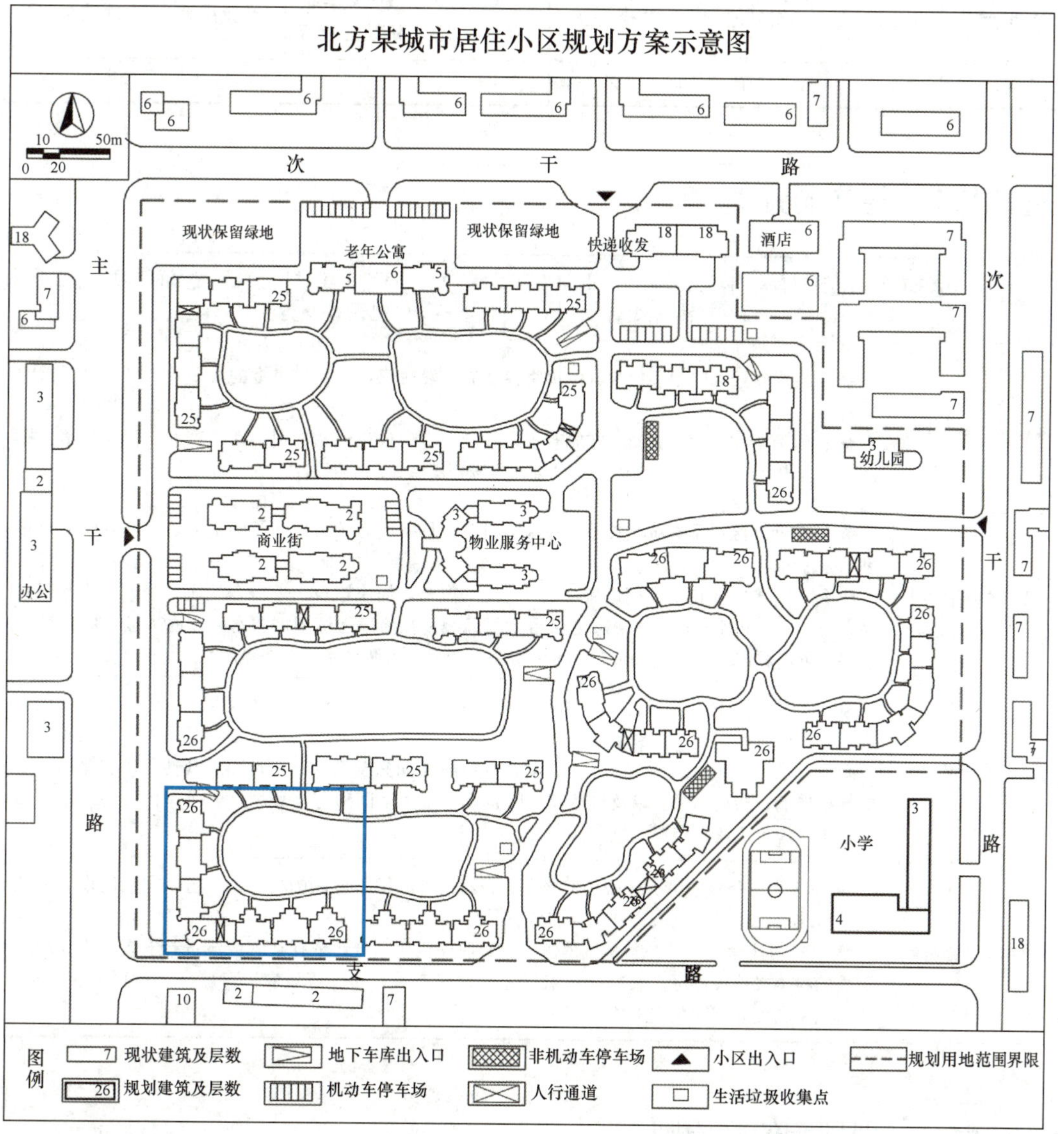

2023-3 题图

考点解析：西南角建筑沿街长度超过 150m，未设置穿越建筑的消防通道，部分高层建筑消防间距不足 13m【考点①】。

板块 5　村庄规划

微信扫码
免费听课

历年考频

考点	组织编制	规划原则	生态保护	耕地及永久基本农田	建设用地机动性指标	产业用地	土地综合整治
考频	1	1	2	2	1	5	1

知识点 1　村庄的分类

《中央农办 农业农村部 自然资源部 国家发展改革委 财政部关于统筹推进村庄规划工作的意见》《乡村振兴战略规划（2018—2022 年）》中关于村庄分类	
（1）集聚提升类	◆ 现有规模较大的**中心村和其他仍将存续的一般村庄**，占乡村类型的大多数，是乡村振兴的重点。 ◆ 科学确定村庄发展方向，在原有规模基础上有序推进改造提升，激活产业、优化环境、提振人气、增添活力，保护保留乡村风貌，建设宜居宜业的美丽村庄
（2）城郊融合类	◆ **城市近郊区以及县城城关镇所在地的村庄**，具备成为城市后花园的优势，也具有向城市转型的条件方 ◆ 综合考虑工业化、城镇化和村庄自身发展需要，加快城乡产业融合发展、基础设施互联互通、公共服务共建共享，**在形态上保留乡村风貌，在治理上体现城市水平**，逐步强化服务城市发展、承接城市功能外溢、满足城市消费需求能力，为城乡融合发展提供实践经验
（3）特色保护类	◆ 历史文化名村、传统村落、少数民族特色村寨、特色景观旅游名村等自然历史文化特色资源丰富的村庄 ◆ 统筹保护、利用与发展的关系，**努力保持村庄的完整性、真实性和延续性**。切实保护村庄的传统选址、格局、风貌以及自然和田园景观等整体空间形态与环境，全面保护文物古迹、历史建筑、传统民居等传统建筑
（4）搬迁撤并类	◆ 位于生存条件恶劣、生态环境脆弱、自然灾害频发等地区的村庄，因重大项目建设需要搬迁的村庄，以及人口流失特别严重的村庄 ◆ 坚持村庄搬迁撤并与新型城镇化、农业现代化相结合，依托适宜区域进行安置，**避免新建孤立的村落式移民社区**。农村居民点迁建和村庄撤并，必须尊重农民意愿并经村民会议同意，**不得强制农民搬迁和集中上楼**

知识点 2　规划定位及原则

■ 规划定位

村庄规划是法定规划，是国土空间规划体系中乡村地区的详细规划 ，是开展国土空间开发保护活动、实施国土空间用途管制、核发乡村建设项目规划许可、进行各项建设等的法定依据。

编制安排：①村域全部国土空间，可以一个或几个行政村为单元编制。②全域全要素编制村庄规划，以三调的行政村界线为规划范围对村域内全部国土空间要素作出规划安排。

■ 工作原则

坚持先规划后建设，通盘考虑土地利用、产业发展、居民点布局、人居环境整治、生态保护和历史文化传承。坚持农民主体地位，尊重村民意愿，反映村民诉求。

■ 工作目标

有条件、有需求的村庄应编尽编。暂时没有条件编制村庄规划的，应在县、乡镇国土空间规划中明确村庄国土空间用途管制规则和建设管控要求，作为实施国土空间用途管制、核发乡村建设项目规划许可的依据。①对已经编制的原村庄规划、村土地利用规划，经评估符合要求的，可不再另行编制；②需补充完善的，完善后再行报批。

■ 严格用途管制

村庄规划一经批准，必须严格执行。乡村建设等各类空间开发建设活动，必须按照法定村庄规划实施乡村建设规划许可管理。确需占用农用地的，应统筹农用地转用审批和规划许可，减少申请环节，优化办理流程。确需修改规划的，严格按程序报原规划审批机关批准。

主要考点

【考点①】应依据批准的村庄规划建设，先规划后建设。

历年考题

【2024-09-03 题】……为加快新增建设用地指标落地，在规划编制同时结合招商引资，启动了游客服务中心和林果采摘园两个项目建设。

考点解析：应依据批准的村庄规划建设，先规划后建设，缺少用地审批【考点①】。

拓展

优化调整村庄各类用地布局。涉及永久基本农田和生态保护红线调整的，严格按国家有关规定执行，调整结果依法落实到村庄规划中。【《国务院关于印发“十四五”推进农业农村现代化规划的通知》《自然资源部办公厅关于加强村庄规划促进乡村振兴的通知》】

知识点 3　规划编制要求

■ 编制审批流程

（1）公示。村庄规划在报送审批前应在村内公示 30 日，报送审批时应附村民委员会审议意见和村民会议或村民代表会议讨论通过的决议。村民委员会要将规划主要内容纳入村规民约。

（2）简明成果表达。规划批准之日起 20 个工作日内，规划成果应通过“上墙、上网”等多种方式公开，30 个工作日内，规划成果逐级汇交至省级自然资源主管部门，叠加到国土空间规划“一张图”上。

（3）有序编制。

（4）自然资源部 中央农村工作领导小组办公室《关于学习运用“千万工程”经验提高村庄规划编制质量和实效的通知》。

① 分类编制村庄规划，可单独编制，也可以乡镇或若干村庄为单元编制；

② 城镇开发边界内及边界处已明确城镇化任务的村庄，可纳入城镇控制性详细规划统筹编制；

③ 不需要编制的可在县乡级国土空间规划中明确“通则式”规划管理规定；

④“多规合一”改革前已批准的村庄规划，经评估符合要求或补充完善后符合要求的，可继续使用。

主要考点

【考点①】村庄规划程序不合理，缺少公示 30 日、缺少报送审批时应附村民委员会审议意见和村民会议或村民代表会议讨论通过的决议等。

历年考题

【2024-10-07 题】 某国有企业对接服务一个具有特色风貌的重点旅游村庄，组织委托具有乙级城乡规划资质的单位编制多规合一实用性村庄规划并直接报县自然资源局批准……

考点解析：缺少公示 30 日，缺少村民通过决议等【考点①】。

知识点 4　组织编制

村庄规划由乡镇政府组织编制，报上一级政府审批。

主要考点

【考点①】村庄规划由乡镇政府组织编制。

【考点②】审批机关应为县级人民政府。

历年考题

【2020-07 题】 为统筹农村人居环境整治，推进乡村振兴，某镇三个相邻的行政村共同组织编制完成了新的村庄规划……

考点解析：行政村组织编制村庄规划不合理，村庄规划应由乡镇政府组织编制【考点①】。

【2024-10-07 题】 某国有企业对接服务一个具有特色风貌的重点旅游村庄，组织委托具有乙级城乡规划资质的单位编制多规合一实用性村庄规划并直接报县自然资源局批准……

考点解析：国有企业编制村庄规划不合理，村庄规划由乡镇政府组织编制【考点①】，自然资源局批准不合理，审批机关错误，应为县级人民政府【考点②】。

知识点 5　政策支持

■ 相关政策

1.《中共中央 国务院关于抓好“三农”领域重点工作确保如期实现全面小康的意见》

新编县乡级国土空间规划应安排不少于10%的建设用地指标，重点保障乡村产业发展用地。省级制定土地利用年度计划时，应安排至少5%新增建设用地指标保障乡村重点产业和项目用地。

2.《自然资源部办公厅关于加强村庄规划促进乡村振兴的通知》

各地可在乡镇国土空间规划和村庄规划中预留不超过5%的建设用地机动指标，村民居住、农村公共公益设施、零星分散的乡村文旅设施及农村新产业新业态等用地可申请使用。对一时难以明确具体用途的建设用地，可暂不明确规划用地性质。建设项目规划审批时落地机动指标、明确规划用地性质，项目批准后更新数据库。机动指标使用不得占用永久基本农田和生态保护红线。

3.《自然资源部 农业农村部关于保障农村村民住宅建设合理用地的通知》

宅基地：各省级自然资源主管部门会同农业农村主管部门，每年要以县域为单位，提出需要保障的农村村民住宅建设用地计划指标需求，经省级政府审核后报自然资源部。

自然资源部征求农业农村部意见后，在年度全国土地利用计划中单列安排，原则上不低于新增建设用地计划指标的5%，专项保障农村村民住宅建设用地，年底实报实销。

主要考点

【考点①】规划预留建设用地机动性指标占比过大，超过5%的建设用地机动指标上限。

历年考题

【2020-07 题】 为统筹农村人居环境整治，推进乡村振兴，某镇三个相邻的行政村共同组织编制完成了新的村庄规划，预留了8%的建设用地机动指标……

考点解析：预留8%建设用地机动性指标占比过大，超过5%的指标上限【考点①】。

知识点 6　编制内容

■ 统筹生态保护修复

《自然资源部办公厅关于加强村庄规划促进乡村振兴的通知》

落实生态保护红线划定成果，明确森林、河湖、草原等生态空间，尽可能多地保留乡村原有的地貌、自然形态等，系统保护好乡村自然风光和田园景观。加强生态环境系统修复和整治，慎砍树、禁挖山、不填湖，优化乡村水系、林网、绿道等生态空间格局。

主要考点

【考点①】村庄规划无权调整生态保护红线。

历年考题

【2020-07 题】 为落实"一户一宅"的国家政策要求，局部调整了生态保护红线，以新增部分宅基地……

考点解析：行政村局部调整了生态保护红线，以新增部分宅基地不合理；调整主体不当，村庄规划无权调整生态保护红线，只能落实【考点①】。

■ 统筹耕地和永久基本农田保护

(1) 落实永久基本农田和永久基本农田储备区划定成果，落实补充耕地任务，守好耕地红线。统筹安排农、林、牧、副、渔等农业发展空间，推动循环农业、生态农业发展。完善农田水利配套设施布局，保障设施农业和农业产业园发展合理空间，促进农业转型升级。

(2) 耕地类别：水田、水浇地、旱地。

用地分类名称、代码和含义

代码	名称	含义
01	耕地	指利用地表耕作层种植粮、棉、油、糖、蔬菜、饲草饲料等农作物为主，每年可以种植一季及以上（含以一年一季以上的耕种方式种植多年生作物）的土地，包括熟地，新开发、复垦、整理地，休闲地（含轮歇地、休耕地）；以及间有零星果树、桑树或其他树木的耕地；包括南方宽度<1.0m，北方宽度<2.0m 固定的沟、渠、路和地坎（埂）；包括直接利用地表耕作层种植的温室、大棚、地膜等保温、保湿设施用地
0101	水田	指用于种植水稻、莲藕等水生农作物的耕地，包括实行水生、旱生农作物轮种的耕地
0102	水浇地	指有水源保证和灌溉设施，在一般年景能正常灌溉，种植旱生农作物（含蔬菜）的耕地
0103	旱地	指无灌溉设施，主要靠天然降水种植旱生农作物的耕地，包括没有灌溉设施，仅靠引洪淤灌的耕地

■ 相关政策

(1)《国务院办公厅关于坚决制止耕地"非农化"行为的通知》规定如下。

① 严禁超标准建设绿色通道。要严格控制铁路、公路两侧用地范围以外绿化带用地审批，道路沿线是耕地的，两侧用地范围以外绿化带宽度不得超过 5m，其中县乡道路不得超过 3m。

② 严禁违规占用耕地挖湖造景。禁止以河流、湿地、湖泊治理为名，擅自占用耕地及永久基本农田挖田造湖、挖湖造景。

③ 严禁违规占用耕地从事非农建设。加强农村地区建设用地审批和乡村建设规划许可管理，坚持农地农用。不得违反规划搞非农建设、乱占耕地建房等。巩固"大棚房"问题清理整治成果，强化农业设施用地监管。

(2)《自然资源部 农业农村部 国家林业和草原局关于严格耕地用途管制有关问题的通知》要求严格落实永久基本农田特殊保护制度。

① 永久基本农田不得转为林地、草地、园地等其他农用地及农业设施建设用地。严禁占用永久基本农田发展林果业和挖塘养鱼。

② 严禁占用永久基本农田种植苗木、草皮等用于绿化装饰以及其他破坏耕作层的植物。

③ 严禁占用永久基本农田挖湖造景、建设绿化带。

④ 严禁新增占用永久基本农田建设畜禽养殖设施、水产养殖设施和破坏耕作层的种植业设施。

主要考点

【考点①】占用耕地建设不合理，严禁占用耕地挖湖造景，破坏耕地。

【考点②】占用永久基本农田建设公路绿化带、广场不合理，严禁占用永久基本农田建设绿化带。

历年考题

【2024-09-03 题】 ……乡政府委托规划编制单位提出村庄规划初步方案：对一号路两侧宅基地实施整体搬迁改造，北侧建设多层住宅，安置动迁村民；结合腾迁和新增建设地指标，在一号路南侧布局旅游度假村、游客服务中心、林果采摘园，并扩大串联坑塘打造水生花卉公园；规划建设一号路沿线绿化景观带、村民广场等村庄景观节点……

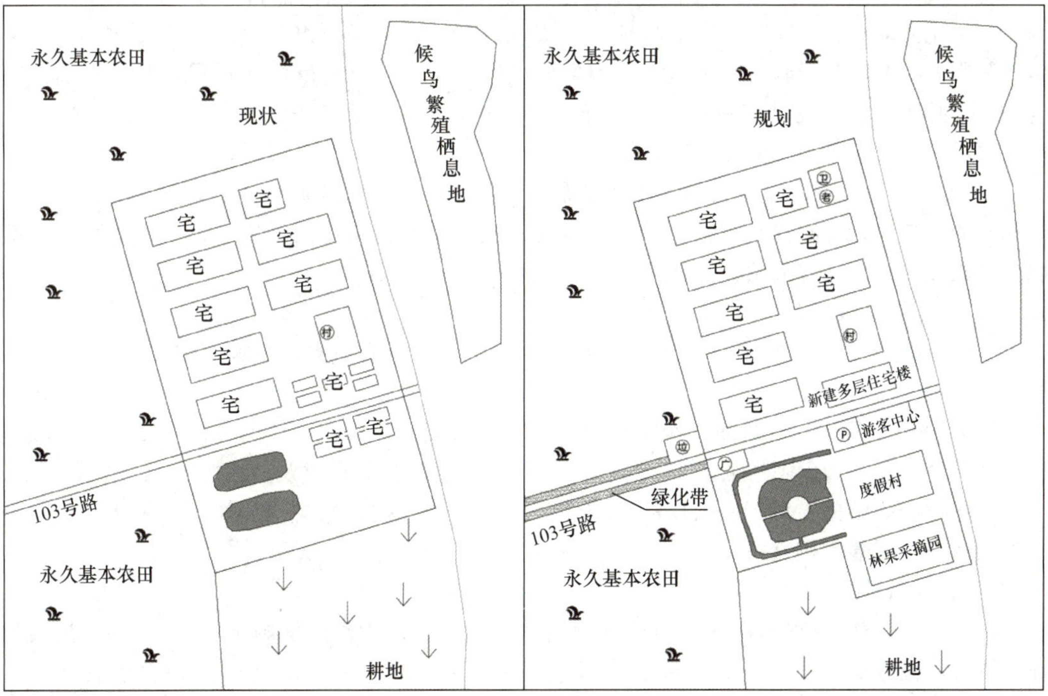

2024-09-03 题图

考点解析：占用耕地建设林果采摘园、停车场不合理，占用永久基本农田建设公路绿化带、广场不合理【考点①】【考点②】。

【2024-10-07 题】 规划拟在村外利用 30 亩旱地取土蓄水方式建设“水上明月”景观……

考点解析：占用旱地建设“水上明月”景观不合理，旱地也属于耕地【考点①】。

基础设施和公共服务设施

基础设施和公共服务设施是城市和社会发展的重要组成部分，它们共同构成了人们生产生活的物质基础和服务保障。

1. 基础设施和公共服务设施包括：

包括垃圾收集处理、供水、排水、供电、供气、道路、通信、广播电视、公厕等基础设施和学校、卫生院、文化站、幼儿园、福利院等公共服务设施。

2. 统筹布局

在县域、乡镇域范围内统筹考虑村庄发展布局以及基础设施和公共服务设施用地布局，规划建立全域覆盖、普惠共享、城乡一体的基础设施和公共服务设施网络。以安全、经济、方便群众使用为原则，因地制宜提出村域基础设施和公共服务设施的选址、规模、标准等要求。

强化县城综合服务能力，把乡镇建成服务农民的区域中心，统筹布局村基础设施、公益事业设施和公共设施，促进设施共建共享，提高资源利用节约集约水平。

3. 配套设置要求

《社区生活圈规划技术指南》TD/T1062—2021

（1）乡镇层级配套

① 一般情况下，宜配置卫生服务站、老年活动室、老年人日间照料中心、幼儿园、小学、初中、文化活动室、室外综合健身场地、菜市场、邮政营业场所以及生活垃圾收集站、公共厕所等服务要素；配置满足农民生产所需的农业服务中心，集贸市场配置保障日常便捷出行的公交换乘车站；建设具有一定规模、能开展各类休闲活动的公园绿地；构建由避难场所、应急通道和防灾设施组成的救援服务体系。

② 有条件情况下，面向农民就业创业需求，发展职业技术教育与技能培训；人口达到一定规模的乡集镇，可配置乡镇卫生院、养老院、高中、乡镇文化活动中心、乡镇体育中心等服务要素：配置公交首末站，提升公共交通可达性。

（2）村/组层级配套

① 一般情况下：宜配置村卫生室、老年活动室、文化活动室、农家书屋、便民农家店、村务室等服务要素。

② 有条件情况下，可配置村级幸福院、老年人日间照料中心、村幼儿园、乡村小规模学校、红白喜事厅、特色民俗活动点、健身广场、金融电信服务点以及垃圾收集点、公共厕所、小型排污设施等服务要素；适当提高住房建设标准，改善村容村貌；加强村级客运站点、公交站点建设，完善乡村交通设施。

4. 道路用地

（1）《国土空间调查、规划、用途管制用地用海分类指南》中农村道路（0601）：指在村庄范围外，南方宽度≥1.0m、≤8.0m，北方宽度≥2.0m、≤8.0m（超过 8m 为农村公路），用于村间、田间交通运输，并在国家公路网络体系（乡道及乡道以上公路）之外，以服务于农村农业生产为主。

注意：村庄范围外农村道路属于农用地。

（2）《土地利用现状分类》GB/T 21010—2017 中农村道路（1006）：在农村范围内，南方宽度≥1.0m，≤8m，北方宽度≥2.0m，≤8m，用于村间、田间交通运输，并在国家公路网络体系之外，以服务于农村农业生产为主要用途的道路（含机耕道）。

注意：8m 以上道路属于农村公路

农业设施建设用地分类名称、代码

06	农业设施建设用地	0601	农村道路	060101	村道用地
				060102	田间道
		0602	设施农用地	060201	种植设施建设用地
				060202	畜禽养殖设施建设用地

（3）《国土空间调查、规划、用途管制用地用海分类指南》中城镇村道路用地（1207）：指城镇、村庄范围内公用道路及行道树用地，包括快速路、主干路、次干路、支路、专用人行道和非机动车道等用地，包括其交叉口用地。

注意：村庄范围内道路属于建设用地。

主要考点

【考点①】违反《土地利用现状分类》中农村道路宽度不大于 8m 的规定。

【考点②】某些公共设施侵占永久基本农田；对农田和村庄造成污染，不应在村庄内设置

【考点③】乡村建设住宅楼层与村庄现状风貌不符，不应填湖，不应强迫村民上楼。

【考点④】养老院应独立占地且养老院不需要在村庄内配套。

历年考题

【2020-07 题】 ……为改善交通条件，将原来联系三村之间的 3m 宽土路改造为 9m 水泥路……

考点解析：规划 9m 宽的水泥路不合理，村间路属于农村道路，按规定宽度不应大于 8m【考点①】。

【2024-09-03 题】 ……乡政府委托规划编制单位提出村庄规划初步方案：对一号路两侧宅基地实施整体搬迁改造，北侧建设多层住宅，安置动迁村民；结合腾迁和新增建设地指标，在一号路南侧布局旅游度假村、游客服务中心、林果采摘园，并扩大串联坑塘打造水生花卉公园；规划建设一号路沿线绿化景观带、村民广场等村庄景观节点；规划建设卫生所、养老院、垃圾转运站、公共停车场等设施……

考点解析：不应填湖，不应强迫村民上楼【考点③】；规划建设养老院不合理，应在乡镇配套【考点④】；规划垃圾转运站不合理，占用永久基本农田、破坏环境【考点②】。

■ 产业用地

1. 统筹产业发展空间

统筹城乡产业发展，优化城乡产业用地布局，引导工业向城镇产业空间集聚，合理保障农村新产业新业态发展用地，明确产业用地用途、强度等要求。除少量必需的农产品生产加工外，一般不在农村地区安排新增工业用地。

2. 产业布局原则

《自然资源部 国家发展改革委 农业农村部关于保障和规范农村一二三产业融合发展用地的通知》中规定如下。

① 规模较大、工业化程度高、分散布局配套设施成本高的产业项目要进产业园区。

② 具有一定规模的农产品加工要向县城或有条件的乡镇城镇开发边界内集聚。

③ 直接服务种植养殖业的农产品加工、电子商务、仓储保鲜冷链、产地低温直销配送等产业，原则上应集中在行政村村庄建设边界内。

④ 利用农村本地资源开展农产品初加工、发展休闲观光旅游而必须的配套设施建设，可在不占用永久基本农田和生态保护红线、不突破国土空间规划建设用地指标等约束条件、不破坏生态环境和乡村风貌的前提下，在村庄建设边界外安排少量建设用地，实行比例和面积控制，并依法办理农用地转用审批和供地手续。

⑤ 在村庄建设边界外，具备必要的基础设施条件、使用规划预留建设用地指标的农村产业融合发展项目，在不占用永久基本农田、严守生态保护红线、不破坏历史风貌和影响自然环境安全的前提下，办理用地审批手续时，可不办理用地预审与选址意见书。

3. 用地要求

（1）农村集体经营性建设用地：以乡镇或村为单位开展全域土地综合整治，盘活农村存量建设用地，腾挪空间用于支持农村产业融合发展和乡村振兴。将符合规划的存量集体建设用地，按照农村集体经营性建设用地入市。

（2）宅基地：在符合国土空间规划确定的用地类型、控制性高度、乡村风貌、基础设施和用途管制要求、确保安全的前提下，鼓励对依法登记的宅基地等农村建设用地进行复合利用，发展乡村民宿、农产品初加工、电子商务、民俗体验、文化创意等农村产业。

（3）审批和许可：在村庄建设边界外，使用规划预留建设用地指标的农村产业融合发展项目，可暂不做规划调整；办理用地审批手续时，可不办理用地预审与选址意见书；可将建设用地批准和规划许可手续合并办理，核发规划许可证书，并申请办理不动产登记。

（4）用地监管：农村产业融合发展用地不得用于商品住宅、别墅、酒店、公寓等房地产开发，不得擅自改变用途或分割转让转租。

（5）光伏：禁止以任何方式占用永久基本农田，光伏方阵使用永久基本农田以外的农用地的，在不破坏农业生产条件的前提下，可不改变原用地性质；除桩基用地外，严禁硬化地面、破坏耕作层，严禁抛荒、撂荒。

（6）设施农用地

1）设施农业用地范围

包括农业生产中直接用于作物种植和畜禽水产养殖的设施用地。其中，作物种植设施用地包括作物生产和为生产服务的看护房、农资农机具存放场所等，以及与生产直接关联的烘干晾晒、分拣包装、保鲜存储等设施用地；畜禽水产养殖设施用地包括养殖生产及直接关联的粪污处置、检验检疫等设施用地，不包括屠宰和肉类加工场所用地等。

2）设施农业用地备案

设施农业用地由农村集体经济组织或经营者向乡镇政府备案，乡镇政府定期汇总情况后汇交至县级自然资源主管部门。

3）设施农业用地其他政策

① 严禁新增占用永久基本农田建设畜禽养殖设施、水产养殖设施和破坏耕作层的种植业设施。

② 严格控制新增农村道路、畜禽养殖设施、水产养殖设施和破坏耕作层的种植业设施等农业设施建设用地使用一般耕地。确需使用的，应经批准并符合相关标准。

③ 大中型饲养场地的选址应充分考虑对其周边村庄的影响，应布置在村庄常年盛行风向

的下风向或侧风位，应与村庄保持防护距离（100m）。

（7）大棚房、看护房

1）大棚房：是指一些工商企业、个人及组织借建农业设施或农业园区之名，违法违规占用耕地甚至永久基本农田，用于非农业建设的行为。其本质是改变土地性质和用途、改变农业生产功能，触碰耕地保护红线和农地非农化。

2）大棚房的相关政策

《关于开展“大棚房”问题专项清理整治行动坚决遏制农地非农化的方案》中规定如下。

清理整治范围主要包括以下三类问题：

① 在各类农业园区内占用耕地或直接在耕地上违法违规建设非农设施，特别是别墅、休闲度假设施等。

② 在农业大棚内违法违规占用耕地建设商品住宅。

③ 建设农业大棚看护房严重超标准，甚至违法违规改变性质用途，进行住宅类经营性开发。

拓展

看护房执行“大棚房”问题专项清理整治整改标准

① 即南方地区控制在“单层、15m² 以内”。

② 北方地区控制在“单层、22.5m² 以内”。

③ 其中严寒地区控制在“单层、30m² 以内”（占地面积超过 2 亩的农业大棚，其看护房控制在“单层、40m² 以内”）。

④ 养殖设施允许建设多层建筑。

主要考点

【考点①】农村地区不宜新增工业用地。

【考点②】在蔬菜大棚内建设农家乐，违反禁止在耕地上违法违规建设非农设施，特别是别墅、休闲度假设施等政策。

历年考题

【2020-07 题】 ……为促进产业发展，三个村共同建设了小型农产品加工厂和农机具制造厂。

考点解析：三个村共同建设了农机具制造厂不合理，农机具制造厂属于工业，农村地区不宜新增工业用地【考点①】。

【2024-10-07 题】 ……并在相邻的蔬菜大棚内建设食宿功能兼备的农家乐，提升该村的旅游服务能力。

考点解析：在蔬菜大棚内建设农家乐不合理，违反禁止在耕地上违法违规建设非农设施，特别是别墅、休闲度假设施等政策【考点②】。

■ 村庄规划其他要求

（1）发展目标：落实上位规划要求充分考虑人口资源环境条件和经济社会发展、人居环境整治等要求，研究制定村庄发展、国土空间开发保护、人居环境整治目标，明确各项约束性指标。

（2）宅基地：按照上位规划确定的农村居民点布局和建设用地管控要求，合理确定宅基地规模，划定宅基地建设范围，严格落实"一户一宅"。充分考虑当地建筑文化特色和居民生活习惯，因地制宜提出住宅的规划设计要求。

（3）历史文化传承与保护：深入挖掘乡村历史文化资源，划定乡村历史文化保护线，提出历史文化景观整体保护措施，保护好历史遗存的真实性。防止大拆大建，做到应保尽保，加强各类建设的风貌规划和引导，保护好村庄的特色风貌。

（4）村庄安全和防灾减灾：分析村域内地质灾害、洪涝等隐患，划定灾害影响范围和安全防护范围，提出综合防灾减灾的目标以及预防和应对各类灾害危害的措施。

（5）明确规划近期实施项目：研究提出近期急需推进的生态修复整治、农田整理、补充耕地、产业发展、基础设施和公共服务设施建设、人居环境整治、历史文化保护等项目，明确资金规模及筹措方式、建设主体和方式等。

知识点 7　宅基地

■ 宅基地概念

宅基地是农村村民用于建造住宅及其附属设施的集体建设用地，包括住房、附属用房和庭院等用地。农村宅基地归本集体成员集体所有。宅基地使用权人依法对集体所有的土地享有占有和使用的权利，有权依法利用该土地建造住宅及其附属设施。

■ 宅基地申请

农村村民申请宅基地的，应当以户为单位向农村集体经济组织提出申请；没有设立农村集体经济组织的，应当向所在的村民小组或者村民委员会提出申请。

■ 要求

（1）农村村民一户只能拥有一处宅基地，面积不得超过本省、自治区、直辖市规定的标准。农村村民出卖、出租、赠与住宅后，再申请宅基地的，不予批准。人均土地少、不能保障一户拥有一处宅基地的地区，县级人民政府在充分尊重农民意愿的基础上可以采取措施，按照省、自治区、直辖市规定的标准保障农村村民实现户有所居。

（2）在年度全国土地利用计划中单列农村村民住宅建设用地计划，专项用于符合"一户一宅"和国土空间规划要求的农村村民住宅建设，单独组卷报批，实行实报实销。

■ 宅基地审批

农村村民住宅用地，由乡（镇）人民政府审核批准；其中，涉及占用农用地的，依照《土地管理法》第四十四条的规定办理审批手续。在下达指标范围内，各省级政府可将《土地管理法》规定权限内的农用地转用审批事项，委托县级人民政府批准。对农村村民住宅建设占用耕地的，县级自然资源主管部门要通过储备补充耕地指标、实施土地整治补充耕地等多种途径统一落实占补平衡，不得收取耕地开垦费。

注意：涉及农用地转用，要先办农用地转用。

■ 宅基地转让、退出

在征得宅基地所有权人同意的前提下，鼓励农村村民在本集体经济组织内部向符合宅基地申请条件的农户转让宅基地。

国家允许进城落户的农村村民依法自愿有偿退出宅基地。乡（镇）人民政府和农村集体经济组织、村民委员会等应当将退出的宅基地优先用于保障该农村集体经济组织成员的宅基地需求。

禁止以退出宅基地作为农村村民进城落户的条件，禁止强迫农村村民搬迁退出宅基地。

■ 宅基地建设流程

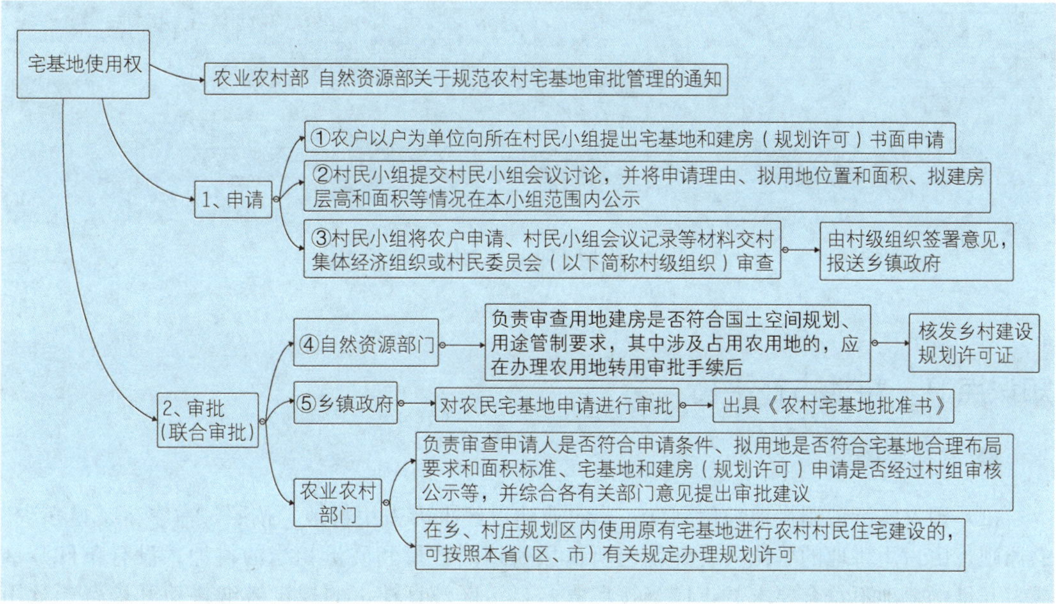

宅基地建设流程

知识点 8　乡镇企业建设

■ 用地要求

（1）乡镇企业必须农村集体经济组织参与或者投资。

（2）除少量必需的农产品生产加工外，一般不在农村地区安排新增工业用地。

（3）用地范围：符合乡镇国土空间规划、村庄规划、位于建设用地范围内（规划为商业、工业、仓储用地）。

（4）用地审批：由县人民政府批准；建设审批：自然资源主管部门批准核发乡村建设规划许可证。

（5）涉及农用地转用，要先办农用地转用（现状是农用地，规划是建设用地），否则也是非法占用土地。

（6）乡村公共设施和公益事业建设由乡、镇人民政府审核。

■ 乡镇企业建设流程

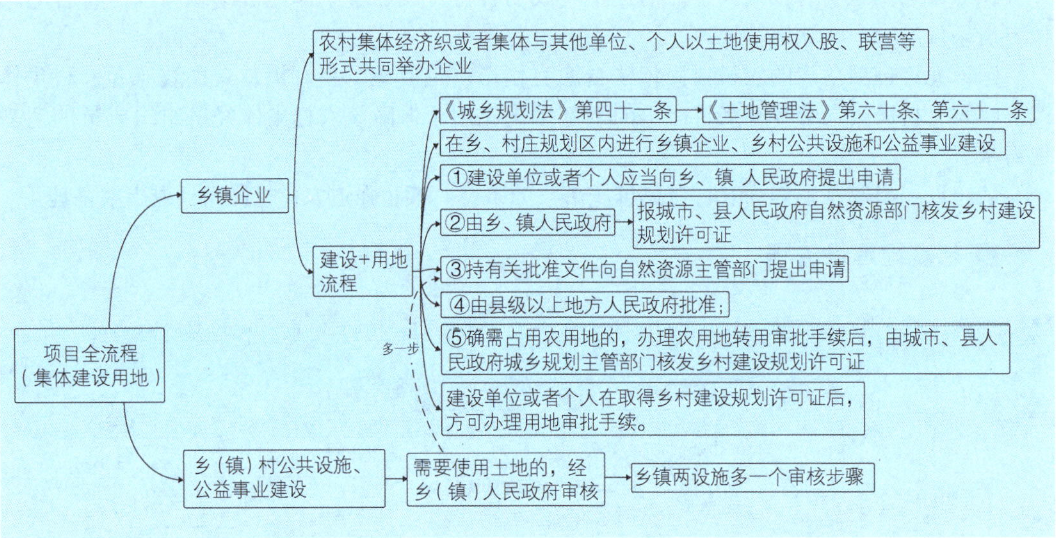

乡镇企业建设流程

知识点 9　耕地占补平衡

■ 占补平衡

（1）国家实行占用耕地补偿制度。非农业建设经批准占用耕地，按照“占多少、垦多少”的原则，由占用耕地的单位负责开垦与所占用耕地的数量和质量相当的耕地；没有条件开垦或者开垦的耕地不符合要求的，应当按照省、自治区、直辖市的规定缴纳耕地开垦费专款用于开垦新的耕地。对符合可以占用永久基本农田情形规定的重大建设项目，在 2024 年 3 月 31 日前允许以承诺方式落实耕地占补平衡。

（2）非农业建设占用耕地，必须严格落实先补后占和占一补一、占优补优、占水田补水田，积极拓宽补充耕地途径补充可以长期稳定利用的耕地。

（3）调整耕地占补平衡管理范围。将非农建设、造林种树、种果种茶等各类占用耕地行为统一纳入耕地占补平衡管理。除国家安排的生态退耕、自然灾害损毁难以复耕、河湖水面自然扩大造成耕地永久淹没及国家规定的其他可不落实补充耕地的情形外，各类占用耕地行为导致耕地减少的，均应落实耕地占补平衡，补充与所占用耕地数量和质量相当的耕地。

（4）统筹各类补充耕地资源。在符合国土空间规划和生态环境保护要求的前提下，国土调查成果中各类非耕地地类，均可作为补充耕地来源。

主要考点

【考点①】不应通过土地综合整治补充占耕地指标，耕地应先补后占。

历年考题

【2024-09-03 题】 ……为加快新增建设用地指标落地，在规划编制同时结合招商引资，启动了游客服务中心和林果采摘园两个项目建设，并拟在后期通过土地综合整治补充占用耕地指标……

考点解析：后期通过土地综合整治补充占用耕地指标不合理，应先补后占【考点①】。

知识点 10　增减挂钩与土地综合整治

■ 增减挂钩

城乡建设用地增减挂钩是依据国土空间规划，通过建新拆旧和土地整理复垦等措施，实现增加耕地有效面积，提高耕地质量，节约集约利用建设用地，城乡用地布局更合理的目标。

实施增减挂钩原则上在县域范围内开展，依据当地生产生活实际，充分征求农民意见，编制项目区实施方案，经批准后实施。增减挂钩腾出的建设用地，首先要复垦为耕地，在优先满足农村各种发展建设用地后，经批准将节约的指标少量调剂给城镇使用的，其土地增值收益必须及时全部返还农村。增减挂钩项目立项批准、实施验收均应按规定在自然资源部城乡建设用地增减挂钩在线监管应用系统备案。

■ 土地综合整治

（1）县、乡（镇）人民政府应当组织农村集体经济组织，按照土地利用总体规划，对田、水、路、林、村综合整治，提高耕地质量增加有效耕地面积，改善农业生产条件和生态环境。

（2）以科学合理规划为前提，以乡镇为基本单元（整治区域可以是乡镇全部或部分村庄），整体推进农用地整理、建设用地整理和乡村生态保护修复，优化生产、生活、生态空间格局，促进耕地保护和土地集约节约利用，改善农村人居环境，助推乡村全面振兴。有序开展农村宅基地、工矿废弃地以及其他低效闲置建设用地整理整治验收后腾退的建设用地，在保障农民安置、农村基础设施建设、公益事业等用地的前提下，重点用于农村一二三产业融合发展。

（3）在土地整理复垦开发中，开展必要的灌溉及排水设施、田间道路、农田防护林等配套建设涉及少量占用或优化永久基本农田布局的，要在项目区内予以补足；难以补足的，县级自然资源主管部门要在县域范围内同步落实补划任务。

（4）耕地：新增耕地面积原则上不少于原有耕地面积的 5%，并做到建设用地总量不增加、生态保护红线不突破。

（5）永久基本农田：整治区域内涉及永久基本农田调整的，确保新增永久基本农田面积原则上不少于调整面积的 5%，调整方案应纳入村庄规划。

农村集体建设用地的情形

1. 使用农村集体建设用地的情形

下列建设项目可依法依规使用集体建设用地：

① 乡镇企业、乡（镇）村公共设施、公益事业、农村村民住宅等乡（镇）村建设。

② 农村集体经济组织兴办企业或者与其他单位、个人以土地使用权入股、联营等形式共同举办的企业。

③ 矿产资源开采、文化和旅游经营、选址在国土空间规划确定的城镇开发边界外的露营旅游经营性营地和自驾车旅居车营地的特定功能区、乡村民宿、养老服务设施等用地可以按规定使用集体建设用地。

④ 按照国家统一部署，鼓励乡村重点产业和项目依据《土地管理法实施条例》，使用集体经营性建设用地。

2. 盘活利用农村集体建设用地

① 有序开展县域乡村闲置集体建设用地、闲置宅基地、村庄空闲地、厂矿废弃地、道路改线废弃地、农业生产与村庄建设复合用地及“四荒地”（荒山、荒沟、荒丘、荒滩）等土地综合整治，盘活建设用地重点用于乡村新产业新业态和返乡入乡创新创业。

② 在符合国土空间规划确定的用地类型、控制性高度、乡村风貌、基础设施和用途管制要求、确保安全的前提下，鼓励对依法登记的宅基地等农村建设用地进行复合利用，发展乡村民宿、农产品初加工、电子商务、民俗体验、文化创意等农村产业。

③ 鼓励盘活利用乡村闲置校舍、厂房等建设敬老院、老年活动中心等乡村养老服务设施。

④ 在充分保障农民宅基地用益物权的前提下，探索农村集体经济组织以出租、入股、合作等方式盘活利用闲置宅基地和农房，按照规划要求和用地标准，改造建设乡村旅游接待和活动场所。

板块 6　城市综合交通规划

微信扫码
免费听课

历年考频

考点	路网布局	城市轨道交通	道路选址	港口	公交枢纽站	客运枢纽	货运枢纽	停车设施	步行交通
考频	7	4	4	2	1	2	1	1	3

知识点 1　城市综合交通基本概念

（1）概念

出行的两端都在城区内的城市内部交通，和出行至少有一端在城区外的城市对外交通（包括两端均在城区外，但通过城区组织的城市过境交通）。

（2）按照城市综合交通的服务对象可划分为城市客运与货运交通。

知识点 2　城市道路规定与分类

■ 基本规定

（1）道路网络布局和道路空间分配应体现以人为本、绿色交通优先，以及窄马路、密路网、完整街道的理念。

（2）城市道路的功能，布局应与两侧城市的用地特征、城市用地开发状况相协调。

（3）城市道路系统规划体现历史文化传统，保护历史城区的道路格局，反映城市风貌。

（4）城市道路系统规划满足城市救灾、避难和通风的要求。

（5）城市道路系统规划承担城市通勤交通功能的公路应纳入城市道路系统规划。

（6）用地占比：城市道路与交通设施用地比例 15%～25%。

（7）人均道路用地指标：$12m^2$。

■ 城市道路分类

1. 道路等级分类

《城市综合交通体系规划标准》GB/T 51328—2018 中规定，按照城市道路所承担的城市活动特征，城市道路应分为干线道路、支线道路，以及联系两者的集散道路三个大类；城市快速路、主干路、次干路和支路四个中类和八个小类。

城市道路功能等级划分与规划要求（表 12.2.2 节选）

大类	中类	小类	功能说明	设计速度（km/h）
干线道路	快速路	Ⅰ级快速路	为城市长距离机动车出行提供快速、高效的交通服务	80～100
		Ⅱ级快速路	为城市长距离机动车出行提供快速交通服务	60～80

续表

大类	中类	小类	功能说明	设计速度(km/h)
干线道路	主干路	Ⅰ级主干路	为城市主要分区（组团）间的中、长距离联系交通服务	60
		Ⅱ级主干路	为城市分区（组团）间中、长距离联系以及分区（组团）内部主要交通联系服务	50～60
		Ⅲ级主干路	为城市分区（组团）间联系以及分区（组团）内部中等距离交通联系提供辅助服务，为沿线用地服务较多	40～50
集散道路	次干路	次干路	为干线道路与支线道路的转换以及城市内中、短距离的地方性活动组织服务	30～50
支线道路	支路	Ⅰ级支路	为短距离地方性活动组织服务	20～30
		Ⅱ级支路	为短距离地方性活动组织服务的街坊内道路、步行、非机动车专用路等	—

2. 城市道路的规划分类

① 快速路：快速路是大城市、特大城市交通运输的主要动脉，也是城市与高速公路的联系通道。快速路在城市是联系城市各组团，为中、长距离快速机动车交通服务的专用道路，属于全市性的机动交通主干线。快速路设有中央分隔带，布置有 4 条以上的行车道，全部采用立体交叉控制车辆出入，一般应布置在城市组团间的绿化分隔带中，不宜穿越城市中心和生活居住区。

② 主干路：主干路是全市性的城市干路，主要为城市组团间和组团内的主要交通流量、流向上的中、长距离交通服务，也是与城市对外交通枢纽联系的主要通道。其主要起骨架作用。

③ 次干路：次干路是城市各组团内的主要道路，主要为组团内的中、短距离交通服务，在交通上担负集散交通的作用；由于次干路沿路常布置公共建筑和住宅，又兼具生活服务性功能。

④ 支路：支路是城市地段内根据用地细部安排所产生的交通需求而划定的道路，直接为用地服务，以生活服务性功能为主。

支路在城市的局部地段（如商业区、按街坊布置的居住区）可能成网，而在城市组团和整个城区中不可能成网。因此，支路应在详细规划中安排，在城市总体规划阶段不能予以规划。

3. 城市道路的功能分类

① 交通性道路：是以满足交通运输的要求为主要功能的道路，承担城市主要的交通流量及与对外交通的联系。其特点为车速大，车辆多，车行道宽，道路两旁要求避免布置吸引大量人流的公共建筑。

② 生活性道路：是以满足城市生活性交通要求为主要功能的道路，主要为城市居民购物、社交、游憩等活动服务，以步行和自行车交通为主，机动交通较少，道路两旁多布置为生活服务的、人流较多的公共建筑及居住建筑，要求有较好的公共交通服务条件。

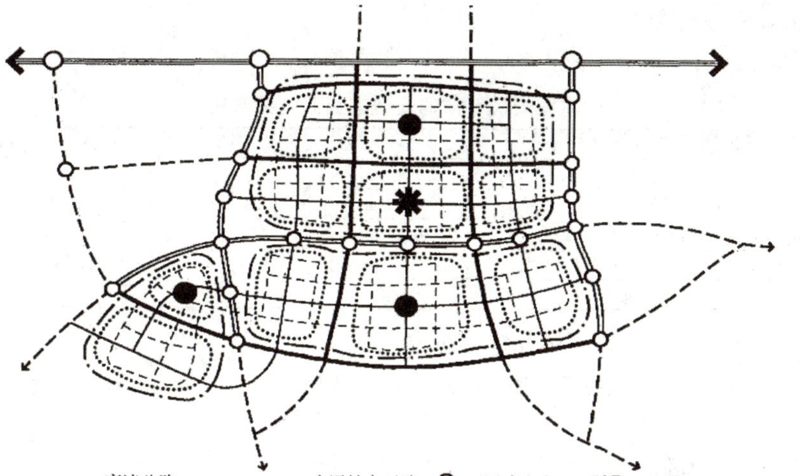

城市道路网示意图

知识点 3　道路间距与路网密度

■ 道路间距

（1）干线道路网的间距不宜超过 1.5km。

（2）城市干线道路网络平均间距基本在 0.9～1.5km 范围。

■ 城市道路网

1. 城市道路网密度计算

① 城市道路网密度：城市道路总长度÷城市用地总面积。

② 矩形路网密度计算方法：1/纵向道路间距（km）＋ 1/横向道路间距（km）。

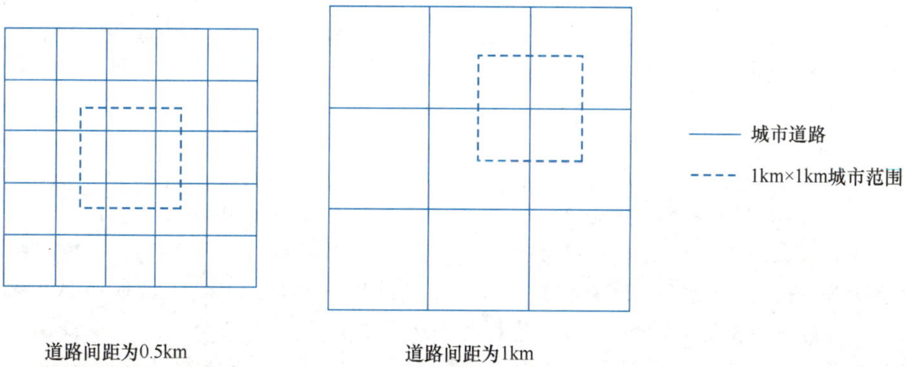

道路密度街区尺度换算示意

③ 中心城区内道路系统的密度不宜小于 8km/km²。

2. 干线道路路网密度

干线道路路网密度：最小值 1.3km/km²，最大值是 2.2km/km²，详细数值见下表。

不同规模城市的干线道路路网络密度

规划人口规模（万人）	干线道路路网密度（km/km²）
≥200	1.5～1.9
100～200	1.4～1.9
50～100	1.3～1.8
20～50	1.3～1.7
≤20	1.5～2.2

3. 集散道路和支线道路道路间距与路网密度

① 道路间距：工业区、物流园区≤600m，居住区≤300m，商业区与就业集中的中心区 100～200m。

② 路网密度：工业区、物流园区≥4km/km²，居住区≥8km/km²，商业区与就业集中的中心区 10～20km/km²。

不同功能区的街区尺度推荐值

类别	街区尺度（m）		路网密度（km/km²）
	长	宽	
居住区	≤300	≤300	≥8
商业区与就业集中的中心区	100～200	100～200	10～20
工业区、物流园区	≤600	≤600	≥4

注：工业区与物流园区的街区尺度根据产业特征确定，对于服务型园区，街区尺度应小于 300m，路网密度应大于 8km/km²。

注意：上述表格数据是指集散道路与支线道路。

城市各级道路的交叉口间距

道路类型	快速路（m）	主干路（m）	次干路（m）	支路（m）
交叉口间距	1500～2500	700～1200	350～500	150～250

■ 道路红线宽度

（1）城市道路红线宽度，规划人口规模 50 万的城市，不应超过 70m；规划人口规模 20 万～50 万的城市，不应超过 55m；规划人口规模 20 万以下城市，不应超过 40m。

（2）支路的红线宽度，宜为 14～20m。

拓展

1. 城市干线道路网络平均间距差异不大。

2. 不同城市的干线道路网络平均间距差异较小，一方面考虑到不同城市的机动化出行本质差异不大，为了确保城市的通过性交通的机动化服务，避免在城市边缘区干线道路过于稀疏，设定了 1.5km 的干线道路间距上限；另一方面，干线道路过密会压缩街区尺度，影响地方性交通，难以组织，并且也会造成道路资源的浪费，所以干线道路也不宜过密。因此，城市干线道路网络平均间距基本在 0.9～1.5m 范围内，波动较小。

主要考点

【考点①】片区或组团路网密度偏低（可能通过计算得出，也可能出现在题目表述中），依据

《城市综合交通体系规划标准》GB/T 51328—2018 街区尺度应≤300m，路网密度达到 8km/km^2。

【考点②】规划城市道路间距过大，路网密度过低，违反《城市综合交通体系规划标准》GB/T 51328—2018 中心城区内道路系统的密度不宜小于 8km/km^{2}的规定。

【考点③】缺少支路，导致道路不通畅，路网密度过低。

【考点④】局部主干道间距过大，违反城市干线道路的间距不宜超过 1.5km 的规定。

【考点⑤】均衡化加密布局同样间距的道路网不合理，应根据不同的用地性质布局不同的路网密度。

历年考题

【2019-04 题】 某城市沿江（长江）跨河发展，A 组团主要为居住功能，位于城市发展轴线上。A 组团内路网按 300m×400m 路网进行设置……

考点解析：A 组团主要为居住功能，路网按照 300m×400m 进行设置不合理，路网密度偏低，依据《城市综合交通体系规划标准》GB/T 51328—2018 街区尺度应≤300m，路网密度达到 8km/km^2【考点①】。

【2020-04 题】 A 片区位于某大城市中心城区……公园北侧规划建设以商业商务和市级公共服务功能为主的城市次中心，其他区域以居住功能为主。规划形成方格状道路系统，道路间距为 350～400m……

考点解析：规划道路间距 350～400m 不合理，规划的道路间距过大，道路系统密度过低，违反《城市综合交通体系规划标准》GB/T 51328—2018 中心城区内道路系统的密度不宜小于 8km/km^2【考点②】。

【2022-10-04 题】 某城市副中心以商贸服务为主，周边是新城。为了改善该区域交通拥堵、停车难的现状问题拟进行交通优化。规划拟增加部分支路，将路网密度增加到 10km/km^2……

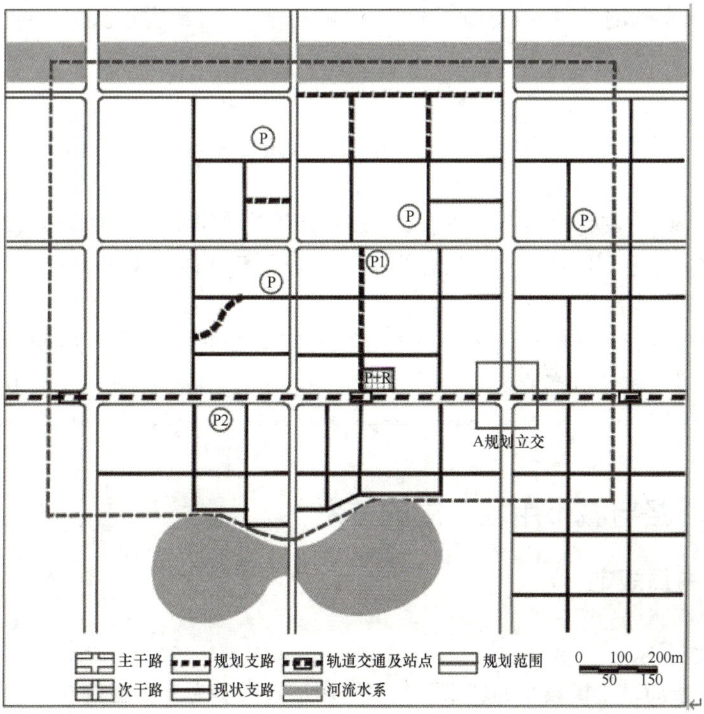

2022-10-04 题图

考点解析：以商贸服务为主的城市副中心西侧缺少规划支路，路网密度 10km/km² 不合理，应为 10～20km/km²【考点③】。

【2022-11-04 题】 下图是主城区以东的一个新城区，主城区常住人口 550 万人，新城规划人口 50 万人……

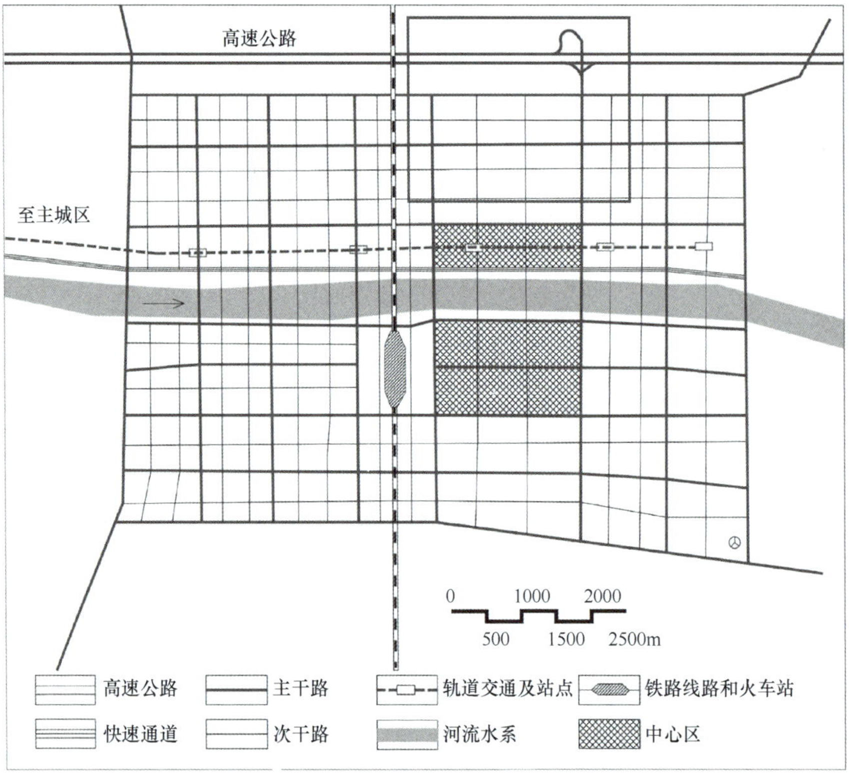

2022-11-04 题图

考点解析：中部主干路间距过大，违反城市干线道路网间距不宜超过 1.5km 的规定【考点④】。

【2024-09-04 题】 某特大城市东部临港新城利用沿江大型港口，加强港城联动发展。临港新城以港口及物流产业、临港产业、居住生活与综合服务功能为主……新城内部均衡化加密布局约 250m 间距的支路网……

考点解析：均衡化加密布局约 250m 间距的支路网不合理，物流产业区和新城中心区应按不同功能区的尺度（物流区产业区≤600m，新城中心区为 100～200m）布局道路【考点⑤】。

知识点 4　道路与城市用地布局的关系

■ 道路网布局规定

1. 相关规划要求

（1）集中型布局且规模较小的城市，其道路网形式大多为方格网状。

（2）分散布局的城市，各相邻片区、组团之间宜有 2 条以上城市干线道路。

(3) 带形城市应确保城市长轴方向的干线道路贯通，且不宜少于两条，道路等级不宜低于Ⅱ级主干路。

(4) 水网与山地城市道路网络规划应符合以下规定：

① 道路宜平行或垂直于河道布置。

② 滨水道路应保证沿线人行道、非机动车道的连续。

③ 跨越通航河道的桥梁，应满足桥下通航净空要求。

④ 跨河通道与穿山隧道布局应符合城市的空间布局和交通需求特征。

(5) 城市滨水道路规划应符合下列规定：

① 结合岸线利用规划滨水道路，在道路与水岸之间宜保留一定宽度的自然岸线及绿带。

② 沿生活性岸线布置的城市滨水道路，道路等级不宜高于Ⅲ级主干路，并应降低机动车设计车速，优先布局城市公共交通、步行与非机动车空间。

③ 通过生产性岸线和港口岸线的城市道路，应按照货运交通需要布局。

(6) 城市对外道路

规划人口规模 100 万及以上的城市主要对外方向应有 2 条以上城市干线道路，其他对外方向宜有 2 条城市干线道路；分散布局的城市，各相邻片区、组团之间宜有 2 条以上城市干线道路。

(7) 城市中心区的道路网络规划应符合以下规定：

① 干线道路系统应相互连通。

② 中心区的道路网络应主要承担中心区内的城市活动，并宜以Ⅲ级主干路、次干路和支路为主。

③ 城市Ⅱ级主干路及以上等级干线道路不宜穿越城市中心区（注：是城市中心区，不是中心城区）。

(8) 城市规划环路时，应符合下列规定：

① 规划人口规模 100 万及以上规模城市外围可布局外环路，宜以Ⅰ级快速路或高速公路为主，为城市过境交通提供绕行服务。

② 历史城区外围、规划人口规模 100 万及以上城市中心区外围，可根据城市形态布局环路，分流中心区的穿越交通。

③ 环路建设标准不应低于环路内最高等级道路的标准，并应与放射性道路衔接良好。

主要考点

【考点①】组团之间缺少交通联系，组团间应有 2 条以上城市干线道路相联系。

【考点②】休闲步道未形成连续的步行空间。

【考点③】慢行系统被铁路、快速路等分割，不安全；未结合水系设置，不连续。

【考点④】滨水道路等级过高，道路等级不宜高于Ⅲ级主干路。

【考点⑤】规划的道路等级不合理（通常为交通性干路），城市道路功能与两侧用地特征不符。

【考点⑥】对外主要城市仅有一条城市道路，不满足应有 2 条以上城市干线道路的规定。

历年考题

【2019-04 题】 某城市沿江（长江）跨河发展，A 组团主要为居住功能，位于城市发展轴线上。A 组团内路网按 300m×400m 路网进行设置……

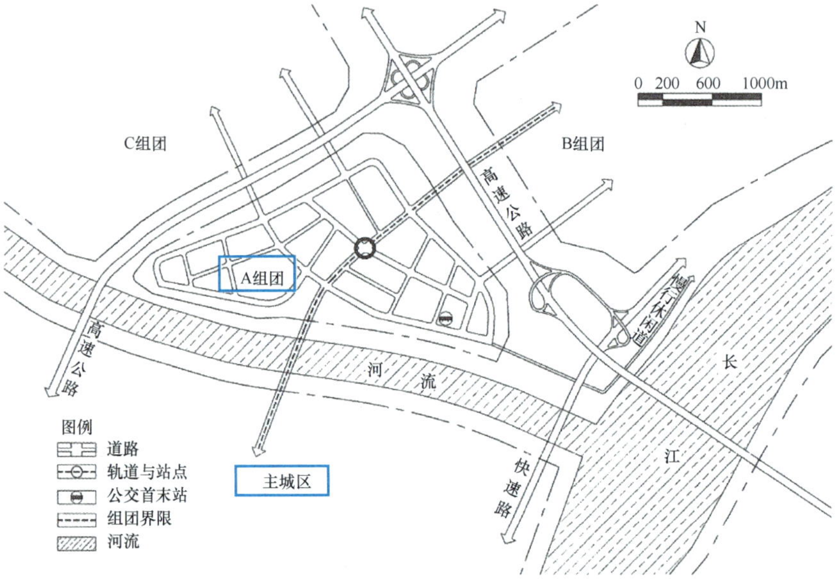

2019-04 题图

考点解析：A 组团与主城区、B 组团之间缺少交通联系，组团间应有 2 条以上城市干线道路相联系【考点①】；休闲步道设置不合理，未形成连续的步行空间【考点②】。

【2024-04 题】 某特大城市东部临港新城利用沿江大型港口，加强港城联动发展。临港新城以港口及物流产业、临港产业、居住生活与综合服务功能为主。临港新城规划结合既有干线铁路和新建跨江通道，引入港区铁路专用线并设置货站，优化疏港道路网络，加强公铁水联运；在空间上利用铁路和公路通道集约化布局城市主干路和市域快速轨道；新城内部均衡化加密布局约 250m 间距的支路网，并结合公共开敞空间规划多条城市绿道。

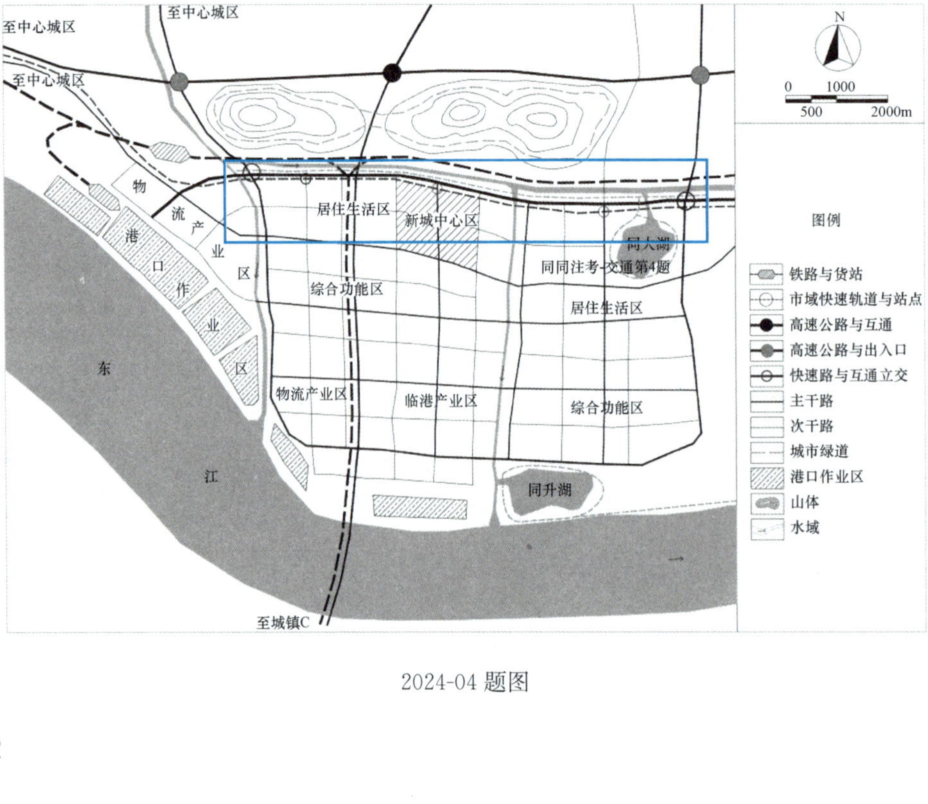

2024-04 题图

考点解析：慢行系统设置不合理，(1) 被铁路、快速路分割，不安全；(2) 未结合水系设置，不连续【考点③】。北侧滨水道路设置快速路等级过高，道路等级不宜高于Ⅲ级主干路【考点④】。

【2020-04 题】 A 片区位于某大城市中心城区，南侧紧邻大型城市公园，公园北侧规划建设以商业商务和市级公共服务功能为主的城市次中心，其他区域以居住功能为主……

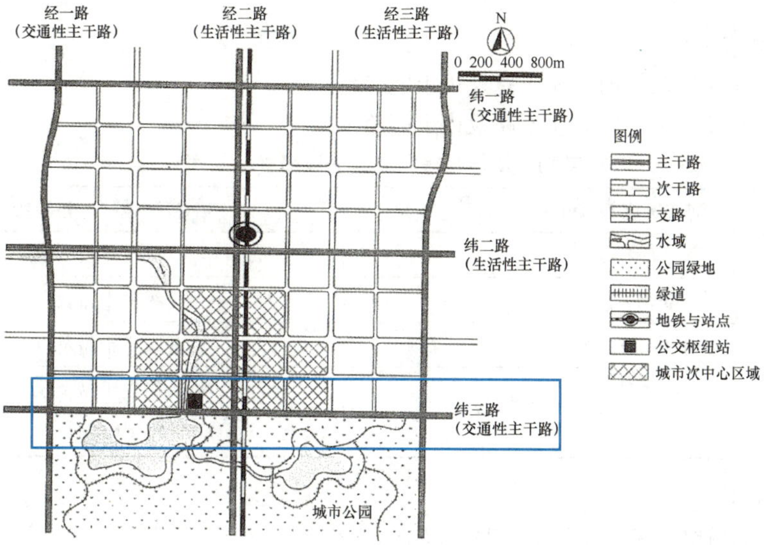

2020-04 题图

考点解析：纬三路规划为交通性主干路不合理，纬三路两侧为商业、商务和公共服务功能为主的用地及公园，城市道路功能与两侧用地特征不符【考点⑤】。

【2022-11-04 题】 下图是主城区以东的一个新城区，主城区常住人口 550 万人，新城规划人口 50 万人，新城区向西朝主城区发展，规划修建一条连接主城区的地铁线。

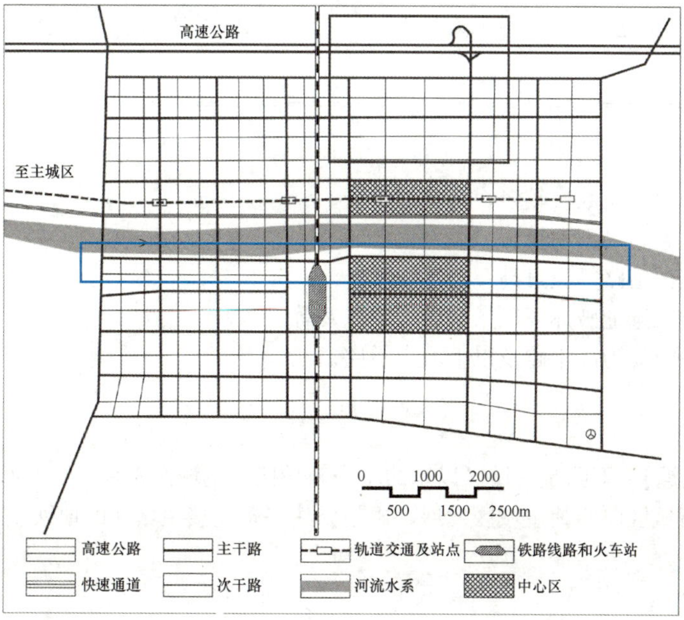

2022-11-04 题图

考点解析：沿河布局快速通道不合理，道路等级不宜高于Ⅲ级主干路【考点④】；新城区向西通往主城区仅有一条城市道路，不满足有应有 2 条以上城市干线道路的规定【考点⑥】。

跨河通道与穿山隧道布局

1. 跨河通道

① 河流宽度 $D \leqslant 50$m 时，次干路及以上能跨河。

② 河流宽度 $D > 50$m 时，主干路及以上能跨河。

规划（预留）跨河通道的道路等级规定

河道宽度 D（m）	应跨越的道路等级
$D \leqslant 50$	次干路及以上
$50 < D \leqslant 150$	Ⅲ级主干路及以上
$150 < D \leqslant 300$	Ⅱ级主干路及以上
$300 < D \leqslant 500$	Ⅰ级主干路及以上
$D > 500$	快速路

2. 穿山隧道

穿山隧道的道路等级只能是主干路及以上。

规划（预留）穿山隧道的道路等级规定

隧道长度 L（m）	应穿越的道路等级
$L \leqslant 100$	Ⅲ级主干路及以上
$100 < L \leqslant 500$	Ⅱ级主干路及以上
$500 < L \leqslant 1000$	Ⅰ级主干路及以上
$L > 1000$	快速路

主要考点

【考点①】跨河道路数量较多，会增加投资。

【考点②】桥梁布局不均衡。

【考点③】滨河道路等级过高。

【考点④】桥梁选址破坏了风景名胜区的景观等。

【考点⑤】跨河应为次干路及以上城市道路。

历年考题

【2022-11-04 题】 下图是主城区以东的一个新城区，主城区常住人口 550 万人，新城规划人口 50 万人，新城区向西朝主城区发展，规划修建一条连接主城区的地铁线。

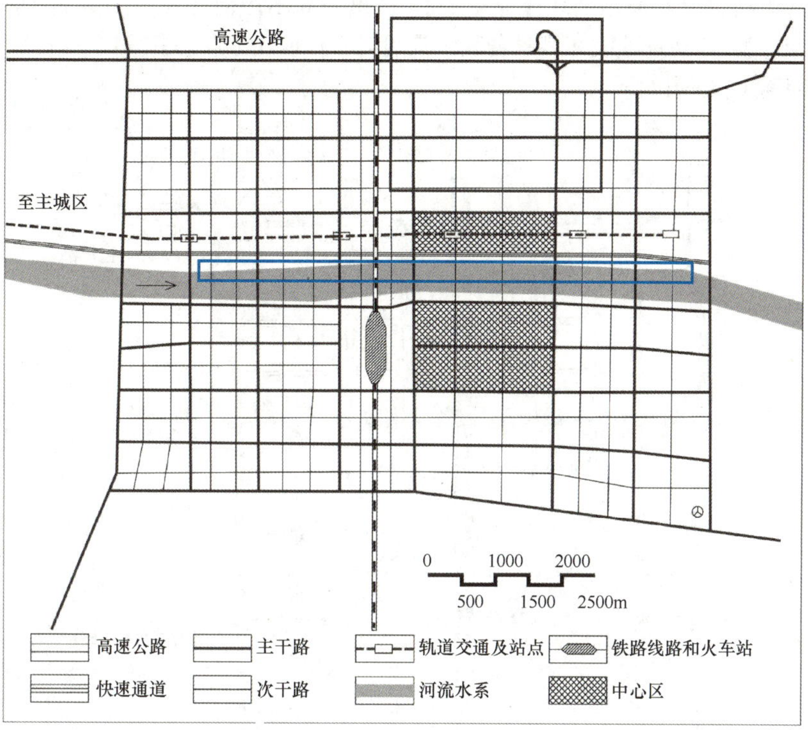

2022-11-04 题图

考点解析：次干路跨河不合理【考点⑤】。

【2007-02 题】 ……该市位于我国中部丘陵地区，为人口规模约 70 万的大城市，某河流将该市分为南北两个组团，其中南组团为城市中心区，北组团为城市新区，重点是教育科研产业。河流两岸有大片滨河绿地，河流中有一小岛 D，为省级风景名胜区。

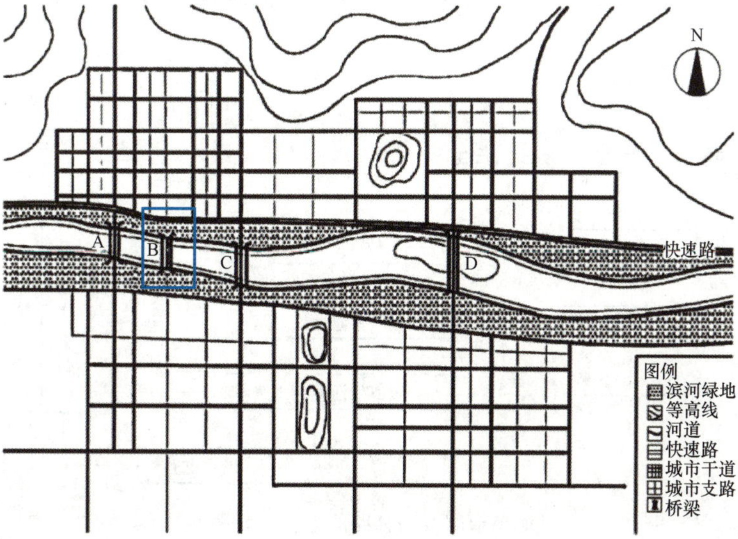

2007-02 题图

考点解析：桥梁B跨河不合理【考点②】，桥梁布局不均衡【考点③】，沿河布局快速路不合理【考点③】；D桥选址破坏风景名胜区景观，不合理【考点④】。

【2020-04题】 题图如下。

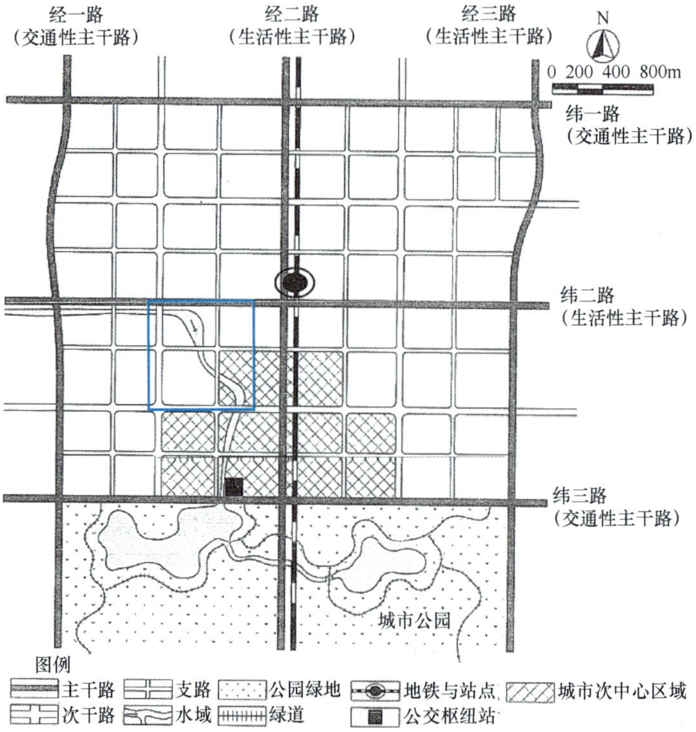

2020-04题图

考点解析：支路穿越河流不合理【考点⑤】。

知识点5 道路衔接

■ 城市道路及与公路的衔接关系

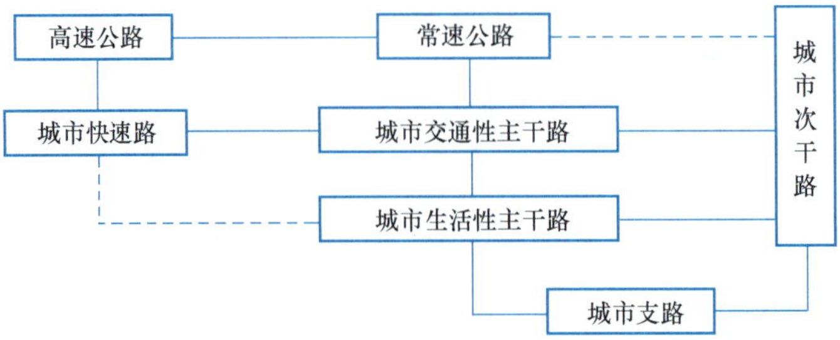

城市道路及与公路的衔接关系图

资料来源：文国玮．城市交通与道路系统规划［M］，北京：清华大学出版社，2007-104.

（1）城市主要对外公路应与城市干线道路顺畅衔接，规划人口规模 50 万以下的城市可与次干路衔接。

（2）支线道路不宜直接与干线道路形成交叉连通

注意：根据上图，城市支路可以衔接城市生活性主干路。

主要考点

【考点①】支路与交通性主干路衔接，次干路与快速路越级衔接等，不合理。支路不宜与干线道路直接相连。

【考点②】组团内部设置快速路，不合理。

历年考题

【2020-04 题】 如下图：

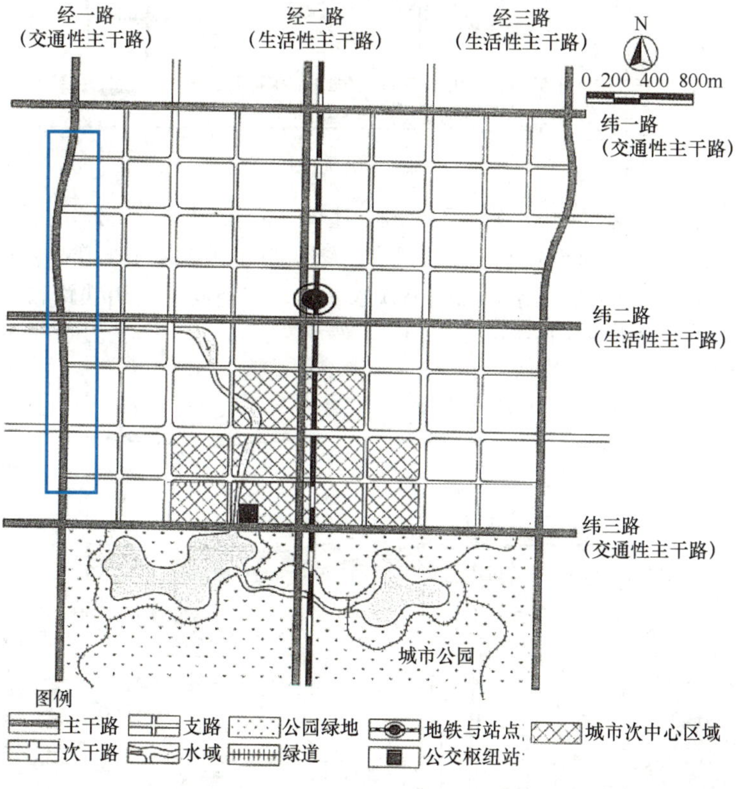

2020-04 题图

考点解析：支路与交通性主干路衔接不合理，依据标准，支路不宜与干线道路直接相连【考点①】。

【2022-10-04 题】 某城市副中心以商贸服务为主，周边是新城……

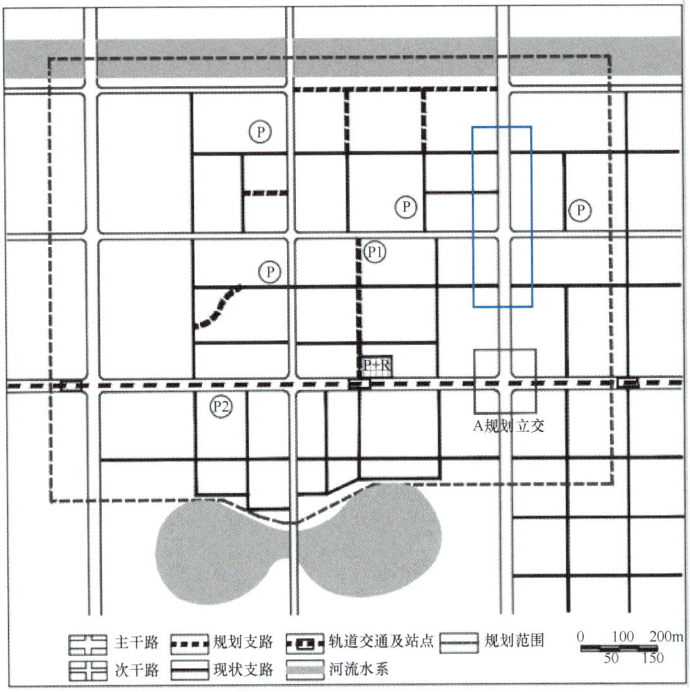

2022-10-04 题图

考点解析：支路直接与主干路相连不合理，违反《标准》【考点①】。

【2024-04 题】 ……临港新城规划结合既有干线铁路和新建跨江通道，引入港区铁路专用线并设置货站，优化疏港道路网络，加强公铁水联运；在空间上利用铁路和公路通道集约化布局城市主干路和市域快速轨道……

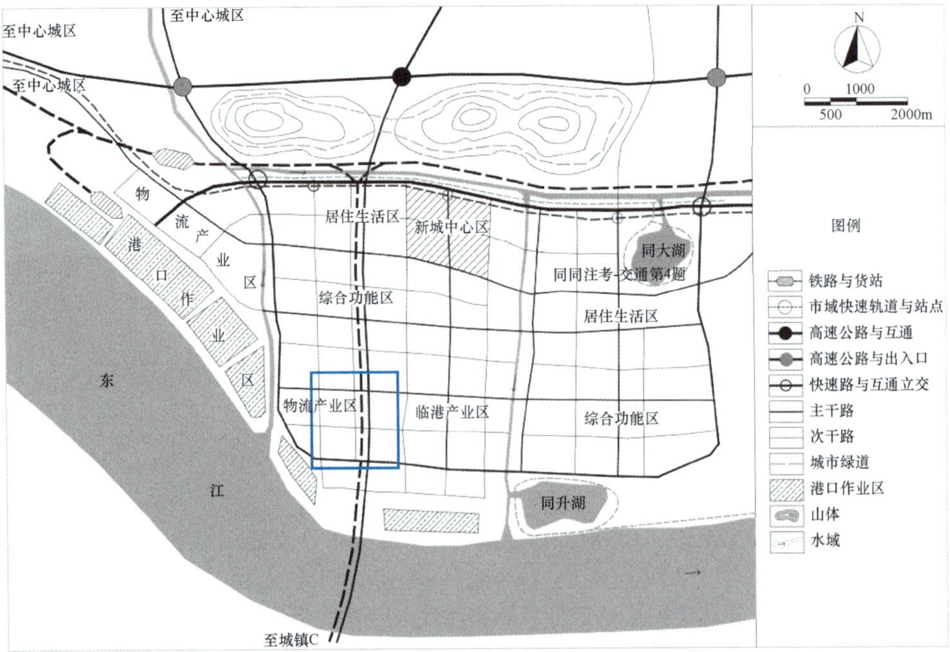

2024-04 题图

考点解析：物流园区段设置快速路不合理【考点②】。

知识点 6　道路交叉口

■ 立体交叉

（1）高速公路与快速路线之间相交采用枢纽立交。

（2）快速路与主干道采用一般立交。

（3）快速路与次干道采用分离立交。

（4）快速路与铁路交叉、高铁与城市道路交叉必须设置立体交叉。

■ 平面交叉

（1）平面交叉口间距不宜小于 150m。

（2）主次干路交叉口采用平面交叉。

（3）环形交叉：环形交叉口不宜用于大城市干道交叉口。

（4）铁路与道路交叉时，应当优先考虑立交。轨道线路与道路平面交叉应尽量设计为正交或接近正交，但由于地形条件或拆迁工程等限制需要斜交时，交叉锐角应大于 45°。

（5）总体规划阶段应按下列原则选定平面交叉或立体交叉形式：

① 城市快速路系统上交叉口应采用立体交叉形式；

② 除快速路之外的城区道路上不宜采用立体交叉形式。

立体交叉口选型

立体交叉口类型	选型	
	推荐形式	可选形式
快速路—快速路	立 A_1 类	—
快速路—主干路	立 B 类	立 A_2 类、立 C 类
快速路—次干路	立 C 类	立 B 类
快速路—支路	—	立 C 类
主干路—主干路	—	立 B 类

■ 畸形交叉口

（1）控规阶段应对总规阶段确定的平面交叉口间距、形状进行优化调整。

（2）新建道路交通网规划中，规划干路交叉口不应规划超过 4 条进口道的多路交叉口、错位交叉口、畸形交叉口；相交道路的地形条件特殊困难时，不应小于 45°。

（3）地块及建筑物机动车出入口不得设在交叉口范围内，且不宜设置在主干路上，宜经支路或专为集散车辆用的地块内部道路与次干路相通。

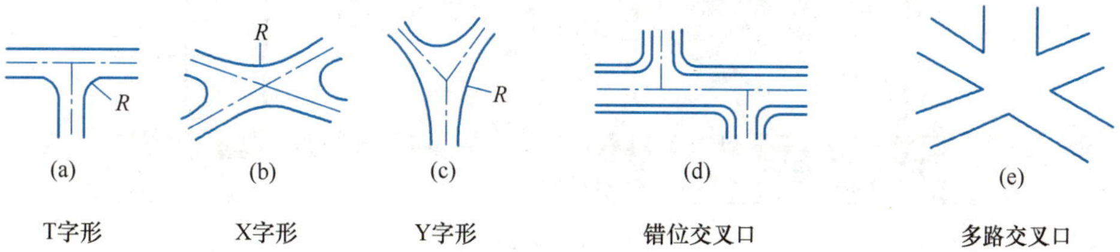

交叉口类型示意

拓展

交叉口

(1) 城市公共停车场机动车出入口的位置，距离道路交叉口宜大于 80m；

(2) 距离人行过街天桥、地道、桥梁或隧道等引道口应大于 50m；

(3) 距离学校、医院、公交车站等人流集中的地点应大于 30m；

(4) 加油站的出入口距道路交叉口不宜小于 100m；

(5) 中小学、幼儿园出入口距离交叉口范围 100m 以外；

(6) 公共汽（电）车专用出口车道的起点距右转缘石半径起点的距离应大于 70m。

主要考点

【考点①】局部路口形成了畸形交叉口，不合理。

【考点②】城市内主干路设置互通立交，不合理。

历年考题

【2022-10-04 题】 某城市副中心以商贸服务为主，周边是新城。为了改善该区域交通拥堵、停车难的现状问题，拟进行交通优化。规划拟增加部分支路，将路网密度增加到 10km/km^2，并对道路交叉口进行了渠化改造，在 A 处设计一处互通立交桥……

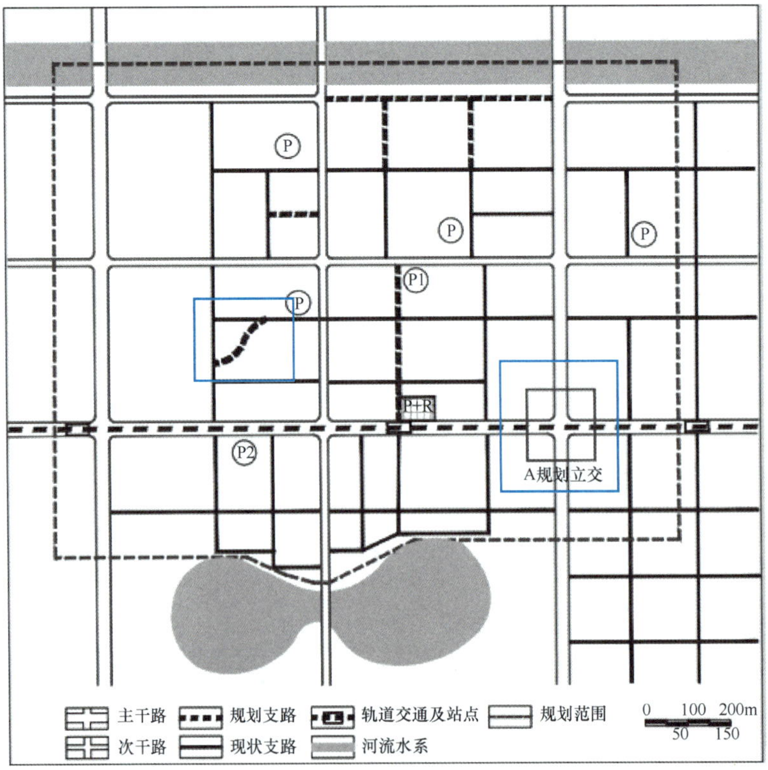

2022-10-04 题图

考点解析：局部路口形成了畸形交叉口【考点①】；A处规划互通立交不合理【考点②】。

■ 道路交叉口数量

主要考点

【考点①】为疏解过境交通拥堵问题导致城市道路与过境道路交叉口数量过多，不利于交通组织，且不能解决拥堵问题。

历年考题

【2023-04题】 A市是特大城市B的远郊县级市，A市中心城区与B市中心城区相距40km……（2）原址拓宽中心城区西部的国道，缓解过境交通拥堵……

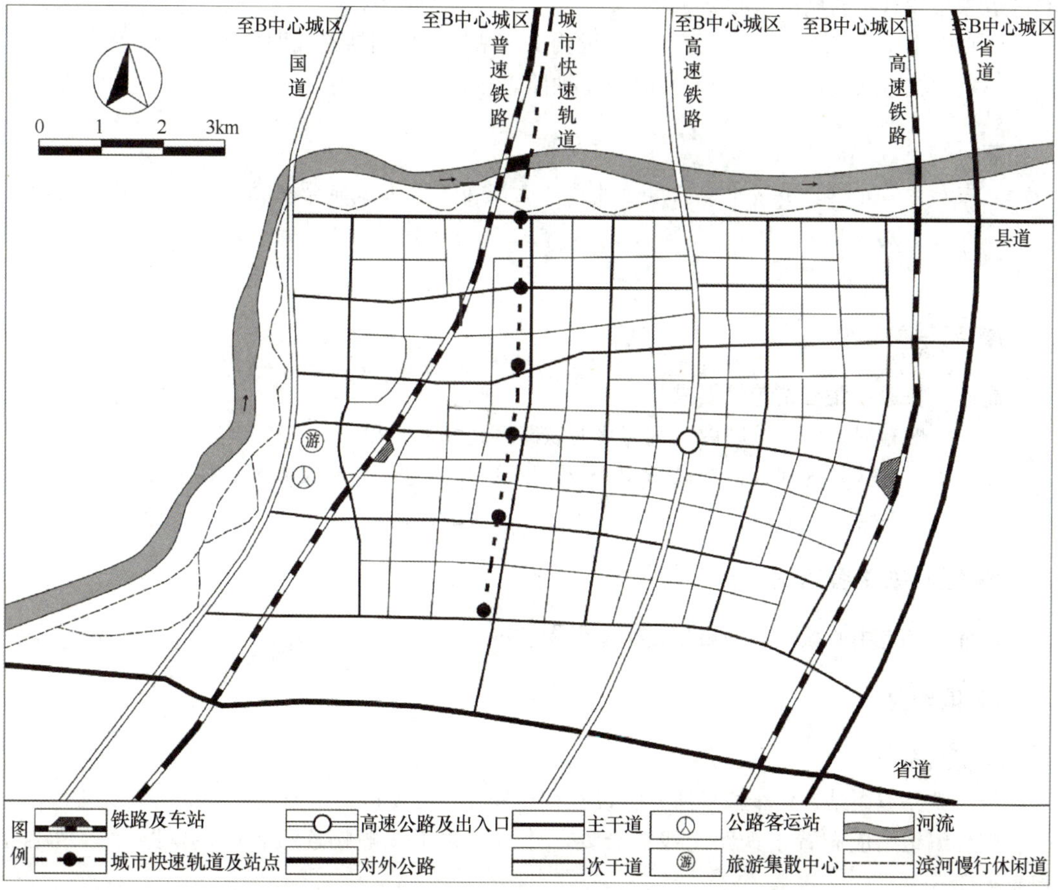

2023-04 题图

考点解析：城市道路与过境道路交叉口数量过多，不利于交通组织，并不能解决拥堵问题【考点①】。

知识点 7　铁路

■ 普通铁路线路

（1）在城市铁路布局中，场站位置起着主导作用，线路的走向是根据场站与场站、场站与服务地区的联系需要而确定的。

（2）站点：站点选择要考虑城市性质、人口规模、与交通枢纽的衔接。**注意：高铁目前主要是客运**。

■ 普通铁路客运站

客运站选址与数量

（1）中、小城市客运站可以布置在城区边缘，大城市可能有多个客运站，应深入城市中心区边缘布置（距离城市中心 2～3km 处）。

（2）中小城市（人口≤100 万）一般设置 1 个站场，依据铁路线网位置合理设置。

（3）大城市（人口＞100 万）可有多个铁路客运站。

拓展

布局方式，中、小城市常采用通过式；大城市、特大城市常采用尽端式或混合式的布置。

■ 高铁站

高速、快速铁路客站选址要求

（1）一般布局在中心城区内，宜与普通铁路客运站结合设置。

（2）中心城区外规划人口规模 50 万人及以上的城市地区，宜设置高、快速铁路客运站。

（3）高铁客运站不应侵占永久基本农田。

■ 城际铁路客运站

选址应靠近中心城镇和城市主要中心设置。

■ 编组站

编组站布局

（1）铁路编组站、动车段（所）等设施宜布局在中心城区边缘或之外。

（2）编组站应布置于铁路干线汇合处，并与铁路干线顺畅连接，可与铁路货运站结合设置。

知识点 8　公路及客运站选址

■ 公路的定义

公路是指连接城市之间、城乡之间、乡村与乡村之间、和工矿基地之间，按照国家技术标准修建的，由公路主管部门验收认可的公路，包括高速公路、一级公路、二级公路、三级公路、四级公路，但不包括田间或农村自然形成的小道，主要供汽车行驶并具备一定技术标准和设施。

拓展

农村道路 8m 以上为公路用地，8m 及以下为农村道路。

■ 公路等级

(1) 按行政等级分：国道、省道、县道、乡道。

(2) 按技术等级分：高速公路、一、二、三、四级公路（设计车速不同）。

■ 公路的衔接

(1) 城市主要对外公路应与城市干线道路顺畅衔接，规划人口规模 50 万以下的城市可与次干路衔接。

(2) 支线道路不宜直接与干线道路形成交叉连通。

■ 高速公路出入口

高速公路城市出入口，应根据城市规模、布局、公路网规划和环境条件等因素确定，宜设置在建成区边缘，特大城市可在建成区内设置高速公路出入口，其平均间距宜为 5～10km，最小间距不应小于 4km。

总结：

(1) 数量：县级城市一般设置 1～2 个高速公路出入口。

(2) 间距：高速公路出入口间距过小，存在交通安全隐患（＜4km）。

(3) 距离：高速公路出入口与城市道路交叉口间距过近，互相干扰，存在交通安全隐患。

(4) 衔接：越级衔接，高速公路与主干路（生活性）、次干路、支路直接连接。

■ 公路客运站选址

(1) 大城市、特大城市、地区公路交通枢纽的城市：多个方向设置客运站，并与货运站和技术站分开设置。客运站常设在城市中心区边缘，用城市交通性干路与公路相连。

(2) 中、小城市：一般一个长途客运站，或者合设。

(3) 公路客运站宜结合铁路、港口、机场布局，并应与城市交通系统相衔接。

■ 公路货运站选址

位置选择与货主的位置和货物的性质有关。

(1) 供应城市日常生活用品的货运站应布置在城市中心区边缘。

(2) 以工业产品、原料和中转货物为主的货运站应布置在工业区、仓库区或货物较为集中的地区，亦可设在铁路货运站、货运码头附近，以便组织水陆联运。

(3) 公路货运站应结合铁路货站、港区、工业区、仓储区和物流园区合理设置。要与城市、交通干路有好的联系。

主要考点

【考点①】公路客运站远离客源集中区域，不利于客流集散与便捷服务。

【考点②】公路客运站被道路分割，对公路交通和人流安全均有较大安全隐患。

【考点③】客运交通枢纽选址过偏，不利于城区使用，距离轨道交通站点较远，换乘不便。

【考点④】互通立交与现状高速公路的互通立交距离太近，不符合《城市对外交通规划规范》GB 50925—2013 要求（不应小于 4km，宜为 5～10km）。

历年考题

【2014-04 题】 某建制镇，地理位置优越，对外交通便利，距省城 80km、县城 50km、邻市 20km。镇域现状人口 2.8 万，镇区人口 1.5 万。规划到 2030 年，镇域人口达 3.5 万，镇区人口 2.3 万。该镇有一个四级公路客运站 A，日发送旅客 500 人左右，占地 0.5hm^2，位于老镇区中心，周围为商业用地，再外围是居住用地。公路客运部门拟将现状公路客运站搬迁新建。理由是该公路客运站规模偏小、秩序混乱、影响镇的形象。预测到 2030 年日发送旅客 1000 人左右。拟建新站如图站址 B，B 客运站仍为四级站，占地 1.5hm^2。下图为某镇公路客运站选址示意图。

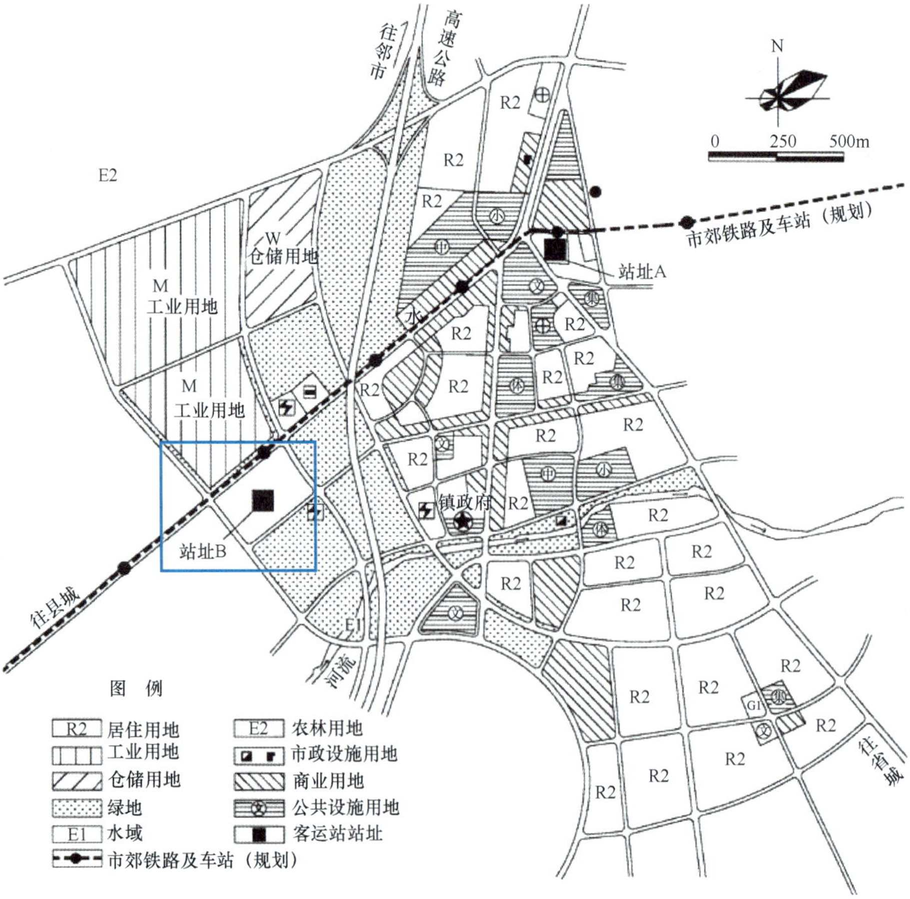

2014-04 题图

考点解析：选址 B 远离客源集中区域，不利于客流集散与便捷服务【考点①】。

【2013-05 题】 某省会城市市郊铁路小镇规划人口规模 5.5 万人，省会城市总体规划中确定的 3 个铁路货运站场之一即位于该镇，年货运量为 100 万吨，主要为本市生产生活服务，兼为周边县市服务。为落实上位规划，解决好该镇的对外交通，市政府责成有关部门专题研究铁路货场的对外交通组织和镇公共汽车客运站的选址。有关部门分别提出 A、B 两个货运通道选址方案和甲、乙两个客运站选址方案，其中选线 A 利用现有国道，选线 B 为新建道路。如下图所示。

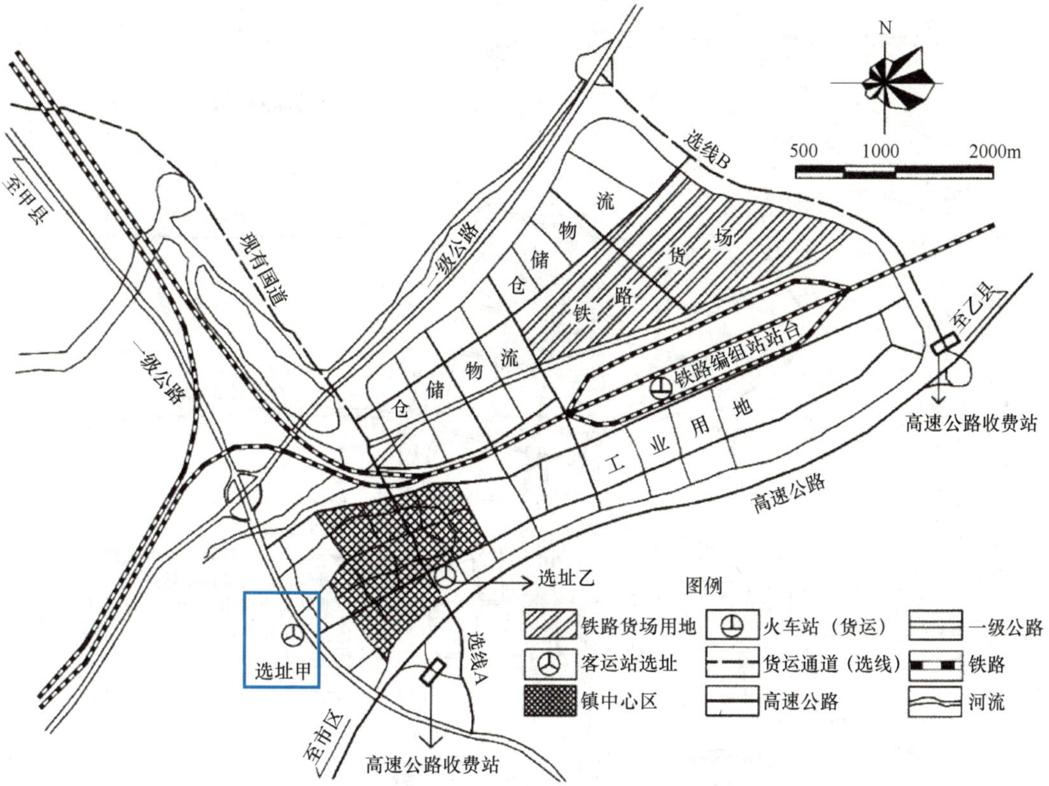

2013-05 题图

考点解析：选址甲与客流被一级道路分割，对公路交通和人流安全均有较大安全隐患【考点②】。

【**2017-04 题**】 A 市三面环山，是某大城市主城区周边的县级市，有一条干路与大城市主城区直接连接，南、北分别有公路向西联系山区和乡镇，紧邻 A 市东侧有大城市主城区的绕城高速公路，规划一条从大城市主城区进入 A 市的轨道交通客运线，贯穿 A 市城区南北，现要结合轨道交通站点，选址一处 A 市的客运交通枢纽。

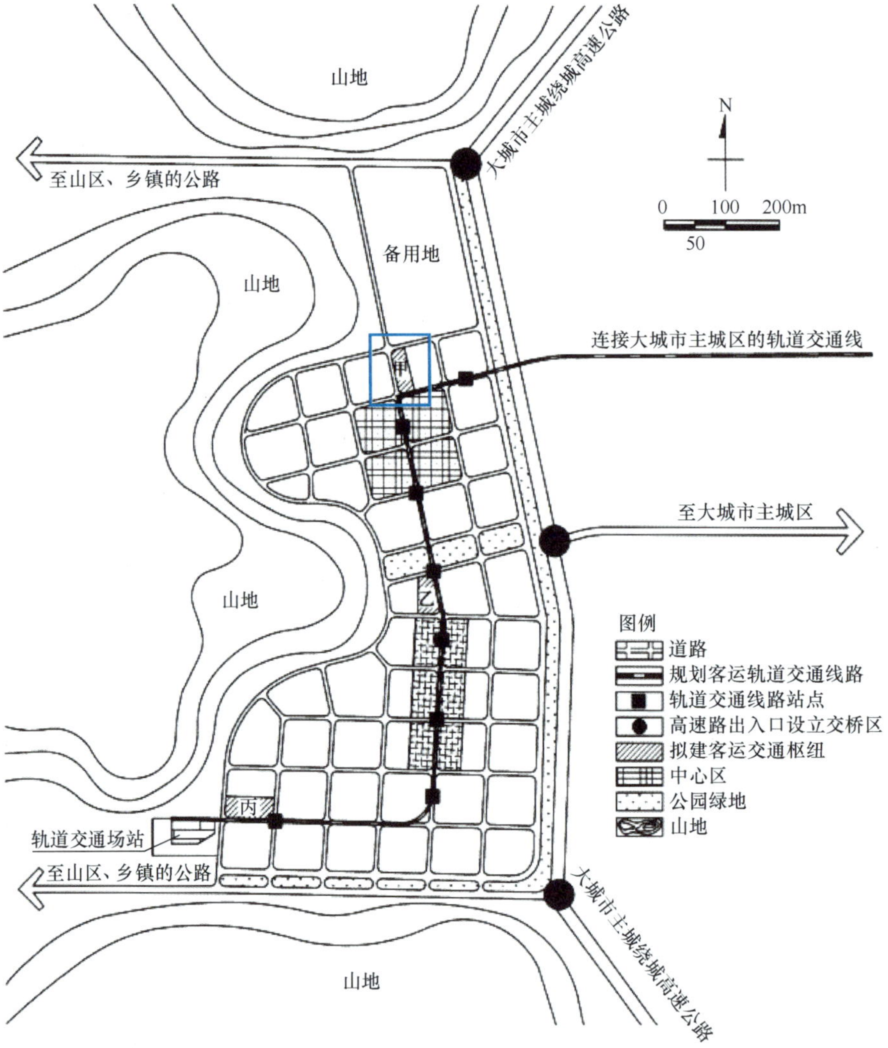

2017-04 题图

考点解析：选址甲过偏，不利于南城区使用，距离轨道交通站点较远，换乘不便【考点③】。

【2021-04 题】 某省 A 市沿海港口拥有集装箱和干散货两大码头作业区。该省决定建设一条疏港高速公路连接海港和腹地城市，以强化港口辐射能力，推动沿线城市外贸经济发展，在经过 A 市中心城区附近时提出三条线路比选方案……

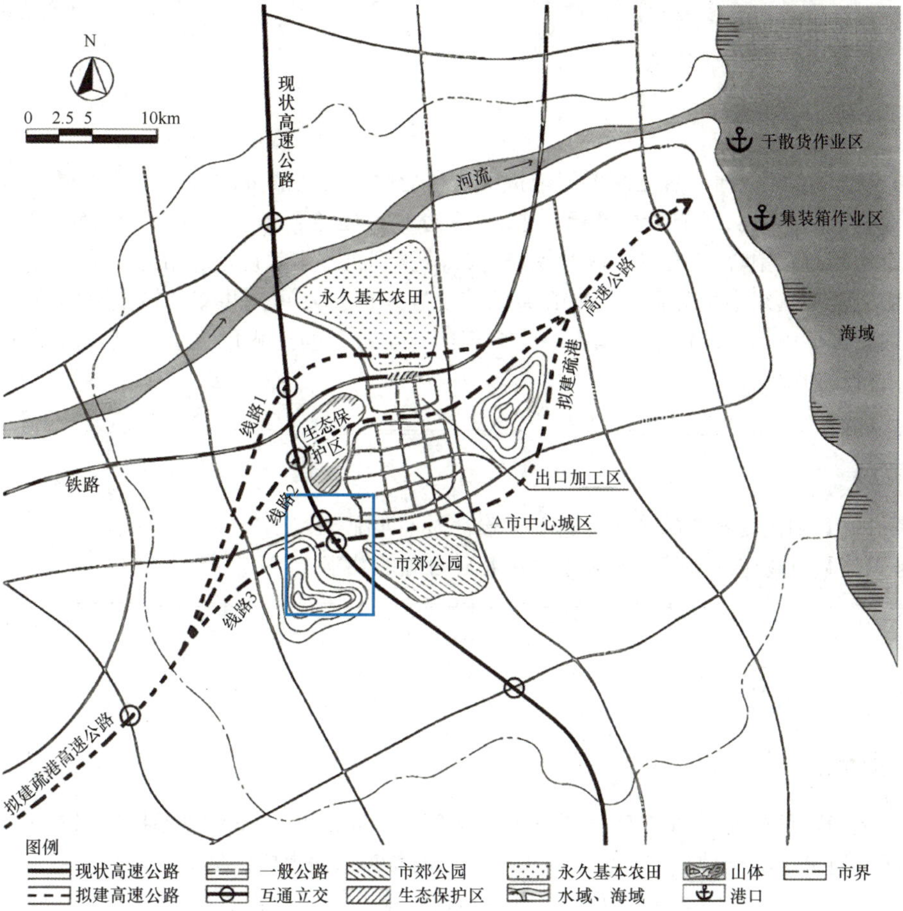

2021-04 题图

考点解析：西面的拟建互通立交与现状高速公路的互通立交距离太近，不符合《城市对外交通规划规范》GB 50925—2013 要求（不应小于 4km，宜为 5～10km）【考点④】。

知识点 9　机场

■ 与城区的关系

（1）机场跑道轴线方向应避免穿越城区和城市发展主导方向。

（2）跑道中心线延长线与城区边缘的垂直距离应大于 5km。

（3）延长线穿越城区时，靠近城市的一端与城区边缘的距离应大于 15km。

（4）干线机场距离市中心宜为 20～40km，支线机场距市中心宜为 10～20km。

■ 安全

远离易燃易爆、产生大量烟雾、电磁干扰的地区。机场与变电站等相邻不合理，有电磁干扰，易造成飞行安全隐患，机场与石油、化学、火电厂等相邻不合理，威胁机场安全。

■ 选址

（1）机场附近应布局高附加值产业。

（2）机场选址未共享共建。

■ 交通

《国家综合立体交通网规划纲要》中指出，享受快速交通服务的人口比重大幅提升，除部分边远地区外，基本实现全国县级行政中心 15 分钟上国道、30 分钟上高速公路、60 分钟上铁路，市地级行政中心 45 分钟上高速铁路，60 分钟到机基本实现地级市之间当天可达。中心城区至综合客运枢纽半小时到达。中心城区综合客运枢纽之间公共交通转换时间不超过 1 小时。交通基础设施无障碍化率大幅提升，旅客出行全链条便捷程度显著提高，基本实现“全国 123 出行交通圈”。

主要考点

【考点①】和机场相邻的产业与机场运输性质不匹配。

【考点②】机场选址过偏，不利于区域基础设施的共享。

知识点 10　港口

■ 货运港

（1）港口选址应符合城市环境要求，与水厂、水库取水口和水源保护区保持安全距离。危险品码头选址应符合城市安全要求。大型港口的集疏运通道应区域共享。

（2）港区应合理确定集疏运方式，集疏运通道应与高速公路、一级公路、二级公路、城市快速路或主干路衔接。

（3）水深较浅不适合建设深水码头：暗礁不适合建港；砂质海岸不适宜建港；礁石海岸适宜建港。

（4）合理确定航运、工业、仓储、市政、生活和生态岸线；预留生活岸线；全面禁止新增围填海项目。

适合航运的产业：大宗货物、石化、钢铁、矿石原料、煤炭、木材等。

（5）集疏运交通：大型货运港口应优先发展铁路、水路集疏运方式，并应规划独立的集运道路，集疏运道路应与国家和省级高速公路网络顺畅衔接。

（6）港口与海洋自然保护区、水厂、水库取水口和水源保护区保持安全距离。

■ 客运港

《城市综合交通体系规划标准》中相关规定如下。

（1）城市客运港口宜与城市公共交通枢纽、公路客运站等交通枢纽结合设置。

（2）客运港宜布局在中心城区，应与城市交通紧密衔接。客运港用地规模应按高峰小时旅客聚集量确定。

主要考点

【考点①】港口作业区缺少疏港大道联系。

历年真题

【2024-04 题】 图如下。

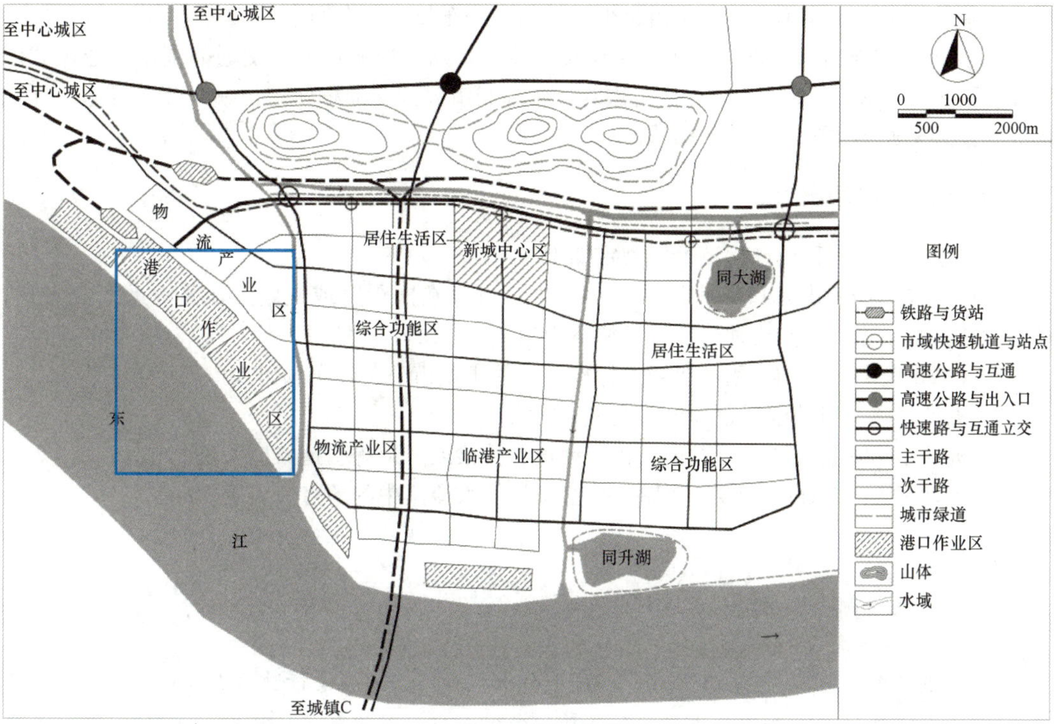

2024-04 题图

考点解析：港口作业区道路等级过低，缺少疏港大道联系港口、货运站及高速公路【考点①】。

知识点 11 停车场

■ 公共停车场

《城市停车规划规范》GB/T 51149—2016 中相关规定如下。

(1) 公共停车场应设置不少于总停车位 10%的充电停车位。

(2) 规划用地总规模宜按人均 0.5～1.0m^2 计算，规划人口规模 100 万及以上的城市宜取低值。

(3) 单个公共停车场规模不宜大于 500 个车位。

(4) 地面机动车停车场用地面积，宜按每个停车位 25～30m^2（停车楼 30～40m^2）。

(5) 城市公共停车场宜布置在客流集中的商业区、办公区、医院、体育场馆、旅游风景区及停车供需矛盾突出的居住区，其服务半径不应大于300m。

（6）机动车换乘停车场应结合城市中心区以外的轨道交通车站、公交枢纽站和公交首末站布设。

■ P+R停车场

国务院《关于推动城市停车设施发展的意见相关规定》相关规定如下。

1. 定义：P+R（Park and Ride）停车场即换乘停车场，早上驾车停进P+R停车场，然后去换乘地铁抵达工作单位，下班后再坐地铁到达停车场，驾车回家。

2. 要求：加强出行停车与公共交通有效衔接，鼓励大中城市轨道交通外围站点建设“停车+换乘”（P+R）停车设施，支持公路客运站和城市公共交通枢纽建设换乘停车设施，优化形成以公共交通为主的城市出行结构。

■ 室外停车场出入口

1.《城市道路工程设计规范》中规定如下。

机动车停车场的出入口不宜设在主干路上，可设在次干路或支路上，并应远离交叉口；严禁设在人行横道、公共交通停靠站及桥隧引道处。

2.《城市公共停车场工程项目建设标准》中关于城市公共停车场出入口规定如下。

① 机动车出入口的位置距离道路交叉口宜大于80m；

② 机动车出入口距离人行过街天桥、地道、桥梁或隧道等引道口应大于50m；

③ 机动车出入口距离学校、医院、公交车站等人流集中的地点应大于30m。

拓展

《民用建筑设计统一标准》GB 50352—2019

室外机动车停车场的出入口数量应符合下列规定：

① 当停车数为50辆及以下时，可设1个出入口，宜为双向行驶的出入口；

② 当停车数为51～300辆时，应设置2个出入口，宜为双向行驶的出入口；

③ 当停车数为301～500辆时，应设置2个双向行驶的出入口；

④ 当停车数大于500辆时，应设置3个出入口，宜为双向行驶的出入口。

主要考点

【考点①】P+R停车场应结合轨道交通外围站点设置。

【考点②】停车场、车位数量过多。

历年考题

【2022-10-04题】 某城市副中心以商贸服务为主，周边是新城。为了改善该区域交通拥堵、停车难的现状问题，拟进行交通优化。规划拟增加部分支路，将路网密度增加到10km/km^2，并对道路交叉口进行了渠化改造，增加三处路外公共停车场P1、P2、P+R，车位分别为500、300、250个……

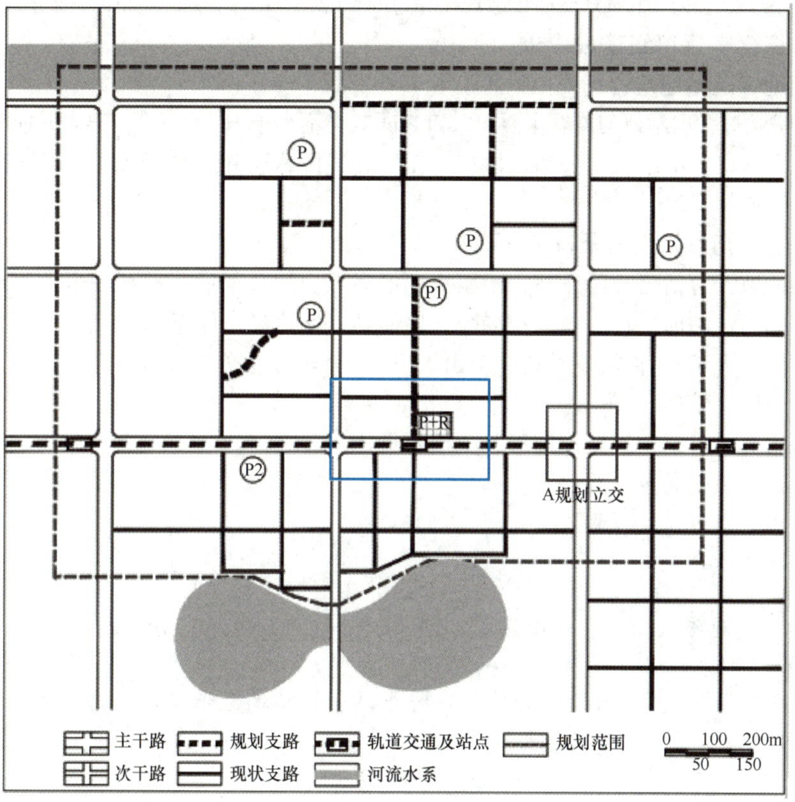

2022-10-04 题图

考点解析：P+R 停车场设置在城市副中心内不合理，未结合轨道交通外围站点设置【考点①】。

知识点 12　城市客运枢纽

■ 定义

在城市客运交通系统中，为不同交通方式或同一交通方式不同方向、功能的线路提供的客流集散和转换的场所。

■ 分类

1. 城市客运枢纽分类

① 城市综合客运枢纽：服务于航空、铁路、公路、水运等对外客流集散与转换，可兼顾城市内部交通的转换功能。如火车站、客运站、飞机场等。

② 城市公共交通枢纽：服务于以城市公共交通为主的多种城市客运交通之间的转换。如公共汽车枢纽、轨道交通枢纽等。

2. 城市综合客运枢纽设置

① 城市综合客运枢纽宜与城市公共交通枢纽结合设置。

② 城市综合客运枢纽必须设置城市公共交通衔接设施。规划有城市轨道交通的城市，应有城市轨道交通衔接。

③ 城市综合客运枢纽中对外交通集散规模超过 5000 人次/d，应规划对外客流集散与转换用地。

3. 城市综合客运枢纽建设要求

(1)《交通客运站建筑设计规范》JGJ/T 60—2012

① 汽车进站口、出站口与旅客主要出入口之间应设不小于 5m 的安全距离，并应有隔离措施

② 汽车进站口、出站口与公园、学校、托幼、残障人使用的建筑及人员密集场所的主要出入口距离不应小于 20m。

(2)《汽车客运站级别划分和建设要求》JTT 200—2020

① 换乘设施：包括公交停靠站、出租汽车停靠点、社会车辆停靠点、非机动车停车场。

② 站前广场：站前广场应规划布局公交停靠站、非机动车停车场。

③ 停车场：大于 50 辆需要设置 2 个出入口，500 辆以上需要设置 3 个出入口。

④ 站务用房：站房。

⑤ 辅助用房：包括生产辅助用房和生活辅助用房。

⑥ 出入口：不朝向主干路。

拓展

汽车客运站

《汽车客运站级别划分和建设要求》JT/T 200—2020 中相关要求如下。

(1) 级别划分依据

以设施与设备配置、日发量为依据，将车站等级从高到低依次分为一级车站、二级车站、三级车站。

(2) 一级车站

设施与设备符合一级车站配置要求，且具备下列条件之一：

① 日发量在 5000 人次及以上的车站；② 日发量在 2000 人次及以上的旅游车站、国际车站、综合客运枢纽内的车站。

(3) 二级车站

设施与设备符合表 1 和表 2 中二级车站配置要求，且具备下列条件之一：

① 日发量在 2000 人次及以上、不足 5000 人次的车站；

② 日发量在 1000 人次及以上，不足 2000 人次的旅游车站、国际车站，综合客运枢纽内的车站。

(4) 三级车站

设施与设备符合表 1 和表 2 中三级车站配置要求，且日发量在 300 人次及以上、不足 2000 人次的车站。

主要考点

【考点①】客运车辆出口朝向主干路。

【考点②】站前广场社会车辆车库入口距离道路交叉口距离过近。

【考点③】旅客出站口距离轨道交通站点距离过远，换乘不便。

【考点④】客运车辆入口附近设置多种功能相同设施，易造成相互干扰。

【考点⑤】社会车辆地下车库出入口布置在站前广场，干扰站前广场交通流线组织。

历年考题

【2018-04 题】 根据相关规划，某大城市在市郊的地铁站点附近选址新建一处以汽车客运

站（一级）为主体的客运枢纽。客运站用地临近城市主次干路，主要承担长途和城乡客运，客运站旅客到发以轨道和地面公交出行方式为主；枢纽规划要求配置公交停靠站、出租车上（下）客区和社会车辆停放场地等各类换乘设施。枢纽规划布局方案如图所示。试指出该客运枢纽方案存在的不足之处（不涉及道路交通标志、信号控制、渠化设计、标线和周边用地出入交通等内容）。

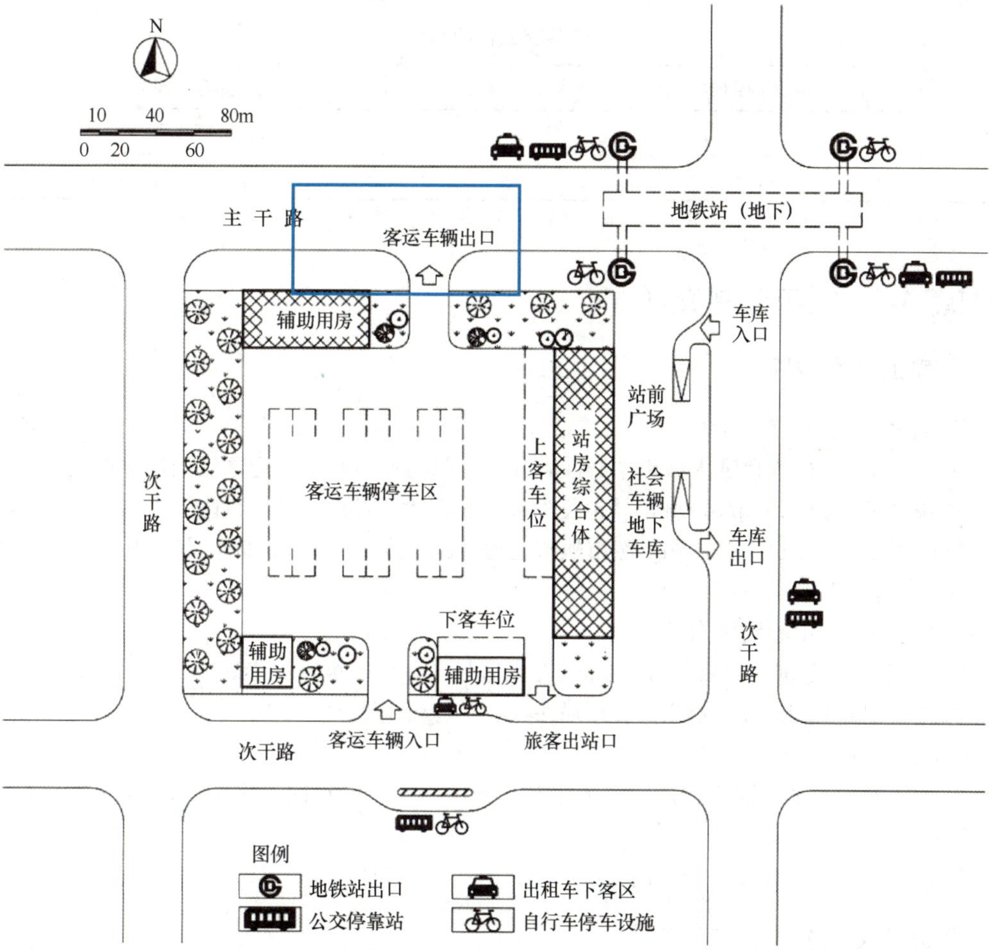

2018-04 题图

考点解析：客运车辆出口朝向主干路【考点①】；站前广场社会车辆车库入口距离道路交叉口距离过近【考点②】；旅客出站口位于地块南侧，距离轨道交通站点距离过远，换乘不便，客运车辆入口附近设置出租车下客区及南侧公交停靠站，易造成相互干扰【考点③】；社会车辆地下车库出入口布置在站前广场，干扰站前广场交通流线组织【考点④】；东侧公交停靠站与出租车下客区位置不当，未布置在站前广场【考点⑤】。

知识点 13　城市公共交通枢纽

■ 布局及用地要求

（1）城市公共交通枢纽宜与城市大型公共建筑、公共汽电车首末站以及轨道交通车站等合并布置。

（2）城市公共交通枢纽高峰小时客流转换规模（不包括城市轨道交通车站内部换乘量）达到2000人次/h，应规划城市公共交通枢纽用地，城市公共交通枢纽用地在城市中心区宜按照0.5～1m²/人次控制，其他地区宜按照1～1.5m²/人次控制。

（3）城市公共交通枢纽用地规模

城市公共交通枢纽用地规模

客运枢纽区位	用地规模（m²）
城市中心区	2000～5000
其他地区	2000～10000

知识点14　城市公共交通

■ 轨道交通线路

（1）快线布置要求

城市轨道交通快线宜进入城市中心区，并应加强与城市轨道交通干线的换乘衔接。

① 快线A速度65km/h，城市轨道交通线路长度大于50km时，宜选用快线A。

② 快线B速度45～60km/h，城市轨道交通线路长度30～50km时，宜选用快线B。

（2）干线布置要

干线宜布局在中心城区内。

① 干线A速度30～40km/h，宜布局在大客流及以上等级客流走廊。

② 干线B速度20～30km/h，宜布局在大、中客流走廊。

（3）线路布局原则

① 城市轨道交通线路走向应与客流走廊主方向一致，可在同一客流走廊内布设多条轨道交通线路。

② 出行时间：高峰期95%的乘客单程出行时间不宜大于45min。

■ 轨道交通站点

1. 站点布置原则：城市土地使用高强度地区，应提高轨道交通站点的密度，城市轨道交通主要换乘站应与城市各级中心结合布局，并方便乘客的换乘需求和轨道交通的组织。

2. 规定交通衔接：

① 城市轨道交通应优先与集约型公共交通及步行、自行车交通衔接。

② 周边800m半径范围内应布设高可达、高服务水平的步行交通网络。

③ 非机动车停车场选址宜在站点出入口50m内。

④ 站点与公交首末站衔接时，与首末站的换乘距离不宜大于100m。

⑤ 站点与公交停靠站衔接时，与停靠站的换乘距离不宜大于50m。

⑥ 城市公共交通不同方式，不同线路之间的换乘距离不宜大于200m。

⑦ 服务半径一般采用800m，干线A平均站间距：1.0～2.0km；干线B平均站间距：0.5～1km。**注意：服务半径≠平均站间距。**

拓展

轨道交通控制保护区

（1）建设控制区（《城市综合交通体系规划标准》GB/T 51328—2018）

① 线路通道建设控制区宽度宜为 30m。

② 标准地下车站控制区长度宜为 200～300m，宽度宜为 40～50m；标准地面、高架车站控制区长度宜为 150～200m，宽度宜为 50～60m。

（2）控制保护区（《城市轨道交通结构安全保护技术规范》CJJ/T 202—2013）

① 地下车站和隧道结构外边线外侧 50m 内；

② 地面和高架车站以及线路轨道结构外边线外侧 30m；

③ 出入口、通风亭、变电站等附属建、构筑物结构外边线外侧 10m 内；

④ 过江隧道结构外边线 100m 内。

主要考点

【考点①】轨道交通站点布局不合理：①轨道交通站点未结合城市次中心布局，②未结合火车站设置，③换乘距离过远，④站点数量少，不满足《城市综合交通体系规划标准》中在土地使用高强度地区，应提高轨道交通站点密度的要求。

【考点②】公交枢纽站选址距离地铁站点较远，未结合地铁站点布置，不方便乘客换乘。

【考点③】地铁线路选线未结合中心城区，不利于与城市轨道交通干线的换乘。

【考点④】客运站选址较偏，①未结合轨道站点、铁路站点，②未形成城市对外客运交通枢纽，不利于乘客换乘使用。

【考点⑤】市域快速轨道在中心城区按高架线位控制不合理，分割城市，影响中心城区风貌和交通组织。

【考点⑥】轨道交通选线过偏，未结合主要客运廊道设置，站点未结合中心区设置。

历年考题

【2019-04 题】 某城市沿江（长江）跨河发展……南侧沿河规划为滨水景观带，组团内设置有轨道交通线站点、公交首末站各一座。

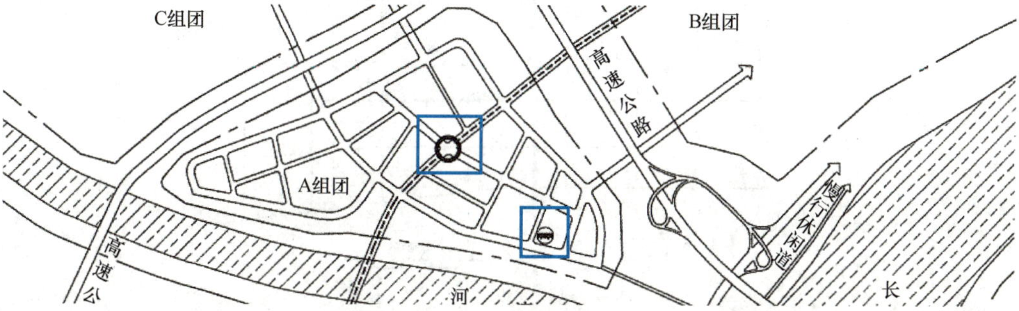

2019-04 题局部图

考点解析：轨道交通站点与公交首末站之间距离过远，换乘不便，依据标准应≤100m【考点①】。

【**2020-04 题**】 A 片区位于某大城市中心城区，南侧紧邻大型城市公园，公园北侧规划建设以商业商务和市级公共服务功能为主的城市次中心，其他区域以居住功能为主……地铁线路从 A 片区南北向穿过，规划设置地铁站一处，临纬三路规划一处公交枢纽站……

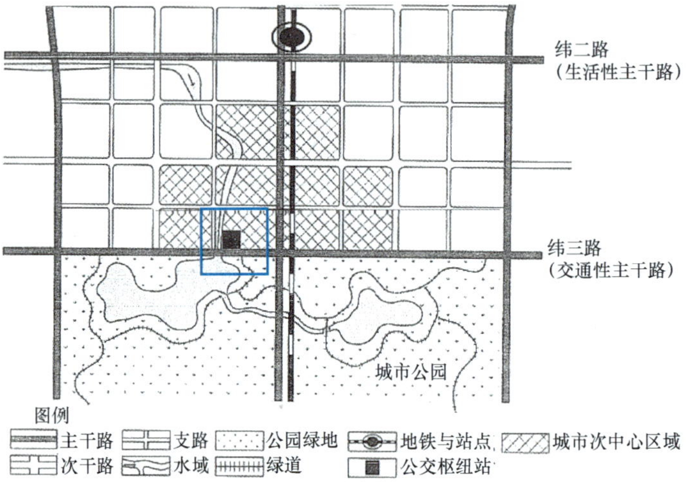

2020-04 题图

考点解析：公交枢纽站选址不合理，距离地铁站点较远，未结合地铁站点布置，不方便乘客换乘【考点②】。轨道交通站点布局不合理：①轨道交通站点未结合城市次中心布局，②站点数量少，不满足《城市综合交通体系规划标准》中在土地使用高强度地区，应提高轨道交通站点密度的要求【考点①】。

【**2022-11-04 题**】 下图是主城区以东的一个新城区，主城区常住人口 550 万人，新城规划人口 50 万人，新城区向西朝主城区发展，规划修建一条连接主城区的地铁线。

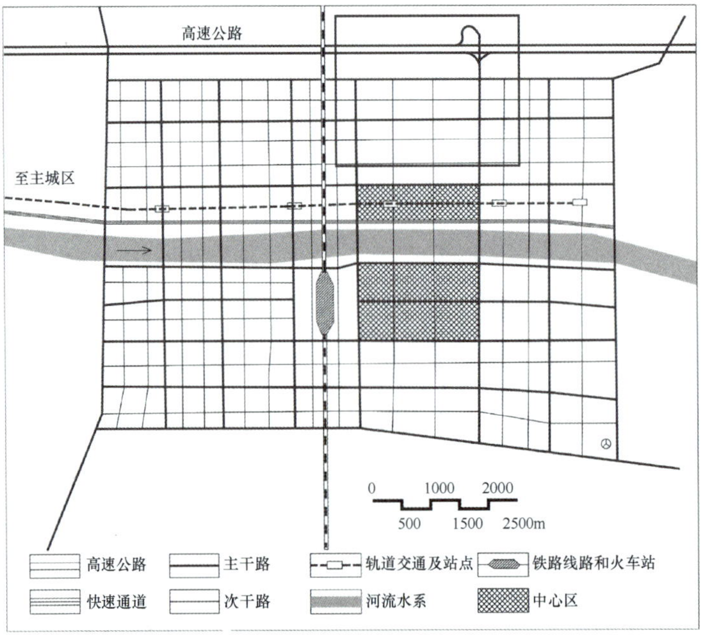

2022-11-04 题图

考点解析：地铁线路选线未结合南部中心城区，不利于与城市轨道交通干线的换乘【考点③】。轨道交通站点布局不合理，①未结合火车站设置，②换乘距离过远【考点①】。客运站选址较偏，①未结合轨道站点、铁路站点，②未形成城市对外客运交通枢纽，不利于乘客换乘使用【考点④】。

【2023-04 题】 A 市是特大城市 B 的远郊县级市，A 市中心城区与 B 市中心城区相距 40km。借助高速铁路开通运营，A 市中心城区跨越现高架的高速公路向东拓展，东部新区承接 B 市中心城区功能疏解，形成综合功能区。

A 市中心城区交通系统规划方案提出：(1) 为融入 B 市都市圈，新增连接 A 市、B 市的市域快速轨道，在中心城区按高架线位控制；(2) 原址拓宽中心城区西部的国道，缓解过境交通拥堵；(3) 沿中心城区北部、西部河流规划休闲景观带，建设滨河慢行休闲道。

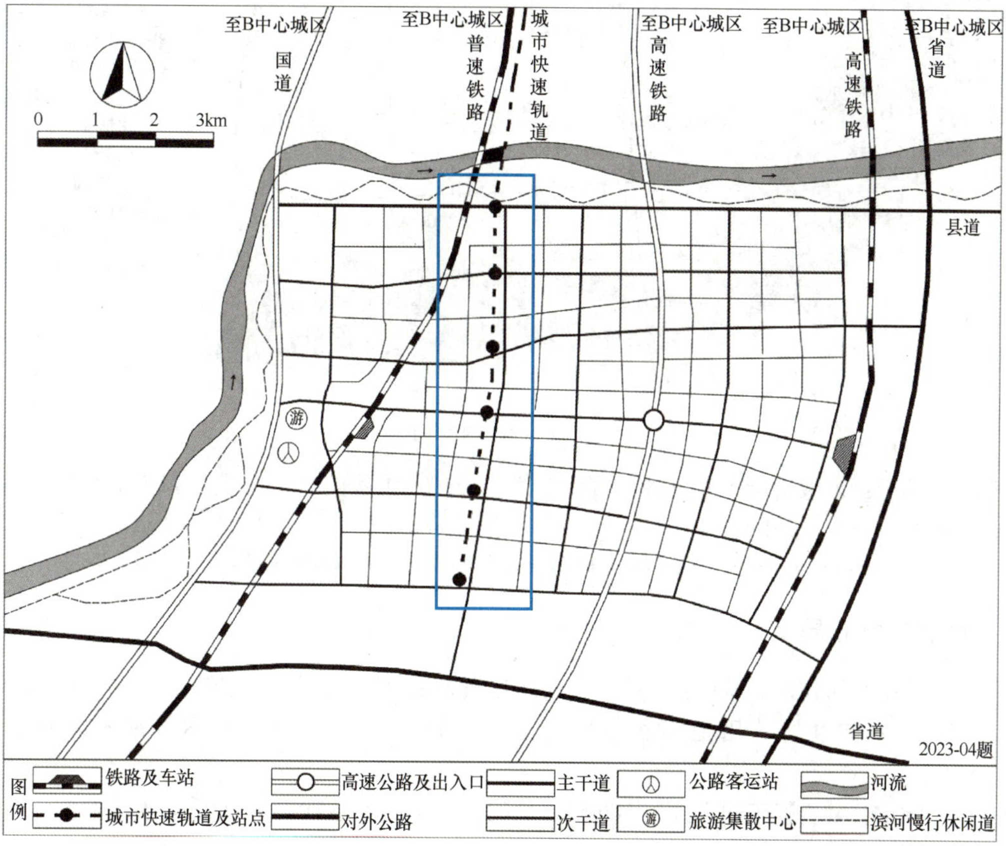

2023-04 题图

考点解析：市域快速轨道在中心城区按高架线位控制不合理，分割城市，影响中心城区风貌和交通组织【考点⑤】；轨道交通选线不合理，偏于西侧，未与东部新区结合且未结合主要客运廊道设置，不利于 B 市中心城区功能疏解【考点⑥】。

【2024-04 题】 某特大城市东部临港新城利用沿江大型港口，加强港城联动发展……在空间上利用铁路和公路通道集约化布局城市主干路和市域快速轨道……

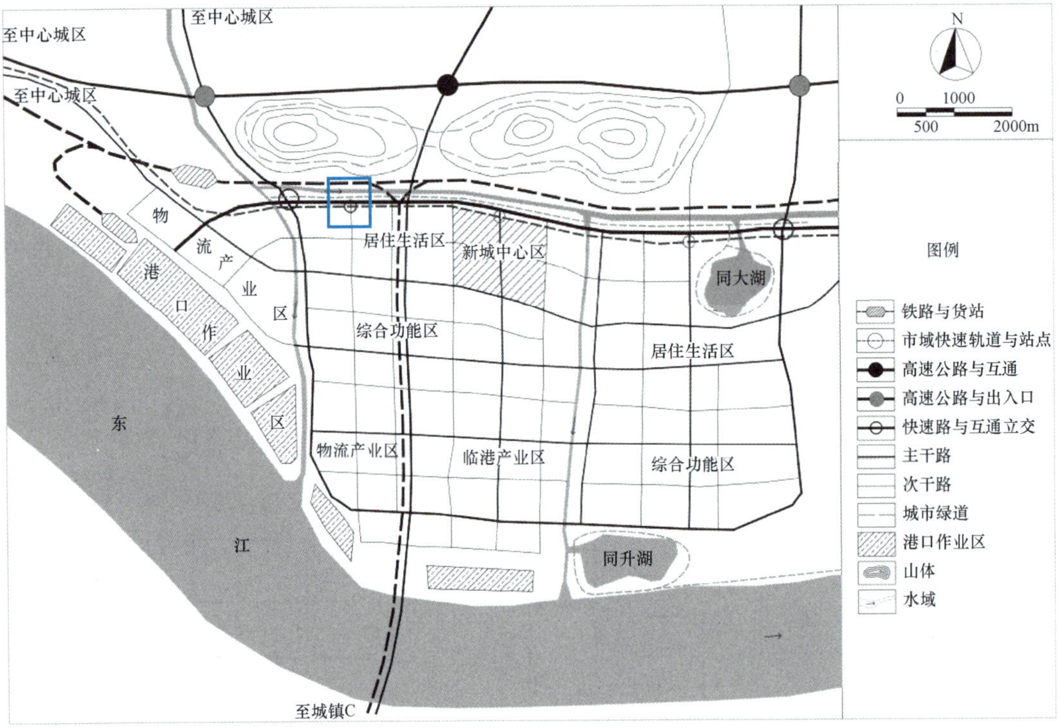

2024-04 题图

考点解析：市域快速轨道线路及站点设置不合理，①线路未结合主要客流走廊；②站点未结合中心区设置。【考点⑥】。

■ 首末站布局及用地要求

（1）宜结合居住区、城市各级中心、交通枢纽等主要客流集散点设置。

（2）单个首末站的用地面积不宜低于 $2000m^2$，在用地紧张地区，首末站不应低于 $1000m^2$。

（3）城市公共交通不同方式、不同线路之间的换乘距离不宜大于 200m，换乘时间宜控制在 10 分钟以内。

知识点 15 货运交通

■ 城市货运交通系统

包括城市对外货运枢纽及交通、城市内部货运、过境货运。

■ 城市对外货运枢纽

（1）包括各类对外运输方式的货运枢纽，及其延伸的地区性货运中心和内陆港。

（2）其布局应依托港口、铁路和机场货运枢纽或者仓储物流用地设置。

（3）内陆港应贴近货源生成地或集散地，并与铁路货运站，水运码头或高速公路衔接便捷。

（4）地区性货运中心包含港口、机场，铁路货运场站、公路货运场站；城市外围货运交通枢纽应与物流园区、物流配送中心货运中心等货运点结合。

（5）地区性货运中心和内陆港与居住区、医院、学校等的距离不应小于 1km；单个地区性货运中心及内陆港的用地面积不宜超过 $1km^2$。

（6）集疏运交通：依托航空、铁路、公路运输的城市货运枢纽，应设置高速公路集疏运通道，或设置与高速公路相衔接的城市快速路，主干路集疏运通道；依托海港、大型河港的城市货运枢纽应加强水路集疏运通道建设，并与高速公路相衔接；大型集装箱枢纽，以大宗货物为主的货运枢纽应设置铁路集疏运通道。

■ 城市内部货运

（1）生产性资运中心：选址宜依托工业用地或仓储物流用地设置；不应设置在居住用地内。

（2）生活性物资集散点：不应设置在居住用地内，并宜邻近居住用地、商业服务中心，且分散布局，应具备与城市对外货运枢纽便捷连接的设施条件。

■ 货运站

（1）货运站的选址

① 中小城市：一般设置 1 个综合性货运站或货场。

② 大城市、特大城市：应按货运站的性质分别设于其服务的地段。

（2）货运站布局

货运站应与城市产业布局相协调，宜与公路、港口等货运枢纽和货运节点结合设置，并应具有便捷的集疏运通道。

铁路货运站场宜设置在中心城区外围，应具有便捷的集疏运通道，可结合公路、港口等货运枢纽合理设置。

主要考点

【考点①】货运站选址未与产业结合。

【考点②】货运站设置在中心城区内。

【考点③】设置多个货运站，增加投资，涉及重复建设。

历年考题

【2024-04 题】 题图如下。

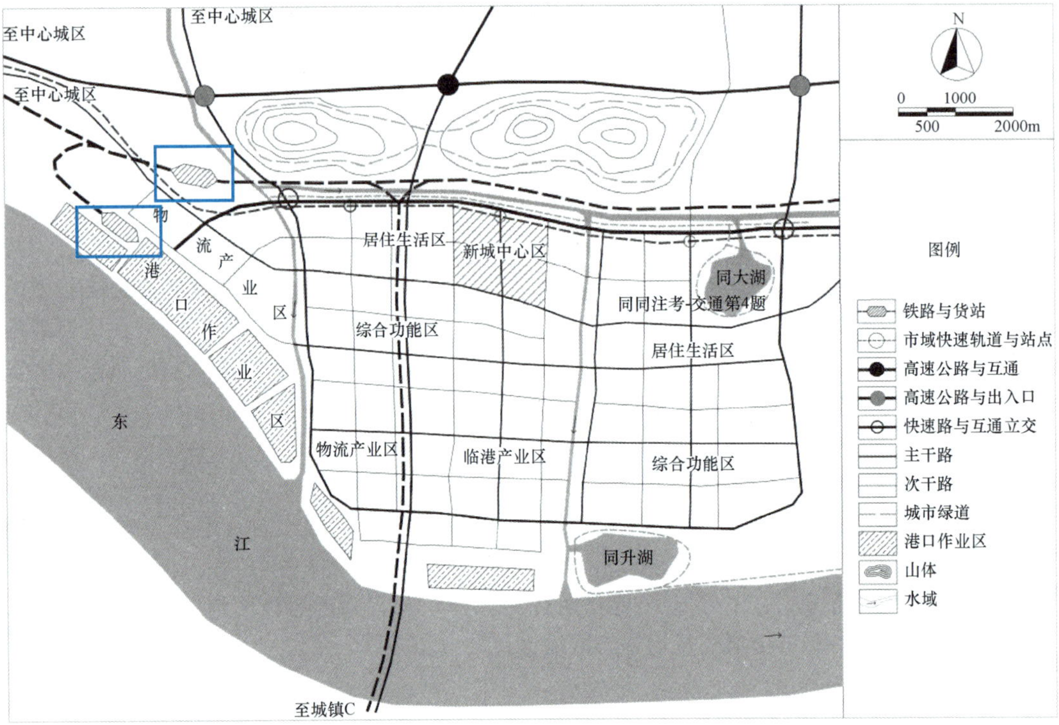

2024-04 题图

考点解析：设置 2 个货运站过多【考点③】。

知识点 16　步行与非机动车交通

■ 步行系统衔接要求

（1）城市内的绿道系统应与城市道路上布设的步行与非机动车通行空间顺畅衔接。

（2）城市应结合各类绿地、广场和公共交通设施设置连续的步行空间；当不同地形标高的人行系统衔接困难时，应设置步行专用的人行梯道、扶梯、电梯等连接设施。

（3）人行道、行人过街设施应与公交车站、城市公共空间、建筑的公共空间顺畅衔接。

■ 相关指标

（1）人行道最小宽度不应小于 2.0m，且应与车行道之间设置物理隔离。

（2）大型公共建筑和大、中运量城市公共交通站点 800m 范围内，人行道最小通行宽度不应低于 4.0m；城市土地使用强度较高地区，各类步行设施网络密度不宜低于 $14km/km^2$，其他地区各类步行设施网络密度不应低于 $8km/km^2$。

■ 非机动车

《城市步行和自行车交通系统规划标准》GB/T 51439—2021 中关于适宜自行车骑行的城市和城市片区，非机动车道的布局与宽度作如下规定：

① 最小宽度不应小于 2.5m。

② 城市土地使用强度较高和中等地区各类非机动车道网络密度不应低于 8km/km^2。

③ 非机动车专用路、非机动车专用休闲与健身道、城市主次干路上的非机动车道，以及城市主要公共服务设施周边、客运走廊 500m 范围内城市道路上设置的非机动车道，单向通行宽度不宜小于 3.5m，双向通行不宜小于 4.5m，并应与机动车交通之间采取物理隔离。

④ 不在城市主要公共服务设施周边及客运走廊 500m 范围内的城市支路，其非机动车道宜与机动车交通之间采取非连续性物理隔离，或对机动车交通采取交通稳静化措施。

⑤ 水网与山地城市道路网络规划应符合以下规定：滨水道路应保证沿线人行道、非机动车道的连续。

主要考点

【考点①】规划不连续慢行道，不符合慢行道应安全、连续、方便、舒适的规定。

历年考题

【2023-04 题】 A 市是特大城市 B 的远郊县级市，A 市中心城区与 B 市中心城区相距 40km。借助高速铁路开通运营，A 市中心城区跨越现高架的高速公路向东拓展，东部新区承接 B 市中心城区功能疏解，形成综合功能区。

A 市中心城区交通系统规划方案提出：(1) 为融入 B 市都市圈，新增连接 A 市、B 市的市域快速轨道，在中心城区按高架线位控制；(2) 原址拓宽中心城区西部的国道，缓解过境交通拥堵；(3) 沿中心城区北部、西部河流规划休闲景观带，建设滨河慢行休闲道。

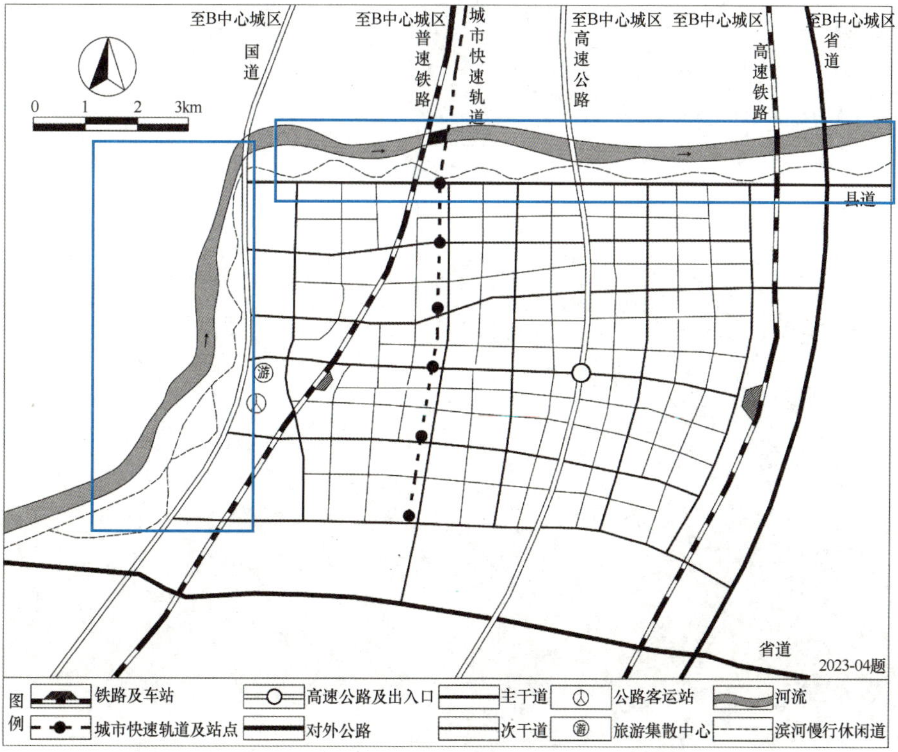

2023-04 题图

考点解析：规划滨河慢行休闲道不合理，与铁路、国道等交叉，规划不连续，不符合慢行道应安全、连续、方便、舒适的规定【考点①】。

知识点 17　公共加油加气站、充换电站

公共加油加气站、公共充换电站设置要求

<table>
<tr><th></th><th colspan="3">公共加油加气站</th><th>公共充换电站</th></tr>
<tr><td rowspan="2">服务半径</td><td colspan="3">宜为 1～2km</td><td>宜为 2.5～4km</td></tr>
<tr><td colspan="4">城市土地使用高强度地区、山地城市宜取低值</td></tr>
<tr><td rowspan="4">用地面积</td><td>昼夜加油（气）的车次数</td><td>加油站等级</td><td>用地面积（m²）</td><td rowspan="4">公共充电站用地面积宜控制在 2500～5000m²；
公共换电站用地面积宜控制在 2000～2500m²</td></tr>
<tr><td>2000 以上</td><td>一级</td><td>3000～3500</td></tr>
<tr><td>1500～2000</td><td>二级</td><td>2500～3000</td></tr>
<tr><td>300～1500</td><td>三级</td><td>800～2500</td></tr>
<tr><td>布置要求</td><td colspan="3">公共加油站、加气站宜合建；
城市中心区宜设置三级加油加气站；
宜沿城市主、次干路设置，其出入口距道路交叉口不宜小于 100m；
应结合城市公共交通场站设置</td><td>每 2000 辆电动汽车应配套一座公共充电站</td></tr>
</table>

板块 7　历史文化保护

微信扫码
免费听课

历年考频

考点	历史文化名城	历史文化名镇名村	历史文化街区	历史建筑	文物保护单位	地下文物埋藏区	大拆大建	土地征收	建筑高度	土地出让	规划条件
考频	1	1	5	1	3	1	1	1	1	1	1

知识点 1　相关名词

（1）历史文化名城：保存文物特别丰富，具有重大历史文化价值和革命意义的城市；分为国家级和省级。

（2）历史文化名镇名村：分为国家级和省级。

（3）历史城区：古城区。**注意：无须公布，历史城区是历史文化名城的一部分。**

（4）历史文化街区：省级政府公布、保存文物丰富、历史建筑集中成片、完整和真实地体现传统格局和历史风貌，具有一定规模（$1hm^2$）的区域。

（5）传统村落：村落形成早，拥有较丰富的文化与自然资源，具有一定历史、文化、科学、艺术、经济、社会价值，应予以保护的村落。

（6）历史地段：能够反映历史风貌、民族或地方特色的地区。**注意：无需公布。**

（7）文物保护单位：国务院、省、市、县政府公布的保护建筑。

（8）历史建筑：经市、县人民政府公布具有一定保护价值，能够反映历史风貌和地方特色，未公布为文物保护单位，也未登记为不可移动文物的建筑物、构筑物。**注意：不是文物。**

（9）传统风貌建筑：除文物保护单位和历史建筑外，具有一定历史，对历史地段风貌形成有价值或意义的建筑物或构筑物。**注意：不是文物，也不是历史建筑。**

（10）历史环境要素：反映历史风貌的铺地、石阶、围墙、驳岸、古井、古树名木等。

（11）地下文物埋藏区：地下文物集中的区域，由市县人民政府或行政主管部门公布。

（12）水下文物保护区：水下文物分布较为集中、需要整体保护的水域。

（13）历史文化保护线：在市、县、乡镇国土空间总体规划中统筹划定包括文物保护单位保护范围和建设控制地带、水下文物保护区、地下文物埋藏区、城市紫线。

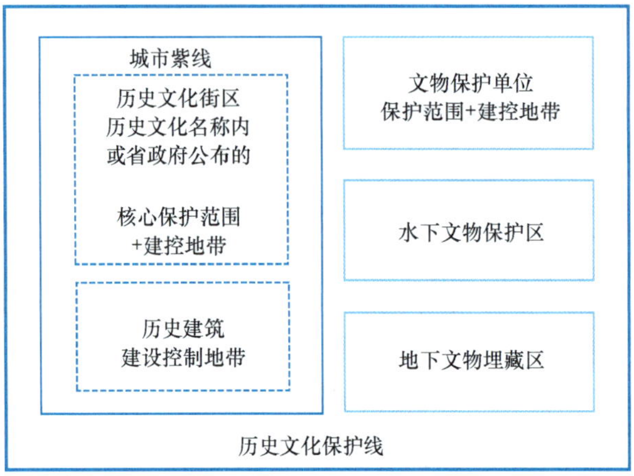

历史文化保护线

知识点 2　历史文化名城名镇名村申报

■ 申报条件

具备下列条件的城市、镇、村庄，可以申报历史文化名城名镇名村：

（1）保存文物特别丰富；

（2）历史建筑集中成片；

（3）保留着传统格局和历史风貌；

（4）符合以下四种情形之一：①或者历史上曾经作为政治、经济、文化、交通中心或者军事要地；②或者发生过重要历史事件；③或者其传统产业、历史上建设的重大工程对本地区的发展产生过重要影响；④或者能够集中反映本地区建筑的文化特色、民族特色。

注意：申报历史文化名城的，在所申报的历史文化名城保护范围内还应当有 2 个以上的历史文化街区。

■ 历史文化名镇名村确定

《历史文化名城名镇名村保护条例》

国务院建设主管部门会同国务院文物主管部门可以在已批准公布的历史文化名镇名村中，严格按照国家有关评价标准，选择具有重大历史、艺术、科学价值的历史文化名镇名村，经专家论证，确定为中国历史文化名镇名村。

■ 申报与批准主体

历史文化名城、名镇、名村申报与批准公布部门

申报	申报主体	批准公布
历史文化名城	省级人民政府	国务院
历史文化名镇	县级人民政府	省级人民政府
历史文化名村		

知识点 3　历史文化名城名镇名村保护规划编制、审批

■ 编制审批主体

组织编制	组织编制机关	审批机关	编制期限
历史文化名城	市级人民政府	省级人民政府	批准公布后 1 年内完成
历史文化名镇	县级人民政府		
历史文化名村			
历史文化街区	市级、县级人民政府		
编制资质	除历史文化名村可以由乙级城乡规划编制单位编制外，其余均为甲级		
征求意见	组织编制机关广泛征求有关部门、专家和公众的意见，必要时举行听证，保护规划送批时附具采纳意见及理由，听证的附具笔录		
备案	历史文化名城保护规划、中国历史文化名镇保护规划、中国历史文化名村保护规划由国务院建设主管部门和国务院文物主管部门备案		

■ 保护体系与原则

《历史文化名城保护规划标准》

（1）历史文化名城保护规划应坚持整体保护的理念，建立历史文化名城、历史文化街区与文物保护单位三个层次的保护体系。

（2）历史文化名城名镇名村的保护应当遵循科学规划、严格保护的原则，保持和延续其传统格局和历史风貌，维护历史文化遗产的真实性和完整性，继承和弘扬中华民族优秀传统文化，正确处理经济社会发展和历史文化遗产保护的关系。

主要考点

【考点①】历史文化名镇保护规划组织编制机关不对。

【考点②】历史文化名镇保护规划编制期限不对，应该在自历史文化名镇批准公布之日起 1 年内编制完成。

【考点③】编制单位资质不对，除历史文化名村外均应为甲级资质。

【考点④】规划报送的程序不对。保护规划报送审批前，组织编制机关应征求有关部门、专家和公众的意见，必要时，可以举行听证。

【考点⑤】规划审批机关不对。

历年真题

【2021-07 题】 某镇 2018 年 2 月被省政府公布为历史文化名镇。该镇人民政府委托一家具有乙级城乡规划资质的设计单位编制了历史文化名镇保护规划，于 2019 年 5 月编制完成，并向县人民政府报送了规划成果，县人民政府批准了该规划。试回答：上述保护规划编审工作存在哪些主要问题？并阐述理由。

考点解析：（1）由该镇人民政府组织编制历史文化名镇保护规划不对，历史文化名镇保

护规划应由县级人民政府组织编制【考点①】。(2) 规划 2019 年 5 月才编制完成不对。历史文化名镇保护规划应该在自历史文化名镇批准公布之日起 1 年内编制完成【考点②】。(3) 委托乙级城乡规划编制资质的设计单位编制历史文化名镇保护规划不对，应委托具有甲级资质的城乡规划编制单位承担【考点③】。(4) 规划报送的程序不对。保护规划报送审批前，组织编制机关应征求有关部门、专家和公众的意见，必要时，可以举行听证【考点④】。(5) 县人民政府批准了该规划不对。历史文化名镇保护规划应由省、自治区、直辖市人民政府审批（可以补充报送部门不对，应向省、自治区、直辖市人民政府报送）【考点⑤】。

知识点 4　历史文化名城

■ 定义

历史文化名城：经国务院、省级人民政府批准公布的保存文物特别丰富并且具有重大历史价值或者革命纪念意义的城市。**注意：必须要有 2 个历史文化街区。**

■ 保护规划内容

《历史文化名城名镇名村街区保护规划编制审批办法》第十二条规定，历史文化名城保护规划应当包括下列内容：

① 评估历史文化价值、特色和存在问题；

② 确定总体保护目标和保护原则、内容和重点；

③ 提出总体保护策略和市（县）域的保护要求；

④ 划定文物保护单位、地下文物埋藏区、历史建筑、历史文化街区的核心保护范围和建设控制地带界线，制定相应的保护控制措施；

⑤ 划定历史城区的界限，提出保护名城传统格局、历史风貌、空间尺度及其相互依存的地形地貌、河湖水系等自然景观和环境的保护措施。

■ 保护内容

历史文化名城保护应包括下列内容：

① 城址环境及与之相互依存的山川形胜（地形）；

② 历史城区的传统格局与历史风貌（高度、体量、色彩、风格、视廊）；

③ 历史文化街区和其他历史地段（道路、市政、环境）；

④ 需要保护的建筑，包括文物保护单位、历史建筑、已登记尚未核定公布为文物保护单位的不可移动文物、传统风貌建筑等；

⑤ 历史环境要素（真实性、完整性）；

⑥ 非物质文化遗产以及优秀传统文化（文化传承）。

知识点 5　历史城区

■ 定义

历史城区：城镇中能体现其历史发展过程或某一发展时期风貌的地区，涵盖一般通称的古城区和老城区，特指历史范围清楚，格局和风貌保存较为完整、需要保护的地区。

■ 规划原则

（1）应优化调整历史城区的用地性质与功能，调控人口容量，疏解城区交通，改善市政设施，保持和延续传统格局和历史风貌，维护历史文化遗产的真实性和完整性，地下文物埋藏区保护界线范围内提出相应的管控措施，不得危及地下文物的安全。

（2）应对城垣轮廓、空间布局、历史轴线、街巷肌理、重要空间节点等提出保护措施。

（3）对整体形态以及建筑的高度、体量、风格、色彩等提出总体控制和引导要求。

（4）高度控制：应明确历史城区的建筑高度控制要求，包括历史城区建筑高度分区、重要视线通廊及视域内建筑高度控制、历史地段保护范围内的建筑高度控制等。

■ 划定要求

历史文化名城保护规划应划定历史城区范围，可根据保护需要划定环境协调区。

■ 道路交通

（1）历史城区应保持或延续原有的道路格局，保护有价值的街巷系统，保持特色街巷的原有空间尺度和界面。

（2）历史文化名城应通过完善综合交通体系，改善历史城区的交通条件。历史城区的交通组织应以疏导为主，应将通过性的交通干路、交通换乘设施、大型机动车停车场等安排在历史城区外围，历史城区应优先发展公共交通、步行和自行车交通。

（3）历史城区应控制机动车停车位的供给，采取分散、多样化的停车布局方式，不宜增建大型机动车停车场。

（4）历史城区内道路及交叉口的改造，应充分考虑历史街道的原有空间特征。

（5）历史城区内道路、桥梁、轨道、公交、停车场、加油站等交通设施的形式应满足历史风貌的管理要求，不协调的应予以整治。

■ 市政基础

（1）历史城区的市政基础设施规划应充分借鉴和延续传统方法和经验，充分发挥历史遗留设施的作用。

（2）直接为历史城区服务的新增市政设施站点宜布置在历史城区周边地带。

（3）不应保留污水处理厂、固体废弃物处理厂（场）、区域锅炉房、燃气输气管线、输油管线和贮气、贮油设施等环境敏感型设施，不应新设置区域性大型市政基础设施站点。

（4）不宜保留枢纽变电站、大中型垃圾转运站、高压配气调压站，通信枢纽局等设施。

（5）历史城区防洪堤坝工程设施应与自然环境、历史环境相协调，保持滨水特色；对历史留存下的防洪构筑物、码头等应提出保护与利用措施。

■ 防灾

（1）历史城区内不得设置生产、贮存易燃易爆、有毒有害危险物品的工厂和仓库。

（2）历史城区内不得保留或设置二、三类工业用地，不宜保留或设置一类工业用地。

主要考点

【考点①】历史文化名城相关区域建设高层建筑，破坏视线廊道。

【考点②】迁出古城居民，破坏古城历史的真实性、生活的延续性、风貌的完整性。

【考点③】拆除原有历史建筑、历史遗存，大拆大建，违反了保护历史真实载体的原则。

【考点④】新建大广场面积过大，规模过大，破坏整体格局，违反禁止“大拆大建”“不修大马路、建大广场”的相关政策。

历年真题

【2022-10-05 题】 某县级市是历史文化名城，为了疏解城市人口，1980 年在西北角高地上建了城市新区，使得历史城区得到了很好保护。历史城区内有 2 处历史文化街区，历史城区以北有一处古塔。近期该市组织编制了复兴古城规划，规划提出在城区内拟拆建明清风貌旅游区，在南关新建一处大型广场，广场上新建仿古南城门和仿古城墙，迁出古城居民安置在西北角规划的高层建筑内，城区外新建游客中心及停车场，如下图所示。

试问：结合图文说出规划方案的问题，并阐述理由。

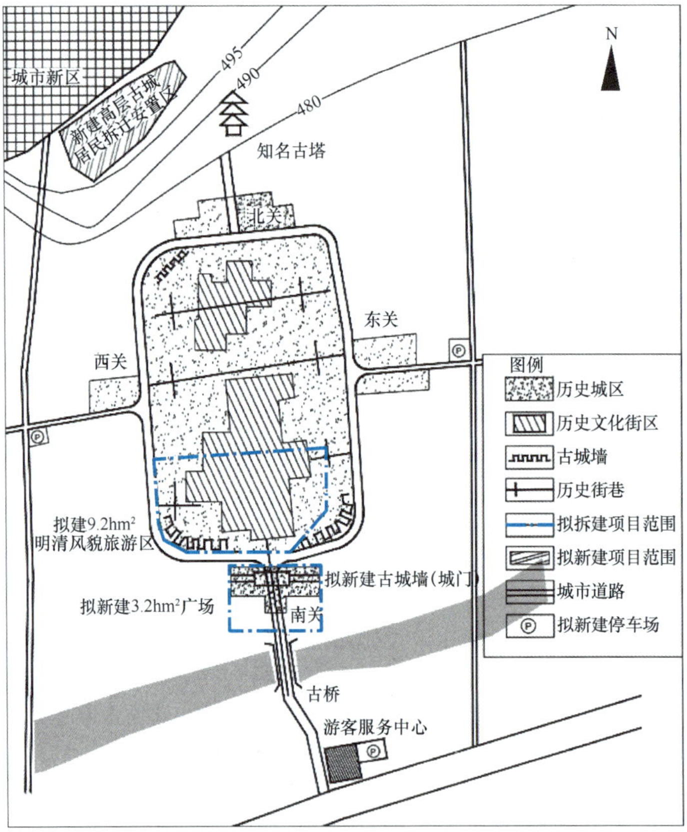

2022-10-05 题图

考点解析：(1) 规划新建高层建筑选址不当，在历史文化名城相关区域建设高层建筑，破坏了古塔与山体的视线廊道【考点①】。(2) 迁出古城居民不合理，破坏了古城历史的真实性、生活的延续性、风貌的完整性【考点②】。(3) 拟建明清风格旅游区不合理，拆除原有建筑，发展旅游，大拆大建，违反了保护历史真实载体的原则，拆除原有城墙不合理，古城墙属于历史遗存，不应破坏【考点③】。南关新建大型广场面积过大不合理，规模过大，破坏整体格局，违反了禁止“大拆大建”原则及“不修大马路、建大广场”的相关政策【考点④】。

知识点 6　历史文化名镇名村

■ 格局风貌

（1）历史文化名镇名村应整体保护传统空间格局和历史风貌。

（2）历史文化名镇名村应保护街巷格局和尺度，不应拓宽传统街巷；路面铺装应保持延续传统的材料、尺寸和铺装方式。

（3）历史文化名镇名村的传统街巷界面应保持原有传统风貌建筑形式和高度。

■ 道路交通

（1）历史文化名镇名村应保持和延续传统的道路格局和空间尺度，并利用原有道路街巷组织慢行交通。

（2）通过性交通干路不应穿越历史文化名镇名村的核心保护范围。

（3）机动车停车场的选址和规模不应破坏历史文化名镇名村的历史环境。

■ 市政设施

（1）历史文化名镇名村应积极改善市政基础设施，设施建设应与历史风貌、用地布局及功能、道路交通等统筹协调。

（2）历史文化名镇名村的消防应以防为主，消、防结合，强化火灾预警体系。消防水塔建设应结合地形地貌，不应破坏历史风貌。

（3）历史文化名镇名村应保留传统的自然排水方式，新建生活污水系统应因地制宜解决污水处理问题。

■ 历史文化名村核心保护区范围和建设控制地带

《历史文化名城名镇名村街区保护规划编制审批办法》第十五条中规定历史文化名城、名镇、名村、街区保护规划确定的核心保护范围和建设控制地带，按照以下方法划定：

历史文化街区、名镇、名村内传统格局和历史风貌较为完整、历史建筑或者传统风貌建筑集中成片的地区应当划为核心保护范围，在核心保护范围之外划定建设控制地带；

《关于在城乡建设中加强历史文化保护传承的意见》：在城市更新中禁止大拆大建、拆真建假、以假乱真，不破坏地形地貌、不砍老树，不破坏传统风貌，不随意改变或侵占河湖水系，不随意更改老地名。

主要考点

【考点①】历史文化名村核心保护区和建设控制地带应将利于保护的历史遗迹和历史环境要素一并划入。

【考点②】历史文化名村不宜改变原有道路的格局与尺度。

【考点③】在建设控制地带内规划停车场数量过多，易将大量交通引入，破坏历史文化名村的历史环境。

【考点④】核心区不得新建高度过高建筑、体量过大建筑不得破坏历史风貌和景观视廊。

【考点⑤】规划建筑易对不可移动文物的真实性和完整性造成不利影响。
【考点⑥】不得改变与历史文化密切相关的古树名木等自然景观环境的要求。
【考点⑦】慎砍树，禁挖山，不填湖。
【考点⑧】不得新建、扩建必要的基础设施和公共服务设施之外的其他建设活动。
【考点⑨】新建建筑改变了与历史文化名村相互依存的自然景观和环境的要求。

历年真题

【2022-11-05 题】 某镇某村背山面水，山体秀丽，景色优美，村内有 3 处宗祠，全国闻名，也是省级不可移动文物。村内有大量 1～2 层的历史建筑、传统风貌建筑，除此之外还有 1 个戏台，该镇人民政府申报历史文化名村成功后，编制了该村近期建设规划。规划提出：① 划定核心保护区和建设控制地带。② 增加交通基础设施，在村庄北侧规划一条道路。在村庄周边规划停车场 5 处。③ 打造西入口形象，在西入口将现状加工厂改建成 4 层的游客接待中心，并增加服务用房。在西入口结合宗祠、戏台规划文化广场，并从村中移栽 2 棵古树到广场中。④ 在东入口改造部分历史建筑为乡村民宿，同时新建 3 栋建筑作为乡村民宿。⑤ 在村庄中心规划中心广场 1 处。⑥ 引导村庄向北侧发展新区。

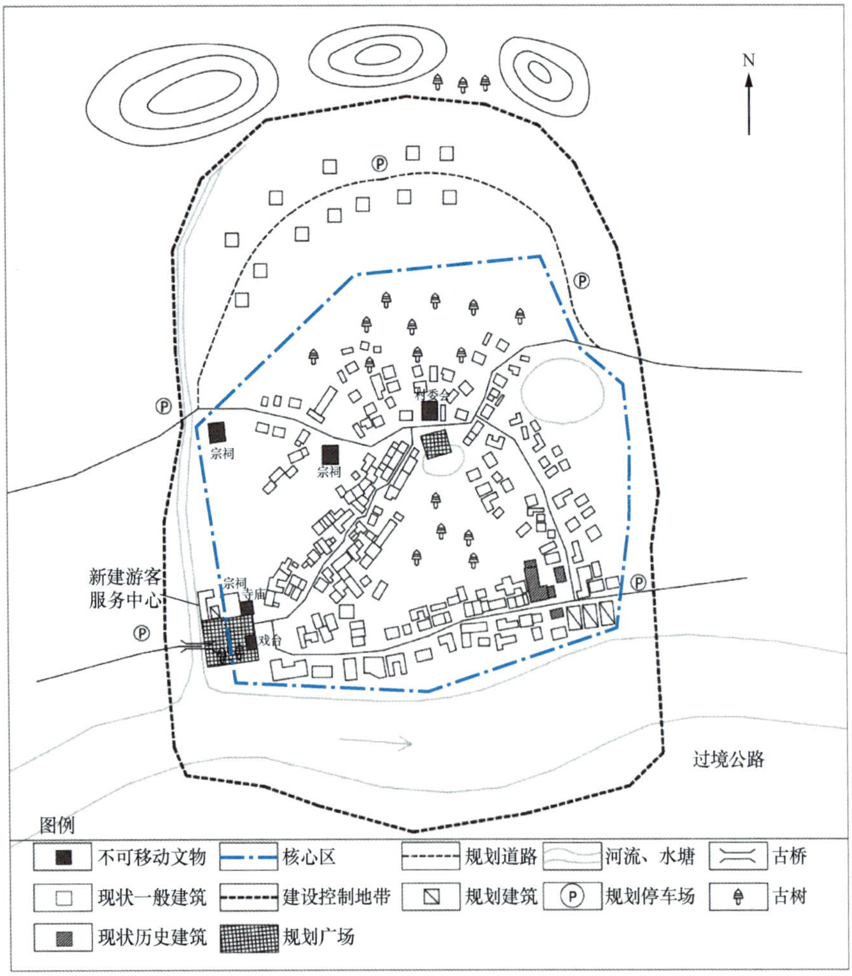

2022-11-05 题图

问题：试分析该规划中存在哪些问题，简要说明理由。

考点解析：(1) 历史文化名村核心保护区和建设控制地带划定不合理，未将古树、西侧古桥、古树划入，不利于历史遗迹和历史环境要素的保护【考点①】。(2) 在北侧规划道路不合理，违反历史文化名村不宜改变原有道路的格局与尺度的要求【考点②】。(3) 在建设控制地带内规划停车场数量过多，易将大量交通引入名村内部，破坏历史文化名村的历史环境【考点③】。(4) 新建 4 层游客接待中心不合理，高度过高，体量过大，不符合历史风貌的保护要求【考点④】。(5) 在西入口规划文化广场不合理，易对寺庙、戏台等不可移动文物的真实性和完整性造成不利影响【考点⑤】。(6) 将村中两棵古树移栽至广场中不合理，违反不得改变与历史文化密切相关的古树名木等自然景观环境的要求【考点⑥】。(7) 填湖规划中心广场不合理，违反慎砍树、禁挖山、不填湖的规定【考点⑦】。(8) 新建 3 栋建筑为乡村民宿不正确，违反在历史文化名村核心保护范围内，不得进行新建、扩建必要的基础设施和公共服务设施除外的其他建设活动【考点⑧】。

【2013-06 题】 某市远郊山区乡镇拟选址建设一处现代化的高档宾馆，规划总用地面积约 2.4hm²，总建筑面积约 4.8 万 m²，拟建高度 45m。拟选址用地的西、北侧为山丘，东侧为一现状历史文化名村，南侧为河道和 7m 宽的沥青路。详见下图。试分析该项目选址存在哪些不当之处，并说明原因。

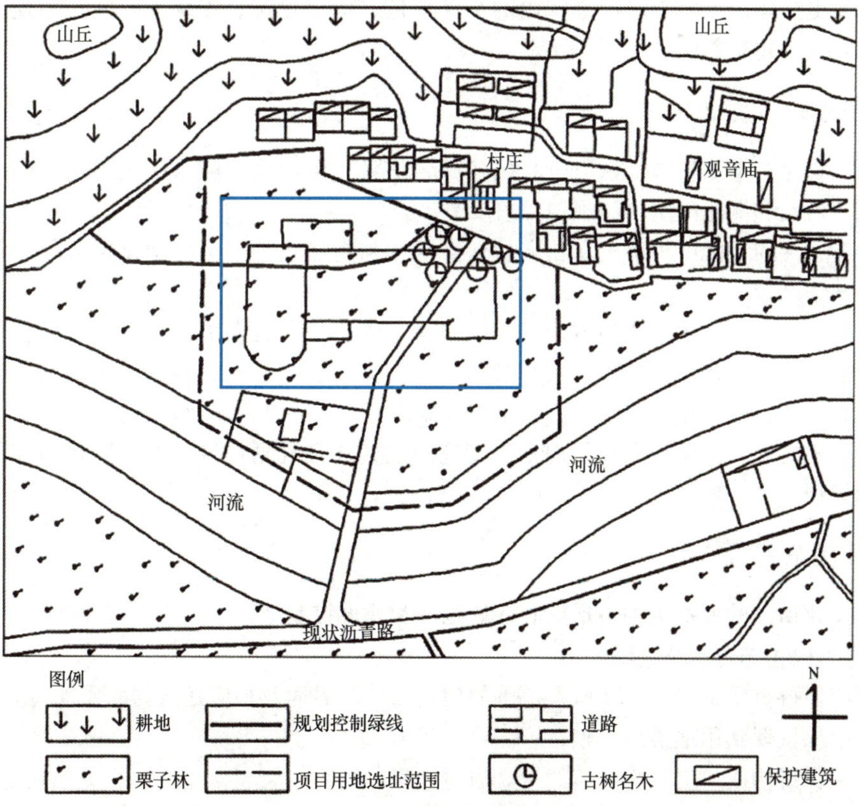

2013-06 题图

考点解析：选址建设一处现代化的高档宾馆不合理，破坏了乡村原有的地貌、自然形态。违反不得改变与历史文化名村相互依存的自然景观和环境的要求【考点⑨】。建筑高度 45m 过高，易对历史文化名村及观音庙的视线廊道造成遮挡，不利于营造良好的视线关联性和风貌协调【考点⑩】。

知识点 7　历史文化街区

■ 定义

经省、自治区、直辖市人民政府核定公布的保存文物特别丰富、历史建筑集中成片、能够较完整和真实地体现传统格局和历史风貌，并具有一定规模的历史地段。

■ 历史文化街区申报的条件

（1）应有比较完整的历史风貌。

（2）构成历史风貌的历史建筑和历史环境要素应该是历史留存的原物。

（3）历史文化街区核心保护范围不低于 $1hm^2$。

（4）历史文化街区核心保护范围内的文保单位、历史建筑、传统风貌的总用地面积不小于核心保护区内建筑总用地的 60%。

■ 规划编制要求

（1）文物保护类专项规划，历史文化名城名镇名村保护规划应与同级国土空间规划同步启动编制，落实和深化国土空间规划要求。

（2）有条件的地区可将历史文化名村保护规划与村庄规划、历史文化街区保护规划与详细规划合并编制。

（3）历史文化街区所在地的城市、县已被确定为历史文化名城的，该历史文化街区保护规划应当依据历史文化名城保护规划单独编制。历史文化街区所在地的城市、县未被确定为历史文化名城的，应当单独编制历史文化街区保护规划，并纳入城市、镇总体规划。

（4）历史文化街区保护规划的规划深度应当达到详细规划深度，并可以作为该街区的控制性详细规划。

■ 保护范围

历史文化街区的保护范围包括核心保护范围和建设控制地带。

1. 核心保护范围划定要求

（1）应保持重要眺望点视线所及范围的建筑物外观界面及相应建筑物的用地边界完整；

（2）应保持现状用地边界完整；

（3）应保持构成历史风貌的自然景观边界完整。

2. 建设控制地带划定要求

（1）应以重要眺望点视线所及范围的建筑外观界面相应的建筑用地边界为界线；

（2）应将构成历史风貌的自然景观纳入，并应保持视觉景观的完整性；

（3）应将影响核心保护范围风貌的区域纳入，宜兼顾行政区划管理的边界。

核心保护范围和建设控制地带建设要求

1. 核心保护范围

（1）在历史文化街区、名镇、名村核心保护范围内，不得进行新建、扩建活动，新建、扩建必要的基础设施和公共服务设施除外。

（2）文保单位不得拆除。

（3）核心保护范围内的历史建筑应当保持原有的高度、体量、外观形象及色彩等。

（4）应提出建筑的高度、体量、色彩、风格、材质等具体控制要求和措施，并应保护历史风貌特征。

2. 建设控制地带

历史文化街区、名镇、名村建设控制地带内的新建建筑物、构筑物，应当符合保护规划确定的建设控制要求。

保护与整治

应对保护范围内的建筑物、构筑物提出分类保护与整治要求；建设控制地带应与核心保护范围的风貌协调，至少应提出建筑高度、体量、色彩等控制要求。

历史文化街区建筑物、构筑物的保护与整治方式

分类	文保单位	历史建筑	传统风貌建筑	其他建筑物、构筑物	
				与历史风貌无冲突的	与历史风貌有冲突的
保护与整治方式	修缮	修缮 维修 改善	维修 改善	保留 维修 改善	整治 （拆除重建、拆除不建）

（1）与历史风貌相冲突的其他环境要素应进行整治、拆除。

（2）与历史风貌有冲突的建筑物、构筑物在采取拆除重建的方式时，应符合历史风貌的保护要求。

（3）当采取拆除不建的方式时，宜多增加公共开放空间，提高历史文化街区的宜居性。

道路交通

（1）历史文化街区内不应设置高架道路、立交桥、高架轨道、货运枢纽、大型停车场、大型广场、加油站等交通设施。

（2）地下轨道选线不应穿越历史文化街区。

（3）历史文化街区内的街道宜采用历史上的原有名称。

（4）历史文化街区内道路的宽度、断面、路缘石半径、消防通道的设置应符合历史风貌的保护要求。

（5）道路的整修宜采用传统的路面材料及铺砌方式。

（6）历史文化街区宜采用宁静化的交通设计，可结合保护的需要，划定机动车禁行区。

市政设施

（1）宜采用小型化、隐蔽型的市政设施，有条件的可采用地下、半地下或与建筑相结合的方式设置，其设施形式应与历史文化街区景观风貌相协调，选址应避让历史建筑、古树名木等。

（2）街巷宽度受限时，不应新建高压、次高压燃气管线，过境市政工程管线不应穿越历史文化街区核心保护范围。

■ 消防设施

（1）宜设置专职消防场站，并应配备小型、适用的消防设施和装备，建立社区消防机制。在不能满足消防通道及消防给水管径要求的街巷内，应设置水池、水缸、沙池、灭火器及消火栓箱等小型、简易消防设施及装备。

（2）在历史文化街区外围宜设置环通的消防车道。

主要考点

【考点①】规划道路不应穿越历史文化街区（拆除部分建筑）、破坏街区的风貌及原有道路格局。

【考点②】不得在历史文化街区内布置加油站等交通设施。

【考点③】地下轨道选线不应穿越历史文化街区。

【考点④】新建建筑体量大，破坏历史文化街区的整体格局和风貌；在历史文化街区核心保护范围内，只能新建、扩建必要的基础设施和公共服务设施；历史文化街区内新建设施过多，布局分散，破坏了历史文化街区整体的风貌。

【考点⑤】改变历史文化街区的重要历史环境要素，破坏传统格局与历史风貌。

【考点⑥】历史文化街区内不宜保留一类工业；历史文化街区内不应新建大型市政设施。

【考点⑦】核心保护范围和建设控制地带划定，应考虑将构成和影响历史环境的要素一起划入。

历年真题

【2019-05 题】 如图所示为历史文化保护街区现状图和规划图。该历史文化保护街区内有文物保护建筑 1 处、若干保存完好的历史建筑，为了提升历史文化保护街区内居民的生活环境，促进街区保护利用和发展，增设了必要的基础设施。保护规划旨在保护整体格局、风貌及历史文化街区特色。政府拟根据实际需求在历史文化保护街区内增加住宅、商业设施、文化设施、公共服务基础设施、交通设施等。试指出保护规划中存在哪些主要问题及原因。

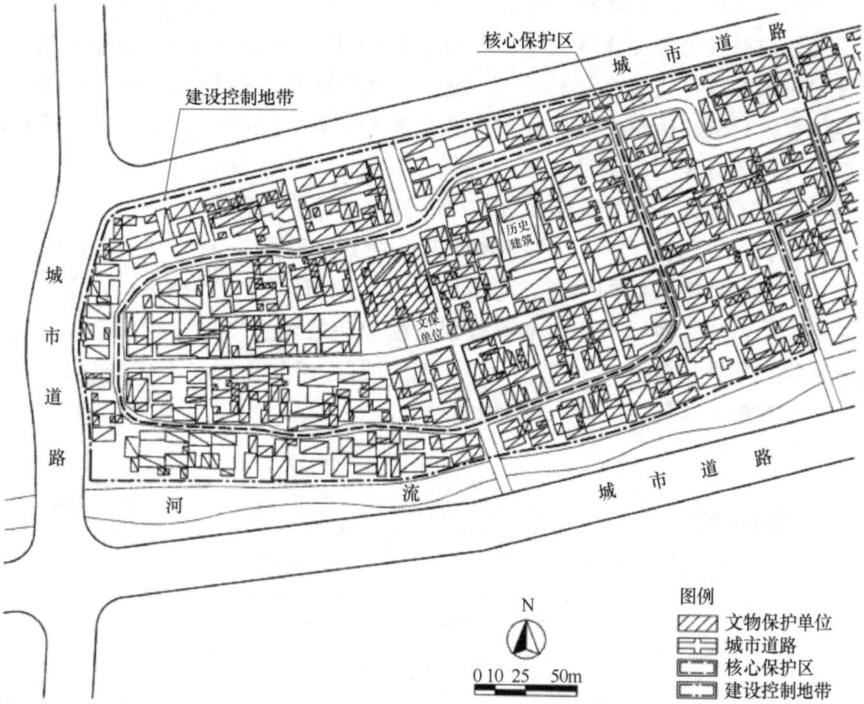

现状图

规划图

2019-05 题图

考点解析：(1) 规划道路穿越历史文化街区不当（拆除部分建筑），破坏街区的风貌及原有道路格局【考点①】。(2) 规划加油站不合理，违反《历史文化名城保护规划标准》GB/T

50357—2018 中不得在历史文化街区内布置加油站等交通设施的规定【考点③】。(3) 规划地铁线路不正确，违反《历史文化名城保护规划标准》GB/T 50357—2018 中地下轨道选线不应穿越历史文化街区的规定【考点③】。(4) 历史文化街区核心保护范围内新建商业、住宅不当：①建筑体量大，破坏历史文化街区的整体格局和风貌；②在历史文化街区核心保护范围内，只能新建、扩建必要的基础设施和公共服务设施；③历史文化街区内新建文化设施过多不合理，布局分散，破坏了历史文化街区整体的风貌【考点④】。

【2020-05 题】 某历史文化街区的控制性详细规划划定了核心保护范围及建设控制地带，同时划定了地下文物埋藏区保护界线。为做好历史文化街区消防安全工作，规划了 1 处一级普通消防站。为丰富广大居民文化生活，规划将娘娘庙及周边空地改造成小型剧场。在街区西南角院落内规划增加地铁出入口 1 处，同时利用街区西北角现状小广场规划地下停车场。试指出该规划存在的主要问题，并阐述理由。

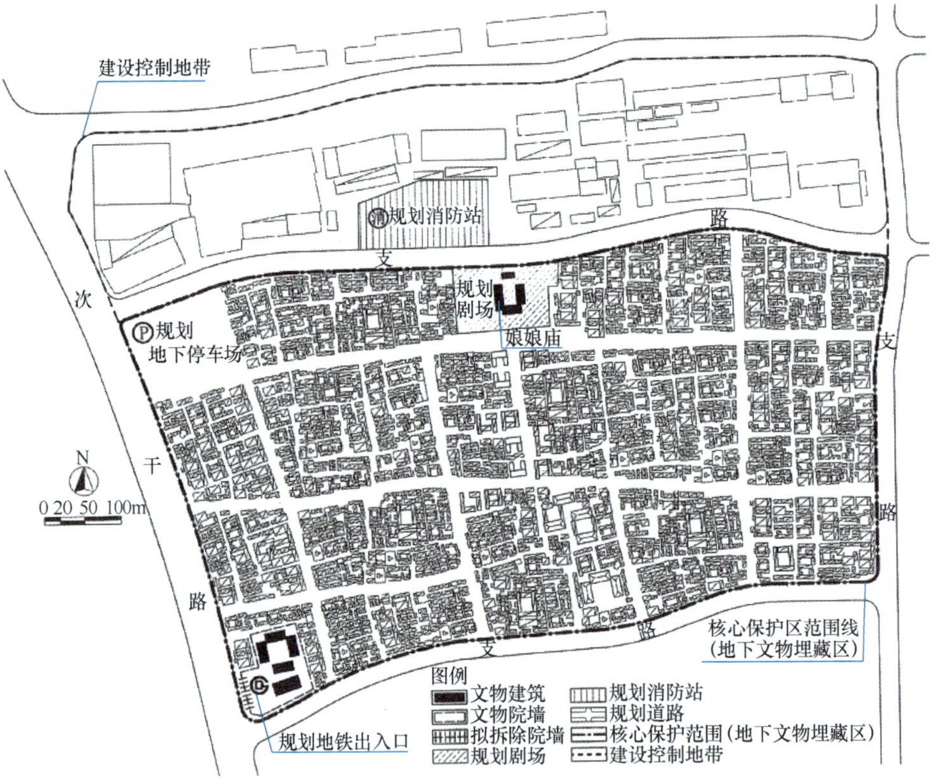

2020-05 题图

考点解析：(1) 规划道路穿越历史文化街区不当【考点①】。(2) 规划了 1 处一级普通消防站不合理：①消防站等级过高，占地面积大，历史文化街区宜设置专职消防场站；②体量过大与历史文化街区风貌不协调【考点④】。

【2021-05 题】 某历史文化街区保护规划，划定了核心保护区和建设控制地带。为满足防洪排涝要求将历史河道进行拓宽，对道路进行规划调整。核心区范围内现在有石油仓库。规划盘活二类工业用地发展文创产业，一类工业用地保留，西北角控制建设地带内，建设为街区服务的次高压燃气储配站，西侧为空地，具体见下图。试指出该保护规划方案存在的主要问题。

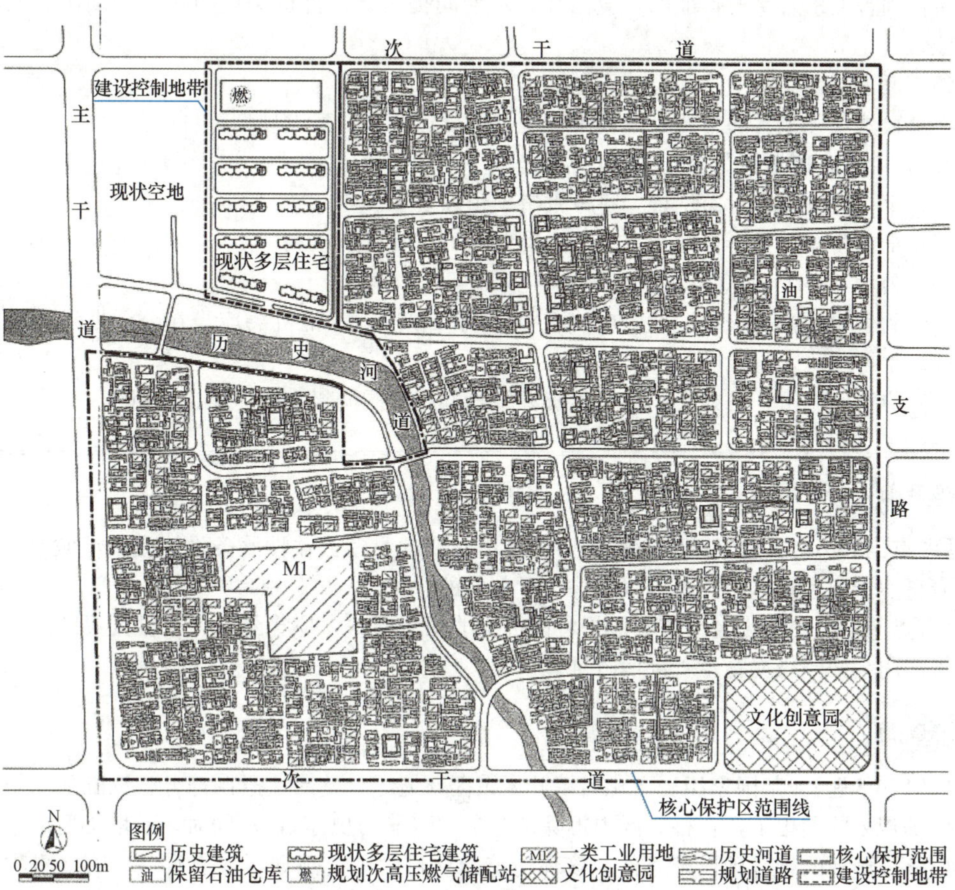

2021-05 题图

考点解析：(1) 为解决防洪排涝问题将历史河道拓宽不合理，这样做改变了历史文化街区的重要历史环境要素，破坏传统格局与历史风貌【考点⑤】。(2) 在核心保护范围内保留现状液化石油气仓库不合理，在核心保护范围区内规划保留一类工业用地不合理，依据《历史文化名城保护规划标准》GB/T 50357—2018 历史文化街区内不宜保留一类工业；在建设控制地带内规划次高压调压站不合理，依据《历史文化名城保护规划标准》GB/T 50357—2018 历史文化街区内不应新建大型市政设施【考点⑥】。(3) 核心保护范围和建设控制地带划定不合理，应考虑将历史河道与公园绿地划入该历史文化街区核心保护范围，应考虑将现状空地划入该历史文化街区的建设控制地带【考点⑦】。

知识点 8　新建、拆除程序

核心保护范围新建、拆除流程

1. 新建、扩建必要的基础设施和公共服务设施

(1) 审批机关应当组织专家论证，并将审批事项予以公示。

(2) 征求公众意见，告知利害关系人有要求举行听证的权利。

(3) 公示不得少于 20 日。

（4）利害关系人要求听证的，应当在公示期间提出，审批机关应当在公示期满后及时举行听证。

（5）征求同级文物主管部门的意见。

（6）自然资源主管部门核发建设工程规划许可证、乡村建设规划许可证。

2. 拆除历史建筑以外的建筑物、构筑物

（1）审批机关组织专家论证，将审批事项予以公示。

（2）征求公众意见，告知利害关系人有要求举行听证的权利。

（3）公示不得少于 20 日。

（4）利害关系人要求听证的，应当在公示期间提出，审批机关应当在公示期满后及时举行听证。

（5）应当经城市、县人民政府自然资源主管部门会同同级文物主管部门批准。

主要考点

【考点①】历史文化名镇核心保护区内新增必要的小型公益性服务设施应当经城市、县人民政府自然资源主管部门征求同级文物主管部门的意见。

【考点②】历史文化名镇核心保护区内拆除非历史建筑，应当经城市、县人民政府自然资源主管部门会同同级文物主管部门批准。

历年真题

【2017-05 题】 某国家历史文化名镇开展镇区环境综合整治，拟在符合已批准的历史文化名镇保护规划的前提下，在核心区内拆除部分危房（非历史建筑）；同时，新增必要的小型公益性服务设施，改善基础设施条件。该环境整治项目的主要规划程序有哪些？哪些事项须由规划部门会同文物部门办理或征求文物部门意见？

考点解析：历史文化名镇核心保护区内新增必要的小型公益性服务设施应当经城市、县人民政府自然资源主管部门征求同级文物主管部门的意见【考点①】。历史文化名镇核心保护区内拆除非历史建筑，应当经城市、县人民政府自然资源主管部门会同同级文物主管部门批准【考点②】。

知识点 9　文物保护单位

■ 分类

《文物保护法》

基本建设、旅游发展必须把文物保护放在第一位，严格落实文物保护与安全管理规定，防止建设性破坏和过度商业化。

文物分为不可移动文物和可移动文物。

（1）不可移动文物，分为文物保护单位和未核定公布为文物保护单位的不可移动文物（以下称未定级不可移动文物）；文物保护单位分为全国重点文物保护单位，省级文物保护单位，设区的市级、县级文物保护单位。

（2）可移动文物，分为珍贵文物和一般文物；珍贵文物分为一级文物、二级文物、三级文物。

■ 文物公布

（1）国务院文物行政部门确定全国重点文物保护单位，报国务院核定公布。

（2）省级文物保护单位，由省、自治区、直辖市人民政府核定公布（并报国务院备案）。

（3）设区的市级和县级文物保护单位，分别由设区的市、自治州人民政府和县级人民政府核定公布（并报省、自治区、直辖市人民政府备案）。

（4）未定级不可移动文物，由县级人民政府文物行政部门登记（报本级人民政府和上一级人民政府文物行政部门备案）。

■ 文物保护范围

（1）定义：是指对文物保护单位本体及周围一定范围内重点保护的区域。

（2）划定要求：应当根据文物保护单位的类别、规模、内容以及周围环境的历史和现实情况合理划定，并在文物保护单位本体之外保持一定的安全距离，确保文物保护单位的真实性和完整性。

（3）管控要求：在文物保护单位的保护范围内不得进行文物保护工程以外的其他建设工程或者爆破、钻探、挖掘等作业；因特殊情况需要进行的，必须保证文物保护单位的安全。

（4）保护范围的划定、批准

各级文物保护单位，分别由省、自治区、直辖市人民政府和设区的市级、县级人民政府划定公布必要的保护范围。

■ 建设控制地带

（1）定义：是指在文物保护单位的保护范围外，为保护文物保护单位的安全，环境、历史风貌对建设项目加以限制的区域。

（2）要求：

①在文物保护单位的建设控制地带内进行建设工程，不得破坏文物保护单位的历史风貌；工程设计方案应当根据文物保护单位的级别和建设工程对文物保护单位历史风貌的影响程度，经国家规定的文物行政部门同意后，依法取得建设工程规划许可。

② 在文物保护单位的保护范围和建设控制地带内，不得建设污染文物保护单位及其环境的设施，不得进行可能影响文物保护单位安全及其环境的活动。

（3）批准：根据保护文物的实际需要，经省、自治区、直辖市人民政府批准，可以在文物保护单位的周围划出一定的建设控制地带，并予以公布。

<table>
<tr><th>文物保护单位</th><th>保护级别</th><th>划定主体</th><th>批准主体</th><th>核定公布</th></tr>
<tr><td rowspan="4">保护范围</td><td>国保</td><td rowspan="2">省政府</td><td rowspan="4">—</td><td>国务院</td></tr>
<tr><td>省保</td><td>省政府</td></tr>
<tr><td>市保</td><td>市政府</td><td>市政府</td></tr>
<tr><td>县保</td><td>县政府</td><td>县政府</td></tr>
<tr><td rowspan="4">建设
控制地带</td><td>国保</td><td rowspan="2">省政府文物部门
会同城乡规划部门</td><td rowspan="4">省人民政府</td><td rowspan="4">口诀：
政府画圈
部门画带</td></tr>
<tr><td>省保</td></tr>
<tr><td>市保</td><td>市政府文物＋规划部门</td></tr>
<tr><td>县保</td><td>县政府文物＋规划部门</td></tr>
<tr><td colspan="2">地下文物埋藏区、水下文物保护区</td><td colspan="3">省级政府</td></tr>
</table>

原址保护、拆迁、重建、修缮、改用

1. 原址保护

① 建设工程选址，应当尽可能避开不可移动文物；因特殊情况不能避开的，对文物保护单位应当尽可能实施原址保护。

② 实施原址保护的，建设单位应当事先确定原址保护措施，根据文物保护单位的级别报相应的文物行政部门批准；未定级不可移动文物的原址保护措施，报县级人民政府文物行政部门批准；未经批准的，不得开工建设。

2. 拆除、迁移

① 无法实施原址保护，省级或者设区的市级、县级文物保护单位需要迁移异地保护或者拆除的，应当报省、自治区、直辖市人民政府批准。

② 迁移或者拆除省级文物保护单位的，批准前必须征得国务院文物行政部门同意。

③ 全国重点文物保护单位不得拆除；需要迁移的，必须由省、自治区、直辖市人民政府报国务院批准。

④ 未定级不可移动文物需要迁移异地保护或者拆除的，应当报省、自治区、直辖市人民政府文物行政部门批准。

3. 重建

① 不可移动文物已经全部毁坏的，应当严格实施遗址保护，不得在原址重建。

② 因文物保护等特殊情况需要在原址重建的，由省、自治区、直辖市人民政府文物行政部门报省、自治区、直辖市人民政府批准。

③ 全国重点文物保护单位需要在原址重建的，由省、自治区、直辖市人民政府征得国务院文物行政部门同意后报国务院批准。

4. 修缮

① 对文物保护单位进行修缮，应当根据文物保护单位的级别报相应的文物行政部门批准；对未核定为文物保护单位的不可移动文物进行修缮，应当报登记的县级人民政府文物行政部门批准。

② 对文物保护单位进行修缮，应当根据文物保护单位的级别报相应的文物行政部门批准；对未定级不可移动文物进行修缮，应当报县级人民政府文物行政部门批准。

③ 文物保护单位的修缮、迁移、重建，由取得文物保护工程资质证书的单位承担。

④ 对不可移动文物进行修缮、保养、迁移，必须遵守不改变文物原状和最小干预的原则，确保文物的真实性和完整性。

5. 改作其他用途

国有文物保护单位中的纪念建筑物或者古建筑，除可以建立博物馆、文物保管所或者辟为参观游览场所外，改作其他用途的，设区的市级、县级文物保护单位应当经核定公布该文物保护单位的人民政府文物行政部门征得上一级人民政府文物行政部门同意后，报核定公布该文物保护单位的人民政府批准；省级文物保护单位应当经核定公布该文物保护单位的省、自治区、直辖市人民政府文物行政部门审核同意后，报省、自治区、直辖市人民政府批准；全国重点文物保护单位应当由省、自治区、直辖市人民政府报国务院批准。国有未定级不可移动文物改作其他用途的，应当报告县级人民政府文物行政部门。

保护要求

(1) 在旧城区改建、土地成片开发中，县级以上人民政府应当事先组织进行相关区域内不可移动文物调查，及时开展核定、登记、公布工作，并依法采取保护措施。未经调查，任何单位不得开工建设，防止建设性破坏。

（2）依托历史文化街区、村镇进行旅游等开发建设活动的，应当严格落实相关保护规划和保护措施，控制大规模搬迁，防止过度开发，加强整体保护和活态传承。

■ 文物保护规划

（1）县级以上地方人民政府文物行政部门根据文物保护需要，组织编制本行政区域内不可移动文物的保护规划，经本级人民政府批准后公布实施，并报上一级人民政府文物行政部门备案。

（2）全国重点文物保护单位的保护规划由省、自治区、直辖市人民政府批准后公布实施，并报国务院文物行政部门备案。

■ 地下文物埋藏、水下文物

（1）省、自治区、直辖市人民政府可以将地下埋藏、水下遗存的文物分布较为集中，需要整体保护的区域划定为地下文物埋藏区、水下文物保护区，制定具体保护措施，并公告施行。

地下文物埋藏区、水下文物保护区涉及两个以上省、自治区、直辖市的，或者涉及中国领海以外由中国管辖的其他海域的，由国务院文物行政部门划定并制定具体保护措施，报国务院核定公布。

（2）地下文物埋藏区保护界线范围内的道路交通设施建设、市政管线建设、房屋建设、绿化建设以及农业活动不得危及地下文物的安全。

（3）实行“先考古、后出让”制度，在依法完成考古调查、勘探、发掘前，原则上不予收储入库或出让。

主要考点

【考点①】组织编制历史文化街区保护规划应该由城市人民政府组织编制。

【考点②】文物保护单位的保护范围和划定主体不合理。

【考点③】文物保护单位的建设控制地带和划定主体不合理。

【考点④】使用不可移动文物，必须遵守不改变文物原状原则，不得拆除、改建不可移动文物的规定。

【考点⑤】不得在文物保护范围内进行其他建设工程，这样易危及地下文物的安全，不利于文物的保护。

【考点⑥】不得损毁拆除不可移动文物，这样破坏了历史环境要素和文物保护单位的完整性。

历年真题

【2023-05 题】 2020 年 4 月 1 日某地级市历史文化街区获得批准公布，该历史文化街区内有一处全国重点文物保护单位（包含文物建筑、文物建筑遗址），以及一处历史建筑群。该市文物行政主管部门组织划定了该文物保护单位的保护范围和建设控制地带（如图所示），同期组织某具有甲级城乡规划资质的编制单位于 2021 年 6 月 30 日完成了该历史文化街区保护规划

的编制工作。由于现状历史建筑群存在市政管线老化、停车困难、环境不佳等问题，该市拟将其拆除，新建一处城市文化设施。试结合文图所示，指出上述工作存在的主要问题，并阐述理由。

2023-05 题图

考点解析：(1) 该市文物行政主管部门组织划定了该文物保护单位的保护范围不合理，全国重点文物保护单位应由省、自治区、直辖市人民政府划定必要的保护范围【考点②】。(2) 该市文物行政主管部门组织划定了该文物保护单位的建设控制地带不合理，应由省、自治区、直辖市人民政府的文物行政主管部门会同城乡规划行政主管部门划定并公布【考点③】。(3) 文物保护单位保护范围划定不合理，未将北侧文物建筑遗址和南侧文物建筑及其周边一定范围划入保护范围【考点②】。(4) 文物保护单位建设控制地带划定不合理，范围不完整，南侧、北侧道路街巷未划入【考点③】。

【2020-05 题】 某历史文化街区的控制性详细规划划定了核心保护范围及建设控制地带，同时划定了地下文物埋藏区保护界线。为做好历史文化街区消防安全工作，规划了 1 处一级普通消防站。为丰富广大居民文化生活，规划将娘娘庙及周边空地改造成小型剧场。在街区西南角院落内规划增加地铁出入口 1 处，同时利用街区西北角现状小广场规划地下停车场。试指出该规划存在的主要问题，并阐述理由。

2020-05 题图

考点解析：（1）将娘娘庙及周边空地改造成小型剧场不正确，违反《文物保护法》中，使用不可移动文物，必须遵守不改变文物原状原则，不得拆除、改建不可移动文物的规定【考点④】。（2）在地下文物埋藏区规划地下停车场不合理，易危及地下文物的安全，违反《文物保护法》；在街区西南角院落（地下文物埋藏区）内规划增加地铁出入口一处不合理，违反不得在文物保护范围内进行其他建设工程的规定，易危及地下文物的安全，不利于文物的保护【考点⑤】。（3）在核心保护范围内拆除文物建筑的院墙不合理，违反不得损毁拆除不可移动文物的规定，同时破坏了历史环境要素和文物保护单位的完整性【考点⑥】。

【2018-05 题】 某晚清时期著名的私家宅院坐落于省会城市的中心区，占地约 $5hm^2$。宅院的花园部分采用巧妙的虚实组合的手法，使远处古塔成为园林的借景。目前，该私家宅院周边还分布着一些传统建筑。现省人民政府根据该宅院的历史文化价值及现状保存情况已将其公布为省级文物保护单位。根据《文物保护法》要求，应对其划定必要的保护范围与建设控制地带。划定该私家宅院保护范围与建设控制地带时需要考虑哪些内容？

考点解析：考虑政府先划定保护范围，两部门再划定建设控制地带。

（1）划定保护范围考虑内容【考点②】：

① 私家宅院本体（包含花园）应划入省级文物保护单位的保护范围；

② 将私家宅院周围一定范围内应实施重点保护的区域（古井、石阶、铺地、驳岸、围墙、古树名木等历史环境要素）划入保护范围；

③ 应当根据私家宅院的规模以及周围环境的历史和现实情况合理划定；

④ 应在私家宅院本体之外保持一定的安全距离，确保文物保护单位的真实性和完整。

（2）划定建设控制地带考虑内容【考点③】：

① 远处古塔与私家宅院之间的景观廊道，确定视廊范围内建（构）筑物的体量、高度的要求；

② 划定的建设控制地带，应能保护文物保护单位的安全、环境和历史风貌；

③ 根据私家宅院周围环境的历史和现实情况合理划定，将未划入保护范围的传统建筑划入建设控制地带。

知识点 10　历史建筑

■ 定义

是指经城市、县人民政府确定公布的具有一定保护价值，能够反映历史风貌和地方特色，未公布为文物保护单位，也未登记为不可移动文物的建筑物、构筑物。

■ 保护

1. 保护措施

历史文化街区、名镇，名村核心保护范围内的历史建筑。应当保持原有的高度、体量、外观形象及色彩等。

任何单位或个人不得损坏或者擅自迁移、拆除历史建筑。

2. 保护范围

历史文化街区内历史建筑的保护范围应为历史建筑本身；历史文化街区外历史建筑的保护范围包括历史建筑本身和必要的建设控制区。

3. 保护要求

① 任何单位或者个人不得损坏或者擅自迁移、拆除历史建筑。

② 建设工程选址，应当尽可能避开历史建筑；因特殊情况不能避开的，应当尽可能实施原址保护。

③ 对历史建筑实施原址保护的，建设单位应当事先确定保护措施，报城市、县人民政府城乡规划主管部门会同同级文物主管部门批准。

④ 因公共利益需要进行建设活动，对历史建筑无法实施原址保护、必须迁移异地保护或者拆除的，应当由城市、县人民政府城乡规划主管部门会同同级文物主管部门，报省、自治区、直辖市人民政府确定的保护主管部门会同同级文物主管部门批准。

⑤ 对历史建筑进行外部修缮装饰、添加设施以及改变历史建筑的结构或者使用性质的，应当经城市、县人民政府城乡规划主管部门会同同级文物主管部门批准。

主要考点

【考点①】擅自拆除历史建筑，违反《历史文化名城名镇名村保护条例》。

历年真题

【2023-05 题】……由于现状历史建筑群存在市政管线老化、停车困难、环境不佳等问题，该市拟将其拆除，新建一处城市文化设施。

考点解析：历史建筑可以改善居住条件，不应擅自拆除【考点①】。

知识点 11　城市紫线

■ 定义

城市紫线，是指国家历史文化名城内的历史文化街区和省、自治区、直辖市人民政府公布的历史文化街区的保护范围界线以及历史文化街区外经县级以上人民政府公布保护的历史建筑的保护范围界线。

■ 划定

（1）历史文化名城：城市人民政府组织编制历史文化名城保护规划时划定城市紫线。

（2）非历史文化名城：城市/县人民政府组织编制国土空间总体规划时划定城市紫线。

知识点 12　相关政策

■《住房城乡建设部关于加强历史建筑保护与利用工作的通知》

（1）最大限度发挥历史建筑使用价值。支持和鼓励历史建筑的合理利用。要采取区别于文物建筑的保护方式，在保持历史建筑的外观、风貌等特征基础上，合理利用，丰富业态，活化功能，实现保护与利用的统一，充分发挥历史建筑的文化展示和文化传承价值。

（2）不拆除和破坏历史建筑。各地应加强对历史建筑的严格保护，严禁随意拆除和破坏已确定为历史建筑的老房子、近现代建筑和工业遗产，不拆真遗存，不建假古董。

（3）不在历史建筑集中成片地区建高层建筑。在历史文化街区以及其他历史建筑集中成片地区，禁止在对其历史风貌产生影响的范围内建设高层建筑和大洋怪的建筑。新建建筑应与历史建筑及其历史环境相协调，保护好历史建筑周边地区的历史肌理、历史风貌，严格按照保护规划要求控制建筑高度。

■《自然资源部 国家文物局关于在国土空间规划编制和实施中加强历史文化遗产保护管理的指导意见》

1. 对历史文化遗产及其整体环境实施严格保护和管控

① 历史文化保护线：在市、县、乡国土空间总体规划中统筹划定文保单位保护范围和建设控制地带、水下文物保护区、地下文物埋藏区、城市紫线等在内的历史文化保护线，并纳入国土空间规划“一张图”，实施严格保护。

② 针对历史文化资源富集、空间分布集中的地域，以及非物质文化遗产高度依存的自然环境和历史文化空间，明确区域整体保护和活化利用的空间管控要求。国土空间规划中涉及文物保护利用部分应征求同级文物主管部门意见。

2. 加强历史文化保护类规划的编制与审批管理

① 文物保护类专项规划，历史文化名城名镇名村街区保护规划应与同级国土空间规划同步启动编制，落实和深化国土空间规划要求。

② 有条件的地区可将历史文化名村保护规划与村庄规划、历史文化街区保护规划与详细规划合并编制。

③ 历史文化保护类规划涉及自然环境、传统格局、历史风貌等方面的空间管控要求要纳

入同级国土空间规划，待国土空间规划批复后，深化细化保护规划内容后按程度报批。

④ 文物保护类专项规划、历史文化名城名镇名村街区保护规划报批前，省级人民政府自然资源主管部门应对保护规划成果是否符合国土空间规划进行审查。

⑤ 国家历史文化名城保护规划编制阶段，省级人民政府自然资源主管部门应提请自然资源部组织审查。

3. 严格历史文化保护相关区域的用途管制和规划许可

① 经依法批准的详细规划是各类开发建设活动的依据，不得以历史文化遗产保护利用设计方案、实施方案等取代详细规划实施规划许可。

② 坚持先规划后建设的原则，实施城市更新和乡村振兴行动，防止大拆大建破坏文物等各类历史文化遗存本体及其环境，严禁违反规划或者擅自调整规划在历史文化名城名镇名村相关区域建设高层建筑、大型雕塑等高大构筑物。

4. 健全“先考古，后出让”政策机制

经文物主管部门核定可能存在历史文化遗存的土地，要坚持“先考古，后出让”制度，在依法完成考古调查、勘探、发掘前，原则上不予收储入库或者出让。

5. 促进历史文化遗产活化利用

在不对生态功能造成破坏的前提下，允许在生态保护红线内，自然保护地核心保护区外，开展依法批准的考古、勘探、文物保护，以及适度参观旅游和相关必要的公共设施建设，促进文化和自然遗产合理利用。

知识点 13　历史文化与土地管理

■ 土地征收中的历史文化保护

在土地征收过程中，若征收范围内包含历史建筑或文物保护单位，征收部门必须遵循相关法律法规，确保这些建筑和单位不受损害。

征收前应进行专业评估，制定合理的保护方案，确保遗产得到合适的移植或保存。文物保护单位的建设控制地带内进行建设工程，需经过严格的审批流程，不得破坏文物保护单位的历史风貌。

注：土地征收详细内容见板块 8。

■ 土地出让中的历史文化保护

（1）在可能存在地下文物的区域，县级以上地方人民政府进行土地出让或者划拨前，应当由省、自治区、直辖市人民政府文物行政部门组织从事考古发掘的单位进行考古调查、勘探。可能存在地下文物的区域，由省、自治区、直辖市人民政府文物行政部门及时划定并动态调整。

（2）整体出让

① 土地主管部门在土地出让公告中明确写明“土地使用权与地上建筑物公开出让”。在签署国有土地使用权出让合同时，双方详细描述建筑物和其他地上物的实际状况。在该模式下，土地出让金及地上建筑物的价款统一视为土地出让金的组成部分，土地出让部门向土地使用权受让人统一出具土地使用权出让金发票。

② 将土地及地上建筑物作为一个整体进行出让。这种方式较为常见，操作相对简单，购

买方一次性获得土地及建筑物的所有权。

■ 建筑高度控制

（1）核心保护范围内新建、扩建、改建建筑的檐口高度应符合要求，同时应满足各级文物及其保护规划对其周边建筑高度的要求。

（2）建设控制地带内新建、扩建、改建的建筑高度控制要符合要求，且应满足各级文物及其保护规划对其周边建筑高度的要求，新建、复建建筑在高度、体量、外观形象及色彩等方面与历史风貌相协调。

主要考点

【考点①】土地属于不可征收的情形（不属于成片开发范围）；文物保护单位、历史建筑不能被征收。

【考点②】应坚持先规划后建设的原则，防止大拆大建，破坏文物等各类历史文化遗存本体及其环境的行为。

【考点③】新建建筑高度超过规定要求。

【考点④】自然资源主管部门依据控制性详细规划出具建设活动的规划条件。

【考点⑤】拆除传统风貌建筑不合理，破坏历史文化街区的真实性、完整性。

【考点⑥】通过招拍挂，整体出让不合理，①文物保护单位和历史建筑不能出让；②经文物主管部门核定可能存在历史文化遗存的土地，应先考古、后出让。

历年真题

【2024-05 题】 A 地块为某历史文化街区一部分，历史风貌保留尚好，但现状破败，居民居住条件差。历史文化街区保护规划规定，历史文化街区内新建建筑高度控制在 7m 以内（檐口），省级文保单位（权属为某国有事业单位）建设控制地带新建建筑高度控制在 3.5m 以内（檐口）。

该地方政府为解决现状问题，拟对 A 地块实施更新，更新思路如下：实施整体征收，除保留省级文保单位和历史建筑之外，其余全部拆除，新建建筑高度控制在 7m 以内（檐口）。编制城市设计报市政府批准后，出具规划条件，通过招拍挂，整体出让。

试结合图文所示，指出该更新思路存在的问题并阐述理由。

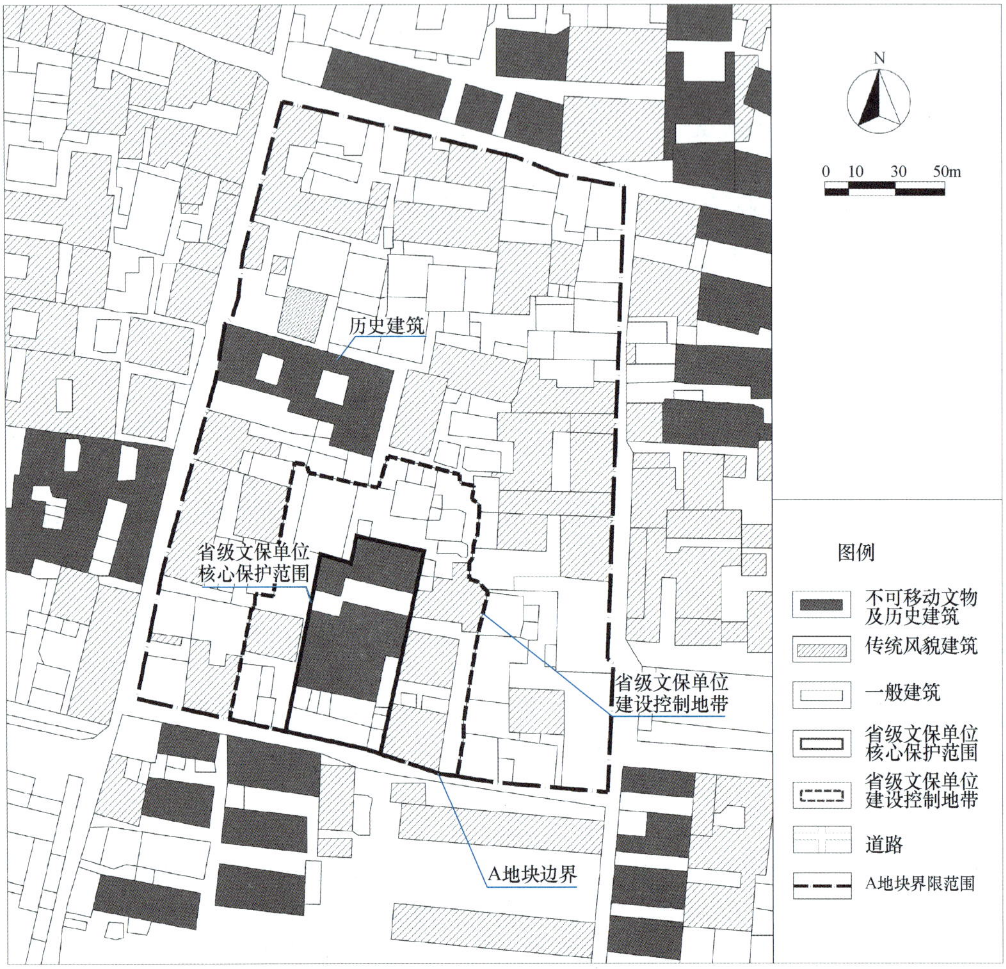

2024-05 题图

考点解析：(1) 整体征收不合理：①土地不属于可征收的情形（不属于成片开发范围）；②文物保护单位、历史建筑不能被征收【考点①】。(2) 其余全部拆除不合理，应坚持先规划后建设的原则，防止大拆大建破坏文物等各类历史文化遗存本体及其环境【考点②】。(3) 新建建筑均控制 7m 以内不合理，违反省级文保单位建设控制地带新建建筑高度控制在 3.5m 以内的要求【考点③】。(4) 依据城市设计出具规划条件不合理，应由自然资源主管部门依据控制性详细规划出具【考点④】。(5) 拆除传统风貌建筑不合理，破坏历史文化街区的真实性、完整性【考点⑤】。(6) 通过招拍挂，整体出让不合理：①文物保护单位和历史建筑不能出让；②经文物主管部门核定可能存在历史文化遗存的土地，应先考古、后出让【考点⑥】。

板块 8　土地管理

微信扫码
免费听课

历年考频

考点	农用地转用	土地分类	土地征收
考频	1	1	1

知识点 1　土地的所有权和使用权及土地分类

■ 土地所有权

1. 定义

土地所有权是土地所有者在法律规定的范围内，对其拥有的土地享有的占有、使用、收益和处分的权利。

2. 分类

（1）国有土地所有权：由国务院代表国家行使权利，地方政府的权利来源于国务院授权。

拓展

《民法典》中规定国有土地的内容

① 城市市区土地；

② 农村和城市郊区中已经没收、征收、收购为国有的土地国家依法征收的土地；

③ 农村集体经济组织全部转为城镇居民的，原属于成员集体所有的土地；

④ 因国家组织移民、自然灾害等原因，集体迁移后不再使用的原有集体所有土地；

⑤ 矿藏、水流、海域、无居民海岛、森林、山岭、草原、荒地、滩涂（属于国有的）、野生动物资源（属于国有的）。

（2）集体土地所有权

集体土地包括：农村和城市郊区土地，包括自留山、自留地、宅基地。

① 劳动群众集体组织享有所有权，分为三类：村集体、队集体、乡镇集体。

② 农民集体所有的土地依法属于村农民集体所有的，由村集体经济组织或者村民委员会经营、管理；已经分别属于村内两个以上农村集体经济组织的农民集体所有的，由村内各该农村集体经济组织或者村民小组经营、管理；已经属于乡（镇）农民集体所有的，由乡（镇）农村集体经济组织经营、管理。

③ 农民集体所有的土地，由县级人民政府登记造册，核发证书，确认所有权。所有权有处分的权利，使用权只有有限处分的权利。

■ 土地使用权

土地使用权是指单位或者个人依法享有的对国家或集体所有的土地进行占有、使用和收益的权利。

(1) 城市土地是国家所有，国有建设用地使用权，通过出让或划拨给单位或个人使用；

(2) 农村土地集体所有，集体土地使用权可分为农用地使用权、集体建设用地使用权。

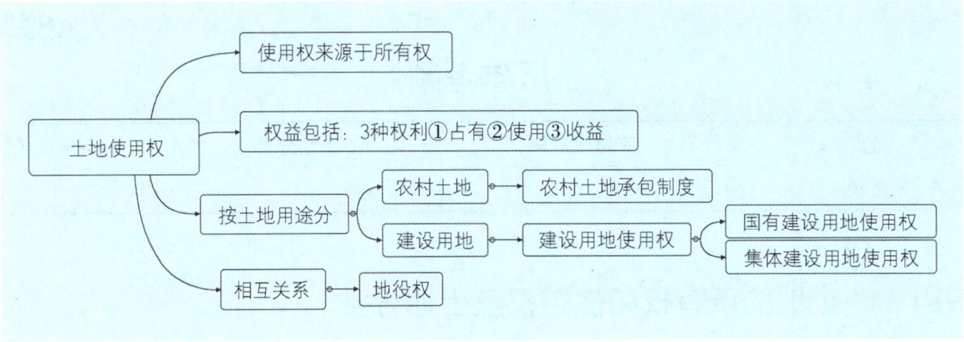

土地使用权

■ 土地承包

1. 耕地承包

(1) 承包必须是本集体组织成员，进城落户可不退。

(2) 承包权和经营权分置，经营权可以出租、互换（本村）或转让（外村）。

(3) 土地不能用于非农建设，耕地禁止的事情都不能做，转让后改用途、抛荒或损害可解除合同。

2. 四荒地承包

(1) 承包没有身份限制：本村，外村，单位或个人都可以承包，本村优先。

(2) 承包方式：招、拍、协。

(3) 本集体经济组织之外的单位或者个人，承包四荒地要满足 3 个条件：

①2 个 2/3 同意（村民会议或者村民代表）；②报乡镇人民政府批准 ；③承包方应有经营能力。

■ 土地分类

(1) 农用地：是指直接用于农业生产的土地，耕、林、园、草、农田水利、养殖水面等以及农业设施建设用地。

(2) 建设用地：是指建造建筑物、构筑物的土地，如城镇村建设用地。

(3) 未利用地：农用地和建设用地以外的土地。

知识点 2　耕地保护

■ 耕地保护相关要求（《土地管理法》第三十一条）

国家保护耕地，严格控制耕地转为非耕地。

国家实行占补平衡制度：国家实行占用耕地补偿制度。非农业建设经批准占用耕地的，按照“占多少，垦多少”的原则，由占用耕地的单位负责开垦与所占用耕地的数量和质量相当的耕地；没有条件开垦或者开垦的耕地不符合要求的，应当按照省、自治区、直辖市的规定缴纳耕地开垦费，专款用于开垦新的耕地。

■ 耕地补充（《土地管理法实施条例》第八条）

1. 国家实行占用耕地补偿制度

① 在国土空间规划确定的城市和村庄、集镇建设用地范围内经依法批准占用耕地。

② 在国土空间规划确定的城市和村庄、集镇建设用地范围外的能源、交通、水利、矿山、军事设施等建设项目经依法批准占用耕地的，分别由县级人民政府、农村集体经济组织和建设单位负责开垦与所占用耕地的数量和质量相当的耕地。

注意：建设用地范围内的简称“圈内”，建设用地范围外的简称“圈外”，圈内由县级人民政府、农村集体经济组织负责补充，圈外由建设单位负责补充。

2. 耕地占补平衡相关政策

(1)《自然资源部 农业农村部关于改革完善耕地占补平衡管理的通知》

1）调整耕地占补平衡管理范围。

改进耕地转为建设用地落实占补平衡、耕地转为其他农用地落实进出平衡的管理机制，将非农建设、造林种树、种果种茶等各类占用耕地行为统一纳入耕地占补平衡管理。除国家安排的生态退耕、自然灾害损毁难以复耕、河湖水面自然扩大造成耕地永久淹没及国家规定的其他可不落实补充耕地的情形外，各类占用耕地行为导致耕地减少的，均应落实耕地占补平衡，补充与所占用耕地数量和质量相当的耕地。

2）严格落实补充耕地责任。

① 各类占用耕地行为应当明确补充耕地责任主体。非农建设经批准占用耕地的，由占用耕地的单位或个人依法依规履行补充耕地义务，不能自行落实补充的，应按规定足额缴纳耕地开垦费。

② 造林种树、种果种茶等造成耕地减少的，以及农田基础设施、农村村民住宅建设依法依规占用耕地的，由县级人民政府负责统筹落实补充耕地任务，确保耕地占用后得到及时有效补充。

3）统筹各类补充耕地资源。

在符合国土空间规划和生态环境保护要求的前提下，国土调查成果中各类非耕地地类，均可作为补充耕地来源。要按照“恢复优质耕地为主、新开垦耕地为辅”的原则。未利用地开发要坚持生态优先、以水定地、稳妥有序的原则。一般应控制在新一轮全国耕地后备资源调查确定的宜耕后备资源范围内实施。

4）调整耕地占补平衡管理方式。

确保各类占用耕地得到及时保质保量补充，省域内稳定利用耕地总量不减少、质量不降低。

5）强化非农建设占用耕地以补定占管控。

以新一轮国土空间规划确定耕地保护目标的基期年份的稳定利用耕地总量为基准，将省域内现状稳定利用耕地净增加量作为本省（区、市）非农建设“以补定占”管控规模上限，用于控制下年度非农建设允许占用耕地规模。

6）实行非农建设占补平衡差别化管控。

① 对新一轮国土空间规划确定的耕地保护目标低于上一轮规划确定的耕地保护目标的省份，强化建设用地占补平衡过程管理，有关省份要以县级行政区为单位建立非农建设补充耕

地储备库，将符合条件的补充耕地纳入储备库形成补充耕地指标，在建设项目办理农用地转用审批时根据占用耕地规模相应挂钩核销。

② 对新一轮国土空间规划确定的耕地保护目标高于上一轮规划确定的耕地保护目标的省份，以及《全国国土空间规划纲要（2021—2035年）》出台前已批复新一轮总体规划的省份，强化耕地总量管控，在耕地保护目标不突破的前提下，建设项目办理农用地转用审批时，可不实行占用与补充逐项目对应挂钩的管理方式，但建设用地单位应通过自行垦造或缴纳耕地开垦费方式落实补充耕地义务。

③ 省域内现状耕地面积原则上应不低于新一轮国土空间规划基期年份的耕地面积。

7）规范补充耕地实施。

各类实施主体依法依规将非耕地垦造、恢复为稳定利用耕地的，均可作为补充耕地，质量不达标的不得用于占用耕地的补充。各地应结合土地综合整治、高标准农田建设、盐碱地等未利用地综合开发利用和耕地整改恢复等工作，有序推进补充耕地实施。

8）从严管控跨区域补充耕地。

各地在严格落实耕地保护责任，确保耕地保护红线不突破的前提下，坚持县域自行平衡为主、省域内调剂为辅的补充耕地落实原则，强化立足县域内自行挖潜补充。

（2）《自然资源部关于在经济发展用地要素保障工作中严守底线的通知》

① 实施补充耕地项目，应当依据国土空间规划和生态环境保护要求，禁止在生态保护红线、林地管理、湿地、河道湖区等范围开垦耕地；禁止在严重沙化、水土流失严重、生态脆弱、污染严重难以恢复等区域开垦耕地；禁止在25°以上陡坡地、重要水源地15°以上坡地开垦耕地。

② 对于坡度大于15°的区域，原则上不得新立项实施补充耕地项目，根据农业生产需要和农民群众意愿确需开垦的，应经县级论证评估、省级复核认定具备稳定耕种条件后方可实施。

③ 对于主要以抽取地下水方式灌溉的区域，不得实施垦造水田项目。

■ 耕地保护相关政策

1. 非农化（《国务院办公厅关于坚决制止耕地“非农化”行为的通知》）

① 严禁违规占用耕地绿化造林。

② 严禁超标准建设绿色通道。要严格控制铁路、公路两侧用地范围以外绿化带用地审批，道路沿线是耕地的，两侧用地范围以外绿化带宽度不得超过5m，其中县乡道路不得超过3m。

③ 严禁违规占用耕地挖湖造景。

④ 严禁违规占用耕地从事非农建设。

⑤ 严禁违法违规批地用地。

2. 非粮化（《国务院办公厅关于防止耕地“非粮化”稳定粮食生产的意见》）

① 对耕地实行特殊保护和用途管制，严格控制耕地转为林地、园地等其他类型农用地。永久基本农田是依法划定的优质耕地，要重点用于发展粮食生产，特别是保障稻谷、小麦、玉米三大谷物的种植面积。一般耕地应主要用于粮食和棉、油、糖、蔬菜等农产品及饲草饲料生产。耕地在优先满足粮食和食用农产品生产基础上，适度用于非食用农产品生产，对市场明显过剩的非食用农产品，要加以引导，防止无序发展。

② 不得擅自调整粮食生产功能区，不得违规在粮食生产功能区内建设种植和养殖设施，不得违规将粮食生产功能区纳入退耕还林还草范围，不得在粮食生产功能区内超标准建设农田林网。

■ 耕地用途管制相关政策

《自然资源部 农业农村部 国家林业和草原局关于严格耕地用途管制有关问题的通知》

（1）不得在一般耕地上挖湖造景、种植草皮。

（2）不得在国家批准的生态退耕规划和计划外擅自扩大退耕还林还草还湿还湖规模。经批准实施的，应当在“三调”底图和年度国土变更调查结果上，明确实施位置，带位置下达退耕任务。

（3）不得违规超标准在铁路、公路等用地红线外，以及河渠两侧、水库周边占用一般耕地种树建设绿化带。

（4）未经批准不得占用一般耕地实施国土绿化。经批准实施的，应当在“三调”底图和年度国土变更调查结果上明确实施位置。

（5）未经批准工商企业等社会资本不得将通过流转获得土地经营权的一般耕地转为林地、园地等其他农用地。

（6）严格控制新增农村道路、畜禽养殖设施、水产养殖设施和破坏耕作层的种植业设施等农业设施建设用地使用一般耕地。确需使用的，应经批准并符合相关标准。

拓展

《自然资源部 农业农村部关于农村乱占耕地建房“八不准”的通知》

（1）不准占用永久基本农田建房。

（2）不准强占多占耕地建房。

（3）不准买卖、流转耕地违法建房。

（4）不准在承包耕地上违法建房。

（5）不准巧立名目违法占用耕地建房。

（6）不准违反“一户一宅”规定占用耕地建房。

（7）不准非法出售占用耕地建的房屋。

（8）不准违法审批占用耕地建房。

知识点 3　永久基本农田

■ 国家实行永久基本农田保护制度（《土地管理法》第三十三条）

下列耕地应当根据土地利用总体规划划为永久基本农田，实行严格保护：

（1）经国务院农业农村主管部门或者县级以上地方人民政府批准确定的粮、棉、油、糖等重要农产品生产基地内的耕地；

（2）有良好的水利与水土保持设施的耕地，正在实施改造计划以及可以改造的中、低产田和已建成的高标准农田；

（3）蔬菜生产基地；

（4）农业科研、教学试验田；

（5）国务院规定应当划为永久基本农田的其他耕地。

各省、自治区、直辖市划定的永久基本农田一般应当占本行政区域内耕地的 80%以上，具体比例由国务院根据各省、自治区、直辖市耕地实际情况规定。

■ 永久基本农田储备区

《自然资源部 农业农村部 国家林业和草原局关于严格耕地用途管制有关问题的通知》

各地要在永久基本农田之外的优质耕地中，划定永久基本农田储备区并上图入库。土地整理复垦开发和新建高标准农田增加的优质耕地应当优先划入永久基本农田储备区。

■ 严禁使用永久基本农田的几种情况

永久基本农田不得转为林地、草地、园地等其他农用地及农业设施建设用地。

（1）严禁占用永久基本农田发展林果业和挖塘养鱼。

（2）严禁占用永久基本农田种植苗木、草皮等用于绿化装饰以及其他破坏耕作层的植物。

（3）严禁占用永久基本农田挖湖造景、建设绿化带。

（4）严禁新增占用永久基本农田建设畜禽养殖设施、水产养殖设施和破坏耕作层的种植业设施。

（5）严禁占用永久基本农田扩大自然保护地。

注：不准占用永久基本农田建房。

■ 明确占用永久基本农田重大建设项目范围

（1）党中央、国务院明确支持的重大建设项目（包括党中央、国务院发布文件或批准规划中明确具体名称的项目和国务院批准的项目）。

（2）中央军委及其有关部门批准的军事国防类项目。

（3）纳入国家级规划（指国务院及其有关部门颁布）的机场、铁路、公路水运、能源、水利项目。

（4）省级公路网规划的省级高速公路项目。

（5）按《关于梳理国家重大项目清单加大建设用地保障力度的通知》（发改投资〔2020〕688 号）要求，列入需中央加大用地保障力度清单的项目。

（6）原深度贫困地区、集中连片特困地区、国家扶贫开发工作重点县省级以下基础设施、民生发展等项目。

知识点 4　新增建设用地

■ 新增建设用地指标

新增建设用地占用农用地、未利用地，即新增建设中进行农用地、未利用地转为建设用地的控制规模。

注意：2020 年以来自然资源部改革了土地利用计划管理方式，不再下达年度新增建设用地计划指标，按照土地要素跟着项目走的要求，以真实有效的项目落地作为配置计划指标依据。对纳入国家重大项目清单、国家军事设施重大项目清单的项目用地，以及纳入省级人民政府重大项目用地清单的单独选址项目用地，依法依规批准后，由部统一确认配置计划指标。对上述清单以外的其他项目用地，新增建设用地计划指标由县（市、区）以当年存量土地处置规模为基础折算形成。

■ 城镇开发边界扩展倍数

（1）定义：指规划目标年城镇建设用地规模与 2020 年城镇建设用地规模的比值。

（2）要求：超大城市、人均城镇建设用地远超国家标准的城市、近十年城区常住人口减少的城市，城镇开发边界面积一般为现状城镇建设用地规模的 1.1 倍以内，其他城市一般为 1.3 倍以内。

■ 土地利用计划

自然资源部《关于 2023 年土地利用计划管理的通知》中计划指标配置方式如下。

（1）重点项目用地由国家统一配置计划指标。纳入国家重大项目清单、国家军事设施重大项目清单的项目用地，以及纳入省级人民政府重大项目用地清单的单独选址项目用地，依法依规批准后，由部统一确认配置计划指标。对违法用地，在依法依规查处后，按规定补办用地手续。重大项目涉及违法用地补办手续，所需计划指标由国家和地方各配置 50%。

（2）分解下达基础指标。根据近三年各省（区、市）通过盘活批而未供和闲置土地核算的计划指标情况，按三年平均量的 1/3 分解下达基础指标，由省级统筹使用。

（3）继续实施计划指标配置与处置存量土地挂钩。未纳入重大项目清单的其他项目用地和城镇村批次用地，以当年存量土地处置规模为基础核算计划控制额度，各省（区、市）在计划控制额度范围内，按照要素跟着项目走的原则使用计划指标。前三年度计划控制额度有结余的，在不突破本年度全国总量控制指标的前提下，有关省份可结转使用。

■ 建设项目流程（涉及新增建设用地）

1. 圈内建设项目流程

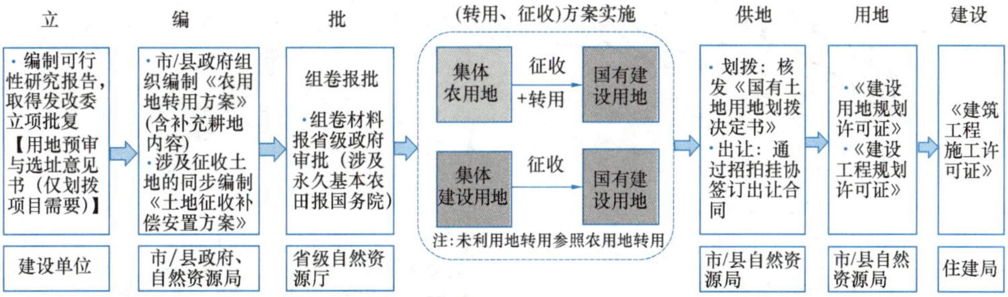

圈内建设项目流程

2. 圈外建设项目流程

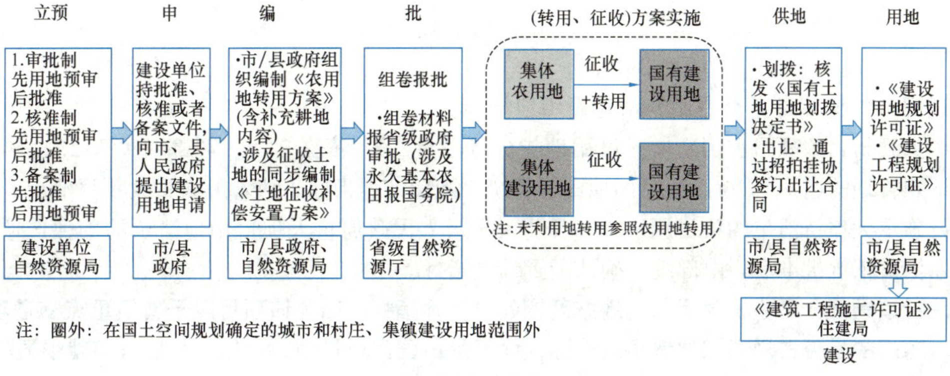

圈外建设项目流程

主要考点

【考点①】新增建设用地指标包含的几种情况。

历年真题

【2020-06 题】 某省级高速公路已列为该省重点交通项目。高速公路选址穿过国有林场、纳入河道管理的河滩、村庄及永久基本农田，占用地块分别为 A、B、C、D，如图所示。

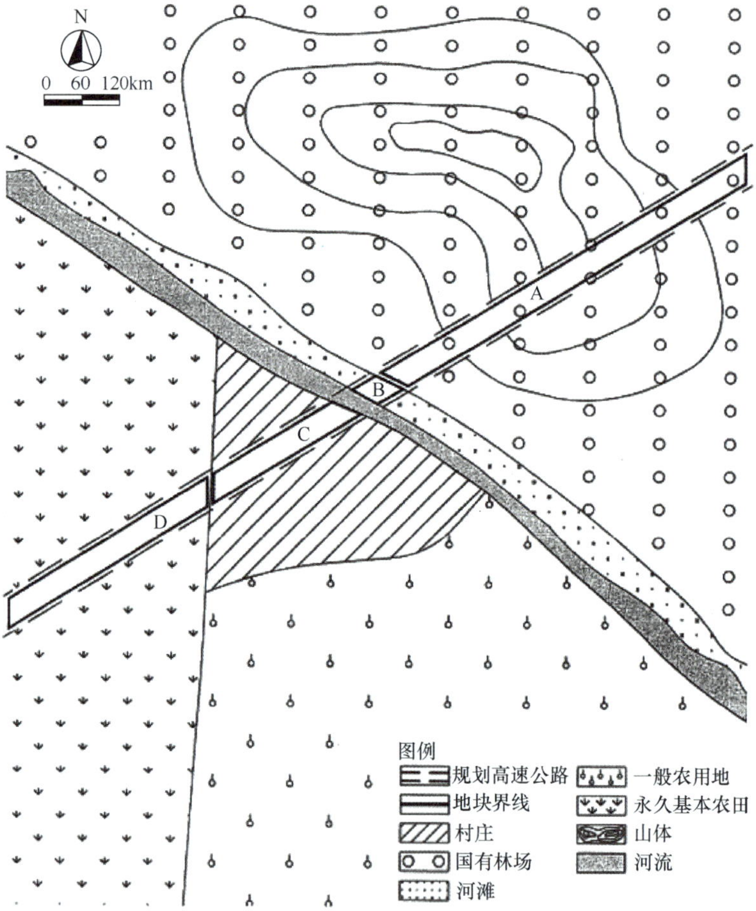

2020-06 题图

试回答：该项目是否占用新增建设用地指标？

考点解析：该项目占用新增建设用地指标【考点①】，依据自然资源部《关于 2023 年土地利用计划管理的通知》：重点项目用地由国家统一配置计划指标。纳入国家重大项目清单、国家军事设施重大项目清单的项目用地，以及纳入省级人民政府重大项目用地清单的单独选址项目用地，依法依规批准后，由部统一确认配置计划指标。

注：该题部分考生认为不占用地方新增建设用地指标，因为该项目属于省级重点交通项目，但是本题问的是否占用新增建设用地指标，而不是占国家还是地方指标，所以答案就很显然。

知识点5　建设项目用地预审与选址意见书

■ 用地预审定义

是指自然资源主管部门在建设项目审批、核准、备案阶段，依法对建设项目涉及的土地利用事项进行的审查。

■ 建设项目用地预审与选址意见书

1.《自然资源部关于以“多规合一”为基础推进规划用地“多审合一、多证合一”改革的通知》

① 是将建设项目选址意见书、建设项目用地预审意见合并，自然资源主管部门统一核发建设项目用地预审与选址意见书，不再单独核发建设项目选址意见书、建设项目用地预审意见。

② 使用已经依法批准的建设用地进行建设的项目，不再办理用地预审；需要办理规划选址的，由地方自然资源主管部门对规划选址情况进行审查，核发建设项目用地预审与选址意见书。

③ 建设项目用地预审与选址意见书有效期为三年，自批准之日起计算。

2. 需要办理建设项目用地预审与选址意见书的情形

① 在土地利用总体规划确定的城市和村庄、集镇建设用地规模范围外（圈外）使用新增建设用地项目，一般包括能源、交通、水利、军事和矿产项目；

② 以划拨方式取得国有建设用地使用权的项目。

> **拓展**
>
> 可以以划拨方式取得建设用地使用权的方式：国家机关用地和军事用地；城市基础设施用地和公益事业用地；国家重点扶持的能源、交通、水利等基础设施用地。

3. 无需办理用地预审的情形

《自然资源部关于进一步做好用地用海要素保障的通知》中规定以下情形不需申请办理用地预审，直接申请办理农用地转用和土地征收：

① 国土空间规划确定的城市和村庄、集镇建设用地范围内的建设项目用地；

② 油气类“探采合一”和“探转采”钻井及其配套设施建设用地；

③ 具备直接出让采矿权条件、能够明确具体用地范围的采矿用地；

④ 露天煤矿接续用地；

⑤ 水利水电项目涉及的淹没区用地。

■ 简化建设项目用地预审审查

（1）涉及规划土地用途调整的，重点审查是否符合允许调整的情形，规划土地用途调整方案在办理农用地转用和土地征收阶段提交。

（2）涉及占用永久基本农田的，重点审查是否符合允许占用的情形以及避让的可能性，补划方案在办理农用地转用和土地征收阶段提交。

（3）涉及占用生态保护红线的，重点审查是否属于允许有限人为活动之外的国家重大项目范围，在办理农用地转用和土地征收阶段提交省级人民政府出具的不可避让论证意见。

主要考点

【考点①】无需办理《建设项目用地预审与选址意见书》的情形。

历年真题

【2013-04 题】 某县城位于省级风景名胜区东南方向，依山傍水，文化底蕴深厚。民居建筑富有特色，地方经济以农业为主。为了改变落后的面貌，县领导提出调整产业结构，大力发展第二、三产业。通过招商引资，引入农副产品加工企业 A、废旧家电拆解企业 B 和房地产开发项目 C，规划部门按照领导要求为上述企业办理《选址意见书》。试问，该县的产业选址和项目选址管理阶段存在哪些问题。应采取哪些改进措施。

考点解析：规划局办理《选址意见书》（现已更名为《建设项目用地预审与选址意见书》）不合理，A、B、C 企业项目均不符合以划拨方式提供国有土地使用权的条件【考点①】。

知识点 6　农用地转用

■ 定义

是指现状农用地按照国土空间规划和国家规定的批准权限报批后，转为建设用地的行为。农用地转用是土地用途的改变。

■ 组织主体

市、县人民政府。

■ 农用地转用的审批主体

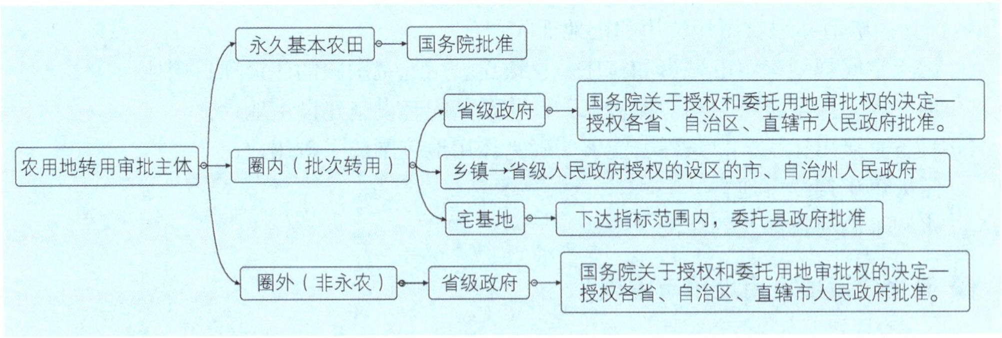

农用地转用的审批

■ 农用地转用流程

1. 圈内：在国土空间规划确定的城市和村庄、集镇建设用地范围内

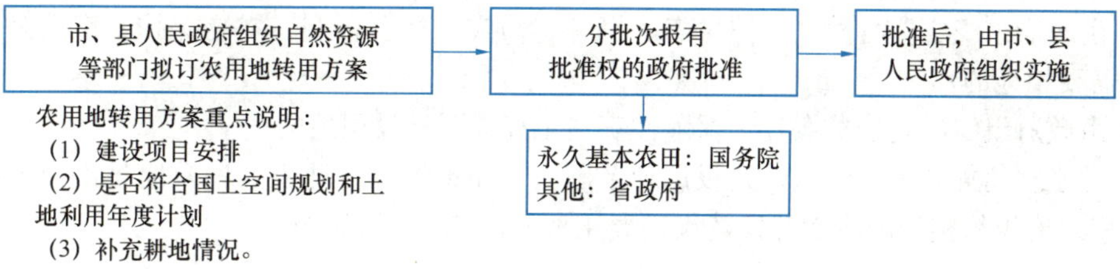
市、县人民政府组织自然资源等部门拟订农用地转用方案
分批次报有批准权的政府批准
批准后，由市、县人民政府组织实施
农用地转用方案重点说明：
（1）建设项目安排
（2）是否符合国土空间规划和土地利用年度计划
（3）补充耕地情况。
永久基本农田：国务院
其他：省政府

圈内农用地转用流程

2. 圈外：在国土空间规划确定的城市和村庄、集镇建设用地范围外

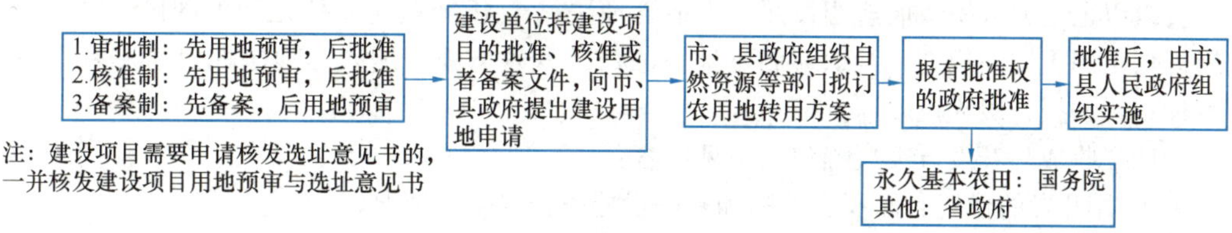
1.审批制：先用地预审，后批准
2.核准制：先用地预审，后批准
3.备案制：先备案，后用地预审
注：建设项目需要申请核发选址意见书的，一并核发建设项目用地预审与选址意见书
建设单位持建设项目的批准、核准或者备案文件，向市、县政府提出建设用地申请
市、县政府组织自然资源等部门拟订农用地转用方案
报有批准权的政府批准
批准后，由市、县人民政府组织实施
永久基本农田：国务院
其他：省政府

圈外农用地转用流程

拓展

《国务院关于授权和委托用地审批权的决定》

① 批次转用：将国务院可以授权的永久基本农田以外的农用地转为建设用地审批事项授权各省、自治区、直辖市人民政府批准。自本决定发布之日起，按照《中华人民共和国土地管理法》第 44 条第三款规定，对国务院批准土地利用总体规划的城市在建设用地规模范围内，按土地利用年度计划分批次将永久基本农田以外的农用地转为建设用地的国务院授权各省、自治区、直辖市人民政府批准。

② 单独选址转用：按照《中华人民共和国土地管理法》第 44 条第四款规定，对在土地利用总体规划确定的城市和村庄、集镇建设用地规模范围外，将永久基本农田以外的农用地转为建设用地的，国务院授权各省、自治区、直辖市人民政府批准。

知识点 7　土地征收

■ 定义

所有权由集体所有变为国家所有。国家为了公共利益需要，可以依法对土地实行征收或者征用，并给予补偿。

注意：征收是土地所有权的改变（集体土地→国有土地）。

■ 征收情形

为了公共利益需要，有下列情形之一，确需征收农民集体所有的土地的，可以依法实施征收：

① 军事和外交需要用地的；

② 由政府组织实施能源、交通、水利、通信、邮政等基础设施需要用地的；

③ 由政府组织实施科教文卫体生态、资源、防灾、社会福利、文物保护、市政公用等公共事业需要用地的；

④ 由政府组织实施扶贫搬迁、保障性安居工程需要建设用地的；

⑤ 国土空间规划确定的城镇建设用地范围内，经省级以上地方人民政府批准由县级以上地方人民政府组织实施的成片开发建设需要用地的。

■ 成片开发（《土地征收成片开发标准》）

这里所称的成片开发，是指在国土空间规划确定的城镇建设用地范围内，由县级以上地方人民政府组织的对一定范围的土地进行的综合性开发建设。

县级以上地方人民政府应当按照《土地管理法》第 45 条规定，依据当地国民经济和社会发展规划、国土空间规划，组织编制土地征收成片开发方案，纳入当地国民经济和社会发展年度计划，并报省级人民政府批准。

土地征收成片开发方案应当包括下列内容：

① 成片开发的位置、面积、范围和基础设施条件等基本情况；

② 成片开发的必要性、主要用途和实现的功能；

③ 成片开发拟安排的建设项目、开发时序和年度实施计划；

④ 依据国土空间规划确定的一个完整的土地征收成片开发范围内基础设施、公共服务设施以及其他公益性用地比例；

⑤ 成片开发的土地利用效益以及经济、社会、生态效益评估。

其中第④项规定的比例一般不低于 40%，各市县的具体比例由省级人民政府根据各地情况差异确定。

县级以上地方人民政府编制土地征收成片开发方案时，应当充分听取人大代表、政协委员、社会公众和有关专家学者的意见。

土地征收成片开发方案应当充分征求成片开发范围内农村集体经济组织和农民的意见，并经集体经济组织成员的村民会议 2/3 以上成员或者 2/3 以上村民代表同意。未经集体经济组织的村民会议 2/3 以上成员或者 2/3 以上村民代表同意，不得申请土地征收成片开发。

土地征收成片开发方案经批准后，应当严格按照方案确定的范围、时序安排组织实施。因国民经济和社会发展年度计划、国土空间规划调整或者不可抗力等因素导致无法实施的，可按规定调整土地征收成片开发方案。成片开发方案调整涉及地块变化的，调整方案应报省级人民政府批准；调整仅涉及实施进度安排的，调整方案应报省级自然资源主管部门备案。调整后公益性用地比例应当符合规定要求，已实施征收的地块不得调出。

有下列情形之一的，不得批准土地征收成片开发方案：

① 涉及占用永久基本农田的；

② 市县区域内存在大量批而未供或者闲置土地的；

③ 各类开发区、城市新区土地利用效率低下的；

④ 已批准实施的土地征收成片开发连续两年未完成方案安排的年度实施计划的。

该标准自 2023 年 11 月 5 日施行，有效期五年

■ 征收审批（《土地管理法》第四十六条）

征收下列土地的，由国务院批准：

（1）永久基本农田；

（2）永久基本农田以外的耕地超过 35hm² 的；

（3）其他土地超过 70hm² 的。

征收前款规定以外的土地的，由省、自治区、直辖市人民政府批准。

■ 农用地转用和征收

（1）征收农用地的，应当依照《土地管理法》第四十四条的规定先行办理农用地转用审批。

（2）其中，经国务院批准农用地转用的，同时办理征地审批手续，不再另行办理征地审批；经省、自治区、直辖市人民政府在征地批准权限内批准农用地转用的，同时办理征地审批手续，不再另行办理征地审批。

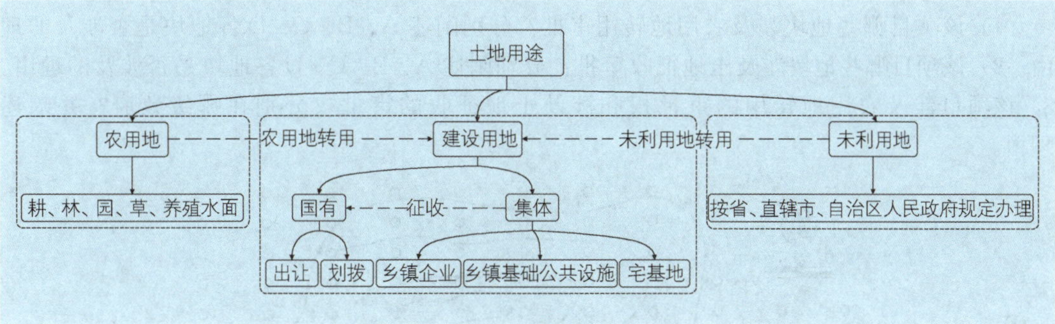

不同地类办理转用与征收图

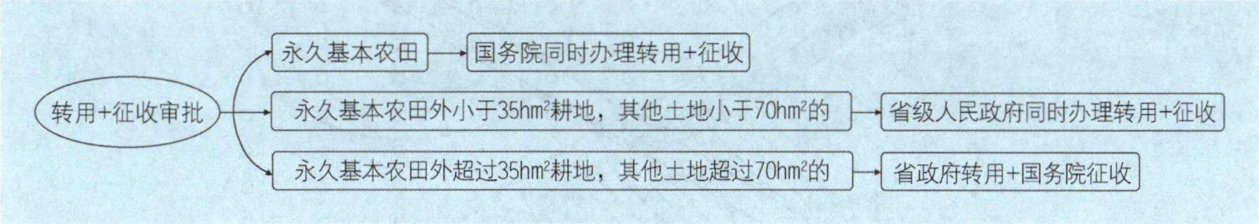

国务院、省人民政府办理征收权限图

■ 土地征收程序

1. 征收主体

县级以上地方人民政府组织。

2. 征收流程

① 征收土地预公告（≥10 个工作日）→征收范围、目的、现状调查安排→公告发布之日起，抢栽、抢建不予补偿。

② 开展拟征收土地现状调查→土地位置、权属、地类、面积→村民住宅、其他附着物、青苗权属、种类、数量。

③ 社会稳定风险评估→评估应有被征地农村集体经济组织、村民委员会及其他利害关系人参加。

④ 组织拟订补偿安置方案→方案公告（≥30 日）。

⑤ 与征收权人、所有权人、使用权人签订征地补偿安置协议→前期工作完成后，提出征地申请→有权批准的人民政府审查。

⑥ 县级以上政府自收到批准文件之日起 15 个工作日内，发布公告。

主要考点

【考点①】土地转用，征收的批准权限。

【考点②】涉及土地转用、征收的土地情况。

历年真题

【2020-06 题】 某省级高速公路已列为该省重点交通项目，高速公路选址穿过国有林场、纳入河道管理的河滩、村庄及永久基本农田，占用地块分别为 A、B、C、D，如图所示……

1）该项目哪些地块涉及农用地转用审批？分别阐述 A、B、C、D 各地块是否涉及的理由。2）该项目哪些地块涉及土地征收审批？分别阐述 A、B、C、D 各地块是否涉及的理由。3）该项目涉及农用地转用的审批权和涉及土地征收的审批权分别在哪级政府？并阐述理由。

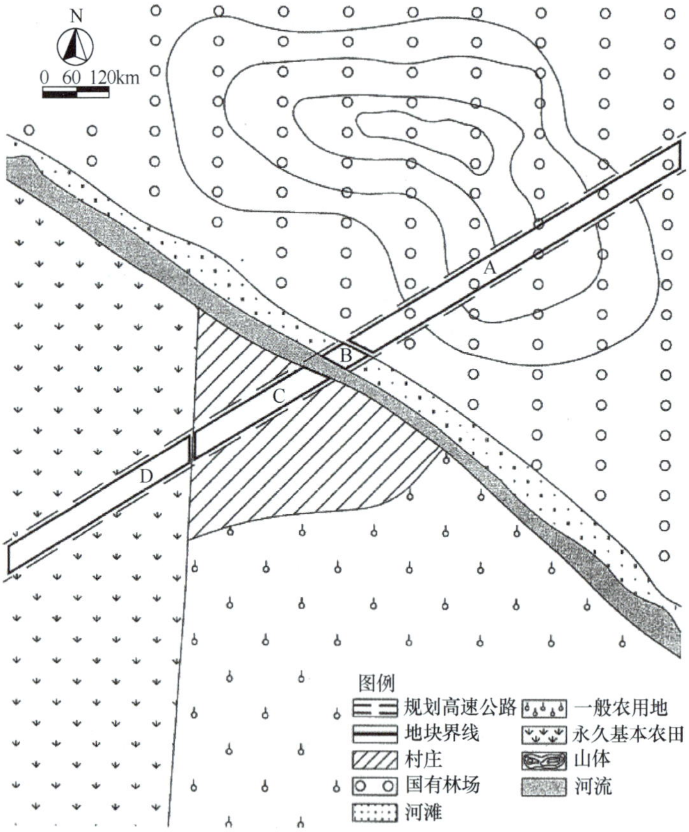

考点解析：A、D 地块涉及农用地转用审批【考点②】；C、D 地块涉及土地征收【考点②】；农用地转用的审批权和涉及土地征收的审批权为国务院【考点①】。

知识点 8　建设用地使用权

■ 国有建设用地使用权取得方式

1. 以有偿使用方式取得

（1）建设单位使用国有土地，应当以有偿使用方式取得；但是，法律、行政法规规定可以以划拨方式取得的除外。

国有土地有偿使用的方式包括：

① 国有土地使用权出让；

② 国有土地租赁；

③ 国有土地使用权作价出资或者入股。

（2）除依法可以采取协议方式外，应当采取招标、拍卖、挂牌等竞争性方式确定土地使用者。

（3）土地使用权出让，应当签订书面出让合同。土地使用权出让合同由市、县人民政府土地管理部门与土地使用者签订。

2. 可以以无偿使用方式取得（《土地管理法》第五十四条）

建设单位使用国有土地，应当以出让等有偿使用方式取得；但是，下列建设用地，经县级以上人民政府依法批准，可以以划拨方式取得：

① 国家机关用地和军事用地；

② 城市基础设施用地和公益事业用地；

③ 国家重点扶持的能源、交通、水利等基础设施用地；

④ 法律、行政法规规定的其他用地。

3. 使用期限

（1）出让用地

① 居住用地：70 年；

② 教育、科技、文化、卫生、体育用地、工业用地、仓储用地：50 年；

③ 商业、旅游、娱乐用地：40 年。

（2）划拨用地：永久

拓展

以出让方式取得土地使用权进行房地产开发的，必须按照土地使用权出让合同约定的土地用途、动工开发期限开发土地。超过出让合同约定的动工开发日期满一年未动工开发的，可以征收相当于土地使用权出让金 20%以下的土地闲置费；满二年未动工开发的，可以无偿收回土地使用权；但是，因不可抗力或者政府、政府有关部门的行为或者动工开发必需的前期工作造成动工开发迟延的除外。

■ 集体建设用地使用权（《土地管理法》第六十条、六十一条）

1. 乡镇企业用地

农村集体经济组织使用乡（镇）土地利用总体规划确定的建设用地兴办企业或者与其他单位、个人以土地使用权入股、联营等形式共同举办企业的，应当持有关批准文件向县级以上地方人民政府自然资源主管部门提出申请，按照省、自治区、直辖市规定的批准权限，由县级以上地方人民政府批准；其中，涉及占用农用地的，依照《土地管理法》第四十四条的规定办理审批手续。

2. 乡（镇）村公共设施、公益事业用地

乡（镇）村公共设施、公益事业建设，需要使用土地的，经乡（镇）人民政府审核，向县级以上地方人民政府自然资源主管部门提出申请，按照省、自治区、直辖市规定的批准权限，由县级以上地方人民政府批准；其中，涉及占用农用地的，依照《土地管理法》第四十四条的规定办理审批手续。

■ 建设用地申请（《城乡规划法》第四十一条）

（1）在乡、村庄规划区内进行乡镇企业、乡村公共设施和公益事业建设的，建设单位或者个人应当向乡、镇人民政府提出申请，由乡、镇人民政府报城市、县人民政府城乡规划主管部门核发乡村建设规划许可证。

（2）在乡、村庄规划区内使用原有宅基地进行农村村民住宅建设的规划管理办法，由省、自治区、直辖市制定。在乡、村庄规划区内进行乡镇企业、乡村公共设施和公益事业建设以及农村村民住宅建设，不得占用农用地；确需占用农用地的，应当依照《土地管理法》有关规定办理农用地转用审批手续后，由城市、县人民政府城乡规划主管部门核发乡村建设规划许可证。

（3）建设单位或者个人在取得乡村建设规划许可证后，方可办理用地审批手续。

■ 宅基地审批（《土地管理法》第六十二条）

1. 基本要求

① 农村村民一户只能拥有一处宅基地，其宅基地的面积不得超过省、自治区、直辖市规定的标准。

② 人均土地少、不能保障一户拥有一处宅基地的地区，县级人民政府在充分尊重农村村民意愿的基础上，可以采取措施，按照省、自治区、直辖市规定的标准保障农村村民实现户有所居。

③ 农村村民建住宅，应当符合乡（镇）土地利用总体规划、村庄规划，不得占用永久基本农田，并尽量使用原有的宅基地和村内空闲地。编制乡（镇）土地利用总体规划、村庄规划应当统筹并合理安排宅基地用地，改善农村村民居住环境和条件。

④ 农村村民住宅用地，由乡（镇）人民政府审核批准；其中，涉及占用农用地的，依照《土地管理法》第四十四条的规定办理审批手续。

⑤ 农村村民出卖、出租、赠与住宅后，再申请宅基地的，不予批准。

⑥ 国家允许进城落户的农村村民依法自愿有偿退出宅基地，鼓励农村集体经济组织及其成员盘活利用闲置宅基地和闲置住宅。

2. 宅基地申请流程（《土地管理法实施条例》第三十三、三十四条）

① 乡（镇）、县、市国土空间规划和村庄规划应当统筹考虑农村村民生产、生活需求，突出节约集约用地导向，科学划定宅基地范围。

② 农村村民申请宅基地的，应当以户为单位向农村集体经济组织提出申请；没有设立农村集体经济组织的，应当向所在的村民小组或者村民委员会提出申请。宅基地申请依法经农村村民集体讨论通过并在本集体范围内公示后，报乡（镇）人民政府审核批准。涉及占用农用地的，应当依法办理农用地转用审批手续。

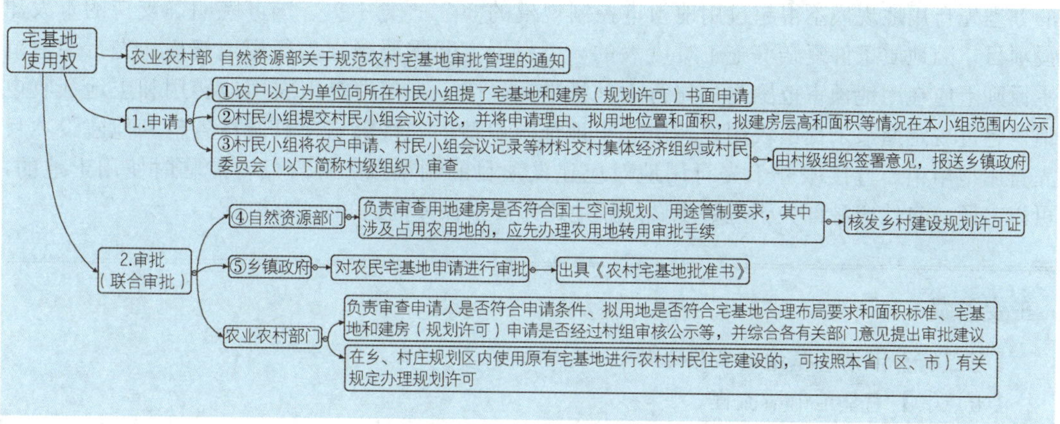

宅基地使用权申请及审批

拓展宅基地使用权

（1）宅基地因自然灾害等原因灭失的，宅基地使用权消灭。对失去宅基地的村民，应当依法重新分配宅基地。

（2）宅基地使用权仅限于农村集体经济组织的成员，非本集体成员并不享有此权利。

■ 集体经营性建设用地

1. 入市条件

① 国土空间规划确定为工业、商业等经营性用途；

② 已依法办土地所有权登记。

2. 申请流程

① 自然资源局依据国土空间规划提出的出让、出租的规划条件、会同有关部门提出产业准入和生态环境保护条件；

② 土地所有权人编制建设用地出让、出租方案；

③ 经村民会议 2/3 或者村民代表 2/3 以上同意（2 个 2/3）；

④ 在出让、出租前不少于十个工作日报市、县人民政府（不符合条件，政府五个工作日提出修改意见）；

⑤ 确定土地使用者，签订合同；

⑥ 报市、县人民政府自然资源主管部门备案。

■ 先行用地

1. 细化先行用地范围

需报国务院批准用地的国家重大项目、列入《国家公路网规划》工程的改扩建项目以及省级能源、交通、水利建设项目中，控制工期的单体工程和因工期紧或受季节影响急需动工建设的其他工程可申请办理先行用地。

2. 明确先行用地比例

控制工期的单体工程均可办理先行用地，其他工程因工期紧或受季节影响急需动工建设的办理先行用地规模不得超过用地预审控制规模的 30%；党中央、国务院明确支持的重大建设项目，因地质条件复杂等施工难度大的，可根据实际需要确定先行用地规模。先行用地范围原则上应在用地预审范围内。先行用地批准后，应于 1 年内提出农用地转用和土地征收申请。超过规定期限未提出农用地转用和土地征收申请的，将影响项目所在省份其他建设项目先行用地申请。直接服务于先行用地对应建设项目的制梁场、拌合站，需临时使用土地的，可以参照《自然资源部关于进一步做好用地用海要素保障的通知》文件执行。

主要考点

【考点①】申请宅基地的资格。

【考点②】宅基地申请流程。

【考点③】未取得乡村建设规划许可证就开工建设。

【考点④】占用农用地进行建设，未先办理农用地转用审批手续。

【考点⑤】乡村建设规划许可证审批主体及流程不对。

【考点⑥】缺少办理用地审批手续环节。

历年真题

【2022-10-07 题】 邻县村民张某在王庄村租赁土地长期耕作。2021 年 8 月，张某向王庄村村委会申请宅基地建房，经村委会同意后，张某按当地标准新建住宅一栋。试问，上述行为存在哪些有问题……

考点解析：张某非王庄村民，无法申请宅基地【考点①】；宅基地未经公示及审批【考点②】；未取得乡村建设规划许可证【考点③】。

【2022-11-07 题】 某市城镇开发边界外的某村，村集体经济组织和企业联营办理特色农产品加工厂，占用该村 16 亩旱地，向乡镇政府提出乡村规划许可证申请，乡镇政府审核符合村庄规划后，批准了申请，企业随即开工建设。以上行为存在哪些问题……

考点解析：占用旱地进行建设不合理，旱地属于农用地，未先办理农用地专用审批手续，违反确实需要占用农用地，应当按规定办理农用地专用审批手续后，核发乡村建设规划许可证【考点④】；乡镇政府审核并批准了乡村建设规划许可证，程序不正确，违反了由乡镇人民政府报城市、县人民政府自然资源主管部门核发乡村建设规划许可证的规定【考点⑤】；缺少办理用地审批手续环节，应向县级以上人民政府自然资源主管部门提出申请，按自治区、直辖市规定的批准权限，由县级以上地方人民政府批准【考点⑥】。

知识点 9　临时用地

■ 申请条件

(1) 建设项目施工和地质勘查需要临时使用国有土地或者农民集体所有的土地才能申请。

① 建设项目施工：建设项目施工过程中建设的直接服务于施工人员的临时办公和生活用房。

② 地质勘查：矿产资源勘查、工程地质勘查、水文地质勘查等，由县级以上人民政府自然资源主管部门批准。

(2) 临时使用土地的使用者应当按照临时使用土地合同约定的用途使用土地，并不得修建永久性建筑物。

■ 使用期限

建设项目施工、地质勘查需要临时使用土地的，应当尽量不占或者少占耕地。临时用地由县级以上人民政府自然资源主管部门批准，期限一般不超过二年；建设周期较长的能源、交通、水利等基础设施建设使用的临时用地，期限不超过四年；法律、行政法规另有规定的除外。

■ 审批要求

县（市）自然资源主管部门负责临时用地审批，其中涉及占用耕地和永久基本农田的由市级或者市级以上自然资源主管部门负责审批，不得下放临时用地审批权或者委托相关部门行使审批权。

■ 合同签订

① 国有土地：与县（市）自然资源主管部门签订临时使用土地合同。

② 集体土地：与农村集体经济组织、村民委员会签订临时使用土地合同。

■ 使用要求

① 复垦：临时用地使用人应当自临时用地期满之日起一年内完成土地复垦。

② 使用：临时用地使用人应当按照批准的用途使用土地，不得转让、出租、抵押临时用地。

③ 拆除：临时用地期满后应当拆除临时建（构）筑物。

④ 临时用地确需占用永久基本农田的，必须能够恢复原种植条件。

⑤ 直接服务于铁路、公路、水利工程施工的制梁场、拌合站，需临时使用土地的，确保能够恢复种植条件的，可以占用耕地，不得占用永久基本农田。

■ 行政许可

城镇开发边界内使用临时用地的，核发临时建设用地规划许可，临时建设工程规划许可。

主要考点

【考点①】临时使用土地合同签订主体不对。

【考点②】临时使用土地申请流程不对。

【考点③】临时使用土地批准主体不对。

历年真题

【2024-07题】 2023年某公司在A县城镇开发边界内承接住宅小区项目建设。为便于组织施工，该公司与当地村民张某签订合同，使用张某承包的5亩耕地，用于办公、生活用房和工棚等临时设施建设，并向当地镇政府提交了临时用地申请书、土地复垦方案报告表等必要材料，镇政府经过审核，批准了该宗临时用地申请。……该案例存在哪些主要问题？……

考点解析：该公司与当地村民张某签订合同不合理，应和农村集体经济组织或村委会签**【考点①】**；该公司向当地镇政府申请临时用地不对，临时用地要向市级自然资源主管部门申请**【考点②】**；镇政府批准不对，应由市级自然资源主管部门审核批准（涉及耕地）**【考点③】**。

板块9　规划条件与建设项目选址、选线

微信扫码
免费听课

历年考频

考点	规划条件补充	基础设施选址
考频	4	1

知识点1　详细规划

■ 法定地位

《自然资源部关于加强国土空间详细规划工作的通知》中规定：

积极发挥详细规划法定作用。详细规划是实施国土空间用途管制和核发建设用地规划许可证、建设工程规划许可证、乡村建设规划许可证等城乡建设项目规划许可以及实施城乡开发建设、整治更新、保护修复活动的法定依据。

■ 详细规划类型

包括城镇开发边界内详细规划、城镇开发边界外村庄规划及风景名胜区详细规划等类型。

详细规划包括：控制性详细规划，修建性详细规划。

■ 控制性详细规划包含内容

《城市、镇控制性详细规划编制审批办法》中规定控制性详细规划应当包括下列基本内容：

① 土地使用性质及其兼容性等用地功能控制要求；

② 容积率、建筑高度、建筑密度、绿地率等用地指标；

③ 基础设施、公共服务设施、公共安全设施的用地规模、范围及具体控制要求，地下管线控制要求；

④ 基础设施用地的控制界线（黄线）、各类绿地范围的控制线（绿线）、历史文化街区和历史建筑的保护范围界线（紫线）、地表水体保护和控制的地域界线（蓝线）等“四线”及控制要求。

■ 修建性详细规划包含内容

① 建设条件分析及综合技术经济论证；

② 建筑、道路和绿地等的空间布局和景观规划设计，布置总平面图；

③ 对住宅、医院、学校和托幼等建筑进行日照分析；

④ 根据交通影响分析，提出交通组织方案和设计；

⑤ 市政工程管线规划设计和管线综合；

⑥ 竖向规划设计；

⑦ 估算工程量、拆迁量和总造价，分析投资效益。

知识点 2　规划条件

■ 相关规定

（1）国有土地使用权出让设置规划条件、核发建设用地规划许可证、建设工程规划许可证、低效用地再开发、落实土地征收成片开发方案、实施城市更新等应严格依据控制性详细规划。

（2）不得以专项规划、片区策划、实施方案、城市设计等名义替代详细规划设置规划条件改规划或变更规划条件。

（3）不得以城市设计、城市更新规划等专项规划替代国土空间总体规划和详细规划作为各类开发保护建设活动的规划审批依据。不得违反上位总体规划的底线管控要求和强制性内容。

■ 规划条件的作用

规划条件作为控制性详细规划的延续和深化，确保了控制性详细规划在城市建设和土地开发中的有效实施。通过规划条件，控制性详细规划中的各项控制指标和要求得以在具体地块上落实，从而实现了对城市空间环境的精细化控制和管理。作用如下：

① 国有土地使用权出让合同的组成部分；
② 建设单位和设计单位编制工程设计方案的依据；
③ 规划主管部门审查方案的依据；
④ 规划部门核发建设工程规划许可证、乡村建设规划许可证的依据；
⑤ 规划部门对建设工程进行规划核实的依据；
⑥ 建设项目竣工规划验收的依据。

■ 拟订规划条件要求

（1）严格依据详细规划核定规划条件，明确用地位置、面积、土地用途、容积率、绿地率、建筑密度、建筑高度、建筑退让、停车泊位以及公共服务、市政交通设施配建、城市设计、风貌管控等。

（2）对于乡村产业发展、乡村建设等乡村振兴用地允许适当简化规划条件有关内容。不得将国土空间总体规划和详细规划管控要求之外的非空间治理内容纳入规划条件，不得违反国家强制性标准规范设置规划条件。

（3）市、县自然资源主管部门不得擅自改变规划条件。确需变更的，应当符合经依法批准的详细规划、法律法规以及相关规范的要求。变更内容不符合详细规划的，应当依法定程序修改详细规划后方可办理规划条件变更手续。

■ 规划条件适用情形

（1）以有偿使用方式供应国有建设用地使用权或集体经营性建设用地入市的，市、县自然资源主管部门应当依据详细规划核定规划条件，作为出让公告、有偿使用合同、入市方案的组成部分。

（2）用地预审与选址意见书明确的规划要求达到规划条件深度的，可作为规划条件使用。

未依法确定规划条件的地块，不得供应建设用地使用权。

(3) 以划拨方式供应国有建设用地使用权或批准使用集体土地举办乡镇企业、建设乡(镇)村公共设施和公益事业的，依据详细规划核定用地的位置、面积、允许建设的范围，纳入国有建设用地划拨决定书或集体建设用地批准文件。**注意：划拨用地可以不要规划条件。**

■ 规划条件的内容

规划条件应从总体情况、开发强度、建筑退让、道路交通、配套设施、城市设计、安全、其他八个方面考虑。

注意：答题时首先将列出的规划条件与以上八项内容进行逐一核对，缺什么补什么。其次，注意图上特殊条件，如保护生态和历史文化遗产、地下空间开发利用、特殊地形地貌，注意要符合规划和相关规范。

1. 总体情况

地上空间应明确：用地性质、用地面积、边界范围。

地下空间应明确：用地性质、最大占地范围、起止深度、建筑量控制要求，以及连通、安全等规划设计要求。

主要考点

【考点①】根据原界线，提出新选址用地的用地位置边界范围、用地面积及用地性质。

【考点②】考虑博物馆建设用地的用地性质、用地面积。

【考点③】地下空间用地性质、面积的要求。

历年真题

【2018-06 题】 某省会城市医院，因床位紧张，绿化面积不够，门前主干路交通阻塞等原因，急需扩建改善。其北侧的学校已搬迁至新校区，原学校建设用地拟划拨给该医院，作为扩建高层住院楼的选址。经规划部门初步核定：保留原门诊楼和住院楼，新建一栋高层住院楼，并结合庭院绿化新建停车场。该院扩建完成后，基础设施基本满足配套，符合城市规划控制要求。根据现状及规划要求，按照相关规定，在选址意见书中应提出哪些意见?

考点解析：本题属于选址意见书的拓展考法，实则为考察规划条件，提出选址用地的用地位置边界范围、用地面积及用地性质，根据已搬迁和拆除的学校用地范围界线，提出选址用地的用地位置边界范围、用地面积及用地性质（由教育用地调整为医疗卫生用地）【考点①】。

【2019-06 题】 某市拟建设市级博物馆，选址北侧为文物保护单位，该用地处于文物保护单位的建设控制地带以内，西侧为河流及山景公园，东侧为小学校，小学校北侧为居住区，南侧为商业区，市政配套设施满足要求……试问：根据周边环境条件，说明选址意见书的规划条件主要应考虑哪些方面并陈述理由。

考点解析：由于题目已经给定了用地范围，图上显示为虚线，所以考虑补充用地性质和用地面积，考虑博物馆建设用地的用地性质、用地面积【考点②】。

【2022-11-06 题】 相邻两地块出让，A 地块为商业，B 地块为绿地广场，B 地块地下空间为公共停车场和部分商业，并设置一条人行通道连接其他地块。……问：B 地块地下空间的出

让条件，除开发范围、开发深度、开发强度以外，还应明确哪些规划条件？

考点解析：除了题目中提到的开发范围、开发深度、开发强度（深度、建筑规模）以外考虑哪些，考虑用地性质和最大占地范围，地下空间用地性质、面积的要求【考点③】。

2. 开发强度（技术指标）

开发强度的相关技术指标包括：容积率、建筑密度、绿地率、建筑高度、混合用地、建筑比例（总建筑面积）。

主要考点

【考点①】补充开发强度中缺少的相关指标，文物保护单位建设控制地带的规定。

【考点②】混合用地：混合产业用地应依据控制性详细规划出具规划条件并纳入供地方案，在供地方案中明确主导用途、混合比例要求（或兼容建筑设施占比）和分割转让限制等要求 。

历年真题

【2018-06 题】 某省会城市医院，因床位紧张，绿化面积不够，门前主干路交通阻塞等原因，急需扩建改善……

考点解析：提出容积率、建筑高度、建筑密度等指标，以及根据绿化面积不够的现状，提出相应的绿地率指标要求（绿化面积应满足规范要求也可以）【考点①】。

【2019-06 题】 某市拟建设市级博物馆，选址北侧为文物保护单位，该用地处于文物保护单位的建设控制地带以内……

考点解析：考虑容积率、建筑密度、绿地率、建筑高度等指标，应满足文物保护单位建设控制地带的规定【考点①】。

【2023-06 题】 某老城区拟出让地块 A……规划地块 A 为混合用地允许建设商业、商务办公、公寓。根据地块周边环境要素，除用地性质、用地面积、容积率、建筑密度、绿地率、市政配套设施外，该地块的规划设计条件还应补充哪些内容？

考点解析：混合用地要补充混合用地的比例、建筑高度【考点②】。

【2024-06 题】 ……此地块用地性质为商业商务金融混合用地，市自然资源主管部门给出初步规划条件，已包括用地范围，用地面积、用地性质、建筑密度、建筑高度、容积率、绿地率、停车泊位、出入口方位。根据该地块周边控制要素，补充其他规划条件。

考点解析：商业、商务金融混合建筑的用地比例要求【考点②】。

3. 建筑退让

建筑需要退让以下六线。

（1）道路红线：建筑必须退让主干路、次干路和支路，一般道路沿线退让一致。

（2）用地界线：当建筑物临路时，要满足道路红线退让要求，当建筑物不临路时，满足用地界线的退让要求。

（3）城市紫线：城市紫线包含历史文化街区和历史建筑。若地块内保留有历史建筑，则需同时满足①退让历史建筑（紫线）的要求；②考虑历史建筑的保护要求（建设控制地带的建设要求）与地块内历史建筑风貌相协调，若位于文物保护单位的建设控制地带内，在文物保护单位的建设控制地带内进行建设工程，不得破坏文物保护单位的历史风貌。

（4）城市蓝线：建筑需要退让城市蓝线 8～10m。

（5）城市绿线：建筑需要退让城市绿线 5m 左右。

（6）建筑间距：建筑间距主要考虑日照间距（高度×日照系数）、防火间距。若题干提示为医院建筑，需考虑病房建筑的前后间距应满足日照和卫生间距要求，且不宜小于 12m。

主要考点

【考点①】新建建筑退让道路红线和用地红线的控制要求。

【考点②】新建建筑与已有建筑（内、外）的间距需满足当地日照、消防间距、防护距离的控制要求。

【考点③】考虑建筑退让城市蓝线、城市绿线、文物保护单位的保护范围、退让城市（历史建筑）城市紫线、退让其他基础设施安全控制等要求。

历年真题

【2018-06 题】 某省会城市医院，因床位紧张，绿化面积不够，门前主干路交通阻塞等原因，急需扩建改善。其北侧的学校已搬迁至新校区，原学校建设用地拟划拨给该医院，作为扩建高层住院楼的选址。经规划部门初步核定：保留原门诊楼和住院楼，新建一栋高层住院楼，并结合庭院绿化新建停车场。该院扩建完成后，基础设施基本满足配套，符合城市规划控制要求。根据现状及规划要求，按照相关规定，在选址意见书中应提出哪些意见？

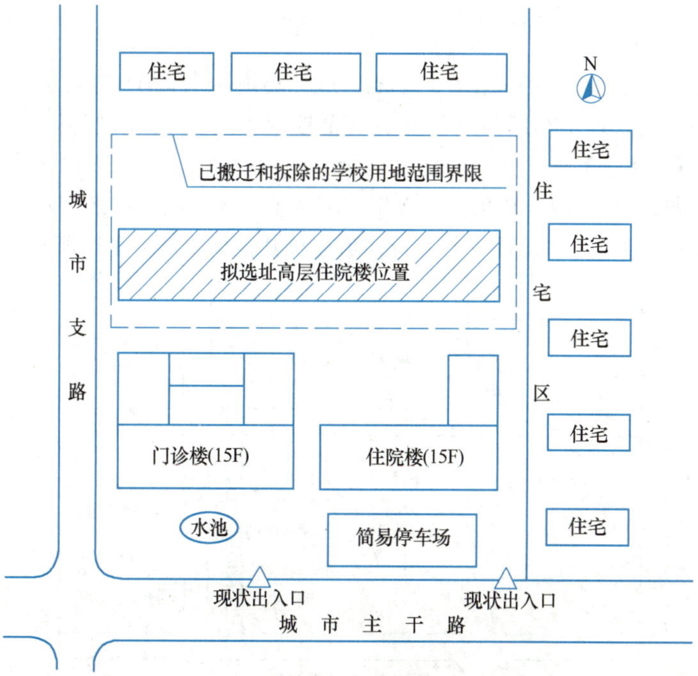

2018-06 题图

考点解析：新建高层住院楼退让道路红线和用地红线的控制要求【考点①】。新建高层住院楼与保留原门诊楼、住院楼、北部和东部住宅建筑的间距需满足当地日照、消防间距、防护距离的控制要求【考点②】。

【2022-10-06 题】 某市拟同时出让位于文创科创园内的两块用地（如图所示 A1、A2），用地性质分别规划为金融商务和商住混合，沿江部分拟建城市地标。

已给定的规划设计条件如下。①规划性质、边界条件、规划用地面积；②容积率、绿地率、建筑密度；③建筑后退道路红线规定、建筑间距规定；④二个地块的地下车库可连通；⑤市政公用设施的配置要求；⑥商住建筑面积比例。公共服务设施配套要求，要求公建与住宅分别独立设置。

试根据周边环境，补充必要的规划条件。

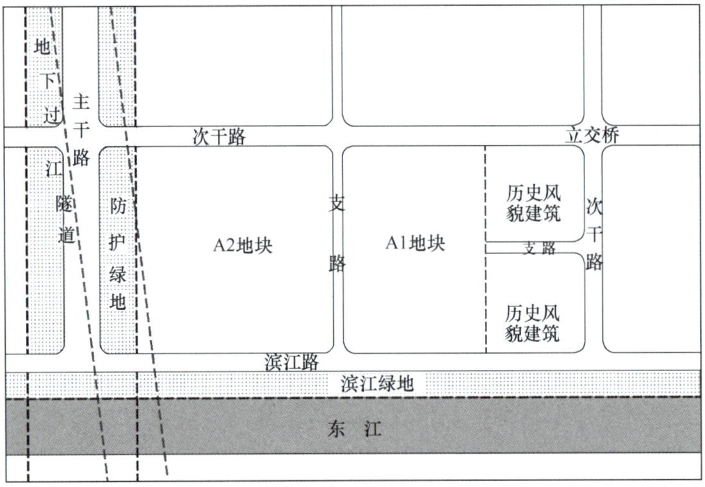

2022-10-06 题图

考点解析：应补充 A2 地块后退防护绿地、过江隧道距离；A1 地块东侧退界及与历史建筑的退让距离；A2 地块地下车库与过江隧道安全控制距离；A1 地块地下车库退界及与历史建筑的退让距离【考点③】。

【2022-11-06 题】 相邻两地块出让，A 地块为商业，B 地块为绿地广场，B 地块地下空间为公共停车场和部分商业，并设置一条人行通道连接其他地块。如下图所示。B 地块地下空间

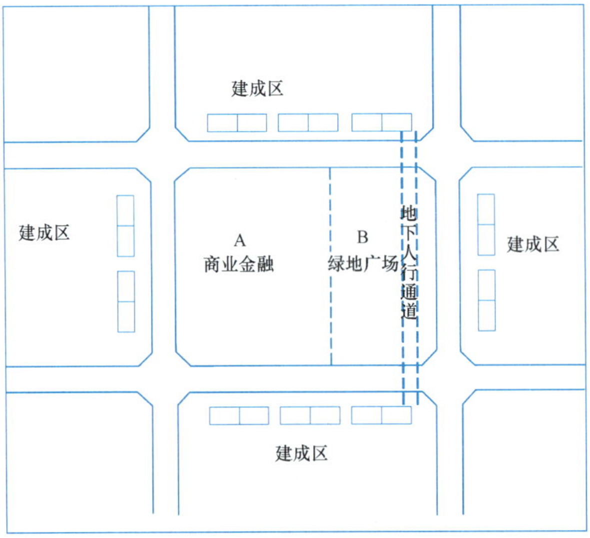

2022-11-06 题图

的出让条件，除开发范围、开发深度、开发强度以外，还应明确哪些规划条件？

考点解析：地下空间退让道路红线、用地边界线的退距要求【考点③】。

【2023-06 题】 某老城区拟出让地块 A，地下有现状地铁站，地面有地铁出入口，地铁通风设施和两栋保留的历史建筑。地块东侧为城市历史地段，北、西、南侧均为现状居住小区。相邻的城市干路两侧绿化景观好。规划地块 A 为混合用地允许建设商业、商务办公、公寓。根据地块周边环境要素，除用地性质、用地面积、容积率、建筑密度、绿地率、市政配套设施外，该地块的规划设计条件还应补充哪些内容？

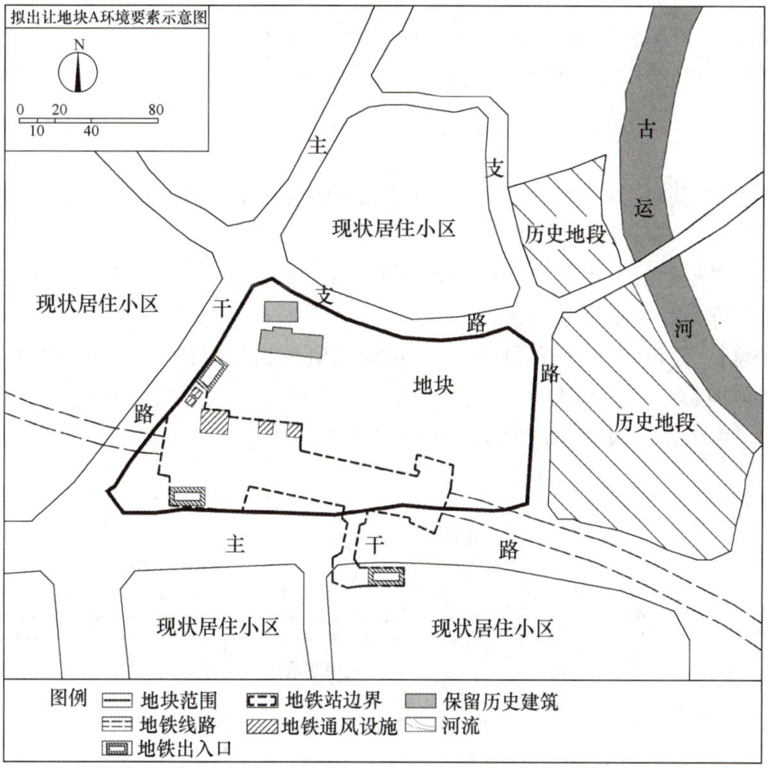

2023-06 题图

考点解析：需补充：退让道路红线、主干路绿地（绿线）、历史建筑的要求，地下空间退让道路红线要求，与地铁安全控制距离【考点①】。退让地铁出入口、地铁通风设施控制保护区的要求【考点③】。与北侧、西侧居住区日照影响的要求【考点②】。

4. 道路交通

出入口朝向、出入口位置、交通组织要求，与城市交通设施的衔接，地面和地下停车位数量和比例、地铁控制保护区。

注意：考试时经常需要补充出入口朝向（不朝向主干路），出入口位置（与主次干路交叉口的距离控制），内部与城市外部交通组织、与周边建筑的关系（如与博物馆、小学关系）、与周边立交桥的关系，与城市交通设施的衔接（与轻轨站点衔接的要求，考虑地铁线路、地铁出入口、有轨电车线、有轨电车站的控制保护区）。

主要考点

【考点①】提出机动车出入口方向及要求。

【考点②】地上、地下车库的出入口的朝向、位置，与城市道路交叉口的距离要求，与相邻用地交通协调；内部机动车停车场、非机动车场的数量与位置，出入口和主干道的交通组织。

【考点③】基地出入口朝向（应开向次干路）、出入口与主次干道交叉口的距离控制（不小于 100m）。

【考点④】出入口与公交停靠站边缘的距离（不应小于 15m）。

【考点⑤】与相邻基础设施的安全间距。

历年真题

【2018-06 题】 某省会城市医院，因床位紧张，绿化面积不够，门前主干路交通阻塞等原因，急需扩建改善……

考点解析：根据门前主干路交通阻塞的现状，结合支路对医院现状出入口进行调整，提出机动车出入口方向及要求【考点①】。

【2019-06 题】 某市拟建设市级博物馆，选址北侧为文物保护单位，该用地处于文物保护单位的建设控制地带以内，西侧为河流及山景公园，东侧为小学校，小学校北侧为居住区，南侧为商业区，市政配套设施满足要求，具体见下图。

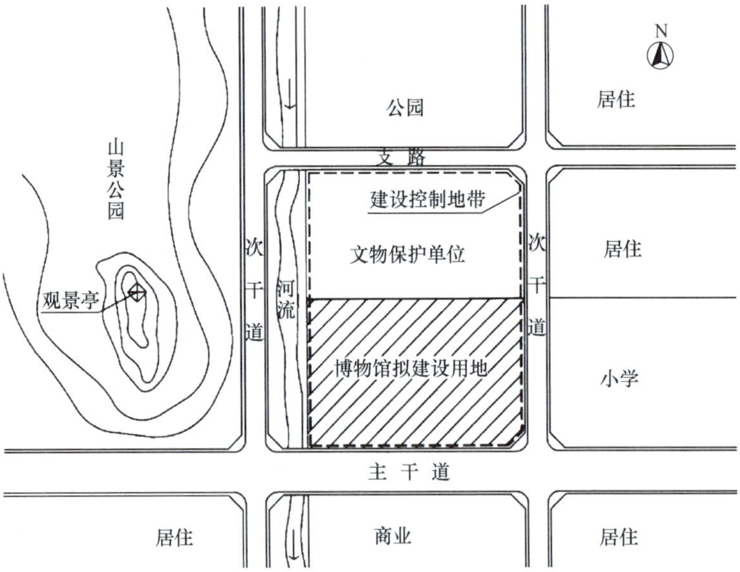

2019-06 题图

考点解析：考虑地块与周围交通的衔接，地块出入口位置与方位，不对东侧小学出入口和主干道的交通组织造成干扰【考点②】。

【2021-06 题】 某二级加油加氢站，北侧有 37000m^2 的商业，南侧是 6300m^2 的办公楼和 3400m^2 的住宅楼，地块西侧有地铁、有轨电车、路灯开关站，东侧有公交站，项目用地涉河段堤防设计标准为 4 级。根据项目周边环境要素，该项目建设的规划设计条件应重点考虑哪些内容？

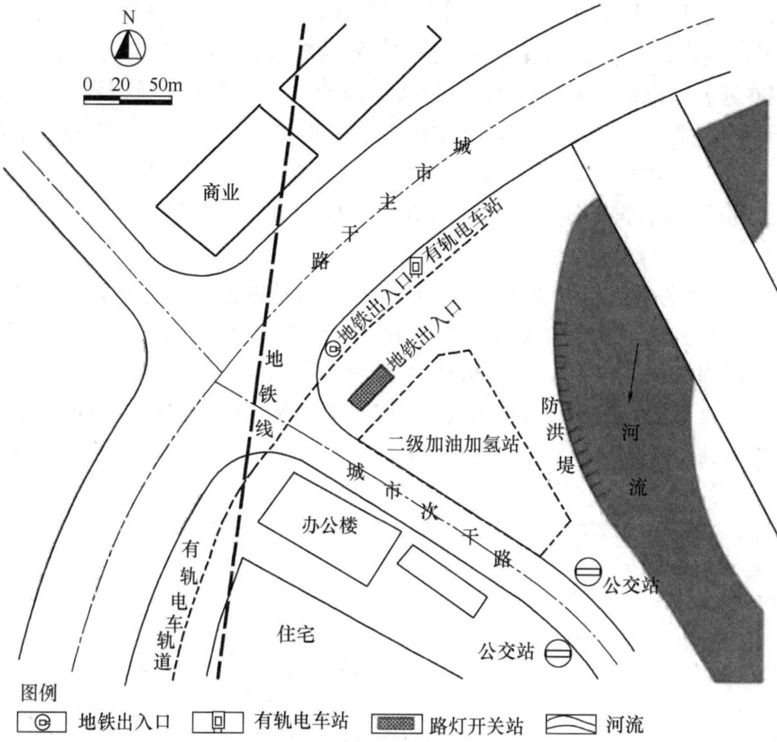

2021-06 题图

考点解析：考虑该基地出入口朝向（应开向次干路）、出入口与主次干道交叉口的距离控制（不小于 100m）【考点③】；考虑出入口与公交停靠站边缘的距离（不应小于 15m）【考点④】；考虑与商业中心、南侧办公楼、住宅楼、施工工地、路灯开关房、城市主干路和次干路、铁路线和有轨电车线、地铁站出入口和有轨电车车站、公交停靠站的安全间距【考点⑤】。

【2022-06 题】 某市拟同时出让位于文创科创园内的两块用地（如图所示 A1、A2），用地性质分别规划为金融商务和商住混合，沿江部分拟建城市地标……

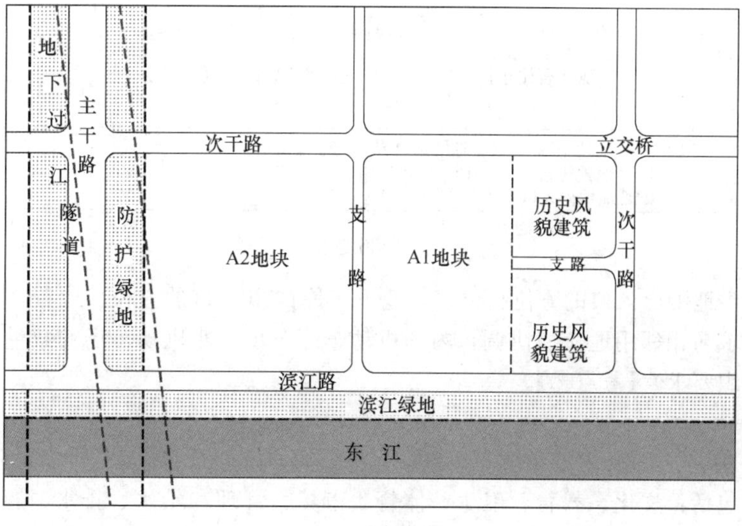

2022-06 题图

考点解析：两地块地上及地下出入口方位、位置，距离交叉口的距离，地上、地下停车位数量，住宅考虑地面停车位比例【考点②】；处理好 A1 地块与立交桥的关系【考点⑤】。

【2022-11-06 题】 相邻两地块出让，A 地块为商业，B 地块为绿地广场，B 地块地下空间为公共停车场和部分商业，并设置一条人行通道连接其他地块……B 地块地下空间的出让条件，除开发范围、开发深度、开发强度以外，还应明确哪些规划条件？

考点解析：明确公共停车场的出入口的方位对周边建成区出入口的影响、出入口数量、出入口位置退交叉口道路红线的要求【考点②】。

【2023-06 题】 某老城区拟出让地块 A，地下有现状地铁站，地面有地铁出入口，地铁通风设施和两栋保留的历史建筑。地块东侧为城市历史地段，北、西、南侧均为现状居住小区。相邻的城市干路两侧绿化景观好。规划地块 A 为混合用地允许建设商业、商务办公、公寓。根据地块周边环境要素，除用地性质、用地面积、容积率、建筑密度、绿地率、市政配套设施外，该地块的规划设计条件还应补充哪些内容？

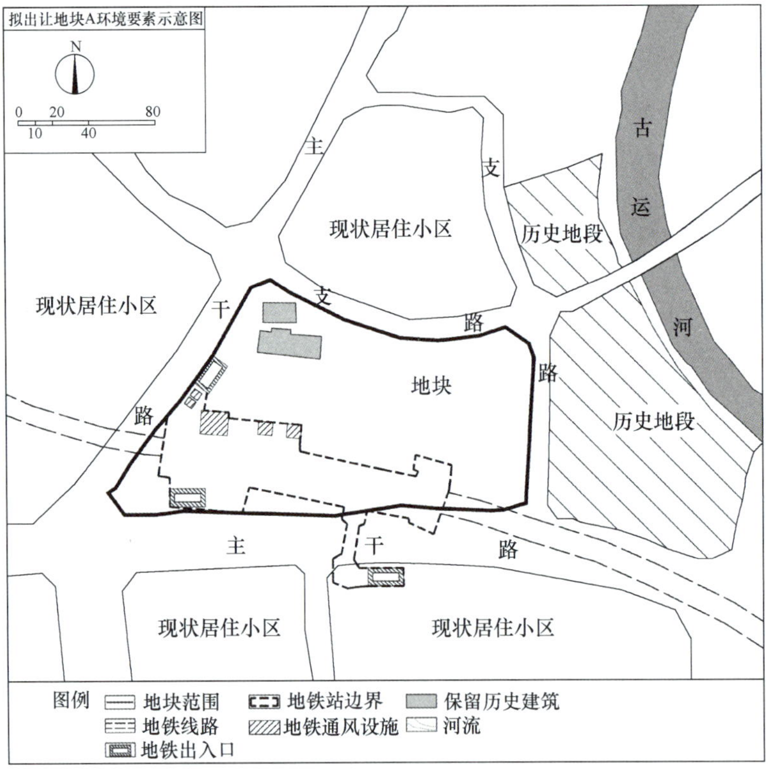

2023-06 题图

考点解析：地上出入口的方位、位置，地下车库的出入口的方位、位置，与城市道路交叉口的距离要求与相邻用地交通协调，内部机动车停车场、非机动车场的数量与位置（地铁口人行交通组织要求）【考点②】。

5. 配套设施

配套设施包括：文化、教育、卫生、体育、市场、管理和给水、排水、燃气、热力、电力、电信等。

注意：缺少配套设施是考题中经常遇到的，可补充此项。

主要考点

【考点①】缺少配套要求。

历年真题

【2024-06 题】 ……市自然资源主管部门给出初步规划条件，已包括用地范围，用地面积、用地性质、建筑密度、建筑高度、容积率、绿地率、停车泊位、出入口方位。根据该地块周边控制要素，补充其他规划条件。

考点解析：补充市政、公共服务配套要求【考点①】。

6. 城市设计

主要考点

【考点①】位于文物保护单位建设控制地带内，考虑与文物保护单位风貌相协调。

【考点②】与视线廊道协调，与滨河绿道协调，与历史风貌协调。

历年真题

【2019-06 题】 某市拟建设市级博物馆，选址北侧为文物保护单位，该用地处于文物保护单位的建设控制地带以内，西侧为河流及山景公园，东侧为小学校，小学校北侧为居住区，南侧为商业区，市政配套设施满足要求，具体见下图。

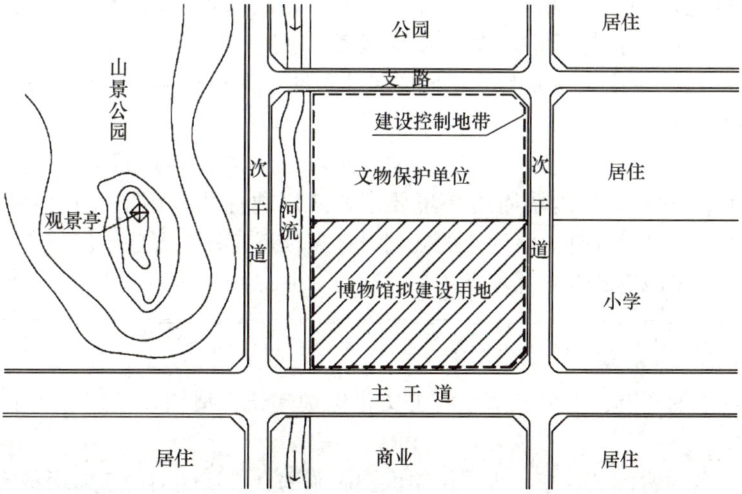

2019-06 题图

考点解析：考虑博物馆形态、色彩、体量、尺度与文物保护单位风貌相协调【考点①】；考虑博物馆自身对山景公园的景观视廊要求，不应遮挡或破坏整体环境景观【考点②】。

【2023-06 题】 某老城区拟出让地块 A，地下有现状地铁站，地面有地铁出入口，地铁通风设施和两栋保留的历史建筑。地块东侧为城市历史地段，北、西、南侧均为现状居住小区。

相邻的城市干道两侧绿化景观好。规划地块 A 为混合用地允许建设商业、商务办公、公寓。根据地块周边环境要素，除用地性质、用地面积、容积率、建筑密度、绿地率、市政配套设施外，该地块的规划设计条件还应补充哪些内容?

考点解析：与地块内历史建筑、相邻历史地段、古运河风貌协调【考点②】。

---

7. 安全

安全主要包括（四防）：防洪、防震（抗震）、人防、消防等。注意防洪沟的防洪要求、西侧河流的防洪要求、场地高程与防洪堤要求。

主要考点

【考点①】考虑满足地块的以及西侧河流防洪要求的防洪、防震、人防、消防等要求。

【考点②】考虑场地设计标高不应低于城市的设计防洪水位标高（加油站防洪等级应满足4级防洪坝30年一遇的要求）。

历年真题

【2019-06题】 某市拟建设市级博物馆，选址北侧为文物保护单位，该用地处于文物保护单位的建设控制地带以内，西侧为河流……

考点解析：考虑博物馆满足西侧河流的防洪等要求【考点①】。

【2021-06题】 某二级加油加氢站，北侧有 37000m^2 的商业，南侧是 6300m^2 的办公楼和 3400m^2 的住宅楼，地块西侧有地铁、有轨电车、路灯开关站，东侧有公交站，项目用地涉河段堤防设计标准为4级……

考点解析：考虑该场地设计标高不应低于城市的设计防洪水位标高【考点②】。

【2022-10-06题】 ……试根据周边环境，补充必要的规划条件。

考点解析：人防、防震、消防、防洪要求【考点①】。

【2022-11-06题】 问：B地块地下空间的出让条件，除开发范围、开发深度、开发强度以外，还应明确哪些规划条件?

考点解析：地下空间的消防、防震、人防、防洪等要求【考点①】。

【2023-06题】 ……根据地块周边环境要素，除用地性质、用地面积、容积率、建筑密度、绿地率、市政配套设施外，该地块的规划设计条件还应补充哪些内容?

考点解析：防灾减灾的要求【考点①】。

---

8. 其他

其他需要考虑的还有：古树名木，历史文化保护建筑，地铁、隧道等地下空间开发、住房保障等。

注意：古树名木的保护要求、地铁控制保护区范围、过江隧道的控制保护区。

主要考点

【考点①】县级文物保护单位，千年古树的保护和周边建筑控制线的要求。

历年真题

【2010-06 题】 某市政府为了缓解城市居民住房问题，决定在城市中心区北部的浅山地带集中建设 30 万 m^2 的经济适用房……该市城市规划行政主管部门依据控制性详细规划已经给出了如下规划条件：① 土地使用强度：包括容积率、建筑高度、建筑密度等要求；② 绿地：包括绿地率、人均公共绿地面积等要求；③ 空间布局：包括建筑间距、日照标准等要求；④ 公共服务设施配套要求；⑤ 市政设施：包括给排水、燃气、热力、供电、通信、有线电视的设施的配置要求；⑥ 文物保护单位的要求；⑦ 城市景观和环境协调要求；⑧ 地形改造及地下空间利用要求。试根据相关法律、法规、规范标准和有关政策，将规划条件补充完整。

考点解析：考虑县级文物保护单位，千年古树的保护和周边建筑控制线的要求【考点①】。

拓展

（1）工业用地规划条件

① 应当将投资强度、容积率、建筑系数、绿地率、非生产设施占地比例等控制性指标以及自然资源开发利用水平和生态保护要求纳入出让合同。

② 行政办公及生活服务设施用地面积＜工业项目总用地面积的 7%，且建筑面积＜工业项目总建筑面积的 15%。

（2）住宅用地规划条件

应当将最低容积率限制、单位土地面积的住房建设套数和住宅建设套型等规划条件写入建设用地使用权出让合同。

（3）地下空间利用规划条件

① 建设用地地下空间退让地块红线应保障相邻地块的安全及地下设施的安全，退让地块红线距离不宜小于 3.0m。

② 地下公共人行通道的净宽应根据设计年限内高峰小时人流量和设计通行能力计算确定，并应满足安全、防灾、环境保护等要求。

③ 地下公共人行通道的净高应根据有无商业及商业布局形式等条件综合确定。

知识点 3　建设项目选址

■ 常见题型

项目选址：选哪个地块＋理由。

（1）多个地块比选：结合上位规划，主要看用地规模、用地性质。

（2）单个地块选址：公共服务设施选址，区位、用地规模、交通影响、基础配套、周边影响。

（3）项目改建、扩建：用地规模、交通影响、规划条件。

■ 选址基本要求分析

1. 合法性要求

① 核心保护区原则上禁止人为活动；一般控制区原则上禁止开发性、生产性建设活动（自然保护地）。

② 建设项目选址选线应当避让重要湿地，无法避让的应当尽量减少占用；除国家重大项目、防灾减灾项目、重要水利等项目外，禁止占用国家重要湿地（重要湿地）。

③一级保护区：禁止新建、扩建与供水设施和保护水源无关的建设项目；二级保护区：禁止新建、改建、扩建排放污染物的建设项目（饮用水源保护区）。

④ 禁止在蓄滞洪区进行各类建设项目，保障蓄滞洪区正常启用。

⑤ 禁止破坏性活动，禁止违反风景名胜区规划，在风景名胜区内设立各类开发区和在核心景区内建设宾馆、招待所、培训中心、疗养院以及与风景名胜资源保护无关的其他建筑物（风景名胜区）。

2. 合理性要求

① 符合规划：符合国土空间规划、专项规划、布点规划。

② 项目位置：分析主要服务区域及使用人群，看服务半径。

③ 用地需求：分析建设项目所需的用地规模，偏大还是偏小。

④ 交通影响：分析项目周边交通是否便利，换乘是否方便。

⑤ 配套情况：公共服务设施配套情况能否满足项目要求。

⑥ 生态环境：分析建设项目对自然生态环境、景观、日照、噪声的影响。

⑦ 安全影响：分析消防、易燃等方面影响。

⑧ 相邻要求：医院与学校不能相邻。

⑨ 历史文化：分析建设项目对历史文化名城名镇、名村、历史文化街区、历史建筑及文物保护单位等造成的影响。

3. 建筑基地机动车出入口位置要求

① 主干路交叉口，自道路红线交叉点 70m 范围内不应设置机动车出入口。

② 距人行横道、人行天桥、人行地道最近边缘线不小于 5m。

③ 距离地铁出入口、公交站台边缘不小于 15m。

④ 距离公园、学校及有儿童、老年人、残疾人建筑出入口最近边缘不小于 20m。

4. 大型交通、文化、体育、娱乐、商业等人员密集建筑基地要求

① 建筑基地与城市道路邻接的总长度不小于建筑基地周长的 1/6。

② 建筑基地出入口不应少于 2 个，且不宜设置在同一条城市道路上。

③ 主要出入口前应设置人员集散场地，当建筑基地设置绿化、停车或其他构筑物时，不应对人员集散造成障碍。

■ 具体项目选址要求

1. 中小学

（1）数量与位置

	数量	位置
小学	每十分钟生活圈应配 1 个	服务半径≤500m
初中	每十五分钟生活圈应配 1 个	服务半径 800～1000m

（2）条件

① 安全：避开交通繁忙地段（干路交叉口）；避开医院（影响身心健康）；避开变电站、输油管、加油站等。

② 班级数：中小学不宜超过 36 班。

③ 教学楼层数：小学教学用房层数≤4 层，中学教学用房层数≤5 层。

④ 日照标准：普通教室冬至日满窗日照不应少于 2h。

⑤ 开口：不应开向主干路（距离交叉口应大于 100m），应设置 2 个出入口。

⑥ 活动场地：应有 200m 环形跑道和 60m 直跑道的运动场，场地的长轴宜南北向。

主要考点

【考点①】主要教学用房距离铁路≥300m；距离高速、地面轨道、主干路≥80m；距离周边噪声源≥25m；开窗时，山墙与运动场地的间距≥25m，教学楼之间间距≥25m。

历年真题

【2002-06 题】 下图所示为某市市区边缘地段拟建的一所 18 班小学，学校东侧紧邻城市次干路，西侧有铁路通过，南侧为城市主干路，一家大型超市位于学校西侧。请指出该小学在选址和总平面布置中存在的主要问题。

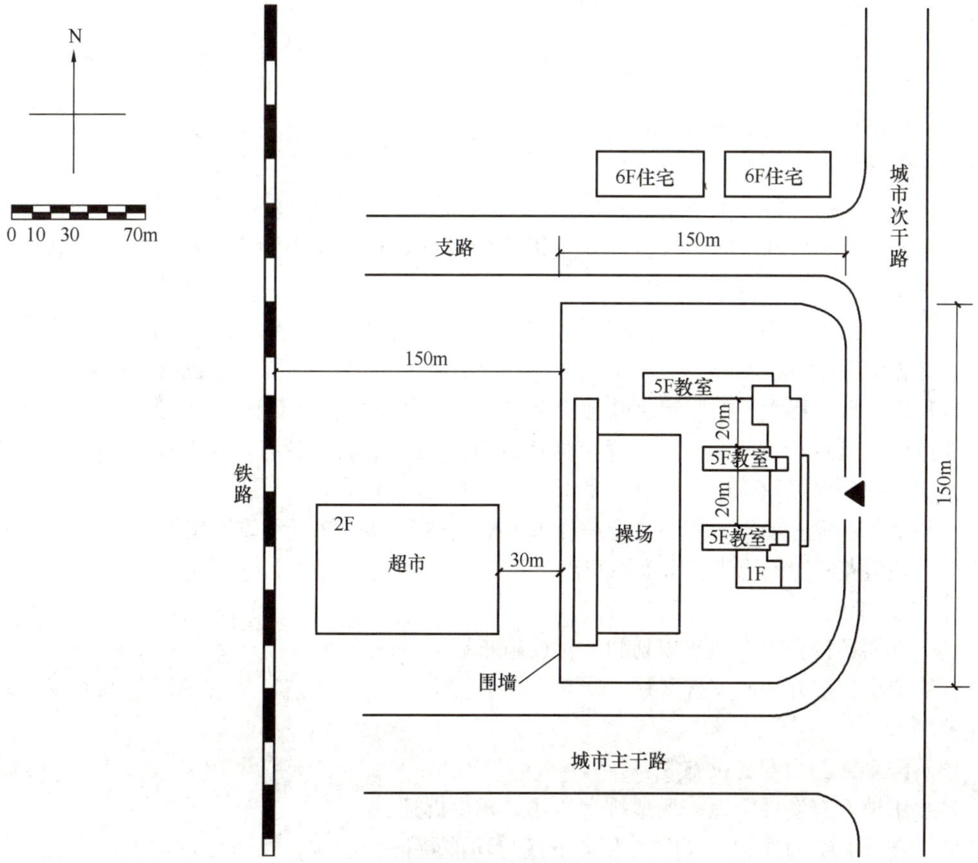

2002-06 题图

考点解析：由图可知该小学主要教学用房距离铁路<300m，不合理，应≥300m；距离城市主、次干路<80m，不合理，应≥80m，教室外窗与操场边缘距离小于25m，不合理，应≥25m；教学楼之间间距20m，不合理，应≥25m；小学教室层数为5层，不合理，小学教学用房应≤4层【考点①】。

---

2. 体育场馆

（1）规划：选址符合国土空间规划。

（2）安全：环境较好，与污染源、高压线路、易燃易爆物品场所之间距离达到防护规定，防止洪涝、滑坡等自然灾害，注意对周边环境影响。

（3）交通：基地至少应有一面或者两面临接城市道路，该道路应有足够的通行宽度，保障疏散，便于利用城市已有的基础设施。

（4）出入口：总出入口布置应明显，不宜少于2处，并以不同方向通向城市道路，大型、特大型体育的建筑基地的出入口不应少于2个，且不宜设置在同一条道路上。

（5）指标：绿地率不低于35%，面积：人均5m^{2}左右。

3. 图书馆

（1）规划：选址符合国土空间规划。

（2）安全：远离易燃易爆、噪声，有害气体，符合国家现行安全、消防、环保要求。

（3）交通：位置适中、交通方便、环境安静、工程地质和水文地质较好，设置机动车和非机动车停车位。

（4）用地：30万册为0.5hm^2，50万册为0.7hm^2，100万册为1hm^2，200万册为2hm^2，300万册为3hm^2。

（5）指标：新建图书馆建筑密度40%，绿地率≥30%。

4. 展览馆

（1）规划：选址符合国土空间规划。

（2）安全：不应选在有害气体和烟尘影响的区域，且与噪声源、易爆物间距符合国家现行有关安全、卫生和环保等规定。

（3）交通：特大型展览馆不应设置在城市中心，特大型、大型展览建筑应充分利用附近的公共服务与基础设施，应设置机动车和自行车的停放场地，应与港口、车站、机场等联系方便。

（4）出入口：特大型展览建筑基地应至少有3面直接临接城市道路，大型、中型至少2面直接临接城市道路，小型至少1面直接临接城市道路；基地至少有1面临接城市干路。特大型、大型、中型展览建筑应至少有2个不同方向通向城市出口。

（5）指标：室外场地面积不少于展厅占地面积的50%，展览建筑应按不小于0.2m^2/人配置集散用地展览；建筑的建筑密度不宜大于35%。

5. 博物馆

（1）规划：符合国土空间规划和文化设施布局。

（2）安全：避开地质灾害区域、噪声源、污染源、高压线路、易燃易爆物品场所、有害物质的场所。

（3）配套：公用配套设施完备。

（4）用地：有发展余地、场地排水通畅、减少拆迁。

（5）交通：交通便利，自然和人文条件与功能特征相适应，在历史古迹上或者临近历史古迹应符合相关规定。

（6）指标：建筑密度不应超过40%；集散场地0.4m²/人，出入口缓冲20m。

主要考点

【考点①】选址要求。

历年真题

【2012-06题】 某国家历史文化名城，为纪念近代发生在该市的一起重大历史事件，市政府拟规划建设一座历史专题博物馆。作为该市规划管理人员，在该专题博物馆的选址工作中，应……遵循什么原则。

考点解析：符合规划、交通便利、配套齐全、环境良好【考点①】。

---

6. 综合医院

（1）地形：地形规整，工程地质和水文地质条件较好，远离地震断裂带。

（2）交通：市政基础设施完善，交通便利，宜邻2条以上城市道路。

（3）环境：环境安静，应远离污染源、远离儿童活动密集场所。

（4）安全：远离易燃、易爆物品的生产和贮存区，高压线路及其设施，不宜临近噪声源、震动源和电磁场等区域。

（5）出入口：综合医院应设置两处及以上出入口，污物出口宜单独设置。

（6）指标：新建综合医院建筑密度不宜超过35%，容积率不宜超过2.0，绿地率不宜低于35%。病房建筑的前后间距应满足日照和卫生间距要求，且不宜小于12m。综合医院建设用地指标（110m²/床）。

综合医院建设用地指标（m²/床）

建设规模	200床以下	200～499床	500～799床	800～1199床	1200～1500床
用地指标	117	115	113	111	109

（7）规划布局

① 综合医院中的传染病区与院内其他建筑或院外周边建筑应设置≥20m的绿化隔离卫生间距。

② 洁污、医患和人车等流线组织清晰，避免交叉感染。

③ 污水处理站，医疗废物及生活垃圾收集暂存用房宜远离门（急）诊、医技和住院等用房，并宜布置在院区主导风下风向。

④ 应配套建设机动车和非机动车停车设施。

7. 加油、加气站

（1）规划：汽车加油、加气、加氢站的站址选择应符合有关规划、环境保护和防火安全的要求，并应选在交通便利，用户使用方便的地点。

（2）建设要求：在城市建成区内不应建设压缩天然气加气母站、一级汽车加油站、加气站，加油加气合建站。架空电力线路不应跨越汽车加油、加气、加氢站的作业区。架空通信线路不应跨越加气站、加氢合建站中加氢设施的作业区。

（3）交通：沿城市主次道路设置，但不宜选址干道交叉口，出入口距离道路交叉口大于100m。

（4）安全间距：①加油站、各类合建的汽油、储罐与重要公共建筑物≥35m；与铁路、地上轻轨≥15.5m；与高速、一二级公路，快速，主干路≥10m；其地道路≥5m。②加氢合建站中的氢气储罐与重要公共建筑物≥50m；与铁路、地上经轨≥25m；与高速、一二极公路、快速、主干路≥15m；其他道路≥10m。

（5）公共加油加气站

服务半径宜为1～2km；城市中心区宜设置三级加油加气站；公共加油加气站的面积见下表。

公共加油加气站用地面积指标

昼夜加油（气）的车次数	加油加气站等级	用地面积（m^2）
2000以上	一级	3000～3500
1500～2000	二级	2500～3000
300～1500	三级	800～2500

（6）公共充换电站

服务半径宜为2.5～4km，公共充电站用地面积宜控制在2500～5000m^2；公共换电站用地面积宜控制在2000～2500m^2

8. 城市消防站

（1）分类：城市消防站应分为陆上消防站、水上消防站和航空消防站。陆上消防站分为普通消防站、特勤消防站和战勤保障消防站。普通消防站分为一级普通消防站和二级普通消防站。

（2）陆上消防站的建设用地面积应符合下列规定：

一级普通消防站3900～5600m^2；二级普通消防站2300～3800m^2；特勤消防站5600～7200m^2；战勤保障消防站6200～7900m^2

（3）陆上消防站设置应符合下列规定：

① 城市建设用地范围内应设置一级普通消防站；

② 城市建成区内设置一级普通消防站确有困难的区域，经论证可设二级普通消防站；

③ 地级及以上城市、经济较发达的县级城市应设置特勤消防站和战勤保障消防站，经济发达且有特勤任务需要的城镇可设置特勤消防站。

主要考点

【考点①】医院选址要求。

【考点②】体育场馆选址要求。

【考点③】客运站选址要求。

历年真题

【2014-06题】 某大城市在城市中心区外围规划有一处独立建设组团，主要功能为居住和公共服务，可容纳居住人口约4万人，组团整体地势北高南低，南临城市主要行洪河道，北倚山地林区，有东西方向的轻轨和干路与东部城市中心区联系，有3条南北向干路向北通往山地林区，其中，中间的南北向干路是通往市级风景区的主要通道。根据市卫生主管部门的要求，为完善城市中心区现状综合医疗中心的功能，在该组团选址建设一处综合医疗中心分

院，服务人口约6万人，满足该组团及部分中心区居住人口的就医需求。设置标准按40床/万人，用地规模按115m²/床。医院建设单位提出如下选址方案：拟建综合医疗中心分院占地约5hm²，将原规划居住、绿化用地调整为医疗卫生用地，保留地块内行洪河道。具体位置如下图所示。试分析该选址方案不合理之处。

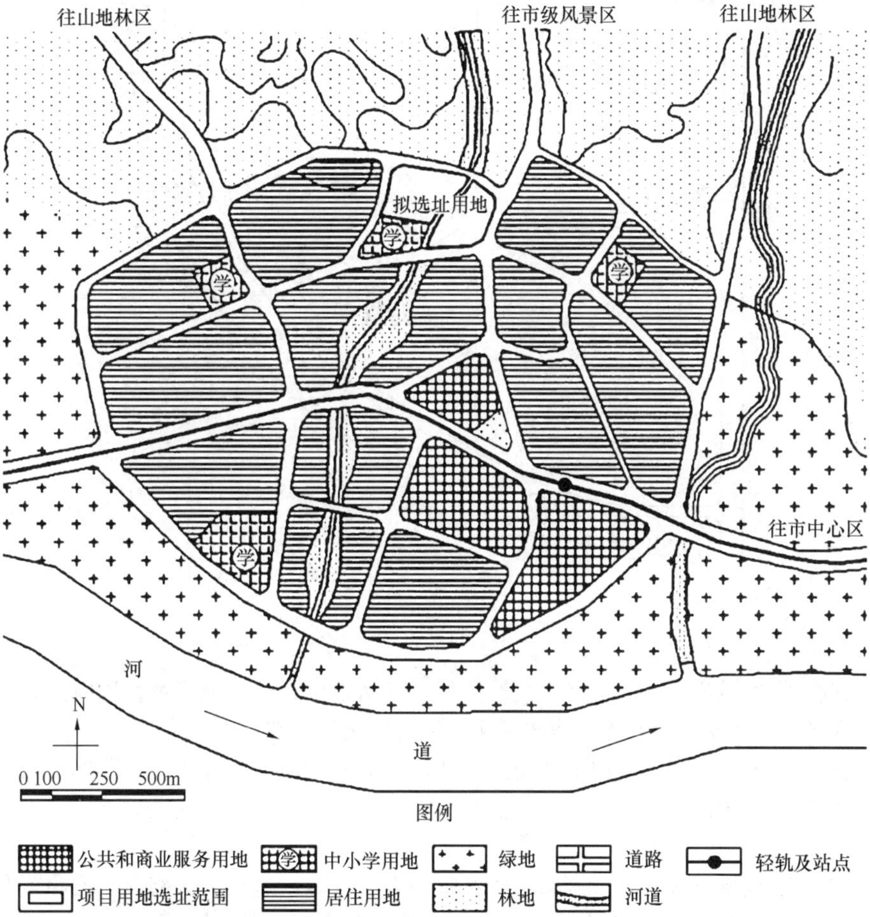

2014-06 题图

考点解析：(1) 医院规划占地5hm²过大，240床医院（40床/万人×6万人=240床，240床综合医院建设用地指标为115m²/床）所需用地规模为2.76hm²（240床×115m²/床=27600m²=2.76hm²），远超需预留发展余地情况，违反节约集约利用土地原则。(2) 在原居住用地、绿地上建设不合理，违反宜优先选择独立的医疗卫生用地的原则。(3) 医院选址紧邻中小学用地不合理，影响学生身心健康，违反医院选址原则。(4) 选址地块不规整，不适宜医院的功能布局，并增加建造成本。(5) 医院选址地块内保留行洪通道不正确，有较大的安全隐患，违反综合医院应选址在水文地质条件较好地段的规定【考点①】。

【2017-06题】 某市政府拟出资与某所百年名校在校内共建一处兼具城市功能的5000座体育馆，该校位于城市中心区，校区东、南两侧为城市湖泊及支路，其北侧紧邻城市主干路，西侧为城市次干路。该校用地布局分明，北为教学区、南为生活区，校区东部环境良好，大部分建筑为国家和地方级文保单位及优秀历史建筑，已被该市公布为历史风貌保护区。

校区西部为 20 世纪 70 年代后所拓展区域，该校现为新建体育馆提出了三处选址方案，详见下图。请就三处选址方案逐一进行优缺点分析，并选一处为推荐选址。

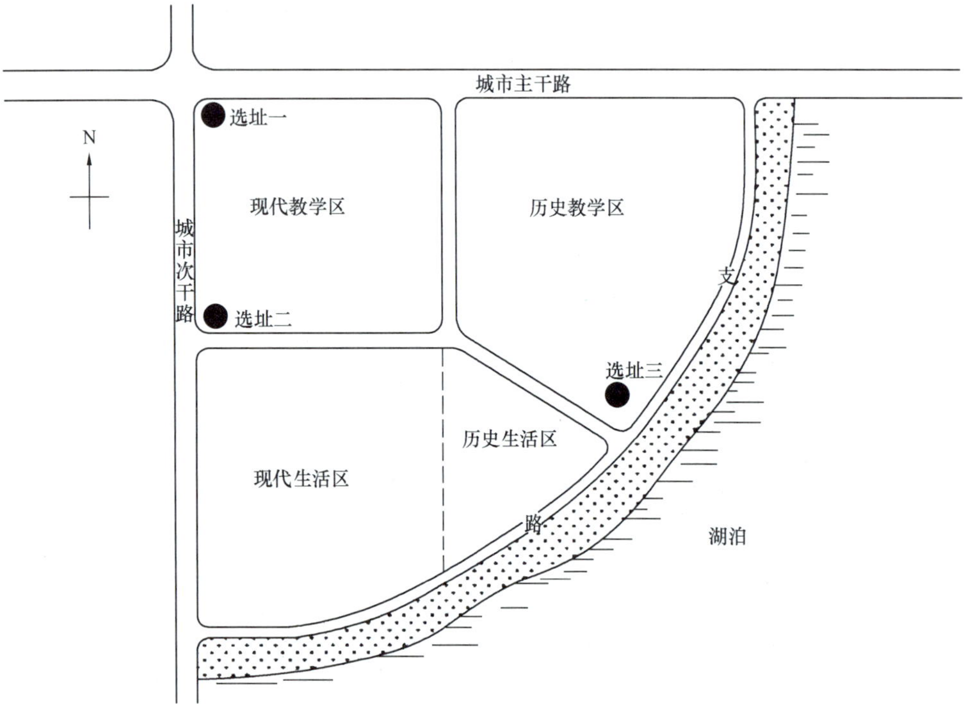

2017-06 题图

考点解析：（1）选址一

① 优点：临近城市主、次干路，交通便利，有利于体育馆人流集散。同时远离生活区和历史风貌保护，对生活区干扰小，也未对历史风貌区域造成破坏。

② 缺点：选址位于城市主次干道交叉口处，易造成交通的相互干扰，影响主次干路的通行能力，造成交通拥堵，有一定的安全隐患。同时，距学校生活区较远，不利于学校使用。

（2）选址二

① 优点：临近城市次干路，有利于体育馆的人流集散，远离交叉路口，避免了与主干路的相互干扰。便于学校和社会的使用，也未对历史风貌区域造成破坏。

② 缺点：选址位于交叉口处，临近现代生活区，对生活区有一定程度的干扰和影响。

（3）选址三

① 优点：临近湖泊，景观良好，远离现代教学区和现代生活区，对教学区和生活区干扰小。

② 缺点：建在历史建筑风貌保护区内，大体量的现代建筑易破坏历史教学区域的历史风貌，且紧邻城市支路，道路疏散能力差，同时不利于城市使用。

（4）综合考虑三处选址的优缺点，推荐选址二最为合理【考点②】。

知识点 4　选线分析

■ 选线合法性

避让生态保护红线、永久基本农田、自然保护地等。

■ 选线合理性

（1）符合规划：选线符合国土空间规划、专项规划。

（2）走向：避免多次跨越铁路、高速公路、河流等，避免绕行，两地直接联系最方便，避免翻越山体。

（3）投资：尽量利用现状，拆迁投资大且周期长。

（4）服务：为主要功能区服务，不能分割城市，减少对城市及两侧用地的影响。

（5）交通：对外交通方便，利于公路转铁路、公路转水路联运，内部利于换乘。

注意：如果题目需要推荐就推荐，不需要就不要作答。

主要考点

【考点①】选线合法性。

【考点②】选线合理性（规划、走向、投资、服务、交通等）。

历年真题

【2013-05 题】 某省会城市市郊铁路小镇规划人口规模5.5万人，省会城市总体规划中确定的3个铁路货运站场之一即位于该镇，年货运量为100万吨，主要为本市生产生活服务，兼为周边县市服务。为落实上位规划，解决好该镇的对外交通，市政府责成有关部门专题研究铁路货场的对外交通组织和镇公共汽车客运站的选址。有关部门分别提出A、B两个货运通道选址方案和甲、乙两个客运站选址方案，其中选线A利用现有国道，选线B为新建道路。如下图

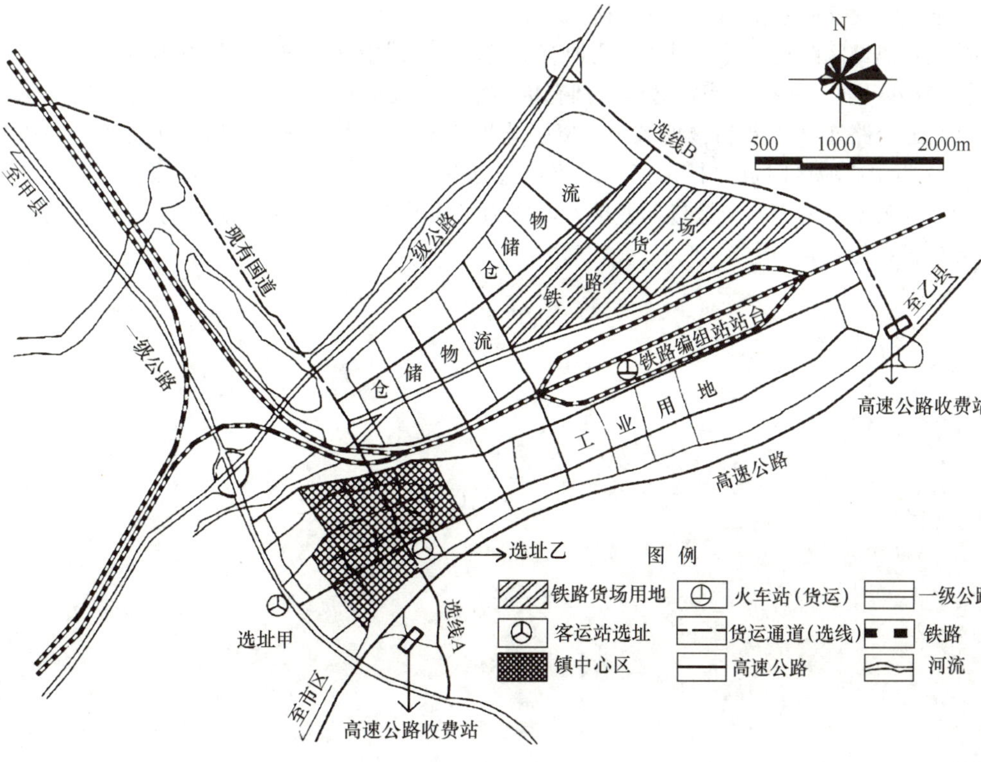

2013-05 题图

(1) 货场的两个对外货运通道的选线方案哪个较好，各有什么优缺点。(2) 公共汽车客运站的两个选址方案哪个较好，各有什么优缺点。

考点解析：(1) 选线 A

优点：利用了现有国道建设，现状设施利用方便，至甲县和市区都较为便利。

缺点：①货运交通穿越了镇中心区，对镇区环境造成较大影响，使货运交通和城市交通互相造成干扰，违反规划公路应绕行，避免穿越城镇、村的要求。②线路远离铁路货场、编组站、工业用地，对外运输不便；

(2) 选线 B

优点：① 靠近铁路货场，便于运输，靠近仓储用地和铁路编组站，便于公铁货运的转运；

② 远离镇区，货运线路对镇区环境无污染；

③ 与一级公路、高速公路立交连接，形成更为良好的货运通道。

缺点：距市区距离相对较远，且新建线路，建设投资大和工期较长。

公共汽车客运站的两个选址方案：选址乙更好。

(1) 选址甲

优点：① 位置独立，便于施工建设，未来建设余地大，且对相邻用地干扰小；

② 靠近一级公路且与高速公路衔接合理，对外交通便捷；

③ 远离镇中心区，对镇区内部的影响和干扰较小。

缺点：车站与客流被一级道路分割，居民换乘使用不便，且对公路交通和人流安全均有较大安全隐患。

(2) 选址乙

优点：在小镇中心区外围，靠近客源密集区，使用方便，符合客运站原则且紧邻镇区内部主要道路、交通联系便利、换乘便捷。

缺点：离城区距离太近，对周边用地有干扰，且发展空间受限，发展余地不足。

【2021-04 题】 某省 A 市沿海港口拥有集装箱和干散货两大码头作业区。该省决定建设一条疏港高速公路连接海港和腹地城市，以强化港口辐射能力，推动沿线城市外贸经济发展，在经过 A 市中心城区附近时提出三条线路比选方案。中心城区北侧设有国家级出口加工区，南侧为市郊公园。港口的干散货作业区吞吐能力是集装箱作业区吞吐能力的两倍。三条线路方案各自存在的主要问题。

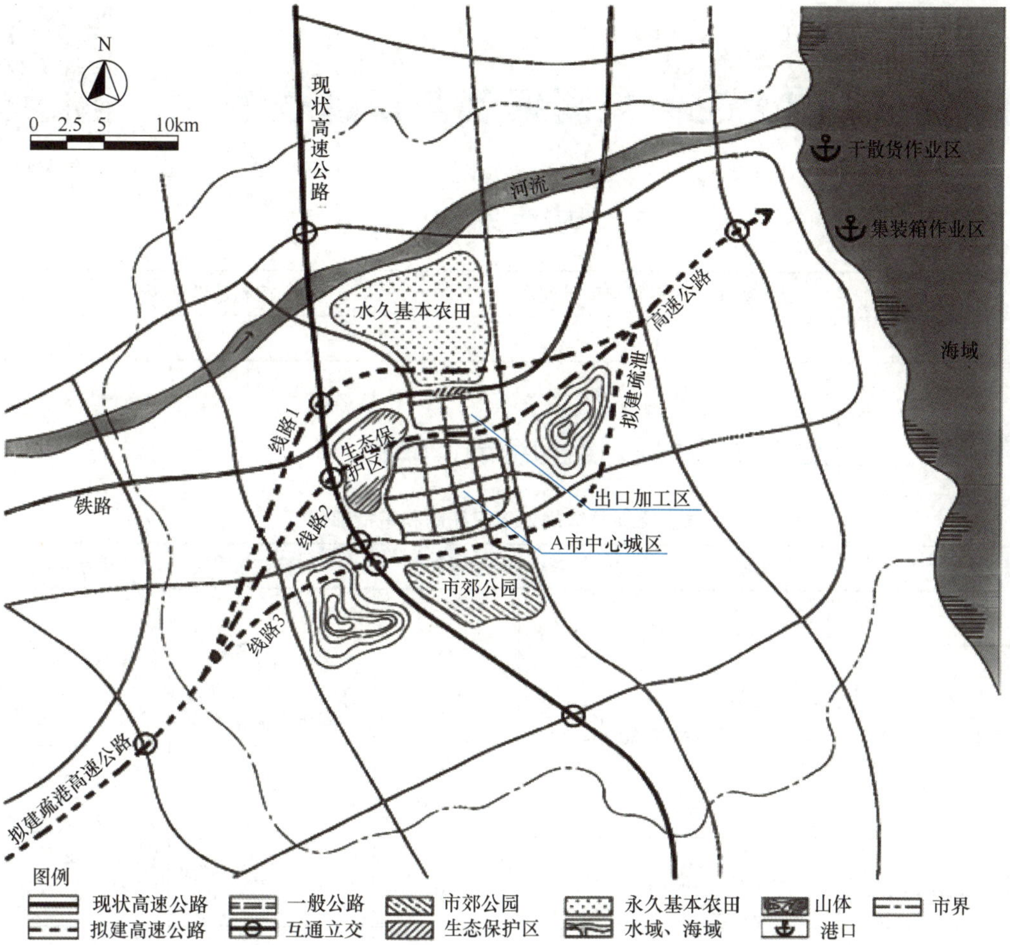

2021-04 题图

考点解析：考虑因素：避让、经济、分割、服务、间距

（1）线路 1 存在问题

① 占用永久基本农田【考点①】。②两次跨越货运铁路线，增加建设投资【考点②】。③拟建高速公路与出口加工区被铁路线路分隔，交通不便【考点②】。

（2）线路 2 存在问题

① 穿越生态保护红线范围，占用生态保护区【考点①】。②分隔了中心城区和出口加工区，城市组团间联系不便【考点②】。

（3）线路 3 存在问题

① 穿越山体，增加建设投资【考点②】。

② 西面的拟建互通立交与现状高速公路的互通立交距离太近，不符合《城市对外交通规划规范》要求（不应小于 4km，宜为 5～10km）。

③ 远离出口加工区，不利于国家级出口加工区与海港之间联系【考点②】。

④ 分隔了中心城区和市郊公园，不利于休闲游憩。

板块 10　国土空间规划编制与审批程序

微信扫码
免费听课

历年考频

考点	国土空间规划编制与审批程序	控制性详细规划
考频	1	1

知识点 1　国土空间总体规划组织编制、审批

国土空间总体规划组织编制和审批部门

<table>
<tr><th colspan="2">规划类型</th><th>组织编制</th><th>审议</th><th>审批机关</th></tr>
<tr><td rowspan="2">市级国土空间规划</td><td>① 直辖市
② 计划单列市
③ 省会城市
④ 国务院指定的城市</td><td>市政府</td><td rowspan="3">同级人大常委会审议</td><td>国务院</td></tr>
<tr><td>一般市</td><td>市政府</td><td rowspan="2">由省级人民政府根据当地实际情况确定（一般是省政府）</td></tr>
<tr><td colspan="2">县级国土空间规划</td><td>县政府</td></tr>
<tr><td>乡镇国土空间规划</td><td>可以与市县国空合并编制，也可以几个乡镇一起编制</td><td>乡镇政府</td><td>—</td><td>一般是市政府</td></tr>
</table>

知识点 2　国土空间详细规划组织编制、审批

■ 详细规划

1. 详细规划编制、审批

详细规划组织编制和审批部门

详细规划	组织编制	审批
城镇开发边界内的详细规划	市县自然资源主管部门	同级政府
城镇开发边界外的村庄规划	乡镇政府	上一级政府

2. 控制性详细规划编制、审批

控制性详细规划组织编制和审批部门

控制性详细规划类型	组织编制	审批	备案
一般市	市（县）人民政府城乡规划主管部门	市人民政府	本级人民代表大会常务委员会和上一级人民政府
县人民政府所在地镇	县人民政府城乡规划主管部门	县人民政府	
镇	镇人民政府		不备案

3. 修建性详细规划

修建性详细规划组织编制和审批部门

修建性详细规划	重要地块	一般地块
组织编制机关	城市、县人民政府城乡规划主管部门和镇人民政府	建设单位或者可以不编制
审批机关	—	自然资源主管部门或者省政府确定的镇

注：国务院在2012年取消了重要地块修建性详细规划的审批。

4. 村庄规划

村庄规划组织编制和审批部门

村庄规划编制主体	编制程序	审批机关	公布
乡镇人民政府	附村民委员会审议意见和村民会议或村民代表会议讨论通过的决议，公示30日	上一级人民政府	20个工作日上网上墙 30个工作日叠加到1张图上，纳入村规民约

注：紧邻城镇开发边界的村庄可与城镇开发边界内的城镇建设用地统一编制详细规划。

（1）村庄规划编制程序

① 乡、镇人民政府组织编制村庄规划。

② 村庄规划在报送审批前应在村内公示30日，报送审批时应附村民委员会审议意见和村民会议或村民代表会议讨论通过的决议。

③ 报上一级政府审批。

④ 规划批准之日起20个工作日内，规划成果应通过“上墙、上网”等多种方式公开，30个工作日内，规划成果逐级汇交至省级自然资源主管部门，叠加到国土空间规划“一张图”上。

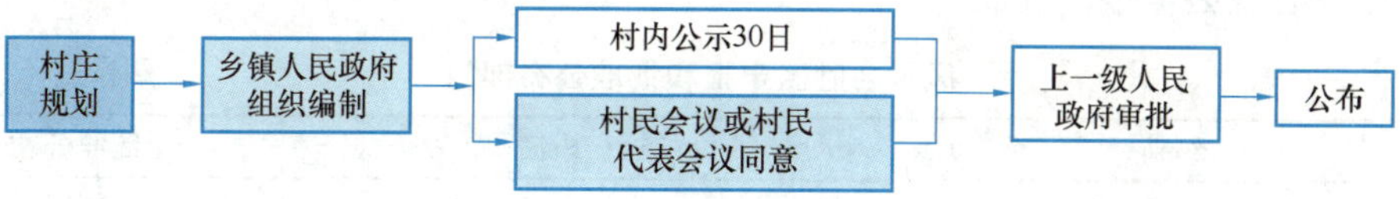

村庄规划编制程序流程

（2）村庄规划修改

村庄规划一经批准，必须严格执行。乡村建设等各类空间开发建设活动，必须按照法定村庄规划实施乡村建设规划许可管理。确需修改规划的，严格按程序报原规划审批机关批准。

主要考点

【考点①】控制性详细规划的组织编制主体。

【考点②】村庄规划的组织编制主体。

【考点③】村庄规划的审批机关。

【考点④】村庄规划的编制程序。

历年真题

【2017-07 题】 某县一设计单位在向有关部门申请办理丙级城乡规划编制单位资质期间，与该县政府所在地的镇人民政府洽谈签订了编制该镇控制性详细规划的合同……

考点解析：依照《城乡规划法》，县人民政府所在地镇的控制性详细规划，应由县人民政府城乡规划主管部门根据镇总体规划的要求组织编制，经县人民政府批准后，报本级人民代表大会常务委员会和上一级人民政府备案【考点①】。

【2020-07 题】 为统筹农村人居环境整治，推进乡村振兴，某镇三个相邻的行政村共同组织编制完成了新的村庄规划……

考点解析：三个相邻的行政村共同编制完成了新的村庄规划不合理，应由乡镇政府组织编制【考点②】。

【2023-07 题】 某县重点镇城镇开发边界内有一处滨河生态廊道的地块，在镇总体规划中规划用地性质为公园绿地，县自然资源主管部门组织某规划编制单位编制该地块控制性详细规划……

考点解析：县自然资源主管部门组织编制重点镇控制性详细规划不合理，应由镇人民政府组织编制【考点①】。

【2024-10-07 题】 某国有企业对接服务一个具有特色风貌的重点旅游村庄，组织委托具有乙级城乡规划资质的单位编制多规合一实用性村庄规划并直接报县自然资源局批准……

考点解析：该村庄规划组织编制机关错误，应为乡镇人民政府【考点②】。缺少公示 30 日、村民会议或村民代表会议讨论通过。审批机关错误，应为县级人民政府【考点③】编制程序不合理。

知识点 3　国土空间专项规划组织编制、审批

■ 风景名胜区规划

1. 风景名胜区申报、批准

风景名胜区申报和批准公布部门

级别	申请	批准公布
国家级风景名胜区	省级人民政府	国务院
省级风景名胜区	县级人民政府	省级人民政府

2. 风景名胜区规划组织编制、审批

风景名胜区规划组织编制和审批部门

风景名胜区层级	类型	组织编制机关	审批
国家级风景名胜区规划	总体规划	省、自治区人民政府建设（林业）主管部门或者直辖市风景名胜区主管部门	国务院审批
	详细规划		国务院建设（林业）主管部门审批
省级风景名胜区规划	总体规划	县级人民政府组织编制（2 年内完成）	省级人民政府审批
	详细规划		省人民政府建设（林业）主管部门审批

■ 历史文化保护规划

1. 历史文化保护规划申报与批准主体

历史文化保护规划申报与批准主体

申报	申报主体	批准公布
历史文化名城	省级人民政府	国务院
历史文化名镇	县级人民政府	省级人民政府
历史文化名村		

2. 历史文化保护规划组织编制、审批

历史文化保护规划组织编制和审批部门

组织编制	组织编制机关	审批机关	编制期限
历史文化名城	城市人民政府	省级人民政府	批准公布后 1 年内完成
历史文化名镇	县级人民政府		
历史文化名村			
历史文化街区	城市、县人民政府		
编制资质	除历史文化名村可以由乙级资质的城乡规划编制单位编制外，其余均为甲级资质的城乡规划编制单位		
征求意见	组织编制机关广泛征求有关部门、专家和公众的意见，必要时举行听证，保护规划送批时附具采纳意见及理由，听证的附具笔录		
备案	历史文化名城保护规划、中国历史文化名镇保护规划、中国历史文化名村保护规划由国务院建设主管部门和国务院文物主管部门备案		

■ 其他专项规划

其他专项规划申报、组织编制和审批部门

层级	组织编制	审批
长江流域国土空间规划	国务院自然资源主管部门会同国务院有关部门组织编制	国务院
黄河流域国土空间规划	国务院自然资源主管部门会同国务院有关部门组织编制	
交通、能源、水利、农业、信息、市政基础设施，公共服务设施，军事设施，以及生态环境保护、文物保护、林业草原等涉及空间利用的某一领域专项规划	相关主管部门	国土空间规划"一张图"核对（一般是市县政府）
海岸带、自然保护地等专项规划，跨行政区域或流域的国土空间规划	由所在区域或上一级自然资源主管部门牵头	同级政府

主要考点

【考点①】历史文化名镇保护规划组织编制主体。

【考点②】历史文化名镇保护规划应该在自历史文化名镇批准公布之日起 1 年内编制完成。

【考点③】历史文化名镇保护规划，应委托具有甲级资质的城乡规划编制单位承担。

【考点④】规划报送的程序不对。

【考点⑤】历史文化名镇保护规划审批主体。

历年真题

【2021-07 题】 某镇 2018 年 2 月被省政府公布为历史文化名镇。该镇人民政府委托一家具有乙级城乡规划资质的设计单位编制了历史文化名镇保护规划，于 2019 年 5 月编制完成，并向县人民政府报送了规划成果，县人民政府批准了该规划。试回答：1. 上述保护规划编审工作存在哪些主要问题，并阐述理由。

考点解析：由该镇人民政府组织编制历史文化名镇保护规划不对，历史文化名镇保护规划应由县级人民政府组织编制【考点①】。规划 2019 年 5 月才编制完成不对，历史文化名镇保护规划应该在自历史文化名镇批准公布之日起 1 年内编制完成【考点②】。委托乙级城乡规划资质的设计单位编制历史文化名镇保护规划不对，应委托具有甲级资质的城乡规划编制单位承担【考点③】。规划报送的程序不对，保护规划报送审批前，组织编制机关应征求有关部门、专家和公众的意见，必要时，可以举行听证【考点④】。县人民政府批准了该规划不对，历史文化名镇保护规划应由省、自治区、直辖市人民政府审批【考点⑤】。

知识点 4　编制资质

■《城乡规划编制单位资质管理办法》

城乡规划编制单位资质管理要求

<table>
<tr><th>层级</th><th>资质审批</th><th>承担业务</th><th>备注</th><th></th></tr>
<tr><td>甲级</td><td>由国务院自然资源主管部门审批</td><td>承担国土空间规划编制业务的范围不受限制</td><td rowspan="2">初次申请应当申请乙级资质；取得乙级资质证书满两年，可以申请甲级资质</td><td>专业技术人员≥40 人，注册城乡规划师≥10 人</td></tr>
<tr><td rowspan="5">乙级</td><td>由登记注册所在地的省级人民政府自然资源主管部门审批</td><td>可以在全国范围内承担下列业务：①～④</td><td rowspan="5">专业技术人员≥20 人，注册城乡规划师≥3 人</td></tr>
<tr><td colspan="3">① 总规：城区常住人口 20 万以下市县国土空间总体规划、乡镇国土空间总体规划编制</td></tr>
<tr><td colspan="3">② 专项规划：乡镇、登记注册所在地城市和城区常住人口 100 万以下城市，法律法规对于规划编制单位资质有特定要求的有关专项规划的编制</td></tr>
<tr><td colspan="3">③ 详细规划的编制</td></tr>
<tr><td colspan="3">④ 建设项目规划选址和用地预审阶段相关论证报告的编制</td></tr>
</table>

注：国土空间规划编制组织机关应当委托具有相应资质的规划编制单位承担具体规划编制业务。

主要考点

【考点①】城乡规划组织编制机关应当委托具有相应资质等级的单位承担城乡规划的具体编制工作。

历年真题

【2017-07 题】 某县一设计单位在向有关部门申请办理丙级[1]城乡规划编制单位资质期间，与该县政府所在地的镇人民政府洽谈签订了编制该镇控制性详细规划的合同。不久向县人民政府城乡规划主管部门提交了该镇的控制性详细规划方案。上述情况是否违法？说明理由，应如何处理？

考点解析：该设计单位在申请丙级城乡规划编制单位资质期间，等于没有资质，承揽该镇控制性详细规划编制工作，违反《城乡规划法》，城乡规划组织编制机关应当委托具有相应资质等级的单位承担城乡规划的具体编制工作【考点①】。

① 《城乡规划编制单位资质管理办法》2024 年取消了丙级编制单位资质。

知识点 5　国土空间总体规划

■ 国土空间总体规划编制流程

（1）编制主体：市级人民政府负责市级国土空间总体规划组织编制工作，市级自然资源主管部门会同相关部门承担具体编制工作。

（2）工作程序主要包括基础工作、规划编制、规划设计方案论证、规划公示、成果报批、规划公告等。在方案论证阶段和成果报批之前，审查机关应组织专家参与论证和进行审查。审查要件包括市级国土空间总体规划相关成果。

■ 市级国土空间总体规划修改条件

因国家重大战略调整、重大项目建设或行政区划调整、④经评估等确需修改规划的，须先经规划审批机关同意后，方可按法定程序进行修改。

知识点 6　国土空间控制性详细规划修改

■ 城市、镇详细规划编制与修改

1. 城市控制性详细规划编制程序

① 城市人民政府城乡规划主管部门根据城市总体规划的要求，组织编制城市的控制性详细规划。

② 城乡规划报送审批前，组织编制机关应当依法将城乡规划草案予以公告，并采取论证会、听证会或者其他方式征求专家和公众的意见。公告的时间不得少于 30 日。组织编制机关应当充分考虑专家和公众的意见，并在报送审批的材料中附具意见采纳情况及理由。

③ 报本级人民政府审批，报本级人民代表大会常务委员会和上一级人民政府备案。

④ 组织编制机关应当及时公布经依法批准的城乡规划。

2. 镇控制性详细规划编制程序

（1）县城关镇（县人民政府所在地镇）

县人民政府所在地镇的控制性详细规划，由县人民政府城乡规划主管部门根据镇总体规划的要求组织编制，经县人民政府批准后，报本级人民代表大会常务委员会和上一级人民政府备案。

（2）一般镇（重点镇）

镇人民政府根据镇总体规划的要求，组织编制镇的控制性详细规划，报上一级人民政府审批。

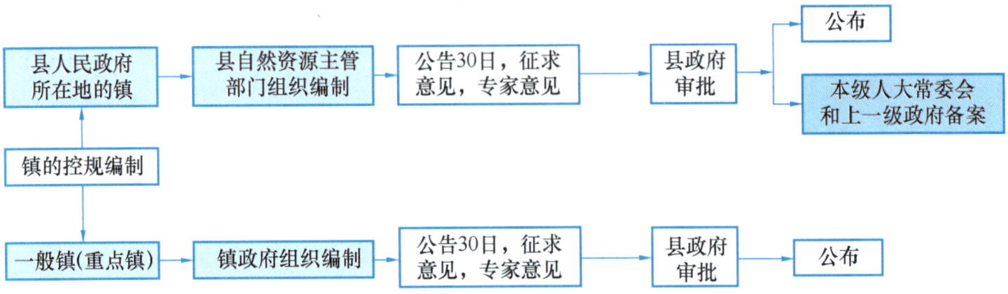

控制性详细规划编制程序

3. 控制性详细规划修改程序

① 组织编制机关应当组织对控制性详细规划修改的必要性进行专题论证。

② 组织编制机关应当采用多种方式征求规划地段内利害关系人的意见，必要时应当组织听证。

③ 组织编制机关提出修改控制性详细规划的建议，并向原审批机关提出专题报告，经原审批机关同意后方可组织编制修改方案。

④ 控制性详细规划修改涉及城市总体规划、镇总体规划强制性内容的，应当先修改总体规，修改后应当按法定审批程序报原审批机关批准，报批材料中应当附具规划地段内利害关系人意见及处理结果。

⑤ 城乡规划报送审批前，组织编制机关应当依法将城乡规划草案予以公告，并采取论证会、听证会或者其他方式征求专家和公众的意见。公告的时间不得少于 30 日。

⑥ 修改后的控制性详细规划经本级人民政府批准后，报本级人民代表大会常务委员会和上一级人民政府备案，组织编制机关应当及时公布经依法批准的控制性详细规划。

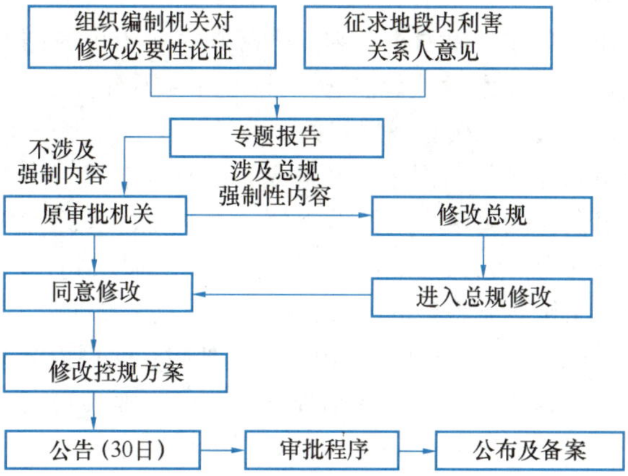

控制性详细规划修改流程

■ 市级国土空间总体规划的强制性内容

市级国土空间总体规划中涉及的安全底线、空间结构等方面内容，应作为规划强制性内容，并在图纸上有准确标明或在文本上有明确、规范的表述，同时提出相应的管理措施。市级国土空间总体规划中强制性内容应包括：

① 约束性指标落实及分解情况，如生态保护红线面积、用水总量、永久基本农田保护面积等；

② 生态屏障、生态廊道和生态系统保护格局，自然保护地体系；

③ 生态保护红线、永久基本农田和城镇开发边界三条控制线；

④ 涵盖各类历史文化遗存的历史文化保护体系，历史文化保护线及空间管控要求；

⑤ 中心城区范围内结构性绿地、水体等开敞空间的控制范围和均衡分布要求；

⑥ 城乡公共服务设施配置标准，城镇政策性住房和教育、卫生、养老、文化体育等城乡公共服务设施布局原则和标准；

⑦ 重大交通枢纽、重要线性工程网络、城市安全与综合防灾体系、地下空间、邻避设施

等设施布局。

主要考点

【考点①】与总体规划强制性内容不一致。应先修改总体规划。

【考点②】控制性详细规划应依据总体规划（国土空间规划）进行编制。

【考点③】控制性详细规划的编制审批流程。

【考点④】控制性详细规划的审批主体。

历年考题

【2023-07 题】 某县重点镇城镇开发边界内有一处滨河生态廊道的地块，在镇总体规划中规划用地性质为公园绿地，县自然资源主管部门组织某规划编制单位编制该地块控制性详细规划，规划建设大型商业综合体，并承诺将规划相关事项纳入正在编制的镇国土空间规划，编制单位提交规划成果后，县自然资源主管部门即报请县人民政府审批。① 上述规划编审工作存在哪些问题？并阐述理由。② 对存在的问题应如何处理？

考点解析：该地块控制性详细规划不合理，生态廊道属于市级国土总体规划的强制性内容，不能在公园绿地规划建设大型商业综合体，用地性质不符（涉及总体规划强制性内容，应先修改总体规划）【考点①】。承诺将规划相关事项纳入正在编制的镇国土空间规划不合理，控制性详细规划应依据镇总体规划（国土空间规划）进行编制【考点②】。提交规划成果后，县自然资源主管部门即报请县人民政府审批不合理，缺少规划草案公告 30 日的环节，缺少征求专家和公众的意见环节【考点③】。县自然资源主管部门即报请县人民政府审批不合理，重点镇的控制性详细规划应由镇政府报上一级人民政府审批【考点④】。

【2012-05 题】 某市规划局按领导要求，组织有关部门在两周内就某地块的控制性详细规划修改完成如下工作：由规划院对控制性详细规划修改的必要性进行论证，规划院将论证情况口头向规划局进行了汇报，经规划局同意后，规划院修改了控制性详细规划，规划局将修改后的控制性详细规划报市人民政府批准，并报市人大常委会和上级人民政府备案。该地块的控规修改工作主要存在哪些问题？

考点解析：两周内完成规划修改不正确，控规草案公告时间不得少于 30 日。不符合规定的时限要求；必要程序缺失，未征求规划地段内利害关系人的意见；未将控规草案依法予以公告，并采取论证会、听证会或其他方式征求专家和公众的意见；规划院做必要性论证不正确，控规修改应是组织编制机关（自然资源局）对控规调整的必要性进行论证；以口头的形式做论证汇报不正确，应形成书面的专题报告，并组织专家进行审查；经自然资源局同意后，规划院修改了控规，程序不正确。违反经市人民政府同意后，方可编制修改方案的法定程序【考点③】。控制性详细规划涉及城市总体规划强制性内容的，应当先修改总体规划【考点①】。

知识点 7　规划条件的变更

■ 可以变更情形

国有土地使用权一经出让或划拨，任何建设单位或个人都不得擅自更改确定的容积率。

符合下列情形之一的，方可进行调整。

① 因城乡规划修改造成地块开发条件变化的；

② 因城乡基础设施、公共服务设施和公共安全设施建设需要导致已出让或划拨地块的大小及相关建设条件发生变化的；

③ 国家和省、自治区、直辖市的有关政策发生变化的；

④ 法律、法规规定的其他条件。

■ 符合控规调整流程

国有土地使用权划拨或出让后，拟调整的容积率符合划拨或出让地块控制性详细规划要求的，应当符合以下程序要求：

① 建设单位或个人向城市、县城乡规划主管部门提出书面申请报告，说明调整的理由并附拟调整方案，调整方案应表明调整前后的用地总平面布局方案、主要经济技术指标、建筑空间环境、与周围用地和建筑的关系、交通影响评价等内容。

② 城乡规划主管部门应就是否需要收回国有土地使用权征求有关部门意见，并组织技术人员、相关部门、专家对容积率修改的必要性进行专题论证。

③ 城乡规划主管部门应当通过本地主要媒体和现场进行公示等方式征求规划地段内利害关系人的意见，必要时应进行走访。

④ 城乡规划主管部门依法提出修改或不修改建议并附有关部门意见、论证、公示等情况报城市、县人民政府批准。

⑤ 经城市、县人民政府批准后，城乡规划主管部门方可办理后续的规划审批。

■ 不符合控规调整流程

国有土地使用权划拨或出让后，拟调整的容积率不符合划拨或出让地块控制性详细规划要求的，应当符合以下程序要求：

① 建设单位或个人向控制性详细规划组织编制机关提出书面申请并说明变更理由；

② 控制性详细规划组织编制机关应就是否需要收回国有土地使用权征求有关部门意见，并组织技术人员、相关部门、专家等对容积率修改的必要性进行专题论证；

③ 控制性详细规划组织编制机关应当通过本地主要媒体和现场进行公示等方式征求规划地段内利害关系人的意见，必要时应进行走访、座谈或组织听证；

④ 控制性详细规划组织编制机关提出修改或不修改控制性详细规划的建议，向原审批机关专题报告，并附有关部门意见及论证、公示等情况。经原审批机关同意修改的，方可组织编制修改方案；

⑤ 修改后的控制性详细规划应当按法定程序报城市、县人民政府批准。报批材料中应当附具规划地段内利害关系人意见及处理结果；

⑥ 经城市、县人民政府批准后，城乡规划主管部门方可办理后续的规划审批。

主要考点

【考点①】规划条件修改的上报流程。

【考点②】审批主体。

历年真题

【2011-05 题】 某县城一地块北依北山风景区，南邻南湖，现状东、西侧均为二类居住用地。控制性详细规划确定该地块用地性质为二类居住用地，建筑高度不高于 15m，容积率不大于 1.5，建筑密度不大于 35%，根据控制性详细规划制定的规划条件已包含在土地的出让合同中。A 公司经土地市场取得该地块土地使用权（规划建设用地范围如图所示）。规划行政主管部门已核发建设用地规划许可证和建设工程规划许可证。A 公司依法开工后，在基础施工过程中发现基地内有宋代墓葬。文物管理部门经考古勘探，确定其为县级文物保护单位，会同规划行政主管部门划定并公布了文物保护范围的建设控制地带。县政府办公会会议纪要确定，文物保护范围的用地性质调整为对社会开放的街头游园 G1，要求 A 公司调整建设方案（调整后的建设用地范围如图所示）。

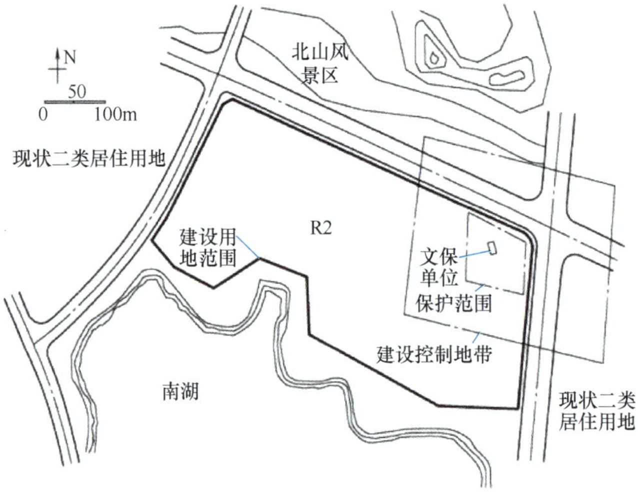

规划建设用地范围示意图

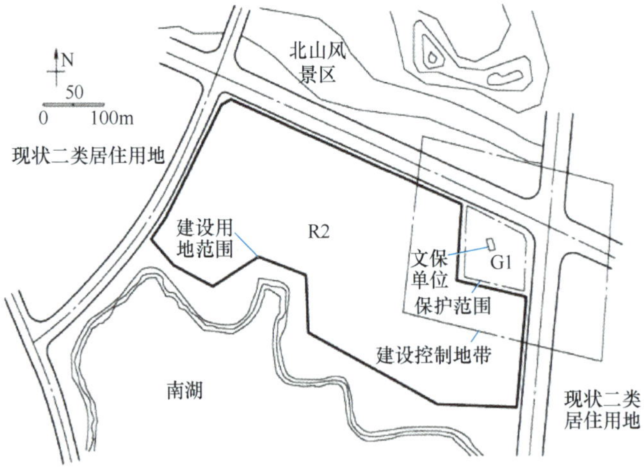

调整后的规划建设用地范围示意图

2011-05 题图

由于建设用地范围调整后造成 A 公司的损失，A 公司向规划行政主管部门提出申请，要求将规划容积率调整为 1.6，其他规划条件不变。为补偿该公司的损失，规划行政主管部门经初步分析，原则同意了该要求。

（1）该出让地块的规划条件是否可以变更？并简述其理由。

（2）若规划条件可以变更，在核发新的建筑工程规划许可证前，规划管理部门须经过哪些基本工作程序。若规划条件不可以变更，是否需要核发新的建设用地规划许可证和建设工程规划许可证。

考点解析：（1）可以变更规划设计条件，理由如下：

文物保护范围的用地性质调整为对社会开放的街头游园，根据《建设用地容积率管理办法》的规定，因城乡基础设施建设需要导致已出让地块大小及相关建设条件发生变化的可以进行容积率变更，本题出于文物保护的需要，申请容积率从 1.5 提高到 1.6，可以变更。

（2）因新批准的容积率突破控制性详细规划规定的 1.5 上限要求，应先修改控制性详细规划。修改流程如下【考点①】：

① 控规组织编制机关应就是否需要收回国有土地使用权征求有关部门意见，并组织对容积率修改的必要性进行专题论证；

② 控规组织编制机关应征求规划地段内利害关系人的意见，必要时应组织听证；

③ 控规组织编制机关提出修改控制性详细规划的建议，向原审批机关专题报告。经原审批机关同意修改的，方可组织编制修改方案；

④ 城乡规划报送审批前，应当依法将城乡规划草案予以公告，并采取论证会、听证会或者其他方式征求专家和公众的意见。公告的时间不得少于三十日。

⑤ 修改后的控制性详细规划应当按法定程序报城市、县人民政府批准

⑥ 经县人民政府批准后，城乡规划主管部门方可办理后续的规划审批【考点②】

知识点 8　国土空间修建性详细规划的修改

■ 修建性详细规划

（1）城市、县人民政府城乡规划主管部门和镇人民政府可以组织编制重要地块的修建性详细规划。

（2）各类修建性详细规划由城市、县人民政府城乡规划主管部门依法负责审定。

■ 修建性详细规划修改要求

（1）经依法审定的修建性详细规划、建设工程设计方案的总平面图不得随意修改；确需修改的，城乡规划主管部门应当采取听证会等形式，听取利害关系人的意见。

（2）因修改给利害关系人合法权益造成损失的，应当依法给予补偿。

（3）在选址意见书、建设用地规划许可证、建设工程规划许可证或者乡村建设规划许可证发放后，因依法修改城乡规划给被许可人合法权益造成损失的，应当依法给予补偿。

知识点 9　国土空间专项规划

■ 历史文化名城、名镇、名村保护规划编制程序

（1）历史文化名城人民政府组织编制历史文化名城保护规划；县级人民政府组织编制机关组织编制历史文化名镇、名村保护规划。

（2）组织编制机关应当广泛征求有关部门、专家和公众的意见；必要时，可以举行听证，保护规划报送审批文件中应当附具意见采纳情况及理由；经听证的，还应当附具听证笔录。

（3）报省级人民政府审批，及时公布。

注意：涉及中国历史文化名镇、名村保护规划要报国务院建设主管部门和国务院文物主管部门备案。

■ 历史文化保护规划修改程序的情况

确需修改的，历史文化保护规划的组织编制机关应当向原审批机关提出专题报告，经同意后，方可编制修改方案。修改后的保护规划，应当按照原审批程序报送审批。

历年考法总结

考法 1：编制、修改程序纠错	缺少征求意见环节	① 程序不能少
	时间错误	② 时间要记好
考法 2：考察编制、修改程序	规划管理部门须经过哪些基本工作程序？	③ 规划条件变更

板块 11 违法处罚

微信扫码
免费听课

历年考频

考点	城乡规划法违法处罚	历史文化违法处罚	土地管理违法处罚
考频	2	1	4

知识点 1 建设单位违法

■ 违法建设的定义及相关情形

在城市、镇规划区内进行建筑物、构筑物、道路、管线和其他工程建设的建设单位或者个人应当向城市、县人民政府城乡规划主管部门或者省、自治，直辖市人民政府确定的镇人民政府申请办理建设工程规划许可证。

《关于规范城乡规划行政处罚裁量权的指导意见》中指出违法建设行为，是指未取得建设工程规划许可证或者未按照建设工程规划许可证的规定进行建设的行为。

(1) 属于尚可采取改正措施消除影响的情形

① 违证：取得建设工程规划许可证，但未按照建设工程规划许可证的规定进行建设，在限期内采取局部拆除等整改措施，能够使建设工程符合建设工程规划许可证要求的。

② 无证：未取得建设工程规划许可证即开工建设，但已取得城乡规划主管部门的建设工程设计方案审查文件，且建设内容符合或采取局部拆除等整改措施后能够符合审查文件要求的。

(2) 无法采取改正措施消除影响的情形

第四条规定以外的违法建设行为，均为无法采取改正措施消除对规划实施影响的情形。

(3) 不能拆除的情形

是指拆除违法建设可能①影响相邻建筑安全；②损害无过错利害关系人合法权益；③对公共利益造成重大损害的情形。

■ 违法处罚

(1)《城乡规划法》第六十四条 未取得建设工程规划许可证或者未按照建设工程规划许可证的规定进行建设的，由县级以上地方人民政府城乡规划主管部门责令停止建设。

① 尚可采取改正措施消除对规划实施的影响的，限期改正，处建设工程造价百分之五以上百分之十以下的罚款。**注意：一定要罚。**

② 无法采取改正措施消除影响的，限期拆除，不能拆除的，没收实物或者违法收入，可以并处建设工程造价百分之十以下的罚款。**注意：可以罚，也可以不罚，自由裁量，主要因为这里已经被没收了。**

(2)《城乡规划法》第六十八条 城乡规划主管部门作出责令停止建设或者限期拆除的决定后，当事人不停止建设或者逾期不拆除的，建设工程所在地县级以上地方人民政府可以责成有关部门采取查封施工现场、强制拆除等措施。

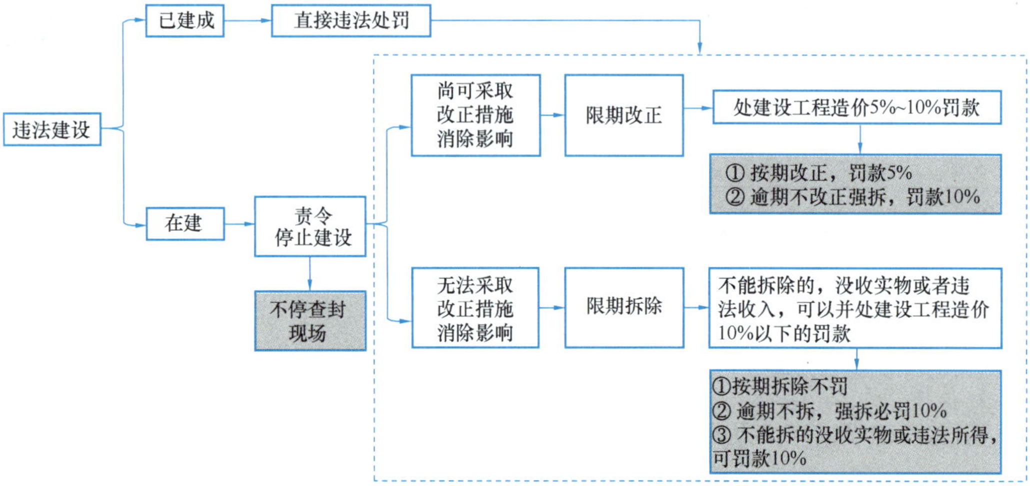

违法建设处罚框架图

主要考点

【考点①】未依法取得建设工程规划许可证违法处罚类型及处罚措施。

【考点②】未按照建设工程规划许可证违法处罚类型及处罚措施。

历年真题

【2012-07 题】 经批准，某公司在城市中心区与新区之间的绿化隔离地区内建设植树栽培基地，总占地 100 亩。该公司种植了一些乔木和灌木后，以管理看护为名，擅自建设了几十幢经营用房（别墅）。试指出该公司的具体违法行为，规划行政主管部门对此应如何处理。

考点解析：未依法取得建设工程规划许可证，属于违法建设行为。违法处罚：责令停止违法建设，下发限期拆除决定书，按期拆除违法建筑，恢复绿地，可不罚款；对逾期不拆除的，依法强制拆除，并处建设工程造价 10%的罚款；对不能拆除的，没收实物或者违法收入，可以并处建设工程造价 10%以下的罚款【考点①】。

【2014-07 题】 某国家历史文化名城市政府决定进行棚户区改造，棚改区西临历史文化保护街区，北侧与已经建成入住的 6 层楼居住小区相邻。市城乡规划部门依法确定了规划建设 4 栋商住楼的规划条件，某建设单位通过土地招拍挂取得了棚改区的土地使用权，并进行了开发建设。市城乡规划部门在竣工核实时发现，4 栋楼都突破了市城乡规划部门批准的方案，存在层高增加 50cm 的现象，致使每栋楼增高了 3m。试评析该建设单位违反了哪些法规和规定，对该建设单位和这 4 栋楼应如何依法提出处理方案。

违法处罚

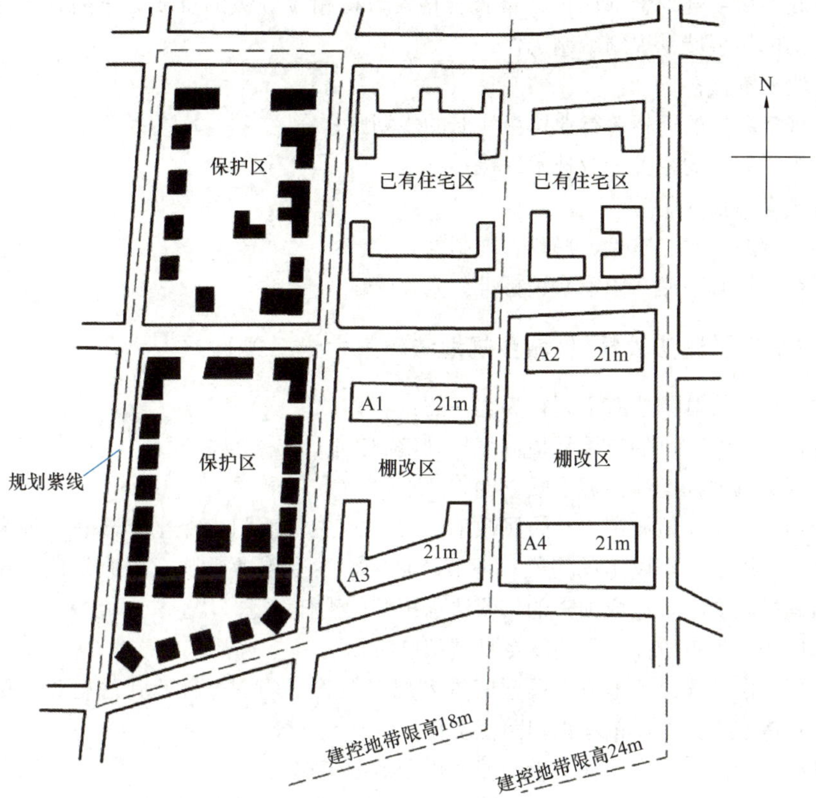

2014-07 题图

考点解析：责令停止违反建设，如尚可采取改正措施消除对规划的影响，限期改正，处建设工程造价5%～10%的罚款；如无法采取改正措施消除对规划的影响，限期拆除，逾期不拆除的，强制拆除，不能拆除的，没收实物或者违法收入，可以并处建设工程造价10%以下的罚款【考点②】。

对4栋建筑的处理：

（1）A1、A3建筑高度超过建控地带建筑限高18m的规定，应限期改正，将建筑高度降至18m以下，如逾期未改正则强制拆除超高部分。

（2）A2建筑违规增高高度未突破建控地带限高，但对北侧建筑的采光日照等造成影响，应征求北侧建筑利害关系人的意见，对尚能采取改正措施消除影响的，限期改正。不能改正的，限期拆除。逾期不拆除的，强制拆除。

（3）A4建筑违规增高高度未突破建控地带限高，但对A2建筑的采光日照等造成影响，应征求A2建筑利害关系人的意见，对尚能采取改正措施消除影响的，限期改正。不能改正的，限期拆除，逾期不拆除的，强制拆除。

知识点2　编制单位违法

■ 规划编制工作条件（《城乡规划法》第二十四条）

从事城乡规划编制工作应当具备下列条件，并经国务城乡规划主管部门或者省、自治区、直辖市人民政府城乡规划管部门依法审查合格，取得相应等级的资质证书后，方可在资质等级许可的范围内从事城乡规划编制工作：

（1）有法人资格；

（2）有规定数量的经相关行业协会注册的规划师；

（3）有规定数量的相关专业技术人员；

（4）有相应的技术装备；

（5）有健全的技术、质量、财务管理制度。

编制城乡规划必须遵守国家有关标准。

■ 违法情形及违法处罚（《城乡规划法》第六十二条）

（1）城乡规划编制单位有下列行为之一的：

①超越资质等级许可的范围承揽城乡规划编制工作的；

②违反国家有关标准编制城乡规划的。

违法处罚：由所在地城市、县人民政府城乡规划主管部门责令限期改正，处合同约定的规划编制费一倍以上二倍以下的罚款；情节严重的，责令停业整顿，由原发证机关降低资质等级或者吊销资质证书；造成损失的，依法承担赔偿责任：

（2）未依法取得资质证书承揽城乡规划编制工作的，

违法处罚：由县级以上地方人民政府城乡规划主管部门责令停止违法行为，依照前款规定处以罚款；造成损失的，依法承担赔偿责任。

（3）以欺骗手段取得资质证书承揽城乡规划编制工作的

违法处罚：由原发证机关吊销资质证书，依照本条第一款规定处以罚款；造成损失的，依法承担赔偿责任。

主要考点

【考点①】依照《城乡规划法》，未依法取得资质证书承揽城乡规划编制工作的行政处罚措施。

【考点②】设计单位超越资质编制保护规划，编制规划违反国家有关标准的行政处罚措施。

历年真题

【2017-07 题】 某县一设计单位在向有关部门申请办理丙级城乡规划编制单位资质期间，与该县政府所在地的镇人民政府洽谈签订了编制该镇控制性详细规划的合同。不久向县人民政府城乡规划主管部门提交了该镇的控制性详细规划方案。上述情况是否违法？说明理由，应如何处理？

考点解析：设计单位无资质，处理：依照《城乡规划法》，未依法取得资质证书承揽城乡规划编制工作的，由县级以上地方人民政府城乡规划主管部门责令停止违法行为，处合同约定的规划编制费一倍以上二倍以下的罚款，造成损失的，依法承担赔偿责任【考点①】。

【2021-07 题】 某镇 2018 年 2 月被省政府公布为历史文化名镇。该镇人民政府委托一家具有乙级城乡规划资质的设计单位编制了历史文化名镇保护规划，于 2019 年 5 月编制完成，并向县人民政府报送了规划成果，县人民政府批准了该规划。

试回答：1. 上述保护规划编审工作存在哪些主要问题，并阐述理由。

2. 对存在的问题应如何正确处理？

考点解析：该设计单位超越资质编制保护规划，处理：该设计单位超越资质编制保护规划，编制违反国家有关标准编制规划的规划编制单位，应由该县人民政府城乡规划主管部门责令限期改正，处合同约定的规划编制费一倍以上二倍以下的罚款；情节严重的，责令停业整顿，由原发证机关降低资质等级或者吊销资质证书；造成损失的，依法承担赔偿责任【考点②】。

知识点 3　政府及有关部门违法

■ 政府违法情形及处罚

(1)《城乡规划法》第五十九条：城乡规划组织编制机关委托不具有相应资质等级的单位编制城乡规划的，由上级人民政府责令改正，通报批评；对有关人民政府负责人和其他直接责任人员依法给予处分。

(2)《城乡规划法》第五十八条：对依法应当编制城乡规划而未组织编制，或者未按法定程序编制、审批、修改城乡规划的，由上级人民政府责令改正，通报批评；对有关人民政府负责人和其他直接责任人员依法给予处分。

■ 自然资源主管部门违法情形及处罚（《城乡规划法》第六十条）

镇政府或（县级以上人民政府）城乡规划主管部门有下列情形之一的：由本级人民政府、上级人民政府城乡规划主管部门或者监察机关依据职权责令改正，通报批评；对直接负责的主管人员和其他直接责任人员依法给予处分。

(1) 不编控规：未依法组织编制城市的控制性详细规划、县人民政府所在地镇的控制性详细规划的。

(2) 不按职权：超越职权或者对不符合法定条件的申请人核发建设项目用地预审与选址意见书、建设用地规划许可证、建设工程规划许可证、乡村建设规划许可证的。

(3) 不按期许可：对符合法定条件的申请人未在法定期限内核发建设项目用地预审与选址意见书、建设用地规划许可证、建设工程规划许可证、乡村建设规划许可证的。

(4) 不公布：未依法对经审定的修建性详细规划、建设工程设计方案的总平面图予以公布的。

(5) 不征求：同意修改修建性详细规划、建设工程设计方案的总平面图前未采取听证会等形式听取利害关系人的意见的。

(6) 不作为：发现未依法取得规划许可或者违反规划许可的规定在规划区内进行建设的行为，而不予查处或者接到举报后不依法处理的。

■ 其他部门违法（《城乡规划法》第六十一条）

县级以上人民政府有关部门有下列行为之一的，由本级人民政府或者上级人民政府城乡规划主管部门责令改正，通报批评；对直接负责的主管人员和其他直接责任人员依法给予处分：

(1) 对未依法取得选址意见书的建设项目核发建设项目批准文件；

（2）未依法在国有土地使用权出让合同中确定规划条件或者改变国有土地使用权出让合同中依法确定的规划条件；

（3）对未依法取得建设用地规划许可证的建设单位划拨国有土地使用权。

主要考点

【考点①】政府及相关部门违法的情形及行政处罚措施。

历年真题

【2021-07 题】 某镇 2018 年 2 月被省政府公布为历史文化名镇。该镇人民政府委托一家具有乙级城乡规划资质的设计单位编制了历史文化名镇保护规划，于 2019 年 5 月编制完成，并向县人民政府报送了规划成果，县人民政府批准了该规划。

考点解析：该镇人民政府未按法定程序组织编制、委托不具有相应资质等级的单位编制历史文化名镇保护规划，县政府未按法定程序审批规划（未依法组织编制保护规划），应由上级人民政府责令改正，通报批评；对有关人民政府负责人和其他直接责任人员依法给予处分【考点①】。

【2023-07 题】 某县重点镇城镇开发边界内有一处滨河生态廊道的地块，在镇总体规划中规划用地性质为公园绿地，县自然资源主管部门组织某规划编制单位编制该地块控制性详细规划，规划建设大型商业综合体，并承诺将规划相关事项纳入正在编制的镇国土空间规划，编制单位提交规划成果后，县自然资源主管部门即报请县人民政府审批。

考点解析：县自然资源主管部门违规编制，处罚：县自然资源主管部门，由上级人民政府责令改正，通报批评；对有关人民政府负责人和其他直接责任人员依法给予处分【考点①】。

知识点 4　临时建设违法

■ 临时用地建设合法情形（《城乡规划法》第四十四条）

在城市、镇规划区内进行临时建设的，应当经城市、县人民政府城乡规划主管部门批准。临时建设影响近期建设规划或者控制性详细规划的实施以及交通、市容、安全等的，不得批准。临时建设应当在批准的使用期限内自行拆除，临时建设和临时用地规划管理的具体办法，由省、自治区、直辖市人民政府制定。

■ 违法的三种情况（《城乡规划法》第六十六条）

建设单位或者个人有下列行为之一的，由所在地城市、县人民政府城乡规划主管部门责令限期拆除，可以并处临时建设工程造价一倍以下的罚款：

① 未经批准进行临时建设的；

② 未按照批准内容进行临时建设的；

③ 临时建筑物、构筑物超过批准期限不拆除的。

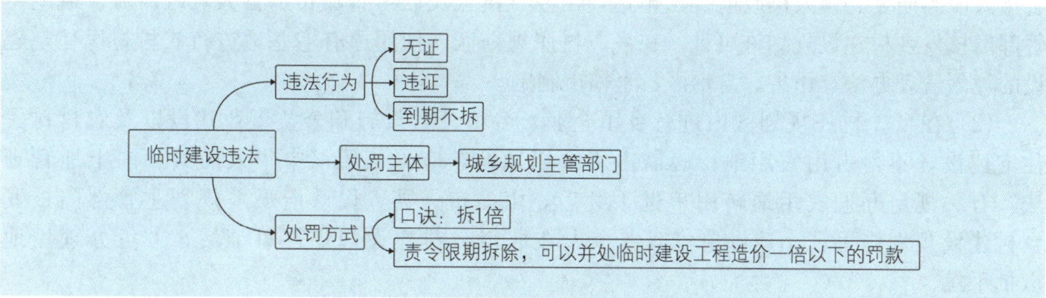

临时用地违法建设处罚框架图

■ 行政强制（《城乡规划法》第六十八条）

城乡规划主管部门作出责令停止建设或者限期拆除的决定后，当事人不停止建设或者逾期不拆除的，建设工程所在地县级以上地方人民政府可以责成有关部门采取查封施工现场、强制拆除等措施。

主要考点

【考点①】临时建设违法类型。

【考点②】行政强制措施。

历年真题

【2019-07 题】 某企业为建设市政工程项目，申请 800m² 临时厂房。经批准，临时工程使用期限两年，两年后自行拆除。该工程一年后提前完工，施工企业按临时厂房实测面积 900m² 将其租赁出去作为商场使用，合同约定租期两年。商场开业不久后被查处并确定为违法，被执法机关告知限期拆除并罚款，该单位以租赁未到期为由，逾期未拆，也未缴纳罚款。

试问：

1. 建设单位哪些行为违反了《中华人民共和国城乡规划法》?
2. 该情况由何部门进行查处?
3. 建设单位逾期未拆除理由是否合理，为什么?
4. 应该如何处理?

考点解析：未按照批准面积进行临时建设；擅自改变临时建筑使用性质为商场；被告知限期拆除并罚款后，逾期未拆除，也未缴纳罚款不正确【考点①】。城乡规划主管部门（自然资源主管部门）作出责令停止建设或者限期拆除的决定后，当事人不停止建设或者逾期不拆除的，建设工程所在地县级以上地方人民政府可以责成有关部门采取查封施工现场、强制拆除等措施【考点②】。

知识点 5　乡村建设违法

■ 乡村建设用地合法情形（《城乡规划法》第四十一条）

（1）在乡、村庄规划区内进行乡镇企业、乡村公共设施和公益事业建设的，建设单位或者个人应当向乡、镇人民政府提出申请，由乡、镇人民政府报城市、县人民政府城乡规划主管部门核发乡村建设规划许可证。在乡、村庄规划区内使用原有宅基地进行农村村民住宅建设的规划管理办法，由省、自治区、直辖市制定。

（2）在乡、村庄规划区内进行乡镇企业、乡村公共设施和公益事业建设以及农村村民住宅建设，不得占用农用地；确需占用农用地的，应当依照《中华人民共和国土地管理法》有关规定办理农用地转用审批手续后，由城市、县人民政府城乡规划主管部门核发乡村建设规划许可证。建设单位或者个人在取得乡村建设规划许可证后，方可办理用地审批手续。

■ 违法情形及违法处罚（《城乡规划法》第六十五条）

（1）在乡、村庄规划区内未依法取得乡村建设规划许可证或者未按照乡村建设规划许可证的规定进行建设。

（2）违法处罚：由乡、镇人民政府责令停止建设、限期改正；逾期不改正的，可以拆除。

主要考点

【考点①】未取得乡村建设规划许可证的处罚措施。

【考点②】乡村建设违法处罚机关。

【考点③】申请乡村建设用地审批流程违法。

【考点④】乡村建设用地审批机关权限违法。

历年真题

【2022-10-07 题】 邻县村民张某在王庄村租赁土地长期耕作。2021 年 8 月，张某向王庄村村委会申请宅基地建房，经村委会同意后，张某按当地标准新建住宅一栋。

试问，上述行为存在哪些有问题？并阐述理由。若存在问题，应当由何部门查处？

考点解析：张某未取得《乡村建设规划许可证》就开工【考点①】。查处：农业农村主管部门、乡镇人民政府【考点②】。**注意：因本题涉及宅基地，所以主管部门为农业农村主管部门，详细讲解请看土地管理章节。**

【2022-11-07 题】 某市城镇开发边界外的某村，村集体经济组织和企业联营办理特色农产品加工厂，占用该村 16 亩旱地，向乡镇政府提出乡村规划许可证申请，乡镇政府审核符合村庄规划后，批准了申请，企业随即开工建设。

试问：以上行为存在哪些问题？违反了哪些法律？并阐明理由。

考点解析：旱地属于农用地，申请流程不正确，应依法先办理农用地转用审批手续，再进行后续申请【考点③】。乡镇政府审核并批准了乡村建设规划许可证，审批机关不正确，应由城市、县人民政府城乡规划主管部门核发乡村建设规划许可证【考点④】。**注意：本题为农村集体建设用地，还需要办理用地审批手续环节，应向县级以上地方人民政府自然资源主管部门提出申请，按自治区、直辖市规定的批准权限，由县级以上地方人民政府批准。**

知识点 6　报送竣工验收资料违法

■ 竣工验收资料报送合法程序（《城乡规划法》第四十五条）

县级以上地方人民政府城乡规划主管部门按照国务院规定对建设工程是否符合规划条件予以核实。建设单位应当在竣工验收后六个月内向城乡规划主管部门报送有关竣工验收资料。

■ 违法情形及违法处罚（《城乡规划法》第六十七条）

建设单位未在建设工程竣工验收后六个月内向城乡规划主管部门报送有关竣工验收资料的，违法处罚：由所在地城市、县人民政府城乡规划主管部门责令限期补报；逾期不补报的，处 1 万～5 万元以下的罚款。

知识点 7　非法占用土地

■ 采取欺骗手段骗取批准非法占用土地（《土地管理法》第七十七条、《土地管理法实施条例》第五十七条）

未经批准或者采取欺骗手段骗取批准非法占用土地的，由县级以上人民政府自然资源主管部门责令限期改正，退还非法占用的土地。

（1）对违反土地利用总体规划擅自将农用地改为建设用地的，限期拆除在非法占用的土地上新建的建筑物和其他设施，恢复土地原状。

（2）对符合土地利用总体规划的，没收在非法占用的土地上新建的建筑物和其他设施，可以并处罚款（罚款额为非法占用土地每平方米 100～1000 元）；对非法占用土地单位的直接负责的主管人员和其他直接责任人员，依法给予处分；构成犯罪的，依法追究刑事责任。超过批准的数量占用土地，多占的土地以非法占用土地论处。

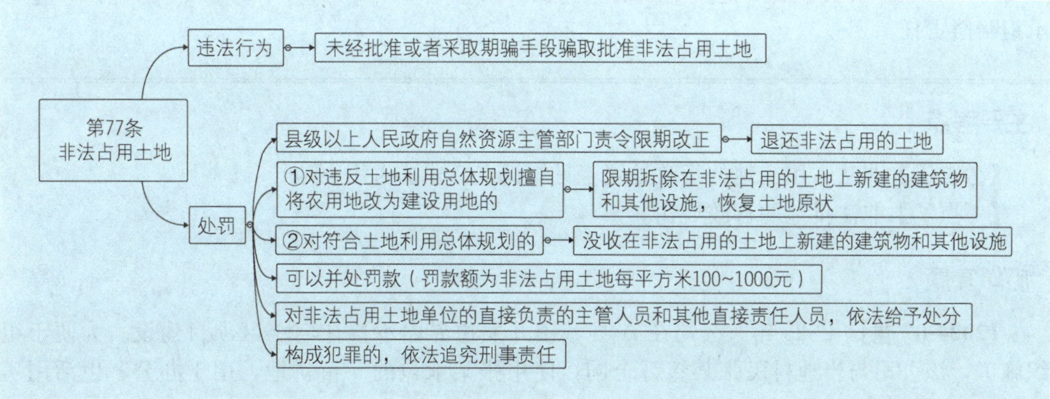

处罚流程图

注意：涉及非法占用土地的第一步是退还土地，土地管理法中的违法占地实际是违法建设占地（不包含设施农用地和其他农用地）。

■ **拒绝交还土地违法处罚（《土地管理法》第八十一条、《土地管理法实施条例》第五十九条）**

依法收回国有土地使用权当事人拒不交出土地的，临时使用土地期满拒不归还的，或者不按照批准的用途使用国有土地的，由县级以上人民政府自然资源主管部门责令交还土地，处以罚款（罚款额为非法占用土地每平方米100～500元）。

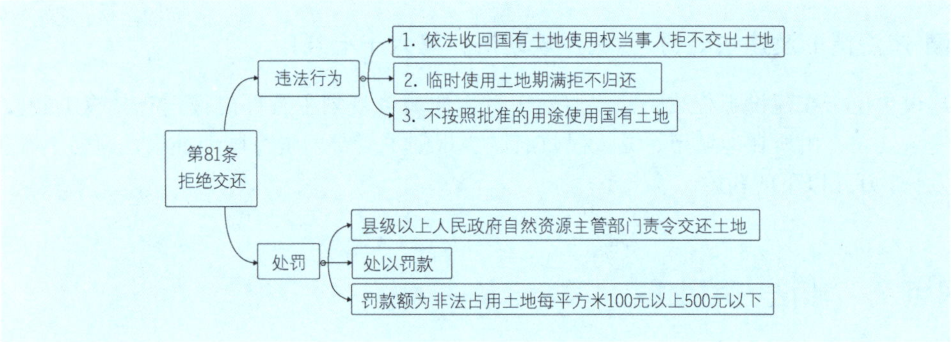

处罚流程图

知识点8　违法批地责任

■ **非法批地（《土地管理法》第七十九条）**

（1）无权批准征收、使用土地的单位或者个人非法批准占用土地的，超越批准权限非法批准占用土地的，不按照土地利用总体规划确定的用途批准用地的，或者违反法律规定的程序批准占用、征收土地的，其批准文件无效。

（2）对非法批准征收、使用土地的直接负责的主管人员和其他直接责任人员，依法给予处分；构成犯罪的，依法追究刑事责任。非法批准、使用的土地应当收回，有关当事人拒不归还的，以非法占用土地论处。非法批准征收、使用土地，对当事人造成损失的，依法应当承担赔偿责任。

主要考点

【考点①】非法占用土地的行政处罚（见知识点7非法占用土地）。

【考点②】非法批地的行政处罚。

历年真题

【2024-07题】 2023年某公司在A县城镇开发边界内承接住宅小区项目建设。为便于组织施工，该公司与当地村民张某签订合同，使用张某承包的5亩耕地，用于办公、生活用房和工棚等临时设施建设，并向当地镇政府提交了临时用地申请书、土地复垦方案报告表等必要材料，镇政府经过审核，批准了该宗临时用地申请。

试问：1、该案例存在哪些主要问题？并阐述理由。2、应如何处理？

考点解析：对企业非法占用土地，处理如下：未经批准或者采取欺骗手段骗取批准，非法占用土地的，由县级以上人民政府自然资源主管部门责令退还非法占用的土地，对违反土地利用总体规划擅自将农用地改为建设用地的，限期拆除在非法占用的土地上新建的建筑物和其他设施，恢复土地原状，可以并处罚款，罚款额为非法占用土地每平方米 100 元以上 1000 元以下【考点①】。镇政府非法批地，批准文件无效，对非法批准使用土地的直接负责的主管人员和其他直接责任人员，依法给予处分；构成犯罪的，依法追究刑事责任。非法批准、使用的土地应当收回，有关当事人拒不归还的，以非法占用土地论处。非法批准使用土地，对当事人造成损失的，依法应当承担赔偿责任【考点②】。

知识点 9　农村村民非法占用土地建住宅

■ 申请宅基地资格

《农业农村部 自然资源部关于规范农村宅基地审批管理的通知》：符合宅基地申请条件的农户，以户为单位向所在村民小组提出宅基地和建房（规划许可）书面申请。

■ 宅基地审批

《农业农村部 自然资源部关于规范农村宅基地审批管理的通知》：根据各部门联审结果，由乡镇政府对农民宅基地申请进行审批，出具《农村宅基地批准书》，鼓励地方将乡村建设规划许可证由乡镇一并发放，并以适当方式公开。

■ 农村村民非法占用土地建住宅情形及违法处罚（《土地管理法》第七十八条）

农村村民未经批准或者采取欺骗手段骗取批准，非法占用土地建住宅的，由县级以上人民政府农业农村主管部门责令退还非法占用的土地，限期拆除在非法占用的土地上新建的房屋。超过省、自治区、直辖市规定的标准，多占的土地以非法占用土地论处。

注意：这里只有同时满足农村村民、非法占用土地、建住宅 3 个条件，才能套用《土地管理法》第七十八条进行处罚。

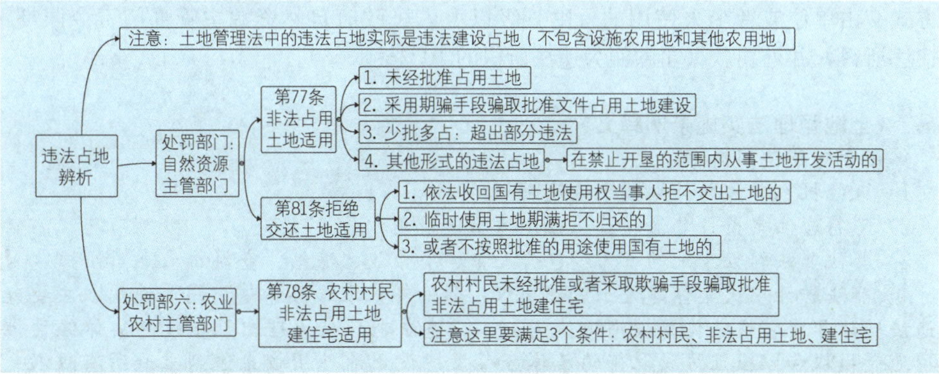

非法占用土地三条辨析

主要考点

【考点①】申请宅基地的资格错误。
【考点②】宅基地申请流程违法（详见板块 8）。
【考点③】宅基地违法行政处罚。

历年真题

【2022-10-07 题】 邻县村民张某在王庄村租赁土地长期耕作。2021 年 8 月，张某向王庄村村委会申请宅基地建房，经村委会同意后，张某按当地标准新建住宅一栋。

试问，上述行为存在哪些有问题？并阐述理由。若存在问题，应当由何部门查处？

考点解析：张某非王庄村村民，没有在王庄村申请宅基地的资格【考点①】；宅基地未经村民集体讨论通过并在集体范围内公示，后报乡镇政府批准（张某未取得《农村宅基地批准书》，属于非法占用土地，违反《土地管理法》）【考点②】；该行为的查处机关：县级以上人民政府农业农村主管部门，乡、镇人民政府【考点③】。

知识点 10 非法转让土地

■ 违法情形及违法处罚（《土地管理法》第七十四条、《土地管理法实施条例》第五十四条、第六十条）

（1）买卖或者以其他形式非法转让土地的，由县级以上人民政府自然资源主管部门没收违法所得；

① 对违反土地利用总体规划擅自将农用地改为建设用地的，限期拆除在非法转让的土地上新建的建筑物和其他设施，恢复土地原状。

② 对符合土地利用总体规划的，没收在非法转让的土地上新建的建筑物和其他设施；可以并处罚款（罚款额为违法所得的 10%～50%）；对直接负责的主管人员和其他直接责任人员，依法给予处分；构成犯罪的，依法追究刑事责任。

（2）《土地管理法》第八十二条 擅自将农民集体所有的土地通过出让、转让使用权或者出租等方式用于非农业建设，或者违反土地管理法规定，将集体经营性建设用地通过出让、出租等方式交由单位或者个人使用的，由县级以上人民政府自然资源主管部门责令限期改正，没收违法所得，并处罚款（罚款额为违法所得的 10%～30%）。

拓展：《土地管理法实施条例释义》

第七十四条适用情形：

1）未经批准非法转让划拨土地使用权

2）不符合法定条件非法转让出让国有土地使用权

3）其他非法转让土地的行为：包含无证、有争议、冻结、查封的土地

4）非法转让农民集体建设土地使用权：非法转让农民集体建设用地使用权主要包括①违法转让非经营性集体建设用地使用权、②违法转让未办理出让手续的集体经营性建设用地使用权和以出让方式取得的集体经营性建设用地使用权未达到土地所有权人、土地使用权人签订的书面合同约定条件或法律规定条件就违法转让等

第八十二条适用情形：

1）农用地及耕地：违反《土地管理法》第四条关于“严格限制农用地转为建设用地，控制建设用地总量，对耕地实行特殊保护”《土地管理法》第三十条关于“国家保护耕地，严格控制耕地转为非耕地”。

2）集体建设用地：违反《土地管理法》第五十九条、第六十条、第六十一条、第六十二条关于乡镇企业、乡（镇）村公共设施、公益事业、农村村民住宅等乡（镇）村建

设的有关规定，擅自将农民集体土地用于非农业建设的行为。

3）集体经营性建设用地：所谓违法将集体经营性建设用地通过出让、出租等方式交由单位或者个人使用，是指违反《土地管理法》第六十三条的规定，将集体经营性建设用地使用权出让、出租的行为。根据《土地管理法》第六十三条、第六十四条的规定，集体经营性建设用地流转，应当符合下列条件：

① 土地利用总体规划确定为工业、商业等经营性用途；

② 集体经营性建设用地使用权应当经依法登记；

③ 流转的方式是出让和出租；

④ 应当签订书面合同，并在合同中载明土地界址、面积、动工期限、使用期限、土地用途、规划条件和双方其他权利义务；

⑤ 要经本集体经济组织成员的村民会议三分之二以上成员或者三分之二以上村民代表的同意；

⑥ 集体建设用地的使用者应当严格按照土地利用总体规划、城乡规划确定的用途使用土地。违反上述条件之一，就构成非法转让集体经营性建设用地。

辨析：七十四条适用于所有土地情形，八十二条主要针对集体土地的流程错误。

知识点 11　非法破坏耕地

■ 破坏耕地（《土地管理法》第七十五条、《土地管理法实施条例》第五十五条）

占用耕地建窑、建坟或者擅自在耕地上建房、挖砂、采石、采矿、取土等，破坏种植条件的，或者因开发土地造成土地荒漠化、盐渍化的，由县级以上人民政府自然资源主管部门、农业农村主管部门等按照职责责令限期改正或者治理，可以并处罚款（罚款额为耕地开垦费的5～10倍）；破坏黑土地等优质耕地的，从重处罚。构成犯罪的，依法追究刑事责任。

■ 破坏永久基本农田（《土地管理法》第三十七条、《土地管理法实施条例》第五十一条）

非法占用永久基本农田发展林果业或者挖塘养鱼的，由县级以上人民政府自然资源主管部门责令限期改正；逾期不改正的，按占用面积处耕地开垦费2倍以上5倍以下的罚款；破坏种植条件的，按《土地管理法》第七十五条处罚。

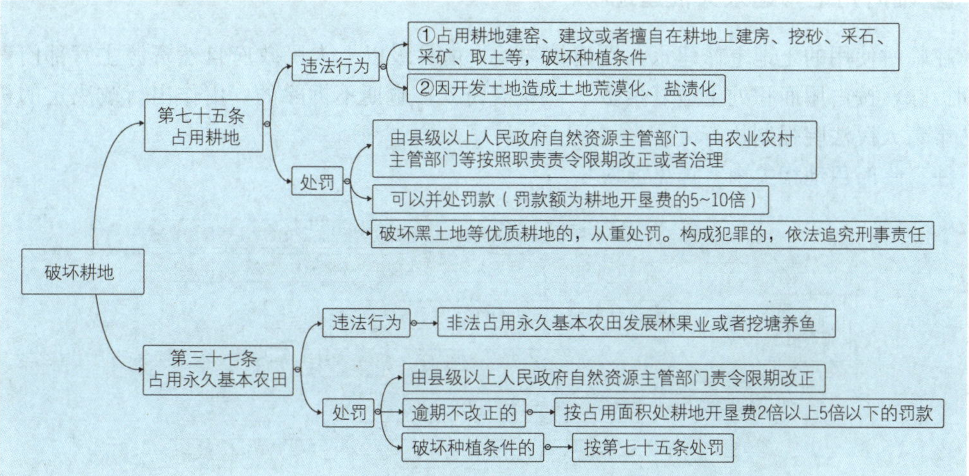

破坏耕地判定及处罚

拓展：构成非法占用农用地罪的，追究刑事责任的情形

（1）改用途：非法改变土地用途，主要是耕地和林地。

（2）数量大：非法占用基本农田、防护林、特种林地5亩以上或者其他耕地、林地10亩以上。

（3）损坏重：种植条件严重毁坏或者严重污染。

■ 拒绝土地复垦义务（《土地管理法》第七十六条、《土地管理法实施条例》第五十六条）

（1）违反本法规定，拒不履行土地复垦义务的，由县级以上人民政府自然资源主管部门责令限期改正；逾期不改正的，责令缴纳复垦费，专项用于土地复垦，可以处以罚款（罚款额为土地复垦费的2～5倍）。

（2）临时用地期满之日起一年内未完成复垦或者未恢复种植条件的，按七十六条处罚。并由县级以上人民政府自然资源主管部门会同农业农村主管部门代为完成复垦或者恢复种植条件。

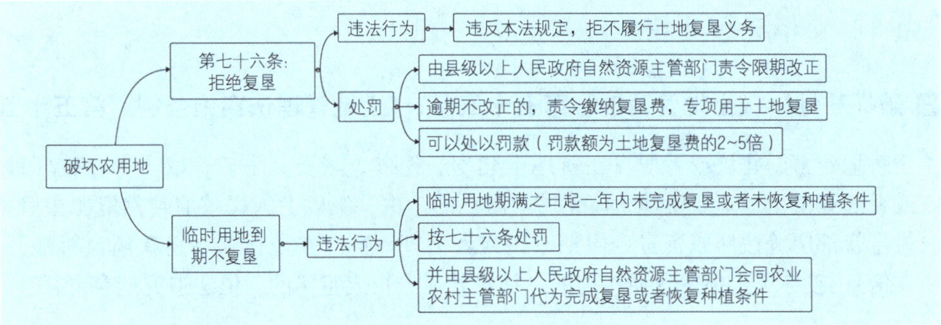

拒绝土地复垦判定及处罚

知识点12　临时用地违法

■ 临时用地修建永久性建筑物

在临时使用的土地上修建永久性建筑物的，由县级以上人民政府自然资源主管部门责令限期拆除，按占用面积处土地复垦费5～10倍罚款；逾期不拆除的，由作出行政决定的机关依法申请人民法院强制执行。

注：临时用地相关内容详见板块8

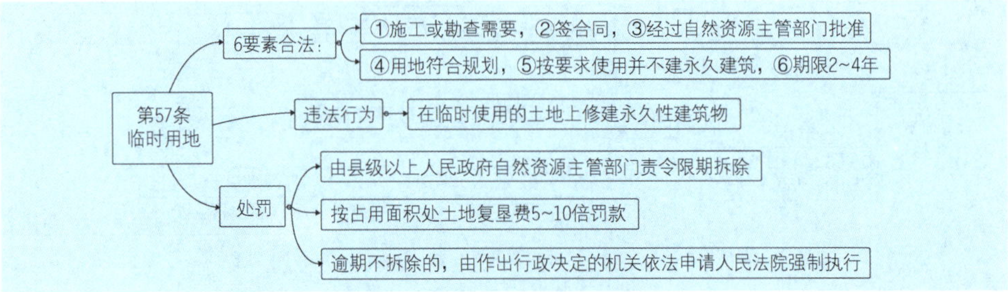

临时用地违法判定及处罚

主要考点

【考点①】对用地处理。

【考点②】镇政府违法批准。

历年真题

【2024-07 题】 2023 年，某公司在 A 县城镇开发边界内承接住宅小区项目建设。为便于组织施工，该公司与当地村民张某签订合同，使用张某承包的 5 亩耕地，用于办公、生活用房和工棚等临时设施建设，并向当地镇政府提交了临时用地申请书、土地复垦方案报告表等必要材料，镇政府经过审核，批准了该宗临时用地申请。试问：1. 该案例存在哪些主要问题？并阐述理由。2. 应如何处理？

考点解析：（1）对用地处理：该临时用地合同无效，责令其恢复耕作条件，可并处罚款【考点①】。（2）针对镇政府的违法：临时用地批准文件无效，对非法批准使用土地的直接负责的主管人员和其他直接责任人员，依法给予处分；构成犯罪的，依法追究刑事责任。非法批准、使用的临时土地应当收回。非法批准使用土地，对当事人造成损失的，依法应当承担赔偿责任【考点②】。

知识点 13　其他违法情形

■ 重建、扩建（《土地管理法》第六十五条、《土地管理法实施条例》第五十三条）

土地利用规划制定前，不符合土地利用规划的已建建筑物、构筑物重建、扩建，自然资源主管部门责令限期拆除，逾期不拆除的，由作出行政决定的机关依法申请人民法院强制执行。

■ 拆除和没收（《土地管理法实施条例》五十八条）

第五十八条 依照《土地管理法》第七十四条、第七十七条的规定，县级以上人民政府自然资源主管部门没收在非法转让或者非法占用的土地上新建的建筑物和其他设施的，应当于九十日内交由本级人民政府或者其指定的部门依法管理和处置。

■ 行政强制

《土地管理法》第八十三条：依照本法规定，责令限期拆除在非法占用的土地上新建的建筑物和其他设施的，建设单位或者个人必须立即停止施工，自行拆除；对继续施工的，作出处罚决定的机关有权制止。建设单位或者个人对责令限期拆除的行政处罚决定不服的，可以在接到责令限期拆除决定之日起十五日内，向人民法院起诉；期满不起诉又不自行拆除的，由作出处罚决定的机关依法申请人民法院强制执行，费用由违法者承担。

拓展

与《城乡规划法》的行政强制对比

《城乡规划法》第六十八条　城乡规划主管部门作出责令停止建设或者限期拆除的决定后，当事人不停止建设或者逾期不拆除的，建设工程所在地县级以上地方人民政府可以责成有关部门采取查封施工现场、强制拆除等措施。

知识点 14　违法处罚法律适用情形

■ 违法用地和违法建设

① 违法用地行为：是指违反土地管理相关法律的行为。

② 违法建设行为：未取得或者未按照建设工程规划许可证（乡村建设规划许可证）进行建设的行为。

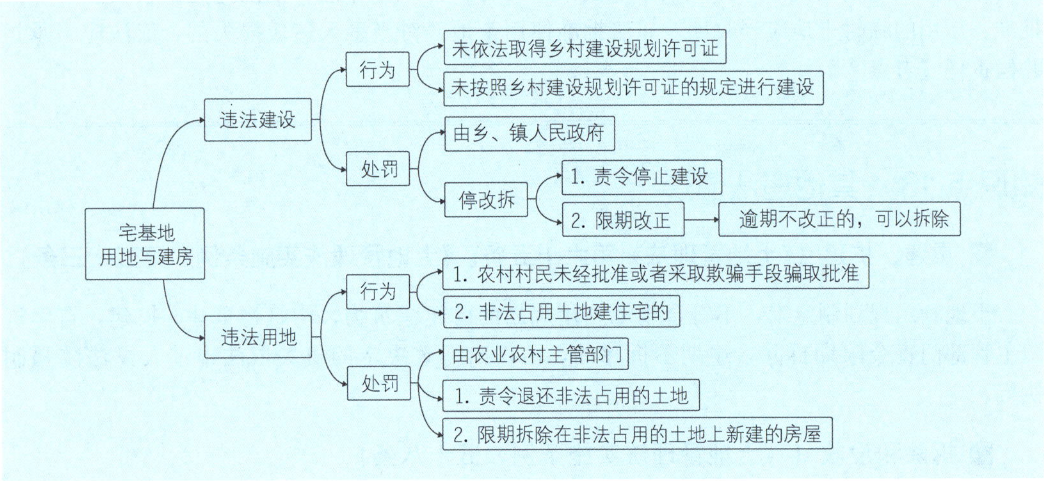

宅基地违法建设与违法用地判定及处罚

■ 如何判断《城乡规划法》与《土地管理法》适用情形

（1）圈内（土地利用总体规划确定的城市和村庄、集镇范围内）土地及建设违法：主要看是否涉及非法占用土地

建设单位或者个人未取得规划许可或者未按照规划许可内容进行建设的，由县级以上人民政府明确的执法机构责令停止建设，并按以下情形分类处置：

① 不涉及非法占用土地的，尚可采取改正措施消除对规划实施的影响的，限期改正，并处建设工程造价百分之五以上百分之十以下的罚款；但无法采取改正措施消除影响或者逾期不改正的，限期拆除，不能拆除的，没收实物或者违法收入，可以并处建设工程造价百分之十以下的罚款（《城乡规划法》）。

② 涉及非法占用土地，但符合国土空间规划确定的用途的，没收实物或者违法收入，可以并处建设工程造价百分之十以下的罚款；不符合国土空间规划确定的用途的，限期拆除，恢复土地原状（《土地管理法》《城乡规划法》）。

③ 在乡、村庄范围内未依法取得规划许可或未按规划许可的规定进行建设的，由乡镇人民政府、街道办事处责令停止建设，限期改正；逾期不改正的，可以拆除（《城乡规划法》）。

（2）圈外（土地利用总体规划确定的城市和村庄、集镇范围外）土地及建设违法：按照《土地管理法》进行处罚。

■ 宅基地上建房（占用农用地）流程

办理农用地转用审批手续→《乡村建设规划许可证》由市县自然资源主管部门核发→《宅基地批准书》由乡镇人民政府核发。

■ 乡镇企业建设批准流程（占用农用地）流程

办理农用地转用审批手续→申请核发《乡村建设规划许可证》→办理用地审批手续（建设单位向自然资源主管部门提出申请，报县级以上地方人民政府批准）

板块 12 行政处罚、行政复议、行政诉讼、行政许可

微信扫码
免费听课

知识点 1 行政处罚程序

■《自然资源行政处罚办法》中的相关规定

第十五条 自然资源主管部门发现公民、法人或者其他组织行为涉嫌违法的，应当及时核查。对正在实施的违法行为，应当依法及时下达责令停止违法行为通知书予以制止。

第十六条 符合下列条件的，自然资源主管部门应当在发现违法行为后及时立案：违法行为轻微并及时纠正，没有造成危害后果的，可以不予立案。

第十七条 立案后，自然资源主管部门应当指定具有行政执法资格的承办人员，及时组织调查取证。调查取证时，案件调查人员不得少于两人，并应当主动向当事人或者有关人员出示执法证件。

第二十九条 案件调查终结，案件承办人员应当提交调查报告。

第三十一条 审理结束后，自然资源主管部门根据不同情况，分别作出下列决定：

（一）违法事实清楚、证据确凿、依据正确、调查审理符合法定程序的，作出行政处罚决定。

第三十三条 违法行为依法需要给予行政处罚的，自然资源主管部门应当制作行政处罚告知书，告知当事人拟作出的行政处罚内容及事实、理由、依据，以及当事人依法享有的陈述、申辩权利，按照法律规定的方式，送达当事人。当事人要求陈述和申辩的，应当在收到行政处罚告知书后五日内提出。

第三十四条 拟作出下列行政处罚决定的，自然资源主管部门应当制作行政处罚听证告知书，按照法律规定的方式，送达当事人，涉及较大数额罚款、限期拆除、没收、吊销等，当事人要求听证的，应当在收到行政处罚听证告知书后五日内提出。

第三十五条 当事人未在规定时间内陈述、申辩或者要求听证的，以及陈述、申辩或者听证中提出的事实、理由或者证据不成立的，自然资源主管部门应当依法制作行政处罚决定书，并按照法律规定的方式，送达当事人。

第三十八条 自然资源主管部门应当自立案之日起九十日内作出行政处罚决定；案情复杂不能在规定期限内作出行政处罚决定的，经本级自然资源主管部门负责人批准，可以适当延长，但延长期限不得超过三十日，案情特别复杂的除外。

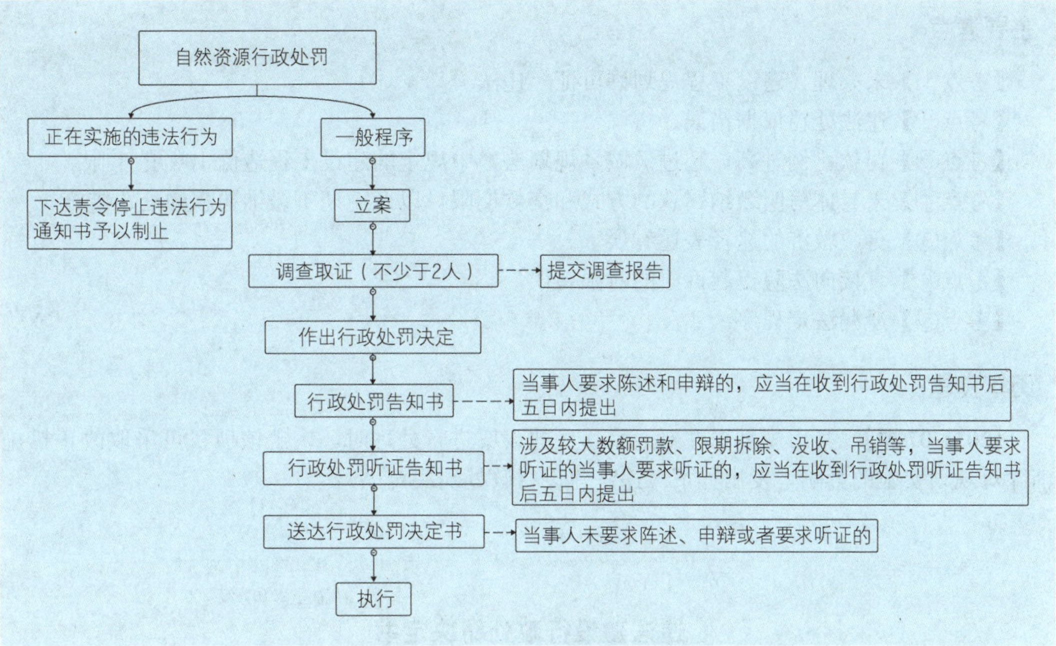

行政处罚程序

■ 行政处罚决定书样式

行政机关依照《行政处罚法》第五十七条的规定给予行政处罚，应当制作行政处罚决定书。行政处罚决定书应当载明下列事项：

（1）当事人的姓名或者名称、地址；

（2）违反法律、法规、规章的事实和证据；

（3）行政处罚的种类和依据；

（4）行政处罚的履行方式和期限；

（5）申请行政复议、提起行政诉讼的途径和期限；

（6）作出行政处罚决定的行政机关名称和作出决定的日期；

（7）行政处罚决定书必须盖有作出行政处罚决定的行政机关的印章。

■ 撤销

《行政复议法》第六十四条　行政行为有下列情形之一的，行政复议机关决定撤销或者部分撤销该行政行为，并可以责令被申请人在一定期限内重新作出行政行为：

（1）主要事实不清、证据不足；

（2）违反法定程序；

（3）适用的依据不合法；

（4）超越职权或者滥用职权。

主要考点

【考点①】未办理《建设工程规划许可证》违法。

【考点②】违法处罚依据错误。

【考点③】罚款比例过高，超过《城乡规划法》中规定的建设工程造价10%的上限。

【考点④】未具体写明缴纳罚款的方式和交款期限，以及逾期不缴纳罚款的处罚措施。

【考点⑤】行政救济的途径表述有误。

【考点⑥】直接向法院提起诉讼的时限错误。

【考点⑦】遗漏法定程序。

历年真题

【2011-07 题】 某市规划局在对一宗违法建设案进行处理时，认定该项目可采取改正措施消除对规划实施的影响，发出如下《违法建设行政处罚决定书》：

规决（2010）第700号

违法建设行政处罚决定书

违法建设单位：某市经济发展有限公司

地址：东大街与南大街交汇处西北角

责任人：张某某

经查，你单位位于东大街与南大街交汇处西北角的办公楼项目未办理《建设用地规划许可证》，于2009年期间擅自施工，总建筑面积7707m^2，现已完工，上述行为违反了《中华人民共和国行政许可法》第四十条、第六十四条有关规定，构成违法建设行为。

我局根据《中华人民共和国行政处罚法》第六十四条的有关规定对你单位处以罚款，罚款金额按建设工程造价700元/m^2、建筑面积7707m^2、总造价的20%计算，即付款人民币1078980元。

……

如不服本处罚决定，可在接到本处罚决定书之日起60日内，向市人民政府或省建设行政主管部门投诉，或在接到本处罚决定书之日起30日内向人民法院起诉……

（盖章）

二〇一〇年十一月十一日

2011-07 题图

考点解析：违法行为并不是没有办理《建设用地规划许可证》，而是没有办理《建设工程规划许可证》【考点①】；违法处罚依据错误，违法处罚依据的并非《行政许可法》，未办理《建设工程规划许可证》的处罚依据为《城乡规划法》第四十条、第六十四条【考点②】；罚款比例为20%不正确，罚款比例过高，超过《城乡规划法》中规定的建设工程造价10%的上限【考点③】；未具体写明缴纳罚款的方式和交款期限，以及逾期不缴纳罚款的处罚措施【考点④】；行政救济的途径表述有误，应该向市人民政府申请行政复议，而不是投诉【考点⑤】；直接向法院提起诉讼的时限错误，依据《行政诉讼法》其时限不是30日，而应是6个月【考点⑥】；直接寄送《违法建设行政处罚决定书》不符合行政处罚的程序，属于程序性违法。违反《行政处罚法》，行政机关在作出处罚决定前，应告知处罚对象有陈述权、申辩权和要求听证权【考点⑦】。

【2013-07 题】 某建设单位计划建设一处厂房，于2010年2月向规划局申请办理了《建设用地规划许可证》，并于4月开工建设，7月底竣工验收，并于8月初请规划局进行验收。8月初收到规划局寄来的《行政处罚决定书》。后建设单位不服，9月初向规划局提出行政复议，规划局不予受理。试分析双方在程序上和内容上存在哪些问题，并说明原因。规划局能否撤销或收回《行政处罚决定书》？

考点解析：未办理《建设工程规划许可证》【考点①】；直接寄送《行政处罚决定书》【考点⑦】。

知识点2　行政复议程序

■《行政复议法》

（1）适用（第二条）：公民、法人或者其他组织认为行政机关的行政行为侵犯其合法权益，向行政复议机关提出行政复议申请，行政复议机关办理行政复议案件，适用本法。

（2）复议范围（第十一条）：有下列情形之一的，公民、法人或者其他组织可以依照本法申请行政复议：

① 对行政机关作出的行政处罚决定不服；

② 对行政机关作出的行政强制措施、行政强制执行决定不服；

③ 对作出的有关行政许可的其他决定不服；

④ 对行政机关作出的确认自然资源的所有权或者使用权的决定不服；

⑤ 对行政机关作出的征收征用决定及其补偿决定不服；

⑥ 对行政机关作出的赔偿决定或者不予赔偿决定不服等。

（3）申请条件（第二十条）：公民、法人或者其他组织认为行政行为侵犯其合法权益的，可以自知道或者应当知道该行政行为之日起六十日内提出行政复议申请；但是自知道或者应当知道行政行为内容之日起最长不得超过一年

（4）行政复议机关（第二十四条）

县级以上地方各级人民政府管辖下列行政复议案件：

① 对本级人民政府工作部门作出的行政行为不服的；

② 对下一级人民政府作出的行政行为不服的；

③ 对本级人民政府依法设立的派出机关作出的行政行为不服的；

④ 对本级人民政府或者其工作部门管理的法律、法规、规章授权的组织作出的行政行为不服的。

除前款规定外，省、自治区、直辖市人民政府同时管辖对本机关作出的行政行为不服的行政复议案件。省、自治区人民政府依法设立的派出机关参照设区的市级人民政府的职责权限，管辖相关行政复议案件。对县级以上地方各级人民政府工作部门依法设立的派出机构依照法律、法规、规章规定，以派出机构的名义作出的行政行为不服的行政复议案件，由本级人民政府管辖；其中，对直辖市、设区的市人民政府工作部门按照行政区划设立的派出机构作出的行政行为不服的，也可以由其所在地的人民政府管辖。

（5）审查（第三十条）：审查时间：行政复议机关收到行政复议申请后，应当在五日内进

行审查。

（6）诉讼（第三十四条）：法律、行政法规规定应当先向行政复议机关申请行政复议①对行政复议决定不服再向人民法院提起行政诉讼的，②行政复议机关决定不予受理、驳回申请或者受理后超过行政复议期限不作答复的，公民、法人或者其他组织可以自收到决定书之日起或者行政复议期限届满之日起十五日内，依法向人民法院提起行政诉讼。

（7）决定（第六十二条）：作出决定时间：适用普通程序审理的行政复议案件，行政复议机关应当自受理申请之日起六十日内作出行政复议决定；但是延长期限最多不得超过三十日。

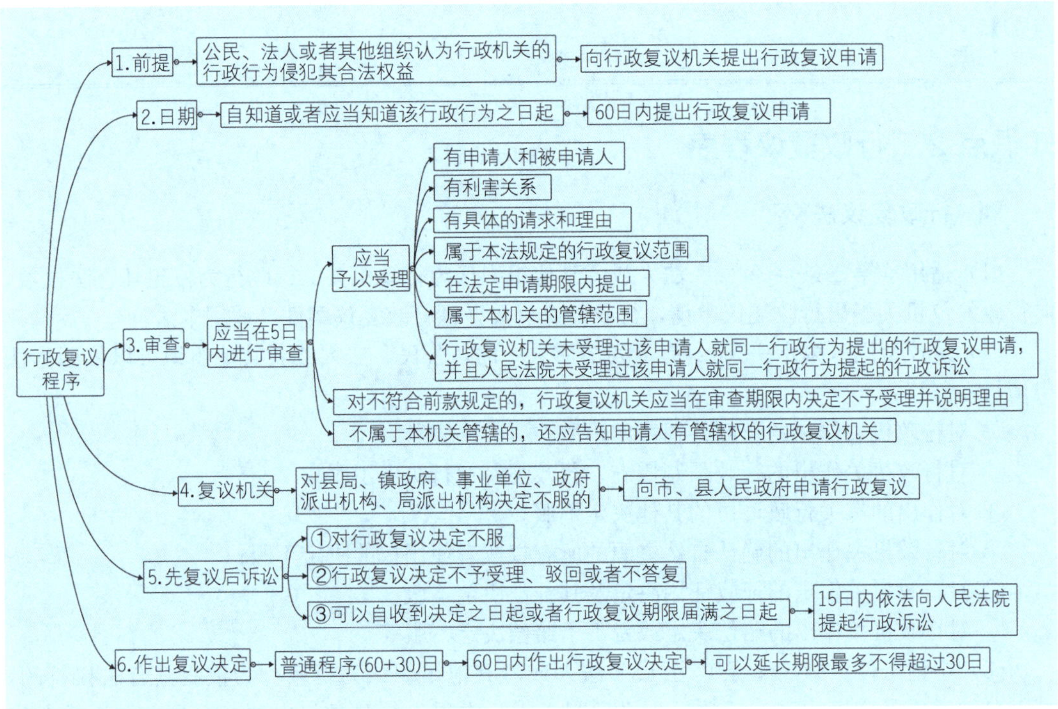

行政复议程序

主要考点

【考点①】行政复议复议机关不对。

【考点②】超过 60 日的申请期限，不符合《行政复议法》的规定。

历年真题

【2013-07 题】 某建设单位计划建设一处厂房，于 2010 年 2 月向规划局申请办理了《建设用地规划许可证》，并于 4 月开工建设，7 月底竣工验收，并于 8 月初请规划局进行验收。8 月初收到规划局寄来的《行政处罚决定书》。后建设单位不服，9 月初向规划局提出行政复议，规划局不予受理。试分析双方在程序上和内容上存在哪些问题，并说明原因。规划局能否撤销或收回《行政处罚决定书》?

考点解析：建设单位向规划局提出行政复议不正确，应向本级人民政府申请行政复议【考点①】。

【2018-07 题】 某市一建设单位，于当年 3 月 10 日收到了该市城乡规划主管部门的《行政处罚决定书》，该建设单位认为行政处罚存在程序瑕疵，如未进行陈述、申辩权的告知，未听取当事人意见。建筑单位不服该行政处罚决定；在收到决定书一个星期后去区人民政府申请复议的，区人民政府不予受理，并告知去市人民政府或上级城乡规划主管部门申请。6 月 10 日，建设单位又去市人民政府申请行政复议。市人民政府不予受理。试问：该单位可否申请行政复议。两次行政复议被拒绝的原因是什么……

考点解析：可以申请，第一次不受理是因为建设单位申请行政复议的复议机关不对，区人民政不符合《行政复议法》规定的行政复议主体资格，应向市人民政府申请【考点①】；市人民政府不受理的原因：超过 60 日的申请期限，不符合《行政复议法》的规定【考点②】。

知识点 3 行政诉讼程序

■《行政诉讼法》

（1）二审终审（第七条）：人民法院审理行政案件，依法实行合议、回避、公开审判和两审终审制度。

（2）间接诉讼（第四十五条）：公民、法人或者其他组织不服复议决定的，可以在收到复议决定书之日起 15 日内向人民法院提起诉讼。复议机关逾期不作决定的，申请人可以在复议期满之日起 15 日内向人民法院提起诉讼。

（3）直接诉讼（第四十六条）：公民、法人或者其他组织直接向人民法院提起诉讼的，应当自知道或者应当知道作出行政行为之日起 6 个月内提出。

（4）判决（第八十一条）：人民法院应当在立案之日起六个月内作出第一审判决。

（5）终审（第八十八条）：人民法院审理上诉案件，应当在收到上诉状之日起三个月内作出终审判决。

主要考点

【考点①】公民、法人或者其他组织直接向人民法院提起诉讼的，应当自知道或者应当知道作出行政行为之日起 6 个月内提出。

历年真题

【2018-07 题】 某市一建设单位，于当年 3 月 10 日收到了该市城乡规划主管部门的《行政处罚决定书》，该建设单位认为行政处罚存在程序瑕疵，如未进行陈述、申辩权的告知，未听取当事人意见。建筑单位不服该行政处罚决定；在收到决定书一个星期后去区人民政府申请复议的，区人民政府不予受理，并告知去市人民政府或上级城乡规划主管部门申请。6 月 10 日，建设单位又去市人民政府申请行政复议。市人民政府不予受理。

试问：……还有没有其他补救措施？

考点解析：该建设单位还可以采取行政诉讼的方式进行补救，依据《行政诉讼法》该建设单位可以自收到《行政处罚决定书》之日起 6 个月内可以向人民法院提起诉讼【考点①】。

知识点 4　建设项目用地预审与选址意见书

■ 合并

自然资源部《关于以“多规合一”为基础推进规划用地“多审合一、多证合一”改革的通知》中规定：将建设项目选址意见书、建设项目用地预审意见合并，自然资源主管部门统一核发建设项目用地预审与选址意见书，不再单独核发建设项目选址意见书、建设项目用地预审意见。

■ 用地预审

1. 用地预审定义

《建设项目用地预审管理办法》中规定：建设项目用地预审，是指国土资源主管部门在建设项目审批、核准、备案阶段，依法对建设项目涉及的土地利用事项进行的审查。

2. 用地预审办理条件

涉及新增建设用地的项目，才需要办理用地预审。注意：圈外才需要办理用地预审。

3. 用地预审申请

《建设项目用地预审管理办法》中规定：

① 需审批的建设项目在可行性研究阶段，由建设用地单位提出预审申请。

② 需核准的建设项目在项目申请报告核准前，由建设单位提出用地预审申请。

③ 需备案的建设项目在办理备案手续后，由建设单位提出用地预审申请。

4. 用地预审办理层级

（1）自然资源部办理项目范围

涉及占用永久基本农田、占用生态保护红线的重大建设项目，向自然资源部提出用地预审申请，经自然资源部审核通过后，由自然资源厅核发建设项目用地预审与选址意见书。

（2）自然资源厅办理项目范围

① 深度贫困地区、集中连片特困地区、国家扶贫开发工作重点县自治区级以下基础设施、易地扶贫搬迁、民生发展等建设项目，确实难以避让永久基本农田的，可以纳入重大项目建设范围，由自然资源厅核发建设项目用地预审与选址意见书；

② 不涉及占用永久基本农田的建设项目，属于国家级审批、核准、备案的项目，自然资源部授权自然资源厅办理并核发建设项目用地预审与选址意见书；

③ 属于省级审批、核准的涉及自然保护区和生态保护红线内允许有限人为活动的项目及公路、铁路、机场、矿山、水利项目，由自然资源厅办理并核发建设项目用地预审与选址意见书。

（3）市、县级办理项目范围

市、县级审批、核准、备案的建设项目按照分级预审（审批、核准、备案机关同级）原则，由相应自然资源局办理并核发。

5. 审查内容

预审应当审查以下内容：

① 建设项目用地是否符合国家供地政策和土地管理法律、法规规定的条件。

② 建设项目选址是否符合土地利用总体规划，属《土地管理法》第二十六条规定情形，建设项目用地需修改土地利用总体规划的，规划修改方案是否符合法律、法规的规定。

③ 建设项目用地规模是否符合有关土地使用标准的规定；对国家和地方尚未颁布土地使

用标准和建设标准的建设项目，以及确需突破土地使用标准确定的规模和功能分区的建设项目，是否已组织建设项目节地评价并出具评审论证意见。占用基本农田或者其他耕地规模较大的建设项目，还应当审查是否已经组织踏勘论证。

拓展

1. 项目立项

我国建设项目的行政许可按照投资主体的不同分为审批类、核准类、备案类三种。

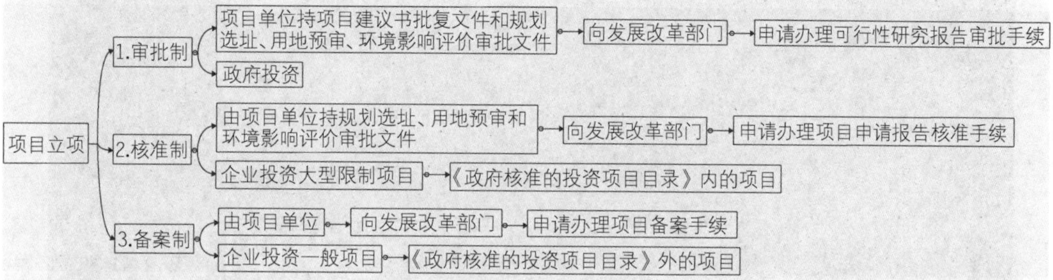

建设项目立项程序

2. 环境影响评价

(1) 实行审批制、核准制的项目，项目单位在向国土房管部门申请办理用地预审时，可同时向环保部门申报环境影响报告文件。

(2) 实行备案制的项目，项目单位可在建设项目开工前向环保部门申报环境影响报告文件。

■ 选址意见书

《城乡规划法》第三十六条

按照国家规定需要有关部门批准或者核准的建设项目，以划拨方式提供国有土地使用权的，建设单位在报送有关部门批准或者核准前，应当向城乡规划主管部门申请核发选址意见书（现已合并为建设项目用地预审与选址意见书，由自然资源主管部门核发）。

拓展

《划拨用地目录》2016

(1) 符合本目录的建设用地项目，由建设单位提出申请，经有批准权的人民政府批准，方可以划拨方式提供土地使用权。

(2) 对国家重点扶持的能源、交通、水利等基础设施用地项目，可以以划拨方式提供土地使用权。对以营利为目的，非国家重点扶持的能源、交通、水利等基础设施用地项目，应当以有偿方式提供土地使用权。

1) 国家机关用地和军事用地

2) 城市基础设施用地和公益事业用地

供水、燃气、供热、公共交通、环境卫生、道路广场、绿地

非营利性用地：邮政设施、教育设施、科研机构、体育设施、公共文化设施、医疗卫生设施、社会福利设施用地

3) 国家重点扶持的能源、交通、水利等基础设施用地：石油、电力、煤炭、水利、公路、铁路、民用机场、水路

4) 特殊用地：监狱、劳教所、看守所等

■ 建设项目用地预审与选址意见书主要内容

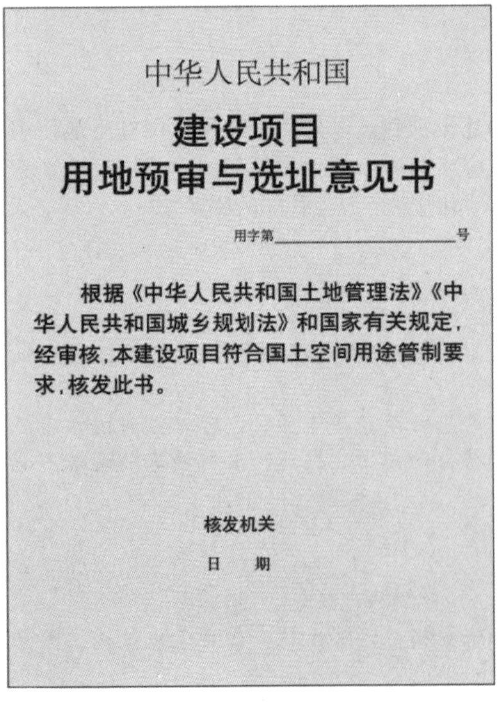

中华人民共和国

建设项目

用地预审与选址意见书

用字第＿＿＿＿＿＿＿＿号

根据《中华人民共和国土地管理法》《中华人民共和国城乡规划法》和国家有关规定，经审核，本建设项目符合国土空间用途管制要求，核发此书。

核发机关

日　期

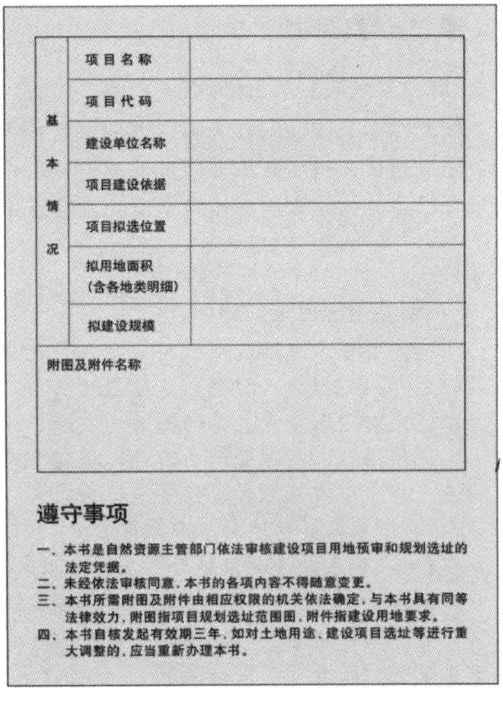

基本情况	项目名称	
	项目代码	
	建设单位名称	
	项目建设依据	
	项目拟选位置	
	拟用地面积（含各地类明细）	
	拟建设规模	
附图及附件名称		

遵守事项

一、本书是自然资源主管部门依法审核建设项目用地预审和规划选址的法定凭据。

二、未经依法审核同意，本书的各项内容不得随意变更。

三、本书所需附图及附件由相应权限的机关依法确定，与本书具有同等法律效力，附图指项目规划选址范围图，附件指建设用地要求。

四、本书自核发起有效期三年，如对土地用途、建设项目选址等进行重大调整的，应当重新办理本书。

建设项目用地预审与选址意见书封面及内页

主要考点

【考点①】建设项目用地预审与选址意见书办理条件。

【考点②】未按照《城乡规划法》规定的程序进行审查，属程序性违法。

历年真题

【2013-04 题】 某县城位于省级风景名胜区东南方向，依山傍水，文化底蕴深厚。民居建筑富有特色，地方经济以农业为主。为了改变落后的面貌，县领导提出调整产业结构，大力发展第二、三产业。通过招商引资，引入农副产品加工企业 A、废旧家电拆解企业 B 和房地产开发项目 C，规划部门按照领导要求为上述企业办理《选址意见书》。试问，该县的产业选址和项目选址管理阶段存在哪些问题。应采取哪些改进措施。

考点解析：规划局办理《选址意见书》（现更名为《建设项目用地预审与选址意见书》）不合理，A、B、C 企业项目均不符合以划拨方式提供国有土地使用权的条件【考点①】。按领导要求办理证书不合理，未按照《城乡规划法》规定的程序进行审查，属程序性违法【考点②】。

知识点 5　建设用地规划许可证

将建设用地规划许可证、建设用地批准书合并，自然资源主管部门统一核发新的建设用地规划许可证，不再单独核发建设用地批准书。

■ 建设用地规划许可证流程

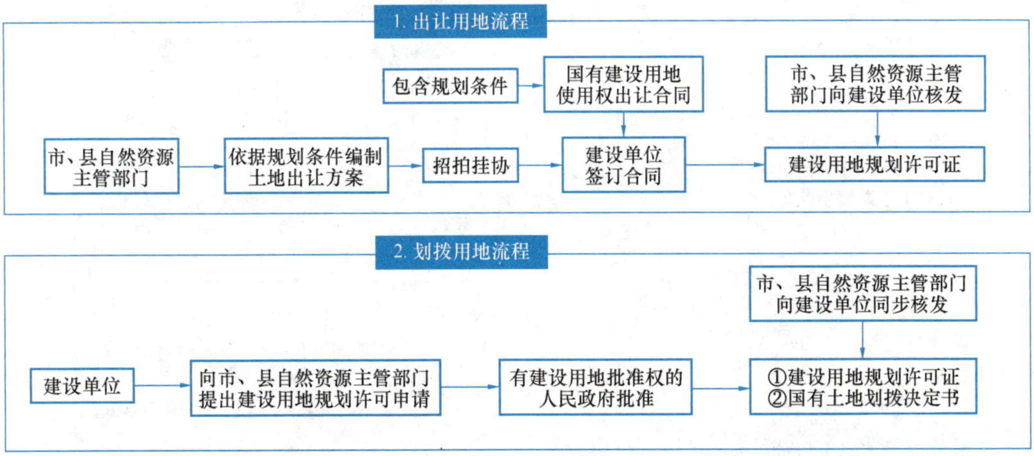

建设用地规划许可证流程

■ 建设用地规划许可证主要内容

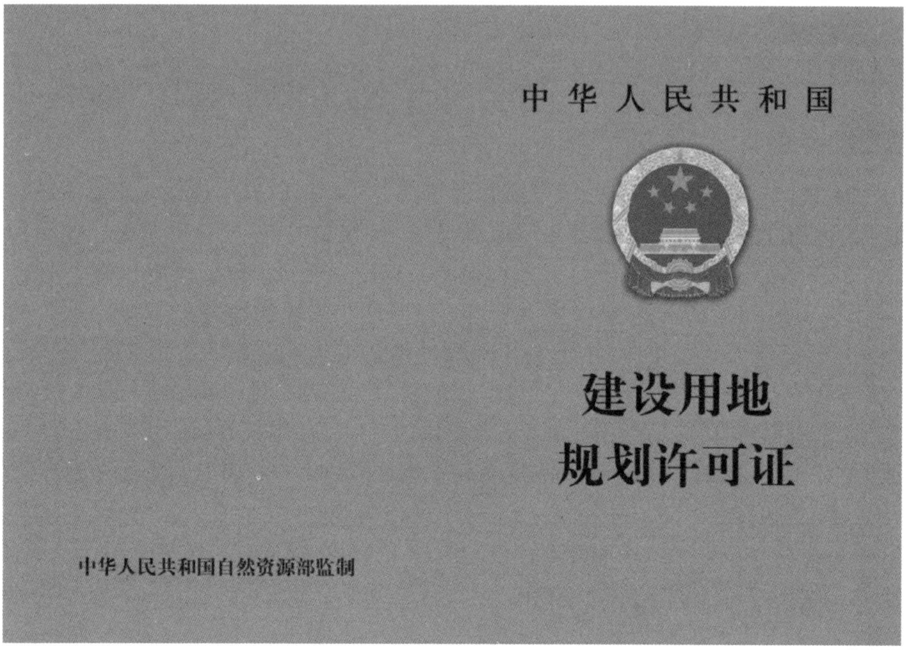

中华人民共和国
建设用地
规划许可证
中华人民共和国自然资源部监制

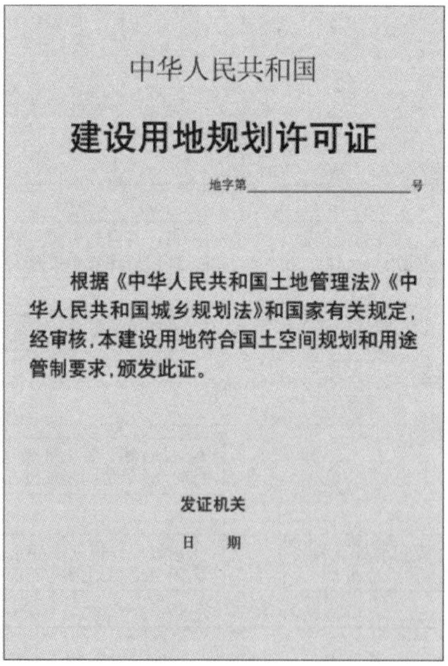

中华人民共和国

建设用地规划许可证

地字第＿＿＿＿＿＿＿＿＿＿号

根据《中华人民共和国土地管理法》《中华人民共和国城乡规划法》和国家有关规定，经审核，本建设用地符合国土空间规划和用途管制要求，颁发此证。

发证机关

日　期

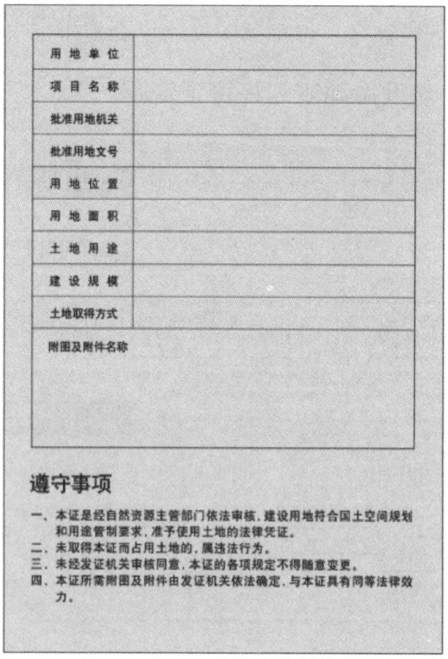

用地单位	
项目名称	
批准用地机关	
批准用地文号	
用地位置	
用地面积	
土地用途	
建设规模	
土地取得方式	
附图及附件名称	

遵守事项

一、本证是经自然资源主管部门依法审核，建设用地符合国土空间规划和用途管制要求，准予使用土地的法律凭证。
二、未取得本证而占用土地的，属违法行为。
三、未经发证机关审核同意，本证的各项规定不得随意变更。
四、本证所需附图及附件由发证机关依法确定，与本证具有同等法律效力。

建设用地规划许可证封面及内页

■ 建设用地规划许可证办理要求

建设用地规划许可证：是经自然资源主管部门依法审核，建设用地符合国土空间规划要求的法律凭证。

（1）建设项目符合国土空间规划；
（2）以划拨方式供地的建设项目，取得《建设项目用地预审与选址意见书》；
（3）以出让方式供地的建设项目，取得《国有土地使用权出让合同》；
（4）取得发展改革等项目审批部门批准、核准、备案的建设项目；
（5）建设项目涉及环保、城管、国家安全、消防、文物保护等部门的，需提供各相关行政主管部门的书面意见。

■ 需要办理建设用地规划许可证的情形

（1）新建、迁建单位需要使用土地的；
（2）原址扩建需要使用本单位以外的土地的；
（3）需要改变本单位土地使用性质的；
（4）经市或区、县规划局批准变更《国有土地使用权出让合同》中各项规划要求的，应申请更换《建设用地规划许可证》。

注意：《建设用地规划许可证》的违法处罚无相应法律条款。

知识点 6　建设工程规划许可证

建设工程规划许可证是建设工程符合国土空间规划要求的法律凭证，是建设单位向建设行政主管部门申请施工许可证的前提。

■ 建设工程主要分类

建筑工程、市政交通工程（道路）和市政管线三大类。

■ 需要办理建设工程规划许可证情形

（1）在城市、镇规划内新建、扩建和改建，建筑物、构筑物、道路、管线和其他工程建设的，建设单位或者个人应当向城乡主管部门或者省人民政府确定的镇申请办理建设工程许可证。

（2）申请办理建设工程规划许可证，应当提交使用土地的有关证明文件、建设工程设计方案、修规等。

■ 建设工程规划许可证办理流程

（1）申请与受理：申请表、土地证、施工图、符合条件发放《规划行政许可证受理通知书》。

（2）公告与听证：主管部门认为需要或者涉及公共利益重大行政许可，采取公告＋听证，涉及申请人和其他人重大利益关系的，采取听证。

（3）审查与决定：依据规划条件、规范、规定、规划方案审查并批复。

（4）颁布与公开：颁发《建设工程规划许可证》，报纸、网站等在批准后公开。

批准时限：行政机关受理起 20 日内作出决定，经本行政机关负责任人批准，延长 10 日

■ 建设工程规划许可证主要内容

中华人民共和国
建设工程
规划许可证
中华人民共和国自然资源部监制

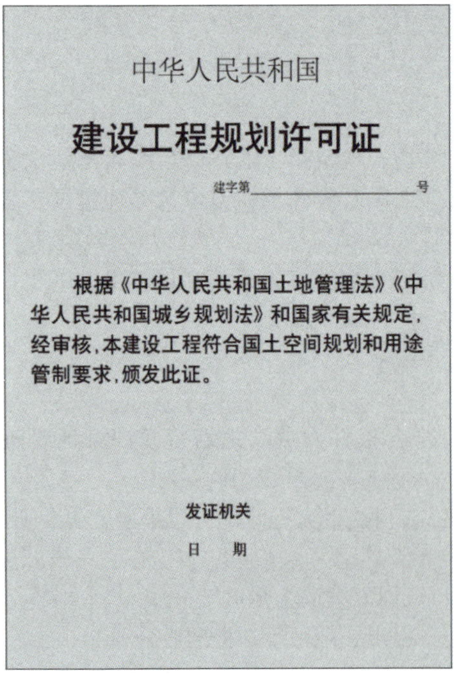

中华人民共和国

建设工程规划许可证

建字第＿＿＿＿＿＿＿＿＿＿号

根据《中华人民共和国土地管理法》《中华人民共和国城乡规划法》和国家有关规定，经审核，本建设工程符合国土空间规划和用途管制要求，颁发此证。

发证机关

日　期

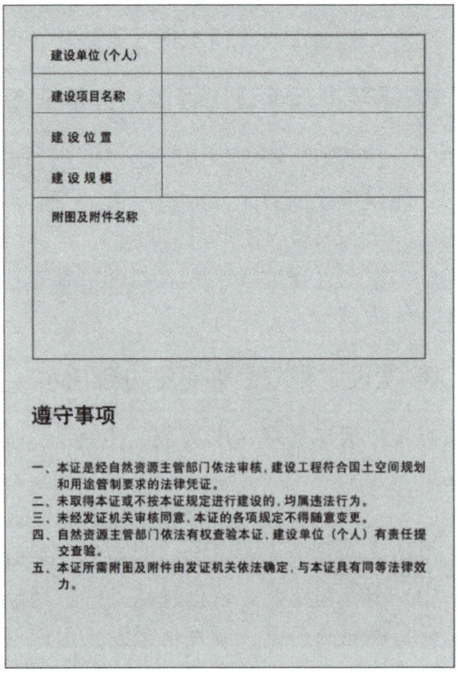

建设单位（个人）	
建设项目名称	
建设位置	
建设规模	
附图及附件名称	

遵守事项

一、本证是经自然资源主管部门依法审核，建设工程符合国土空间规划和用途管制要求的法律凭证。
二、未取得本证或不按本证规定进行建设的，均属违法行为。
三、未经发证机关审核同意，本证的各项规定不得随意变更。
四、自然资源主管部门依法有权查验本证，建设单位（个人）有责任提交查验。
五、本证所需附图及附件由发证机关依法确定，与本证具有同等法律效力。

建设工程规划许可证封面及内页

注意：《建设工程规划许可证》的违法处罚详见板块 11

知识点 7　乡村建设规划许可证

■ 核发乡村建设规划许可证

（1）在乡、村庄规划区内进行乡镇企业、乡村公共设施和公益事业建设的，建设单位或者个人应当向乡、镇人民政府提出申请，由乡、镇人民政府报城市、县人民政府城乡规划主管部门核发乡村建设规划许可证（《城乡规划法》第四十一条）。

（2）确需占用农用地的，办理农用地转用审批手续后，由城市、县人民政府城乡规划主管部门核发乡村建设规划许可证。

（3）建设单位或者个人在取得乡村建设规划许可证后，方可办理用地审批手续。

■ 土地申请

《土地管理法》**第六十条**　农村集体经济组织使用乡（镇）土地利用总体规划确定的建设用地，兴办企业或者与其他单位、个人以土地使用权入股、联营等形式共同举办企业的，应当持有关批准文件，向县级以上地方人民政府自然资源主管部门提出申请，按照省、自治区、直辖市规定的批准权限，由县级以上地方人民政府批准；其中，涉及占用农用地的，依照本法第四十四条的规定办理审批手续。

《土地管理法》**第六十一条**　乡（镇）村公共设施、公益事业建设，需要使用土地的，经乡（镇）人民政府审核，向县级以上地方人民政府自然资源主管部门提出申请，按照省、自治区、直辖市规定的批准权限，由县级以上地方人民政府批准；其中，涉及占用农用地的，依照本法第四十四条的规定办理审批手续。

■ 乡村建设规划许可证主要内容

乡村建设规划许可证封面

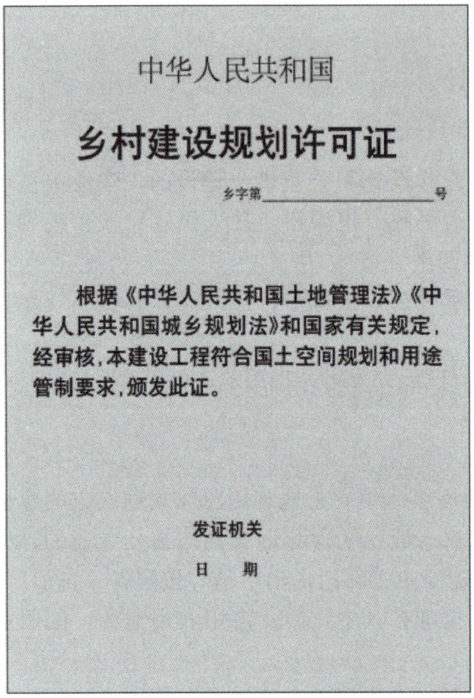

中华人民共和国

乡村建设规划许可证

乡字第______号

根据《中华人民共和国土地管理法》《中华人民共和国城乡规划法》和国家有关规定，经审核，本建设工程符合国土空间规划和用途管制要求，颁发此证。

发证机关

日　期

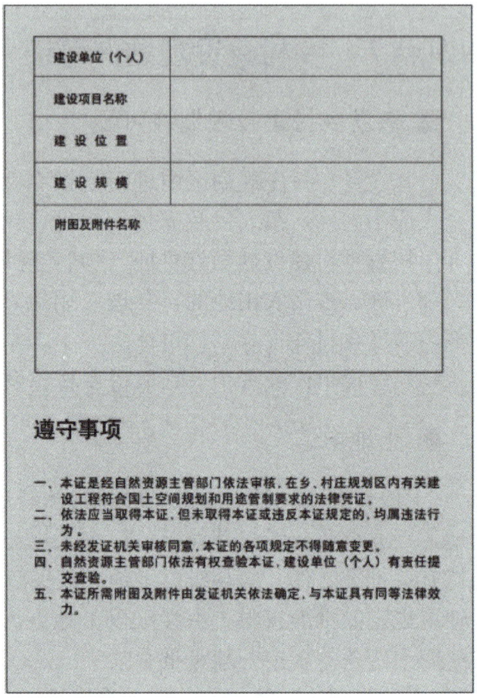

建设单位（个人）	
建设项目名称	
建设位置	
建设规模	
附图及附件名称	

遵守事项

一、本证是经自然资源主管部门依法审核，在乡、村庄规划区内有关建设工程符合国土空间规划和用途管制要求的法律凭证。

二、依法应当取得本证，但未取得本证或违反本证规定的，均属违法行为。

三、未经发证机关审核同意，本证的各项规定不得随意变更。

四、自然资源主管部门依法有权查验本证，建设单位（个人）有责任提交查验。

五、本证所需附图及附件由发证机关依法确定，与本证具有同等法律效力。

乡村建设规划许可证内页

注意：乡村建设规划许可证的违法处罚详见板块11。

拓展：

宅基地建房流程及农村宅基地批准书样式

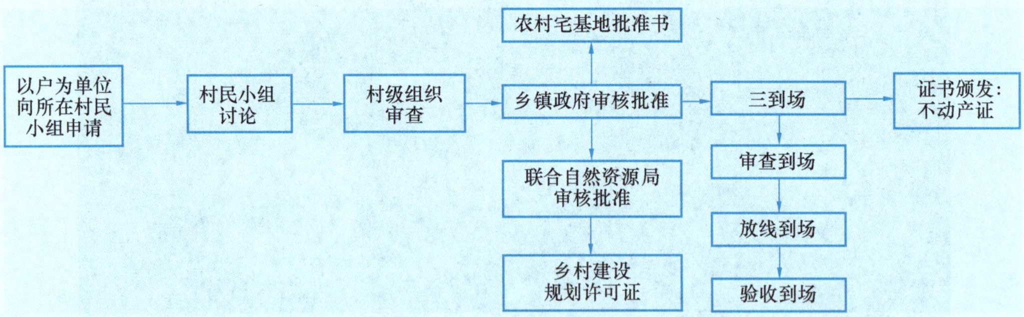

宅基地建房流程

农村宅基地批准书

农宅字　　　　　　　　号

根据《中华人民共和国土地管理法》规定，本项农村村民宅基地用地业经有权机关批准，特发此书。请严格按照本批准书要求使用宅基地。

填发机关（章）：

年　月　日

户主姓名		
批准用地面积	平方米	
其中：房基占地	平方米	
土地所有权人		
土地用途		
土地坐落（详见附图）		
四至	东	南
	西	北
批准书有效期	自　年　月至　年　月	
备注		

注：宅基地由乡镇人民政府批准

农村宅基地批准书样式

知识点 8　规划核实与竣工验收

■ 规划核实要求

（1）县级以上地方人民政府城乡规划主管部门按照国务院规定对建设工程是否符合规划条件予以核实。

（2）未经核实或者经核实不符合规划条件的，建设单位不得组织竣工验收（先规划核实，后竣工验收）。

（3）核实需要两人在场，互相监督。

■ 规划核实审查依据

规划条件、《建设工程规划许可证》、审核过的施工图、竣工测绘图。

■ 审查重点

（1）总平面验收：建筑数量、位置、退让、间距、相邻关系是否符合总平图和规划条件。

（2）建筑单体验收：建筑性质是否符合规划条件（如住宅改办公）、建筑基地面积、总建筑面积、层数和高度是否符合施工图、重点检查建筑层高是否突破。

（3）配套设施验收：幼儿园、社区用房、公厕、绿地、出入口方位、地面和地下停车位。

（4）指标复核：复核容积率、绿地率、建筑密度、建筑高度。

■ 两部门竣工验收的区别

（1）自然资源局对建设单位核发的建设工程竣工规划验收合格证是住建局组织竣工验收的前提。

（2）自然资源局组织的建设工程竣工规划验收重点是：规划条件、施工图和配套、相邻关系。

（3）住建局组织的工程竣工验收重点在于：建筑施工安全，侧重内部结构。

主要考点

【考点①】要先规划核实，后竣工验收。

历年真题

【2013-07 题】 某建设单位计划建设一处厂房，于2010年2月向规划局申请办理了《建设用地规划许可证》，并于4月开工建设，7月底竣工验收，并于8月初请规划局进行验收。8月初收到规划局寄来的《行政处罚决定书》。后建设单位不服，9月初向规划局提出行政复议，规划局不予受理。试分析双方在程序上和内容上存在哪些问题，并说明原因。规划局能否撤销或收回《行政处罚决定书》?

考点解析：建设单位未先向规划主管部门申请规划核实便组织竣工验收不正确，未经核实或者经核实不符合规划条件的，建设单位不得组织竣工验收【考点①】。

2024 年真题及参考答案

2024-01（15 分）

东部某县级市市域面积约 1200m^2，南部毗邻某特大城市，其他相邻区域为县级市。2023 年，市域城镇常住人口为 120 万人，城镇建设用地规模为 205km^2。

上位规划确定该市城镇开发边界扩展倍数为 1.28。该市国土空间总体规划方案预测，2035 年市域城镇常住人口为 135 万人，城镇建设用地规模为 256km^2；规划形成 1 个中心城区、2 个重点镇、8 个一般镇构成的城镇体系结构；中心城区和各镇的城镇开发边界扩展倍数均按 1.28 配置；规划建设高速铁路与站点、市域快速轨道与站点、高铁特色小镇、港口、垃圾处理厂等。

试结合文图所示，指出该规划方案中的主要问题，并阐述理由。

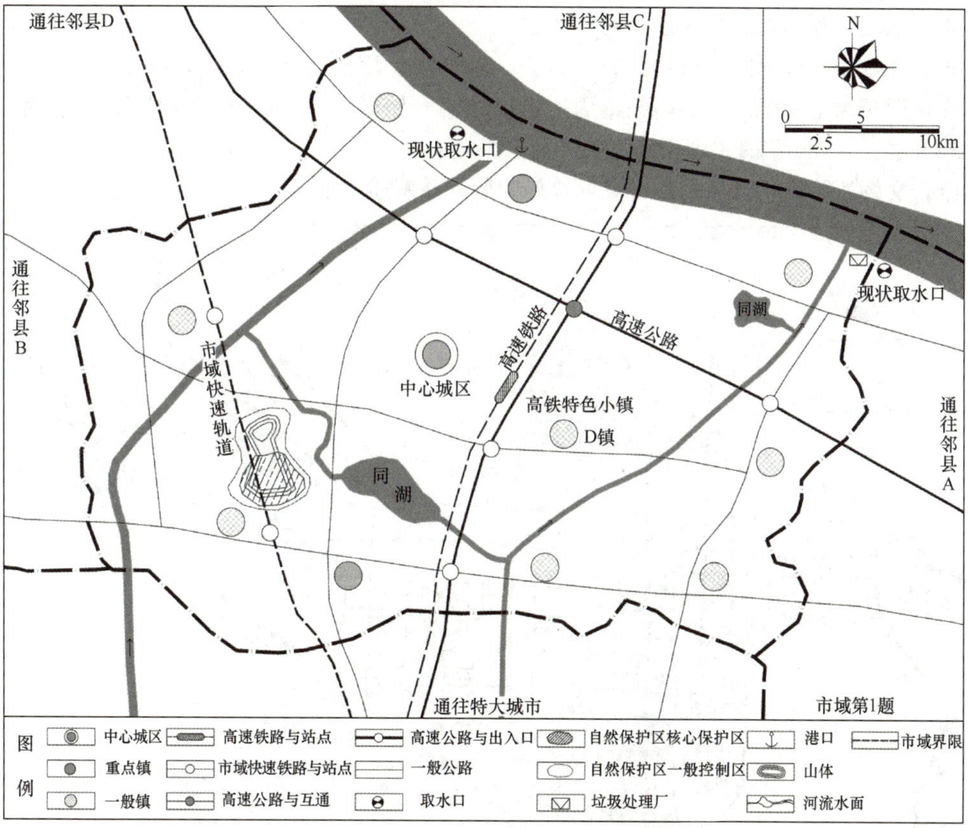

2024-01 题图（县域城镇体系规划图）

参考答案（15 分）

（1）规划人均建设用地 189.6m^2/人过大，超过《城市用地分类与规划建设用地标准》GB 50137—2011 中 115m^2/人及《镇规划标准》GB 50188—2007 中的 140m^2/人上限要求。（2 分）

（2）中心城区和各镇的城镇开发边界扩展倍数均按 1.28 配置，没有实现依据发展现状、功能定位进行差异化配置。（2 分）

（3）规划市域快速轨道选线不合理：①穿越禁止人为活动和建设的自然保护区核心保护区；②选线远离中心城区、重点镇，使用不便；③直线翻越山体，工程造价高，增加基础设施投资。（3 分）

（4）垃圾处理厂选址不合理，毗邻取水口且位于取水口上游，易对水源造成污染。（2 分）

（5）D 镇规划高铁特色小镇不合理，远离高速铁路线、高速铁路站，产业基础和优势不足。（2 分）

（6）D 镇规划为一般镇不合理，不利于辐射带动周边一般镇的共同发展，应定位为重点镇。（2 分）

（7）港口选址不合理，距离取水口过近，易对水源造成污染，远离高速公路、高速铁路，不利于货物联运。（2 分）

2024-02（18 分）

某县为西南地区传统农业大县。县城三面环山、生态环境良好，北面有一省级风景名胜区，南面有一湖泊。县城对外交通便捷，外围建成有两条高速公路和一条客运高速铁路；县城东部为老城，并逐步向西拓展。

规划至 2035 年，县城常住人口 35 万人，城市建设用地 34km²，规划在城南布局居住新区，在城西布局工业园区，在高铁站周边布局物流仓储区。为充分利用该县农产品优势，近期拟选址建设 1.5km² 的农副产品加工产业园。

结合文图所示，指出该规划方案存在的问题，并阐述理由。

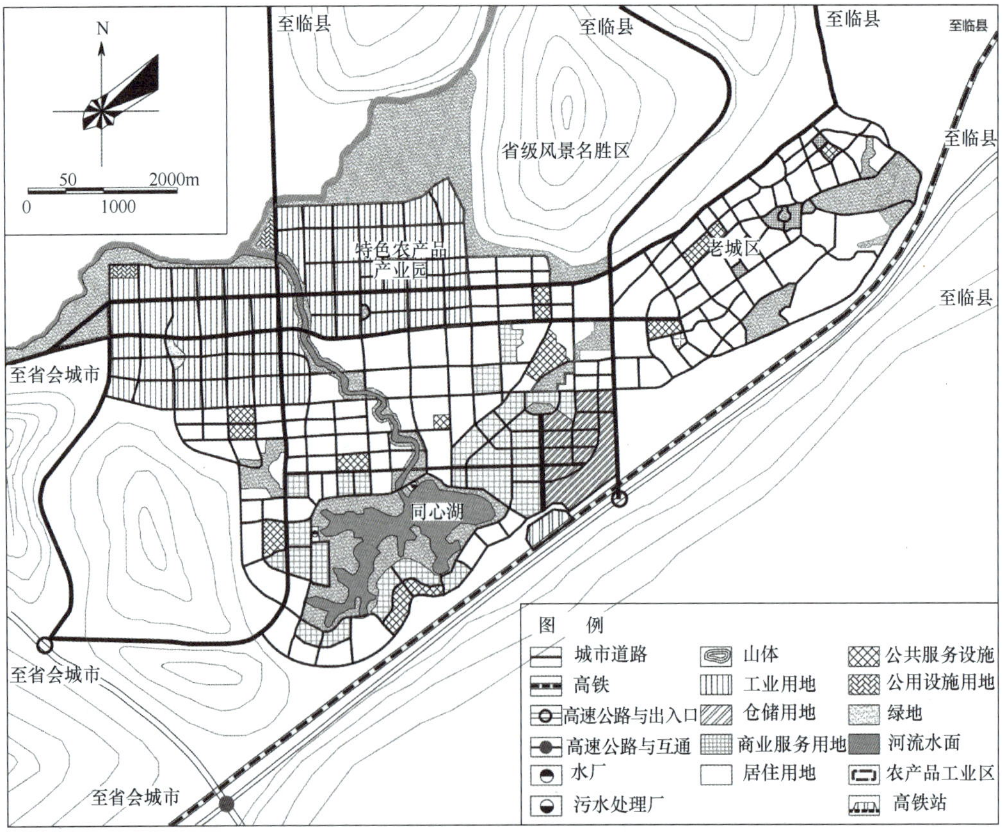

2024-02 题图（县城城区 2035 年用地规划图）

参考答案（18分）

（1）工业园区和农副产品加工产业园邻近省级风景名胜区布局，易对风景名胜区的生态环境造成污染。（3分）

（2）工业用地布局不合理：①位于居住用地上风向，易造成空气污染；②工业用地与居住用地之间缺少防护绿地；③布局机械，职住不平衡，形成单向交通。（3分）

（3）农副产品加工产业园选址不合理：①对外货运交通不便，不利于农副产品产品运输；②在三面环山的县城建设，静风频率高，不利于污染物的排放。（3分）

（4）在高铁站周边布局物流仓储区不合理。高铁站的客运功能与仓储用地的货运性质不匹配，且其位于内部用地的上风向，易造成空气污染，与居住用地之间缺少防护绿地（或答未结合工业用地布局）。（3分）

（5）城南居住新区绿地布局不合理，绿地系统不完善，分布不均衡，不利于良好居住环境营造。（3分）

（6）污水厂邻湖泊规划，易对湖泊水源造成污染，且位于居住、商业用地的上风向，易造成环境污染。（3分）

2024-03（15分）

北方某滨河村庄东侧紧邻鸟类生态迁徙廊道，农村居民点一宅一院，具有北方农耕特色的传统风貌，生态、农业和乡村旅游资源丰富。上位规划新增 $1hm^2$ 建设用地指标支持其乡村振兴建设。

乡政府委托规划编制单位提出村庄规划初步方案：对一号路两侧宅基地实施整体搬迁改造，北侧建设多层住宅，安置动迁村民；结合腾迁和新增建设用地指标，在一号路南侧布局旅游度假村、游客服务中心、林果采摘园，并扩大串联坑塘打造水生花卉公园；规划建设一号路沿线绿化景观带、村民广场等村庄景观节点；规划建设卫生所、养老院、垃圾转运站、公共停车场等设施。

为加快新增建设用地指标落地，在规划编制同时结合招商引资，启动了游客服务中心和林果采摘园两个项目建设，并拟在后期通过土地综合整治补充占用耕地指标。

试结合文图所示，指出该村庄规划初步方案和近期工作中存在的主要问题，并阐述理由。

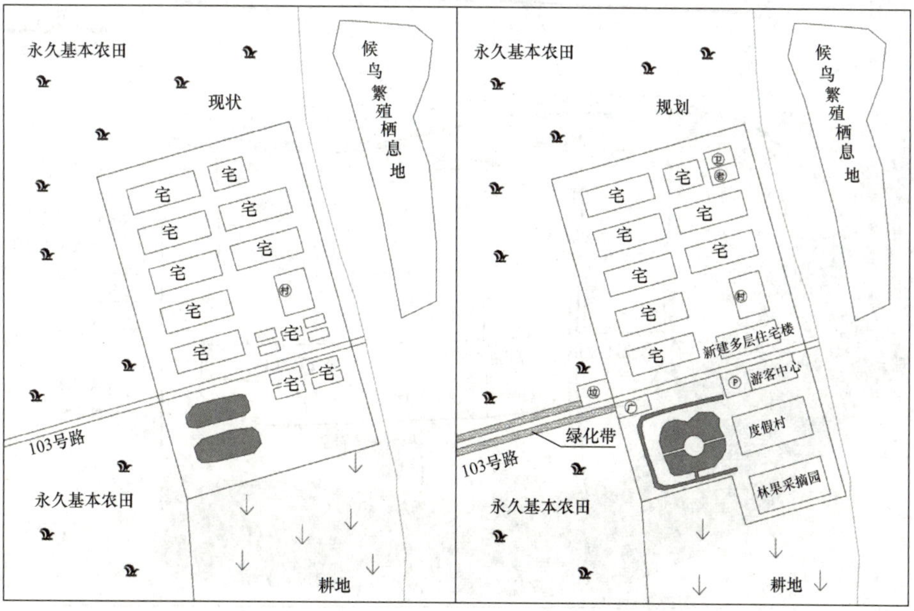

2024-03 题图（北方某滨河村庄现状与规划图）

参考答案（15分）

（1）对一号路两侧宅基地实施整体搬迁改造建设多层住宅不合理，该做法对一宅一院北方农耕特色的传统风貌建筑造成破坏，另不应强迫村民上楼（2分）。

（2）占用耕地发展林果采摘园不合理，违反了“非粮化”政策；占用耕地扩大串联坑塘不合理，违反了“非农化”政策。上述做法违反了严格控制耕地转为园地，严禁挖湖造景和占用耕地搞人造景观公园的政策。（2分）

（3）在一号路沿线规划绿化景观带、规划广场、垃圾处理站不合理，该做法占用永久基本农田，违反《土地管理法》，且垃圾转运站易对相邻的永久基本农田和村庄环境造成污染和破坏。（2分）

（4）村庄不应配置养老院、垃圾转运站。按照《社区生活圈规划技术指南》，村庄应配置老年活动室、老年人日间照料中心、垃圾收集点。（2分）

（5）通过土地综合整治补充占用耕地指标不正确，应按照耕地先补后占原则补充占用耕地指标。（2分），在后期补充占用耕地指标不正确，游客服务中心项目、林果采摘园项目应按照占补平衡（进出平衡）的原则补充占用耕地指标。（2分）

（6）在规划编制阶段同时启动项目建设不合理，违反了先规划后实施的原则。（2分）

（7）大拆大建不合理，对东侧鸟类生态迁徙廊道造成影响。（1分）

2024-04（12分）

某特大城市东部临港新城利用沿江大型港口，加强港城联动发展。临港新城以港口及物流产业、临港产业、居住生活与综合服务功能为主。

临港新城规划结合既有干线铁路和新建跨江通道，引入港区铁路专用线并设置货站，优化疏港道路网络，加强公铁水联运；在空间上利用铁路和公路通道集约化布局城市主干路和市域快速轨道；新城内部均衡化加密布局约250m间距的支路网，并结合公共开敞空间规划多条城市绿道。

试结合文图所示，指出该交通系统规划方案存在的主要问题，并阐述理由

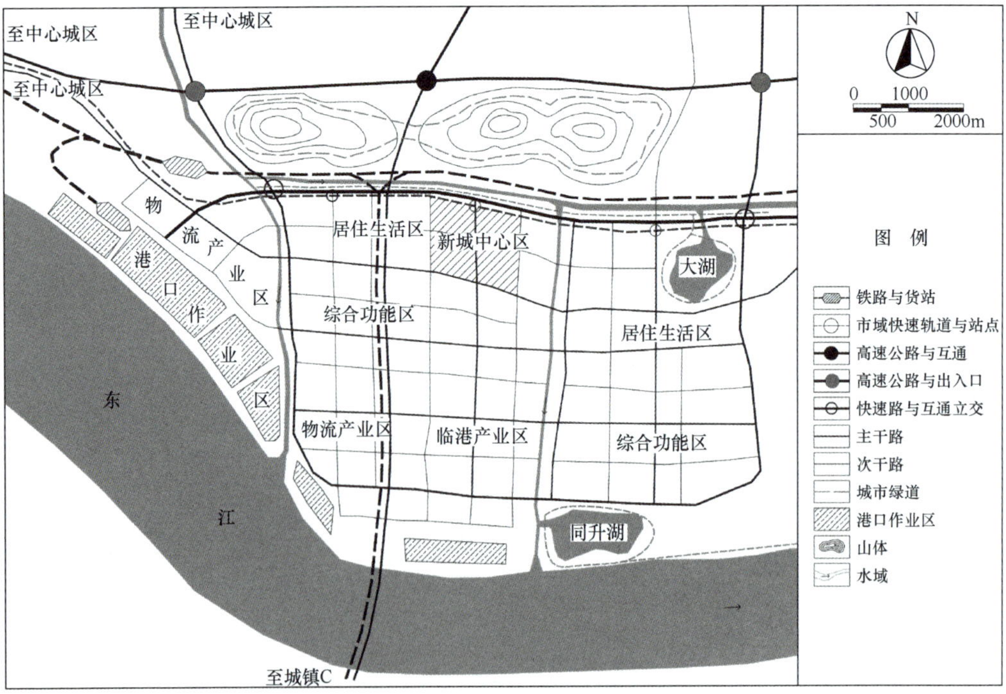

2024-04题图（某特大城市交通系统规划方案）

参考答案（12 分）

（1）市域快速轨道线路及站点设置不合理：①线路未结合主要客流走廊；②站点未结合中心区设置。（2 分）

（2）新城内部均衡化加密布局约 250m 间距的支路网不合理，不同的功能区应按照不同的尺度（新城中心区为 100～200m，物流区产业区≤600m）（或者答城市不同功能地区的集散道路与支线道路密度，应结合用地布局和开发强度综合确定）。（2 分）

（3）沿河及北侧规划城市绿道不合理，城市绿道被快速轨道、铁路线、快速路分割，不利于形成安全、连续、方便、舒适的慢行系统。（2 分）

（4）沿水域布置快速路不合理，沿生活性岸线布置的城市滨水道路，其等级不宜高于Ⅲ级主干路。（2 分）

（5）中部主干路间距过大，不合理，违反城市建设用地内部的城市干线道路的间距不宜超过 1.5km 的规定。（1 分）

（6）港口作业区（或者答物流产业区）次干路道路等级过低，缺少集疏运道路与港口、货运站及高速公路联系。（1 分）

（7）快速路设置不合理，未充分结合港口布置，不利于货物快速集疏运。（1 分）

（8）港区铁路专用线和货站选址不合理，与物流产业区、港口作业区缺乏联系，对外货运不便（可以补充货运站重复建设，增加投资考点）。（1 分）

2024-05（15 分）

A 地块为某历史文化街区一部分，历史风貌保留尚好，但现状破败，居民居住条件差。历史文化街区保护规划规定，历史文化街区内新建建筑高度控制在 7m 以内（檐口），省级文保单位（权属为某国有事业单位）建设控制地带新建建筑高度控制在 3.5m 以内（檐口）。

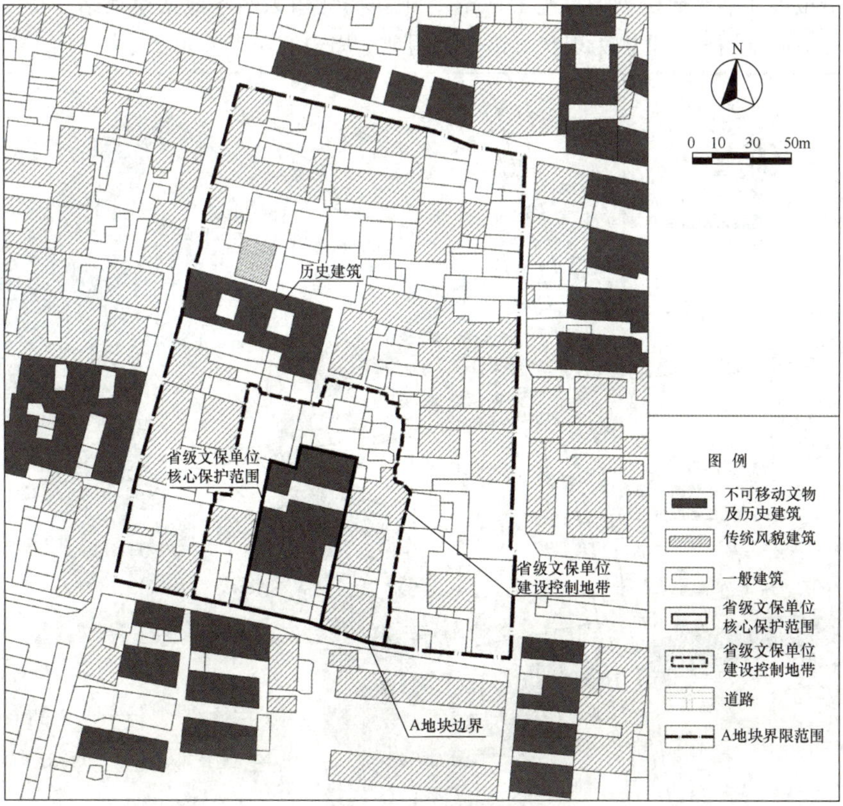

2024-05 题图（历史文化街区的城市更新规划）

该地方政府为解决现状问题，拟对 A 地块实施更新，更新思路如下：实施整体征收，除保留省级文保单位和历史建筑之外，其余全部拆除，新建建筑高度控制在 7m 以内（檐口）。编制城市设计报市政府批准后，出具规划条件，通过招拍挂，整体出让。

试结合图文所示，指出该更新思路存在的问题并阐述理由。

参考答案（15 分）

（1）对历史文化街区实施整体征收不合理：①土地不属于可征收的情形，历史文化街区不得征收；②省级文物保护单位用地属于国有土地，不需要征收。（3 分）

（2）全部拆除省级文保单位和历史建筑之外的传统风貌建筑等不合理：①严格控制大规模拆除，除违法建筑和经专业机构鉴定为危房且无修缮保留价值的建筑外，不大规模、成片集中拆除现状建筑；②拆除传统风貌建筑不合理，破坏历史文化街区的真实性、完整性。（3 分）

（3）新建建筑均控制 7m 以内（檐口）不合理，与历史文化街区保护规划规定的文保单位建设控制地带新建建筑高度控制在 3.5m 以内不符。（3 分）

（4）编制城市设计报市政府审批不正确，违反不得以城市设计等专项规划替代国土空间总体规划和详细规划作为各类开发保护建设活动的规划审批依据的规定。（1 分）

（5）依据城市设计出具规划条件不合理，应由自然资源主管部门依据控制性详细规划出具规划条件（可补充经过文物主管部门同意）。（2 分）

（6）地块整体出让不合理：①历史文化街区不得整体出让给企业经营管理；②地块可能存在历史文化遗存的土地，应先考古、后出让。（3 分）

2024-06（15 分）

某城市拟出让临水地块 A，占地 4.6hm^2。地块西北角为两条地铁换乘站。其西侧地块为商业城镇住宅混合用地，北侧为现状城镇住宅用地，周边有城市公园。

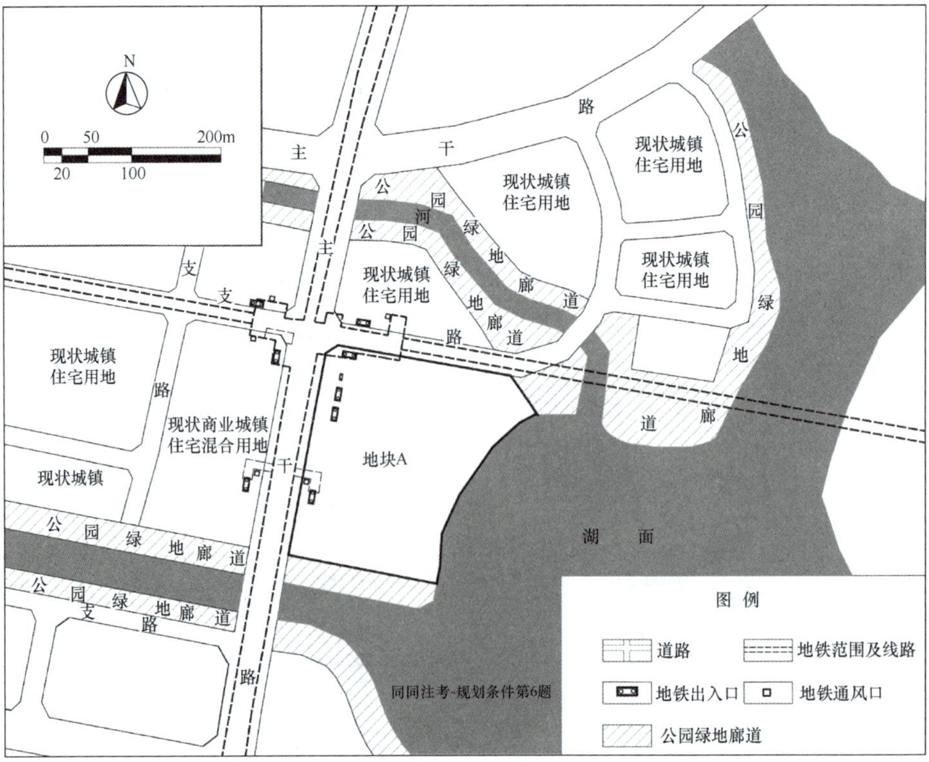

2024-06 题图（拟出让临水地块 A 环境要素示意图）

依据市政府批准的国土空间详细规划，此地块用地性质为商业商务金融混合用地，市自然资源主管部门给出初步规划条件，已包括用地范围，用地面积、用地性质、建筑密度、建筑高度、容积率、绿地率、停车泊位、出入口方位。

根据该地块周边控制要素，补充其他规划条件。

参考答案（15分）

（1）商业商务金融混合建筑用地比例要求。（1分）

（2）建筑后退道路红线（1分）、湖面蓝线（1分）、公园绿地廊道绿线的要求（1分），地下空间退让道路（界线）要求（1分）。

（3）与北侧、西侧住宅日照间距要求。（1分）

（4）地下空间与地铁线路、地铁站、地铁出入口、地铁通风口的安全距离要求。（1分）

（5）出入口位置（1分）、与交叉口距离（1分），机动车、非机动车停车泊位数量（内部交通组织要求），人行通道与地铁站的衔接（1分），与现状周边用地交通组织（1分），与湖泊及公园绿地廊道的衔接（1分）。

（6）市政配套、公共服务配套要求（或者答“平急两用”公共基础设施）。（1分）

（7）城市设计的要求：空间与湖泊、公园绿地的景观协调，地铁通风设施、地铁出入口与周边环境协调。（1分）

（8）防洪要求：考虑防洪措施和场地标高、防震、人防、消防等要求。（1分）

2024-07（10分）

2023年，某公司在A县城镇开发边界内承接住宅小区项目建设。为便于组织施工，该公司与当地村民张某签订合同，使用张某承包的5亩耕地，用于办公、生活用房和工棚等临时设施建设，并向当地镇政府提交了临时用地申请书、土地复垦方案报告表等必要材料，镇政府经过审核，批准了该宗临时用地申请。

试问：

（1）该案例存在哪些主要问题？并阐述理由。

（2）应如何处理？

参考答案（10分）

存在问题：

（1）该公司与当地村民张某签订合同不合理，应和农村集体经济组织或村委会签订。（2分）

（2）该公司向当地镇政府申请临时用地不对，临时用地要向市级自然资源主管部门申请。（2分）

（3）镇政府批准不对，应由市级自然资源主管部门审核批准（涉及耕地）。（2分）

处理措施：

（1）对用地处理：该临时用地合同无效，责令其恢复耕作条件，可并处罚款。（2分）

（2）针对镇政府的违法：临时用地批准文件无效，对非法批准使用土地的直接负责的主管人员和其他直接责任人员，依法给予处分；构成犯罪的，依法追究刑事责任。非法批准、使用的临时土地应当收回。非法批准使用土地，对当事人造成损失的，依法应当承担赔偿责任。（2分）